중요 판결과 핵심 실천 사항

경영책임자와 실무자를 위한

# 중대재해처벌법 안전보건 확보의무 대응 실무

최명기 · 정유철 · 김현근 · 이동현

지우북스

## 저자 프로필

**교수 최명기**

- 전남대학교 토목공학 학사
- 광운대학교 건설법무대학원 법학석사
- 동신대학교 대학원 공학석사, 공학박사
- 산업안전지도사(건설안전, 2012)
- 기술사(안전 · 품질 · 시공 · 도로)
- 대한민국산업현장교수단 교수
- 안전사회 구축을 위한 전문가모임 대표
- 한국기술사회 안전조사위원장

**변호사 정유철**

- 연세대학교 법과대학 법학과 졸업
- 광운대학교 건설법무대학원 법학석사
- 법무법인(유) 율촌 중대재해센터 부센터장, 건설클레임연구소 소장
- 연세대학교 법무대학원 겸임교수
- 광운대학교 건설법무대학원 겸임교수
- 현대차그룹 산업안전상생재단 이사
- 숭실대학교 안전보건포럼 감사

**변호사 김현근**

- 연세대학교 법과대학 법학과 졸업
- 서울대학교 법과대학원 졸업, 법학석사
- 제51회 사법시험, 사법연수원 제41기
- 법무법인(유) 율촌 중대재해센터, 건설형사팀장
- 한국어촌어항공단 비상임이사
- 서울지방변호사회 중대재해처벌법 TF위원
- 행정법 이론실무학회 회원
- (사)건설법학회 회원(서울대 건설법연구회)

**공인노무사 이동현**

- 인하대학교 법과대학 법학과 졸업
- 공인노무사, 대한민국(2009)
- 법무법인(유) 율촌 중대재해센터 Compliance 부팀장
- BR KOREA㈜(2012~2017)
- 노무법인 대명(2010~2012)
- 노무법인 세영(2010)
- 한국인사노무법인(2009)

# 머리말

중대재해처벌법은 2022년 1월 27일부터 시행되었고 지금은 5인 이상 모든 사업장에 적용되고 있다. 중대재해처벌법은 종사자의 안전보건을 보장하기 위해 경영책임자에게 안전보건 확보의무를 부여하고 있다. 만약 안전보건 확보의무를 이행하지 않은 상태에서 중대산업재해가 발생하면 1년 이상 형사처벌로 이어질 가능성이 높다. 이런 이유로 기업을 경영하는 경영책임자 입장에서는 여간 부담스러운 법령이 아닐 수 없다.

중대재해처벌법이 시행된 이래 2025년 3월까지 약 3년 동안 검찰이 중대재해처벌법을 적용하여 기소한 사건은 약 74건을 넘어섰다. 그중 법원을 통해 약 39건의 1심 판결 선고가 이루어졌다. 중대재해처벌법이 적용되어 기소된 사건 중 무죄 판결이 선고된 사례나 산업안전보건법상 건설공사발주자의 판단 기준에 관한 대법원의 법리를 원용한 사례도 있었다. 법원의 무죄 선고에도 불구하고 나머지 대다수 사건에서 법원은 중대재해처벌법의 입법 취지를 최대한 존중하여 엄정한 법 집행의 의지를 표현하고 있다. 무죄 4건을 제외한 나머지 사건들은 중대재해처벌법 위반죄(산업재해치사)로 모두 유죄가 선고되었고, 그중 징역형의 실형은 5건에 이르고 있다. 특히 법원은 관행적으로 안전보건 조치가 미흡한 상태를 인식하지 못하고 이를 방치하거나 반복되는 동종·유사 재해가 발생한 경영책임자에게는 더욱 엄정한 모습을 보이고 있다. 반면에, 중대재해처벌법상 의무를 이행하기 위해 사고 전후로 적극적으로 노력한 사정이나 재발방지를 위한 강력한 의지는 처벌 불원과 함께 가장 중요한 감경 요소 중 하나로 꼽히고 있다.

중대재해처벌법에 효과적으로 대응하기 위해서는 안전보건관리체계를 강화하고 체계적으로 이행을 해야 한다. 단순히 처벌을 회피한다든지 사고발생 후의 법적 대응이 중요한 것은 아니다. 사전 예측과 체계적인 관리 시스템 구축을 통해 사고를 예방함으로써 법적 리스크를 최소화하는 데 초점을 맞출 필요가 있다. 그러나 기업의 입장에서는 어떻게 준비해야 할지도 모르고 관련 자료나 서식 등을 구하기도 쉽지만은 않은 상태이다. 또한 사고발생 시에 어떻게 대응할지도 막막한 실정이다. 이러한 갈증을 해소해 주기 위해 부족하지만 본 저서를 출간하게 되었다.

이 책은 중대재해처벌법에서 요구하고 있는 안전보건관리체계 구축과 운영 요령과 컴플라이언스 핵심 체크포인트, 고용노동부 유권해석, 중요 판결 & 수사 사례에 따른 핵심 실천사항 등을 중소기업 경영자와 실무자가 쉽게 이해하고 즉시 업무에 활용될 수 있도록 저술하였다. 아직까지 많이 부족하고 미흡하지만 졸저가 골치 아픈 중대재해처벌법으로부터 해방되는 데 도움이 되기를 기원해 본다.

2025년 5월 저자 일동

# 목차

# 제 1 장

# 개요

# 01 중소규모 건설회사의 중대재해처벌법 이행 현황

중대재해처벌법이 2024년 1월부터 5인 이상 상시 근로자가 있는 사업장까지 확대되었다. 이에 따라 중소기업들은 체계적인 안전관리와 중대재해처벌법에 대한 대비가 중요한 과제로 떠오르고 있다. 일반적으로 중소규모 건설회사들은 안전보건관리 체계구축과 이행을 하는 데 있어서 애로사항이 많은 편이다. 이런 이유로 중소규모 건설회사들은 중대재해처벌법 확대 시행에 따른 충격이 더 클 수밖에는 없을 것이다.

중대재해처벌법은 근로자를 포함한 종사자의 안전보건을 보장하기 위해 경영책임자에게 안전보건 확보의무를 부여하고 있다. 만약 이를 소홀히 하여 중대산업재해가 발생할 경우 강력히 처벌토록 규정하고 있다. 사망사고가 발생했을 경우 경영책임자는 1년 이상의 징역형 또는 10억 원 이하의 벌금이 부과된다. 또한 최대 5배의 징벌적 손해배상을 부과받을 수 있다. 이는 단순한 법적 규제를 넘어 기업 경영에 심각한 영향을 미칠 수 있음을 시사한다고 볼 수 있다. 그렇지만 법령은 법령이기에 사전에 철저한 대비와 대응 방안을 마련하는 것이 필수적이라 하겠다.

현재 중소규모 건설회사들의 경영책임자들이 겪고 있는 실태를 개별 면담을 통해 분석한 결과는 다음과 같다.

**표 1.1 중대재해처벌법 관련 중소규모 건설회사들이 겪고 있는 실태**

| NO | 주요 내용 |
|---|---|
| 1 | • 안전관리자를 포함한 안전보건 관련 기술자 확보 곤란<br>- 안전보건 관련 기술자의 공급에 비해 수요가 많은 편임<br>- 중소기업보다는 대우와 환경이 좋은 대기업으로 취업 |
| 2 | • 중소규모 기업의 경우에는 경영책임자나 타 직원들이 안전 관련 담당자의 업무까지 겸임해야 하는 실정<br>- 관련 서류를 작성해야 하는데 인력이 부족하다 보니 타 직원들이 겸임하는 경우가 많아 기업 경영에 애로사항 발생 |
| 3 | • 중대재해 발생 시 경영자가 피의자 신분으로 전환에 따른 회사 존폐에 대한 위기감<br>- 중대재해처벌법에 따른 형사처벌 시 영업 활동 중단<br>- 회사가 문을 닫는다는 두려움과 압박감 존재 |
| 4 | • 정부나 관련 협회의 교육 수강 신청 곤란<br>- 중대재해처벌법이나 안전보건 관련 인터넷 교육대상 인원 제한<br>- 수강신청을 하고자 해도 신청자 과밀로 교육 수강이 어려운 경우가 많음 |
| 5 | • 관련 내용에 대한 정보 수집 한계<br>- 중소규모 직원들의 역량이 낮다 보니 고용노동부, 안전보건공단, 지자체 등의 답변 내용을 이해하는 데 한계 존재 |
| 6 | • 안전보건 확보를 위한 정부 지원 한계<br>- 건설 현장보다는 제조 분야 기계 · 설비 등 분야에 보조금 혜택이 치중되는 경향 |
| 7 | • 현장 안전보건 관련 서류 작성 과다로 업무에 지장 초래<br>- 서류 작성을 했다 할지라도 사고발생 시에는 처벌 두려움<br>- 대기업과 중소기업의 안전 관련 서류 작성이 같아 중소기업의 인력으로 감당하기 어려운 한계<br>- 특히 중소규모 건설사의 경우 현장 안전보건 관련 서식의 간소화가 필요 |
| 8 | • 중대재해 발생 시 처벌에 따른 책임감으로 현장소장이나 직원들의 업무 기피 심화<br>- 서류 작성, 직원 관리, 처벌에 대한 책임감 등으로 현장 소장직 기피 |
| 9 | • 건설 현장에 안전보건 관련 담당 인력 증원 불가피<br>- 별도로 공사비에 반영이 안 되어 있어 안전보건 관련 비용부담에 경영상 애로사항 발생 |
| 10 | • 중소 건설회사에서는 현장에 출역하는 일일 현장 근로자의 산재사고 내역 기록 관리가 안 되어 면밀한 관리 곤란<br>- 대기업은 자체 시스템 보유로 확인이 가능하지만 중소기업의 경우에는 곤란한 실정 |

| NO | 주요 내용 |
|---|---|
| 11 | • 일용 인부(일명 로타리 인부) 일일 근로시간 8시간 내 현장 안전보건 교육시간(TBM)으로 생산성 저하<br>- TBM 교육시간을 제외하면 실제 근로시간은 6~7시간 내외로써 작업 능률 저하<br>- 현장 교통정리원 등에 대해서는 도급내역서에 별도로 안전보건교육을 직접비로 반영할 필요성 존재 |
| 12 | • 도급인 입장에서 하도급의 경우 현장 안전관리 한계<br>- 도급인이 하도급인의 안전관리까지 관여할 경우 중대재해처벌법에 해당이 된다는 점 때문에 현장관리 어려움 존재 |
| 13 | • 현장이 여러 곳으로 분산되어 있을 때 경영자가 안전관리를 위해 동분서주 하다 보면 영업할 시간 부족<br>- 안전이 강조되다 보니 영업, 생산성 저하 문제 대두 |
| 14 | • 중소 건설사의 안전 전담조직(최고 경영책임자, 안전담당 관리자 등) 구성 불분명<br>- 중소규모 건설회사 안전전담조직에 대한 명확화하고 통일화 규정 필요 |
| 15 | • 현장 일일 근로자 중 고의로 사고발생을 유도하는 상습적 작업자에 대한 관리 한계 |
| 16 | • 작업자들이 현장 안전관리 준수사항을 미준수하는 경향 많음<br>- 중대재해 발생 시 일을 시킨 사람만 죄인 취급<br>- 근로자에 대한 과실 부여 필요 |
| 17 | • 안전보건 관련 기본교육을 통한 근로자 등록제도 도입 필요<br>- 건설 근로자의 기초 안전보건교육 이수 제도의 검토 요청(보수교육 등) |
| 18 | • 일일 근로자의 지병 병력에 대한 정보 입수 곤란<br>- 현장에서 혈압 체크, 복용약 등 정도만 실시되고 있는 형편 |
| 19 | • 위험성평가 항목이 기업 특성에 맞게 매뉴얼로 정리될 필요 있음 |
| 20 | • 많은 교육, 매뉴얼 책자 제작과 보급 등이 이루어지고 있음에도 불구하고 중소기업과 소상공인들은 어떻게 준비해야 하는지를 여전히 잘 모르고 있는 실정<br>- 여전히 막막한 상황<br>- 교육 시에는 개별 사업장 사정에 맞춰 알아서 잘 준비하라는 식의 원론적 강의와 설명만 있을 뿐임<br>- 배포된 설명자료도 실질적인 내용보다는 관련 법령을 풀어서 해설한 것에 불과한 실정 |
| 21 | • 대기업이나 중소규모 기업이나 중대재해처벌법을 동일하게 적용해 평등권 침해 우려<br>- 안전보건관리체계를 구축하는 데 있어 중소규모에 특화된 체계마련 필요 |

중대재해처벌법에 효과적으로 대응하기 위해서 개별 기업에서는 안전보건관리체계를 강화하고 체계적으로 이행을 할 필요가 있다. 단순히 처벌을 회피한다든지 사고발생 후의 법적 대응만이 중요한 것은 아니다. 사전 예측과 체계적인 관리 시스템 구축을 통해 사고를 예방함으로써 법적 리스크를 최소화하는 데 초점을 맞출 필요가 있다.

# 02 안전보건 확보의무 관련 법령

**법 제4조(사업주와 경영책임자 등의 안전 및 보건 확보의무)**

① 사업주 또는 경영책임자 등은 사업주나 법인 또는 기관이 실질적으로 지배·운영·관리하는 사업 또는 사업장에서 종사자의 안전보건상 유해 또는 위험을 방지하기 위하여 그 사업 또는 사업장의 특성 및 규모 등을 고려하여 다음 각 호에 따른 조치를 하여야 한다.

1. 재해예방에 필요한 인력 및 예산 등 안전보건관리체계의 구축 및 그 이행에 관한 조치
2. 재해 발생 시 재발방지대책의 수립 및 그 이행에 관한 조치
3. 중앙행정기관·지방자치단체가 관계법령에 따라 개선, 시정 등을 명한 사항의 이행에 관한 조치
4. 안전보건관계법령에 따른 의무이행에 필요한 관리상의 조치

② 제1항제1호·제4호의 조치에 관한 구체적인 사항은 대통령령으로 정한다.

중대재해처벌법 제4조제1항에서는 사업주 또는 경영책임자가 안전보건 확보의무 4가지를 다하지 않아 중대산업재해가 발생하면 처벌을 하도록 규정하고 있다. 경영책임자의 첫 번째 의무는 안전보건관리체계의 구축과 이행이다. 이를 구체화하기 위한 조치내용을 시행령 제4조에서 9가지 세부적인 사항들을 규정하고 있다.

### 시행령 제4조(사업주와 경영책임자 등의 안전 및 보건 확보의무)

법 제4조제1항제1호에 따른 조치의 구체적인 사항은 다음 각호와 같다.

1. 사업 또는 사업장의 안전보건에 관한 목표와 경영방침을 설정할 것
2. 「산업안전보건법」 제17조부터 제19조까지 및 제22조에 따라 두어야 하는 인력이 총 3명 이상이고 다음 각 목의 어느 하나에 해당하는 사업 또는 사업장인 경우에는 안전보건에 관한 업무를 총괄·관리하는 전담조직을 둘 것. 이 경우 나목에 해당하지 않던 건설사업자가 나목에 해당하게 된 경우에는 공시한 연도의 다음 연도 1월 1일까지 해당 조직을 두어야 한다.
   가. 상시근로자 수가 500명 이상인 사업 또는 사업장
   나. 「건설산업기본법」 제8조 및 같은 법 시행령 별표 1에 따른 토목건축공사업에 대해 같은 법 제23조에 따라 평가하여 공시된 시공능력의 순위가 상위 200위 이내인 건설사업자
3. 사업 또는 사업장의 특성에 따른 유해·위험요인을 확인하여 개선하는 업무절차를 마련하고, 해당 업무절차에 따라 유해·위험요인의 확인 및 개선이 이루어지는지를 반기 1회 이상 점검한 후 필요한 조치를 할 것. 다만, 「산업안전보건법」 제36조에 따른 위험성평가를 하는 절차를 마련하고, 그 절차에 따라 위험성평가를 직접 실시하거나 실시하도록 하여 실시 결과를 보고 받은 경우에는 해당 업무절차에 따라 유해·위험요인의 확인 및 개선에 대한 점검을 한 것으로 본다.
4. 다음 각 목의 사항을 이행하는 데 필요한 예산을 편성하고 그 편성된 용도에 맞게 집행하도록 할 것
   가. 재해예방을 위해 필요한 안전보건에 관한 인력, 시설 및 장비의 구비
   나. 제3호에서 정한 유해·위험요인의 개선
   다. 그 밖에 안전보건관리체계 구축 등을 위해 필요한 사항으로써 고용노동부 장관이 정하여 고시하는 사항
5. 「산업안전보건법」 제15조, 제16조 및 제62조에 따른 안전보건관리책임자, 관리감독자 및 안전보건총괄책임자(이하 이 조에서 "안전보건관리책임자 등"이라 한다)가 같은 조에서 규정한 각각의 업무를 각 사업장에서 충실히 수행할 수 있도록 다음 각 목의 조치를 할 것
   가. 안전보건관리책임자 등에게 해당 업무수행에 필요한 권한과 예산을 줄 것

나. 안전보건관리책임자 등이 해당 업무를 충실하게 수행하는지를 평가하는 기준을 마련하고, 그 기준에 따라 반기 1회 이상 평가·관리할 것

6. 「산업안전보건법」 제17조부터 제19조까지 및 제22조에 따라 정해진 수 이상의 안전관리자, 보건관리자, 안전보건관리담당자 및 산업보건의를 배치할 것. 다만, 다른 법령에서 해당 인력의 배치에 대해 달리 정하고 있는 경우에는 그에 따르고, 배치해야 할 인력이 다른 업무를 겸직하는 경우에는 고용노동부 장관이 정하여 고시하는 기준에 따라 안전보건에 관한 업무 수행시간을 보장해야 한다.

7. 사업 또는 사업장의 안전보건에 관한 사항에 대해 종사자의 의견을 듣는 절차를 마련하고, 그 절차에 따라 의견을 들어 재해예방에 필요하다고 인정하는 경우에는 그에 대한 개선방안을 마련하여 이행하는지를 반기 1회 이상 점검한 후 필요한 조치를 할 것. 다만, 「산업안전보건법」 제24조에 따른 산업안전보건위원회 및 같은 법 제64조·제75조에 따른 안전 및 보건에 관한 협의체에서 사업 또는 사업장의 안전보건에 관하여 논의하거나 심의·의결한 경우에는 해당 종사자의 의견을 들은 것으로 본다.

8. 사업 또는 사업장에 중대산업재해가 발생하거나 발생할 급박한 위험이 있을 경우를 대비하여 다음 각 목의 조치에 관한 매뉴얼을 마련하고, 해당 매뉴얼에 따라 조치하는지를 반기 1회 이상 점검할 것

가. 작업 중지, 근로자 대피, 위험요인 제거 등 대응조치

나. 중대산업재해를 입은 사람에 대한 구호조치

다. 추가 피해방지를 위한 조치

9. 제3자에게 업무의 도급·용역·위탁 등을 하는 경우에는 종사자의 안전보건을 확보하기 위해 다음 각 목의 기준과 절차를 마련하고, 그 기준과 절차에 따라 도급·용역·위탁 등이 이루어지는지를 반기 1회 이상 점검할 것

가. 도급·용역·위탁 등을 받는 자의 산업재해 예방을 위한 조치 능력과 기술에 관한 평가기준·절차

나. 도급·용역·위탁 등을 받는 자의 안전보건을 위한 관리비용에 관한 기준

다. 건설업 및 조선업의 경우 도급·용역·위탁 등을 받는 자의 안전보건을 위한 공사기간 또는 건조기간에 관한 기준

중대재해처벌법상 경영책임자의 네 번째 의무로 안전보건관계법령에 따른 의무이행에 필요한 관리상의 조치를 규정하고 있다. 이를 구체화하기 위한 조치로 시행령 제5조에서는 4가지 세부적인 사항들을 규정하고 있다.

**시행령 제5조(안전보건관계법령에 따른 의무이행에 필요한 관리상의 조치)**

① 법 제4조제1항제4호에서 "안전보건관계법령"이란 해당 사업 또는 사업장에 적용되는 것으로써 종사자의 안전보건을 확보하는 데 관련되는 법령을 말한다.

② 법 제4조제1항제4호에 따른 조치에 관한 구체적인 사항은 다음 각 호와 같다.

1. 안전보건관계법령에 따른 의무를 이행했는지를 반기 1회 이상 점검(해당 안전보건관계법령에 따라 중앙행정기관의 장이 지정한 기관 등에 위탁하여 점검하는 경우를 포함한다. 이하 이 호에서 같다)하고, 직접 점검하지 않은 경우에는 점검이 끝난 후 지체 없이 점검 결과를 보고받을 것
2. 제1호에 따른 점검 또는 보고 결과 안전보건관계법령에 따른 의무가 이행되지 않은 사실이 확인되는 경우에는 인력을 배치하거나 예산을 추가로 편성·집행하도록 하는 등 해당 의무이행에 필요한 조치를 할 것
3. 안전보건관계법령에 따라 의무적으로 실시해야 하는 유해·위험한 작업에 관한 안전보건에 관한 교육이 실시되었는지를 반기 1회 이상 점검하고, 직접 점검하지 않은 경우에는 점검이 끝난 후 지체 없이 점검 결과를 보고받을 것
4. 제3호에 따른 점검 또는 보고 결과 실시되지 않은 교육에 대해서는 지체 없이 그 이행의 지시, 예산의 확보 등 교육 실시에 필요한 조치를 할 것

# 03 안전보건 확보의무 개요도

**법 제4조(사업주와 경영책임자등의 안전 및 보건 확보의무)**

| | |
|---|---|
| **1** 재해예방에 필요한 인력 및 예산 등 안전보건관리체계의 구축 및 그 이행에 관한 조치 (법 제4조제1항제1호) | ① 안전·보건 목표와 경영방침의 설정<br>② 안전·보건 업무를 총괄·관리하는 전담 조직 설치<br>③ 유해·위험요인 확인 개선 절차 마련, 점검 및 필요한 조치<br>④ 재해예방에 필요한 안전·보건에 관한 인력·시설·장비 구비와 유해·위험요인 개선에 필요한 예산 편성 및 집행<br>⑤ 안전보건관리책임자 등의 충실한 업무수행 지원(권한과 예산 부여, 평가기준 마련 및 평가·관리)<br>⑥ 산업안전보건법에 따른 안전관리자, 보건관리자 등 전문 인력 배치<br>⑦ 종사자 의견 청취 절차마련, 청취 및 개선방안 마련·이행 여부 점검<br>⑧ 중대산업재해 발생 시 조치 매뉴얼 마련 및 조치 여부 점검<br>⑨ 도급, 용역, 위탁 시 산재예방 조치 능력 및 기술에 관한 평가기준·절차 및 관리비용, 업무수행기간 관련 기준 마련·이행 여부 점검 |
| **2** | 재해 발생 시 재발방지 대책의 수립 및 그 이행에 관한 조치(법 제4조제1항제2호) |
| **3** | 중앙행정기관·지방자치단체가 관계 법령에 따라 개선, 시정 등을 명한 사항의 이행에 관한 조치 (법 제4조제1항제3호) |
| **4** 안전·보건 관계 법령에 따른 의무이행에 필요한 관리상의 조치 (법 제4조제1항제4호) | ① 안전보건관계법령에 따른 의무 이행 여부에 대한 점검<br>② 인력 배치 및 예산 추가 편성·집행 등 의무 이행에 필요한 조치<br>③ 유해·위험 작업에 대한 안전·보건 교육의 실시 여부 점검<br>④ 미실시 교육에 대한 이행의 지시, 예산의 확보 등 교육 실시에 필요한 조치 |

**법 제5조(도급·용역·위탁 등 관계에서의 안전 및 보건 확보의무)**

- 사업주 또는 경영책임자 등은 사업주나 법인 또는 기관이 제 3자에게 도급·용역·위탁 등을 행한 경우에는 제 3자의 종사자에게 중대산업재해가 발생하지 아니하도록 제4조의 조치를 하여야 한다.
- 다만, 사업주나 법인 또는 기관이 그 시설, 장비, 장소 등에 대하여 실질적으로 지배·운영·관리하는 책임이 있는 경우에 한정한다.

**그림 1.1 안전 및 보건 확보의무 개요도**

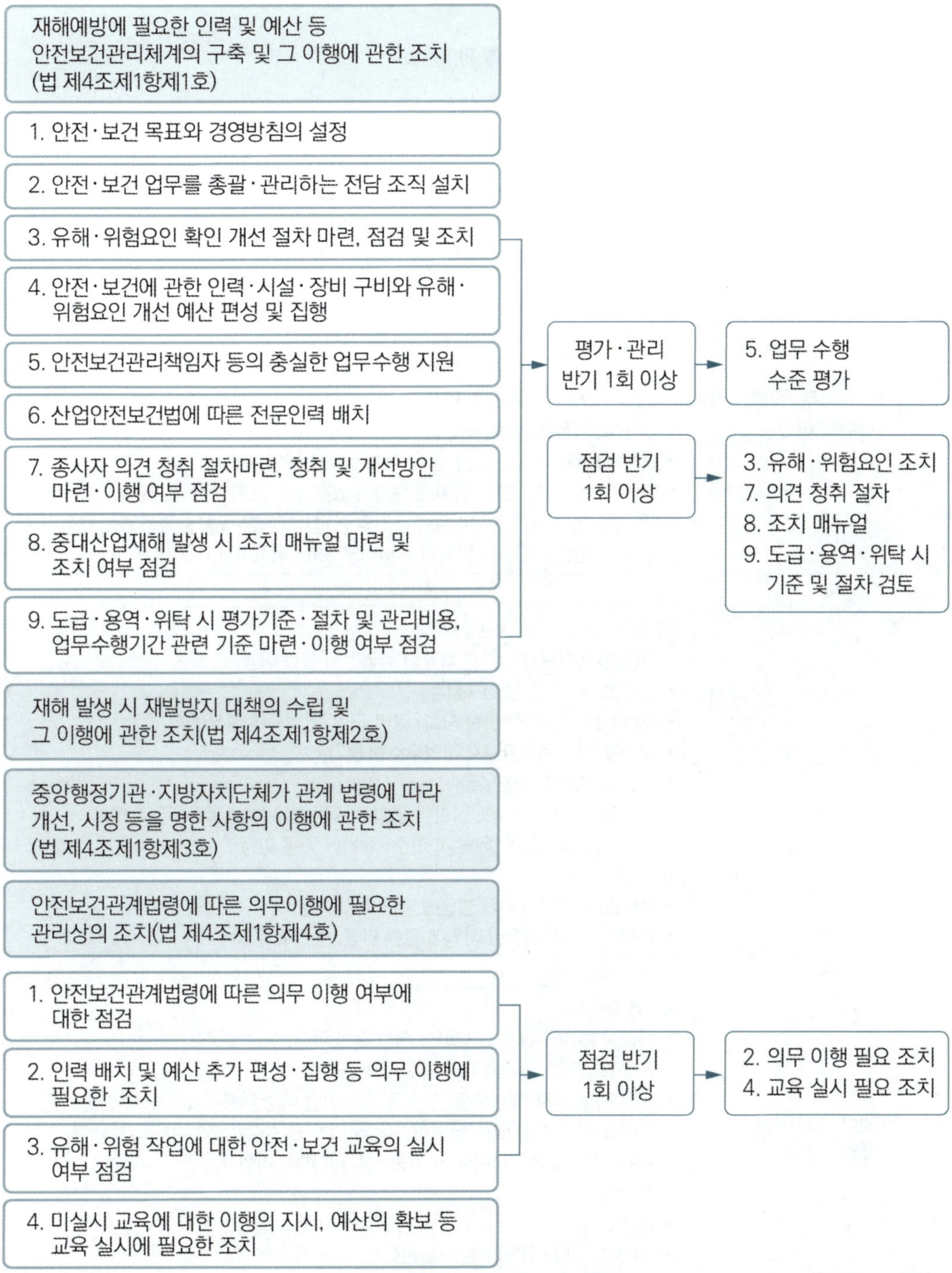


**그림 1.2 안전 및 보건 확보의무 이행 체계도**

| 단계 | 내용 |
|---|---|
| ① 지배·관리사업장, 도급·용역·위탁사업 파악 | • 본사, 사업장별로 현황 파악 |
| ② 조직·인력 등 확보 | 시행령 제4조<br>• (제2호) 안전·보건 업무를 총괄하는 전담 조직 설치<br>• (제6호) 산업안전보건법에 따른 전문 인력 배치 |
| ③ 목표, 기준, 절차, 매뉴얼 마련 | 시행령 제4조<br>• (제1호) 안전보건에 관한 목표와 경영방침 설정<br>• (제3호) 유해·위험요인을 확인하여 개선하는 업무절차 마련<br>• (제4호) 안전·보건 관련 예산 편성<br>• (제5호) 안전보건관계자의 업무수행 평가 기준 마련<br>• (제7호) 종사자 의견 수렴 절차, 청취 및 개선방안 마련<br>• (제8호) 중대산업재해, 급박한 위험이 있을 경우 조치 매뉴얼 마련<br>• (제9호) 도급·용역·위탁 시 수급인의 산업재해예방 조치 능력에 관한 평가기준, 안전보건을 위한 적정 관리비용 기준, 적정기간 기준 마련 |
| ④ 이행 | 시행령 제4조<br>• (제1호) 안전보건에 관한 목표와 경영방침 설정·이행<br>• (제3호) 유해·위험요인 점검<br>• (제4호) 안전·보건 관련 시설·장비 구비 등 필요한 예산 집행<br>• (제5호) 안전보건관계자의 업무수행 평가<br>• (제7호) 종사자 의견 수렴<br>• (제8호) 중대산업재해, 급박한 위험이 있을 경우 매뉴얼에 따라 조치<br>• (제9호) 도급·용역·위탁 시 기준·절차에 따른 이행<br>시행령 제5조<br>• (제1호) 안전보건 관계 법령에 따른 의무 이행<br>• (제3호) 유해·위험한 작업에 관한 안전·보건 교육실시 |
| ⑤ 반기 1회 이상 점검·평가 | 시행령 제4조<br>• (제3호) 유해·위험요인 확인, 개선 절차 마련, 점검 및 조치<br>• (제5호) 안전보건관계자의 업무수행 수준 평가<br>• (제7호) 종사자 의견 수렴, 청취 및 개선방안 이행 여부<br>• (제8호) 중대산업재해, 급박한 위험이 있을 경우 매뉴얼에 따른 조치 여부<br>• (제9호) 도급·용역·위탁 시 기준·절차에 따른 이행 여부<br>시행령 제5조<br>• (제1호) 안전보건 관계 법령에 따른 의무 이행에 필요한 조치<br>• (제3호) 유해·위험한 작업에 관한 안전·보건 교육실시에 필요한 조치 |

**그림 1.3 안전 및 보건 확보의무 이행 체계 절차**

# 04 중대재해처벌법 판결 현황 및 시사점

중대재해처벌법이 시행된 이래 2025년 3월 현재까지 약 3년 동안 검찰이 중대재해처벌법을 적용하여 기소한 사건은 약 74건을 넘어섰다. 그중 법원을 통해 약 39건의 1심 판결 선고가 이루어졌다.

중대재해처벌법이 적용되어 기소된 사건 중 무죄 판결이 선고된 사례나 산업안전보건법상 건설공사발주자의 판단 기준에 관한 대법원의 법리를 원용한 사례 등은 중대재해처벌법이 적용된 사건 중 법리적으로 특히 주목할 만한 사건이다.

**표 1.2 중대재해처벌법 1심 판결 현황**(2025.02.28 기준)

| NO | 선고일 | 업종 | 재해 유형 | 형량(원청 대표이사) |
|---|---|---|---|---|
| 1 | 23.04.06 | 건설업 | 떨어짐 | 징역 1년 6월(집유 3년) |
| 2 | 23.04.26 | 제조업 | (물체에) 맞음 | 징역 1년(실형)<br>* 대법원 확정 |
| 3 | 23.06.23 | 건설업 | (물체에) 맞음 | 징역 1년(집유 3년) |
| 4 | 23.08.25 | 건설업 | 끼임 | 징역 1년(집유 2년) |
| 5 | 23.10.06 | 건설업 | (물체에) 맞음 | 징역 1년 6월(집유 3년) |
| 6 | 23.10.12 | 공동주택관리업 | 떨어짐 | 징역 8월(집유 2년) |
| 7 | 23.10.18 | 건설업 | 무너짐 | 징역 1년 2월(집유 3년) |
| 8 | 23.11.03 | 제조업 | 중독 | 징역 1년(집유 3년) |
| 9 | 23.11.09 | 제조업 | 베임 | 징역 1년(집유 2년) |
| 10 | 23.11.17 | 건설업 | 끼임 | 징역 1년(집유 2년) |
| 11 | 23.11.21 | 건설업 | 떨어짐 | 징역 1년(집유 2년) |

| NO | 선고일 | 업종 | 재해 유형 | 형량(원청 대표이사) |
|---|---|---|---|---|
| 12 | 23.12.21 | 건설업 | 끼임 | 징역 6월(집유 1년) |
| 13 | 24.01.16 | 제조업 | 끼임 | 징역 1년 2월(집유 2년) |
| 14 | 24.02.07 | 건설업 | 떨어짐 | 징역 1년(집유 2년) |
| 15 | 24.04.04 | 제조업 | 끼임 | 징역 2년(실형) |
| 16 | 24.04.24 | 건설업 | 감전 | 징역 1년(집유 2년) |
| 17 | 24.05.02 | 건설업 | 떨어짐 | 징역 1년(집유 2년) |
| 18 | 24.07.04 | 제조업 | (물체에) 맞음 | 징역 1년 6월(집유 2년) |
| 19 | 24.08.08 | 건설업 | 떨어짐 | 징역 1년(집유 2년) |
| 20 | 24.08.20 | 제조업 | 떨어짐 | 징역 2년(실형)<br>* 법인 벌금 20억 원 |
| 21 | 24.08.21 | 건설업 | 떨어짐 | 징역 1년(집유 2년) |
| 22 | 24.08.27 | 공동주택관리업 | 떨어짐 | 징역 8월(집유 2년) |
| 23 | 24.09.10 | 제조업 | 끼임 | 벌금 3,000만 원 |
| 24 | 24.09.26 | 제조업 | 끼임 | 벌금 5,000만원 |
| 25 | 24.10.07 | 제조업 | 끼임 | 징역 1년(집유 2년) |
| 26 | 24.10.16 | 건설업 | 끼임 | 무죄(전단 무죄, 적용 유예) |
| 27 | 24.10.16 | 건설업 | 무너짐 | 징역 2년(실형) |
| 28 | 24.10.16 | 건설업 | 끼임 | 징역 9월(집유 1년) |
| 29 | 24.10.30 | 건설업 | 무너짐 | 징역 1년 6월(집유 3년) |
| 30 | 24.11.20 | 폐기물, 종합재활용업 | 화재폭발 | 징역 1년(집유 2년) |
| 31 | 24.11.27 | 폐기물처리업 | 화재폭발 | 징역 10월(집유 1년) |
| 32 | 24.12.19 | 제조업 | (물체에) 맞음 | 무죄(후단 무죄, 구성요건 흠결) |
| 33 | 25.01.07 | 제조업 | (물체에) 맞음 | 징역 8월(집유 2년) |
| 34 | 25.01.09 | 제조업 | 끼임 | 징역 1년 6월(실형) |
| 35 | 25.01.21 | 제조업 | 끼임 | 징역 1년(집유 2년) |
| 36 | 25.02.13 | 화력발전업,<br>노무관리용역업 | 전도 | 무죄(후단무죄, 인과관계 부정) |
| 37 | 25.02.18 | 제조업 | (물체에) 맞음 | 징역 1년(집유 2년) |
| 38 | 25.02.19 | 조선업, 건설업 | 끼임 | 무죄(전단 무죄, 적용 유예) |
| 39 | 25.02.28 | 제조업 | (물체에) 맞음 | 징역 1년(집유 2년) |

최근까지 판결 현황에 의하면 중대산업재해가 가장 많이 발생하는 업종은 건설업과 제조업이다. 재해 유형으로는 떨어짐, 끼임, 물체에 맞음 등의 재해가 가장 많았다. 또한 동바리의 붕괴나 폭발과 같이 다수의 인명 피해를 야기한 사건들도 포함되어 있다. 중대재해처벌법이 적용된 사건의 판결 역시 전형적으로 우리나라 산업재해에서 발생하는 특징을 보여주고 있다.

중대재해처벌법의 가장 효과적인 대응은 사후 형사처벌의 면책에만 집중할 것이 아니라 사전적인 기업의 컴플라이언스 시스템을 구축하고 실질적으로 운용됨이 매우 중요하다. 현장에서 기본적인 안전보건 수칙이 준수될 수 있도록 '사전적 재해예방'의 관점에서 접근할 필요가 있다.

위반 유형의 경우 작업지휘자 미배치, 작업계획서 미작성, 안전모 미지급, 작업과 관련한 안전교육 미실시, 관리 · 감독의 미흡 등이 문제가 되었다. 각 유해 · 위험 요인별로 규정하고 있는 안전보건규칙이 현장에서 기본적으로 지켜지지 않았고 재해자는 대부분 협력업체 소속 근로자들이었다.

판결이 점차 쌓이면서 중대재해처벌법의 의무 내용이 점차 구체화 되고 있다. 단순히 형식적인 절차가 마련되었는지의 여부를 떠나 당해 절차가 안전보건 확보의무 이행의 관점에서 얼마나 실질적이고 체계적으로 운용되었는지의 여부가 재판의 주된 심리대상이 되고 있다.

그 과정에서 법원은 사업장의 고유한 특성이나 규모가 반영된 안전보건 확보의무의 실질적인 이행을 강조하고 있다. 법원은 일반적인 매뉴얼 마련이나 단순히 형식적인 서류 작성만으로는 안전보건 확보의무를 충실히 이행하였다고 볼 수 없다는 법리이다. 안전보건경영방침 및 목표가 지나치게 추상적일 뿐, 재해 감소를 위한 경영적 차원에서의 노력이나 구체적인 대책 방안 등이 담겨있지 않거나, 위험성평가의 서류상 관리에 그칠 뿐, 실제로 현장에서 유해 · 위험요인의 감소 및 개선대책이 제대로 이루어졌는지 점검하지 않은 경우도 안전보건 확보의무를 이행하였다고 볼 수는 없다고 보고 있다.

중대재해처벌법상 의무이행 여부를 본격적으로 판단하여 무죄를 선고한 사례도 있다. 대구지방법원 서부지원은 자동차 부품 제조회사 사업장 내에서 플라스틱 소재의 수공구가 압축성형기에 끼어 압착되었다가 튕겨 나오면서 사내 협력업체 소속 근로자를 충격하여 해당 근로자가 사망한 사건에서 2024.12.19. 자동차 부품 제조회사 대표이사 등 피고인 전원에게 무죄를 선고하였다. 해당 사건에서 법원은 발생한 사고가 합리적으로 예견하기 어려운 사고라는 점을 전제로 자동차 부품회사 대표이사 및 사내 협력업체 사업주가 그에 대비한 안전보건 조치 의무를 부담한다고 보기 어렵다고 판단하였다. 다만, 자동차 부품 제조회사 대표이사가 중대재해처벌법령에 따른 의무 중에 안전보건 전담조직 설치 의무는 이행하지 않은 것으로 보았다. 그러함에도 법원은 해당 사고가 예견하기 어려운 사고였던 점이나 회사가 사업장 순회점검 등을 충실히 실시하였지만 수공구의 사용이나 그로 인한 위험요인을 발견할 수 없었던 점에 비추어 안전보건 전담조직 설치 의무를 이행하지 않은 점과 중대재해 발생 사이에 인과관계가 없다고 판단하였다.

이처럼 법령에 따른 의무를 일부 이행하지 않았더라도 중대재해의 결과 발생에 원인이 되지 않았다면 처벌할 수 없다고 함으로써 법령의 이행 여부와 결과 사이의 인과관계를 명시적으로 판단한 점이 이 사건 판결의 가장 주요한 시사점이다.

위와 같은 무죄 선고에도 불구하고 나머지 대다수 사건에서 법원이 중대재해처벌법의 입법취지를 최대한 존중하여 엄정한 법 집행의 의지를 표현하고 있음에는 변함이 없다. 위 무죄 4건을 제외한 나머지 사건들은 중대재해처벌법 위반죄(산업재해치사)로 모두 유죄가 선고되었고, 그중 징역형의 실형은 5건에 이른다.

그중 제20호 판결의 경우 경영책임자가 징역 2년의 실형으로 법정 구속되었고, 당해 법인에는 무려 20억 원의 역대 최고의 벌금형이 선고되었다. 종전의 산업안전보건법만 적용되던 재해 사건에서는 무죄 판결이 다수 있었고, 유죄가 인정되더라도 벌금형이 다수 선고되거나 벌금 액수가 크지 않았다는 점을 고려하면 상당한 변화인 셈이다.

특히 법원은 관행적으로 안전보건 조치가 미흡한 상태를 인식하지 못하고 이를 방치하거나 반복되는 동종·유사 재해가 발생한 경영책임자에게는 더욱 엄정한 모습을 보이고 있다.

반면에, 중대재해처벌법상 의무를 이행하기 위해 사고 전후로 적극적으로 노력한 사정이나 재발방지를 위한 강력한 의지는 처벌 불원과 함께 가장 중요한 감경 요소 중 하나로 꼽혔다.

사고가 발생하기 전은 물론 사고발생 후라도 중대재해처벌법상 안전보건 확보의무 이행을 위한 안전보건관리체계 구축 컴플라이언스가 강조되는 이유이다.

# 제2장

# 중대재해 발생 시 수사 대응 방안

# 01 개요

중대산업재해 사고가 발생하기 전에 안전보건관리체계를 구축하여 사고를 예방하는 것이 가장 좋은 방법이다. 그러나 불가피한 사고가 발생한 경우 과잉처벌을 받지 않도록 수사 대응을 할 필요가 있다.

건설현장에서 중대재해가 발생하게 되면 재해자 구조활동과 함께 고용노동부 근로감독관과 안전보건공단 직원, 경찰이 동시에 그리고 별도의 수사를 진행하게 된다. 그 결과 수사기관은 혐의 유무 확인을 위해 단기간 집중적으로 다수의 참고인, 피의자 조사를 진행한다.

근로감독관은 중대재해처벌법이 시행된 이후 중대재해처벌법 수사와 관련해서 중대재해처벌법상 경영책임자를 누구로 특정해야 하는지의 여부, 특정된 경영책임자가 중대재해처벌법상 안전 및 보건 확보의무를 이행하였는지 여부를 수사하게 된다.

수사기관이 중대재해처벌법상 경영책임자를 특정하여 입건하게 되면 중대재해가 발생한 기업으로서는 검찰의 처분이나 법원의 판결을 통해 상당 기간 동안 수사나 재판을 받는 과정을 거쳐야 한다는 점에서 그 자체로 상당한 형사 리스크에 해당한다.

중대재해 발생 시 제대로 준비되지 않은 상태에서 대응을 한다면 위반 행위가 없음에도 처벌을 받거나, 실제 행위에 비해 무거운 형벌이 내려질 수도 있다. 그렇기에 사고가 발생한 경우 수사 초기부터 사실관계를 신속히 파악하여 확실히 대응하는 것이 필요하다.

중대산업재해 발생 시 중대재해처벌법 위반, 산업안전보건법 위반, 형법상 업무상 과실치사상의 죄에 대한 수사가 개시된다. 이때 지방고용노동청은 검찰의 지휘를 받아 경찰은 자체적으로 각각 수사를 진행하고, 검찰은 이들 사건을 송치 받아 수사하게 된다.

초기에는 지방고용노동청과 경찰이 공동으로 압수수색을 하는 경향이 있었으나, 최근에는 사고 당일 사업장, 본사 방문을 통하여 자료 임의제출 요구가 이루어지고 있다. 즉, 중대재해 발생 시 중대재해처벌법 및 산업안전보건법 위반 여부에 대하여 변호인 입회 이전에 참고인 조사 형식으로 위반에 대한 내용과 자료를 확보하려는 시도가 이루어지고 있다.

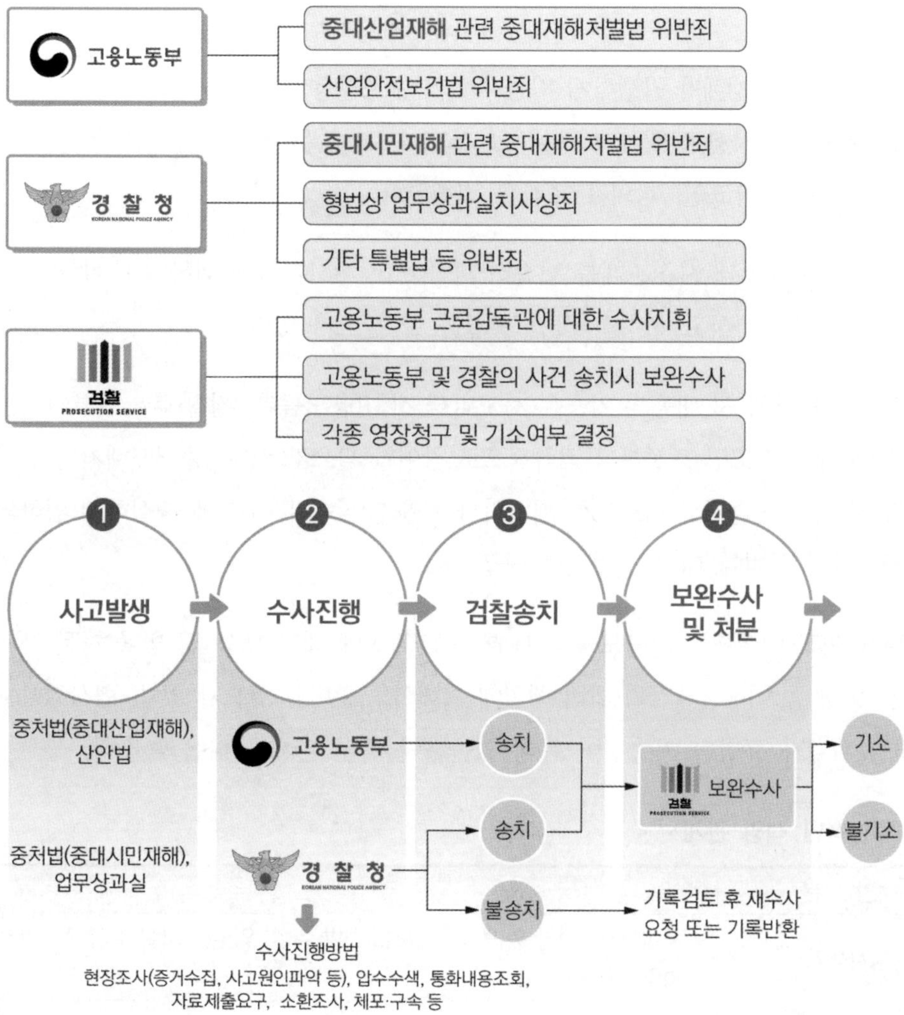


**그림 2.1 중대재해 발생 시 수사 처리 절차도**

# 02 형사절차를 통한 각종 책임 관계

산업현장에서 중대재해가 발생하게 되면 재해자 구조활동과 함께 근로감독관, 경찰이 동시에 그리고 별도의 수사를 진행하게 된다. 그 결과 수사기관은 혐의 유무 확인을 위해 단기간 집중적으로 다수의 참고인, 피의자 조사를 진행한다.

따라서 수사 초기부터 사실관계를 신속히 파악하고, 수사기관에 대하여 충실한 소명을 함으로써 책임을 최소화하고 신속히 사건 종결을 할 필요가 있다.

중대산업재해 발생 시 대응의 기초는 사고발생 시 고용노동부, 경찰에서 이루어지는 재해 목격자 등에 대한 참고인 조사부터 적극적으로 참여할 필요가 있다. 중대재해처벌법 및 형사벌의 위법성 여부 진술에서 리스크를 최소화하는 게 핵심이다. 수사에 충실하게 임하되 일관된 진술을 하여 처벌에 대한 위험성을 줄일 필요가 있다.

사고발생 이후 이어지는 고용노동부 특별 근로 감독에 대한 대응 및 법률 자문, 유족과의 합의, 원·하청 등 이해관계자의 법적 책임에 대해서도 준비할 필요가 있다. 형사절차를 통해 각종 책임 관계가 규명될 가능성이 큰데 일반적인 책임 관계는 다음과 같다.

**표 2.1 일반적인 책임 관계**

| 책임 구분 | 내용 |
|---|---|
| 형사책임 | • 중대재해처벌법 위반, 산업안전보건법 위반, 업무상 과실치사상죄, 기타 관련 법령 위반 등 |
| 민사책임 | • 유족 등 피해자에 대한 손해배상, 작업 중지 등에 따른 계약상 책임 등 |
| 행정제재 | • 영업정지, 하도급 참여 제한 등 |
| 기타 : 사실상의 불이익 | • 기업 이미지 실추, 거래 제한 등 |

# 03 중대산업재해 수사는 어떻게 이루어지는가?

## 3.1 수사절차

중대재해가 발생하면 3개의 기관이 현장조사 또는 수사를 개시한다.

**표 2.2 중대재해 발생 시 수사 기관**

| 수사 및 조사기관 | 내용 |
|---|---|
| 고용노동지청 산재예방지도과 | • 사고현장조사, 작업중지 등 행정명령 |
| 지방고용노동청 광역중대재해수사과 | • 중대재해처벌법 위반 여부에 대한 수사 |
| 경찰(시 · 도경찰청 포함) | • 업무상 과실치사상죄에 대한 수사 |

수사절차는 일단 현장조사 및 참고인 조사, 관련 자료의 임의제출 및 압수수색이 진행되기도 한다. 자료수집 및 참고인 조사 후 또는 이와 병행하여 피의자에 대한 조사가 진행된다.

고용노동부와 경찰의 수사가 종료되면 사건은 검찰로 송치된다. 고용노동부 지방고용노동청은 검사의 지휘를 받아 사건을 송치하고 경찰은 자체 판단에 따라 송치한다. 송치된 사건에 대해서는 검찰이 최종적으로 기소 여부를 판단하게 된다. 기소가 되면 법원의 재판이 시작된다. 지금까지 판례를 분석해 보면 검찰이 기소하면 특별한 경우가 아니면 거의 유죄로 판결되었다. 그러나 최근에는 인과관계 불성립에 따라 무죄 판결이 나기도 했다.

수사란 형벌 법규를 위반한 범인을 발견 확보하고 증거를 수집, 보전하며 범죄의 혐의 유무를 명백히 하여 공소의 제기 및 유지 여부를 결정하는 수사기관의 일체 활동을 말한다.

수사는 처벌을 목적으로 현행 법령 위반 여부를 따지는 조사이다. 수사관은 법령으로 정하지 않은 원인은 수사 대상에 포함시키지 못하며 사고와 법 위반과의 명확한 인과관계에만 집중한다.

수사 과정은 일반적으로 비공개의 원칙이 적용되므로 사건 초기에 사회적으로 교훈을 삼기 어렵다. 판결문은 일반적으로 공개되지 않으므로 이마저도 재발방지에 활용되지 못하고 있다. 공무원이 아닌 전문가들이 참여하여 조력하기도 쉽지만은 않은 상태다.

수사를 하는 과정에서 수사관들은 종종 사후 확증편향에 빠지는 경향이 있다. 피의자는 불리할 경우 묵비권 등 방어권을 행사할 수 있다.

## 3.2 중대재해처벌법에 따른 재해조사

고용노동부 지방고용노동지청 산재예방지도과에서는 중대재해가 발생할 경우 산업안전보건법령에 따라 사고 현장조사를 하고 작업중지 등 행정명령을 한다.

사업주가 작업을 재개하려면 법 위반사항을 포함한 총체적인 원인조사를 하고 재발방지대책을 수립해야 한다. 그리고 작업중지 해제 심의위원회에서 수립한 대책을 발표해야 한다.

중대재해처벌법의 집행과정에서는 당국의 수사뿐만 아니라 사업주의 재해조사도 함께 이루어지게 된다. 당국의 중대산업재해 수사 결과 중 대표적인 사례들은 2023년부터 백서의 형태로 공개되고 있다.

중대재해 사고백서에는 실제 발생한 중대재해 중에서 동종 및 유사기업들이 반면교사로 삼을 수 있는 주요 사례가 담겨있다. 사고의 기술적 원인을 넘어 기업의 작업환경, 조직문화, 안전보건관리체계 등 사고 상황에 대해 상세히 분석한 점도 특징이다.

# 04 단계별 대응 기본개념

## 4.1 중대산업재해 발생 보고

중대산업재해가 발생하면 사고가 발생한 현장에서는 본사 안전담당부서나 당직자, 안전담당 임원(CSO)에게 사고상황을 즉시 보고할 필요가 있다. 이때 사고가 발생한 현장에서는 유선이나 무선으로 보고를 한다. 인원이나 규모가 적은 중소기업의 경우에는 대표이사에게 즉시 보고하는 방법도 있다.

## 4.2 중대산업재해 상황 접수 및 전파

### 1) 상황 신고 접수 방법

주간에는 본사 안전담당부서가 접수한 후 안전담당 임원(CSO)에게 보고 한다. 반면에 야간에는 상황을 접수받은 당직자가 안전담당 임원에게 유선이나 무선을 활용하여 보고한다. 이때 보고를 받은 안전담당 임원은 즉시 대표이사에게 보고한다.

### 2) SNS를 통해 상황전파

상황을 접수한 본사 안전담당부서에서는 즉시 SNS(카톡, 밴드 등) 대응방에 관련 상황을 공지한다. SNS 대응방은 사고 규모, 인명 피해, 사회적 이슈 등에 따라 단계를 구분하여 개설, 운영한다.

이때 SNS 대응방 가동 시에는 본사 대표이사, 안전담당 임원, 소관부서 담당 임원, 부서장, 안전담당부서장, 언론담당부서, 현장소장, 현장에 출동하여 연락할 직원 등을 초대한다.

### 3) 사고대응 상황반 운영

안전담당 임원은 온-오프라인상 사고발생 상황에 대한 상황반의 최고책임자가 된다. 사고정보 수집 및 수사 대응, 현장 지휘 등을 총괄하여 수행한다. 꼭 안전담당 임원이 아니더라도 본사에서 순발력이 뛰어나고 가장 유능한 임원급이 담당하는 것이 좋다.

## 4.3 현장출동 및 협업 지원 체계 구성

### 1) 현장 출동

사고가 발생한 현장에 안전담당부서장을 포함한 직원이 일차적으로 출동한다. 동시에 본사 담당부서장과 직원이 출동한다. 이때 사고발생 상황에 대해 본사에 수시로 연락하는 직원 1~2명을 연락담당자로 지정하여 운영할 필요가 있다.

그러나 중소기업의 경우에는 여력이 없기에 타 현장의 직원까지 동원하여 사고가 발생한 현장을 지원할 필요가 있다.

이때 현장 상황을 연락하는 담당 직원의 임무는 다음과 같다.

① 사고개요(사고시간, 사고 위치, 사고발생 경위, 인적, 물적피해범위 등) SNS 대응방에 관련 내용 공지
② 사고발생부터 진행사항을 상황 종료 시까지 실시간 SNS 대응방에 공지
③ 사안에 따라 사고대응본부 구성 시 본사 또는 현장 상황실에 상주하면서 해당 현장과

본사 간 실시간 연락체계 유지 및 정보공유 등 상황 임무 수행

### 2) 피해 규모, 사실관계 등 재난상황 면밀히 파악 보고

현장 사진, 동영상 등을 본사 SNS 대응방에 게시하여 상황을 공유한다. 주요 보고내용은 사고원인, 피해 규모, 주변 시민들의 불편사항, 유가족 상황, 수사기관 출동 현황 등을 기본으로 하고 필요한 사항을 현장 상황에 따라 추가로 보고한다.

### 3) 관련 부서와 협업 체계 유지 및 대표이사에게 수시 상황보고

SNS 대응방 개설을 통해 관련 부서와 협업하여 대응토록 조치할 필요가 있다.

심각(사망, 다수 부상자)한 피해, 피해 확산 및 시민피해 가중, 집중적 언론보도 및 사회적 이슈가 되는 사고 등 주요 사고의 경우에는 사고발생 부서장, 안전담당 임원이 대표이사에게 전화, SNS, 문자 등을 활용하여 수시로 보고한다.

## 4.4 대표이사 현장 출동

사고의 성격과 피해상황 등을 감안하여 본사 업무 지원부서와 협의하여 대표이사의 현장 출동 여부를 결정한다. 가능하면 중소기업의 경우에는 대표이사가 현장을 방문하여 상황을 파악하고 필요한 조치를 하도록 할 필요가 있다.

안전담당 임원은 현장확인 시 발견된 미흡사항 등에 대한 조치가 대표이사의 대외발표 시에 반영될 수 있도록 공조한다. 특히, 대표이사 이동 중 최초 발표내용을 보고하는 과정에서 대표이사의 지시사항이 있었던 경우 이를 누락하지 않도록 유의할 필요가 있다.

## 4.5 긴급 복구자원(인력/장비) 동원 및 피해자 지원

### 1) 재해자 현황 파악 및 유가족 연락

안전담당부서나 실무부서에서는 재해자의 인적사항을 확인하고 유가족에게 사고상황을 연락한다. 또한 목격자 현황 등을 파악한다.

사망이나 부상자에 대해서는 본사 총무, 공무, 노무나 인사 당당부서가 피해자 유가족을 지원한다. 주요 지원 내용은 장례 전문가 및 화장장 지원을 포함하여 사상자 및 피해자 유가족 연락 등 상황반 책임자의 지시에 따라 지원을 한다.

사상자 발생 시 피해자 유가족 지원팀을 구성하고 유가족 등과의 연락 전담 직원을 지정하여 조속히 유가족 등에게 연락한다.

사상자를 수용하기 위한 병원 · 영안실 등을 확보하고 병원별로 전담직원을 배치하여 정확한 입원 현황 등을 파악한다.

이때 병원 배치 직원을 SNS 대응방에 초대하여 운영할 필요가 있다. 시신 확인 시 유가족 등이 심리적으로 충격을 받지 않도록 사전에 확인절차 등을 소상히 설명한다.

가족관계증명서나 신분증 등 증빙 가능한 증명서로 확인한 후 가족에게 시신을 인도한다. 단, 이러한 확인이 불가능한 경우에는 치과진료 기록 등을 활용하되 DNA 검사 결과가 나올 때까지 장례를 치르지 않는 조건으로 인도하여 시신이 잘못 인도될 경우 발생할 수 있는 2차 피해를 예방한다.

관공서에서 확인 가능한 가족관계증명서 등은 따로 요구하지 말고 컴퓨터 단말기 등을 통해 신원확인에 필요한 정보를 최대한 제공한다. 일반적인 시신 신원확인 절차는 다음과 같다.

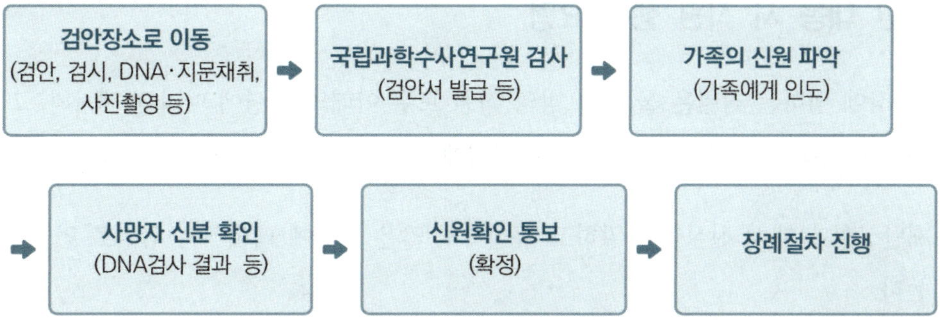


**그림 2.2 시신 신원확인 절차**

### 2) 유가족 대응

피해자와 유가족을 대면하는 직원은 단정한 복장(신분증 패용)과 정중한 태도를 유지하고 부적합한 언행을 자제할 필요가 있다.

### 3) 온라인 여론 동향 파악

언론 대응을 담당하는 홍보 부서에서는 실시간 SNS 모니터링을 통해 온라인 여론 동향을 파악하여 상황반을 책임지고 있는 안전담당 임원에게 보고한다. 또한 대표이사나 안전담당 임원의 대외 발표 메시지 자료 작성을 지원한다.

### 4) 방문인사 응대 지원

현장 상황반은 고용노동부, 경찰 등 관계자, 정치인(국회의원, 시의원 등) 등 외부인사가 사고현장을 방문하는 경우 응대 및 안내를 지원한다.

## 4.6 재난 대응 시 직원 행동 요령

재난현장에 임하는 직원은 물론 그 밖의 직원 모두 아래의 요령에 따라 피해자와 그 가족, 시민 등에게 마음의 상처를 주지 않도록 언행에 유의하면서 수습과 복구에 전력을 다한다.

① 재난상황에 대해 진실만을 말하고 확실하지 않은 사항에 대해서는 임의로 언급하지 않는다.

② 우왕좌왕하거나 당황하지 말고 차분하게 대처하면서 친절하고 따뜻한 자세를 유지하는 등 신뢰감을 얻을 수 있도록 행동한다.

③ 상황반 · 사고현장 등에서는 웃음, 잡담, 언쟁, 간부에게 과도한 친절베풀기 등 과잉 의전, 정해진 장소 외 취식, 음주, 기념사진 촬영, 긴급차량의 목적 외 사용 등 부적절한 행동을 삼간다.

④ 상황반과 사고현장에서 활동하는 직원은 원칙적으로 안전담당부서에서 지급하는 비상근무복을 착용한다.

⑤ 기타 타 현장 직원들도 유흥, 해외여행, 부서 회식 등을 자제하면서 피해자에 대한 애도와 위로 분위기를 유지한다.

⑥ 법규만을 앞세우지 않고 피해자 등의 요구사항을 최대한 수용할 수 있는 방안을 찾되, 무리한 요구에 대해서는 피해자 등의 마음이 진정되기를 기다려 관련 규정 등을 소상히 설명하고 이해를 구한다.

⑦ 피해자 등으로부터 예상하지 못한 요구사항이 있을 경우 부정적인 즉답을 삼가고 관련 부서의 의견을 들어 답변한다.

⑧ 수사나 조사관련 기관 직원들의 요구사항에 대해서는 상황반에 이야기하고 상황반의 통제하에 행동한다.

# 05 수사대응 기본전략

## 5.1 수사 초기 대응 전략

수사의 초기 단계는 전체 사건의 향방을 결정짓는 중요한 시기이다. 이 단계에서의 적절한 대응은 이후의 법적 절차에 결정적인 영향을 미치게 된다.

일반적으로 대형 로펌에서는 초기부터 재판과정까지 대응에 자문하고 있는데 기본개념을 살펴보면 다음과 같다.

가장 먼저 압수수색에 대한 철저한 대비와 대응, 최신 기술을 활용한 디지털 포렌식 자문, 피의자신문 준비 및 동행, 구속영장 청구 저지 등 초기 단계의 모든 절차에 대해 전문적이고 체계적인 대응 전략을 제공하고 있다.

압수수색 과정에서의 위법한 증거 수집을 방지하고, 피의자신문 시 불리한 진술을 최소화하며, 구속 위험을 효과적으로 차단하는 데 주력하게 된다. 또한 수사 초기부터 의뢰인의 권리를 철저히 보호하고, 향후 법적 절차에서 유리한 위치를 선점하는 것을 목표로 대응을 하고 있다.

## 5.2 수사 중기 및 후기 대응 전략

수사가 본격화되면 확보된 증거를 철저히 분석하고 이에 기반한 법적 대응책을 수립한다.

이 과정에서 검찰과 경찰의 수사 관행과 전략을 깊이 이해하고 있는 검찰, 경찰 출신 변호사들의 경험을 적극 활용한다. 또한, 송치/기소 전 단계에서는 경찰/검찰과의 효과적인 커뮤니케이션을 통해 구체적 범죄혐의의 범위를 조율하거나 불기소 처분을 이끌어내는 데 주력한다.

필요한 경우, 수사 과정의 위법성을 지적하거나 추가 증거 제출을 통해 의뢰인에게 유리한 국면을 조성한다.

기소 이전 단계에서 사건을 최대한 유리하게 마무리하거나, 기소가 불가피한 경우 공소사실을 최소화하여 향후 재판에서의 방어 가능성을 극대화하는 것을 목표로 활동한다.

## 5.3 재판 단계 전략

재판 단계에서는 공소사실을 면밀히 분석하고, 이에 대한 강력한 방어 논리를 개발한다.

이 과정에서 법원 출신 변호사들의 경험과 통찰이 큰 역할을 한다. 증거 신청과 반박 전략을 통해 검찰 측 주장의 허점을 공략하고 의뢰인에게 유리한 증거를 효과적으로 제시한다.

법정에서는 재판부를 설득할 수 있는 논리적이고 설득력 있는 변론을 펼치며, 정확한 양형 분석을 바탕으로 최선의 결과를 도출하기 위해 노력한다. 단순히 무죄를 이끌어내는 것이 아니라 각 사건의 특성과 의뢰인의 상황을 고려한 최선의 결과를 얻어내는 것을 목표로 접근한다.

# 06 초기 수사 단계 대응요령

## 6.1 현장조사 단계 대응요령

### 1) 기관별 사고경위 파악 및 증거확보와 사고 원인 조사를 위한 현장 출입 시 대응요령

현장을 출입하는 기관은 고용노동부 지방청(지방청 광역중대재해관리과, 지청 산재예방지도과 등), 안전보건공단, 경찰(지방청 형사기동대 · 과학수사대, 경찰서 형사팀 등), 국과수, 지자체, 국토부 등 기타 유관기관 등이 있다.

이 단계에서는 현장 출입관리 담당자를 지정하고 사고현장에 출입하는 사람들의 소속, 성명, 출입시간과 장소 등을 파악 · 기록하여 수사 진행상황에 대한 확인이 필요하다.

### 2) 자료 임의제출 요구 단계 대응요령

수사기관 대응 담당자를 지정하고 수사기관 요청 사항의 응대 창구는 일원화가 필요하다. 현장에서 자료 임의제출 요구를 받더라도 가급적 추후 사고 및 범죄혐의와의 연관성을 검토한 후 변호인을 통해 제출하는 것이 바람직하다. 불가피한 경우 객관적인 자료(조직도, 인원현황, 사내규정 등)을 중심으로 제출하되 제출하는 자료는 반드시 사본을 교부하거나 원본 제출 시 사본을 보관해야 한다. 이때 자료는 사후 수정이나 가공은 절대로 금지해야 한다.

관계기관에서 각종 서류, 전자정보(결재문서, 이메일 등), 소지품(핸드폰) 등 영장 없는 수색은 불법이다.

### 3) 현장 참고인 조사 또는 인터뷰 요구 단계 대응요령

수사기관에서는 사고발생 직후 현장 목격자 및 관련 부서 책임자 등을 상대로 사고 경위와 책임소재 확인을 위해 현장 조사(진술조서 작성 등) 및 인터뷰, 진술서 작성 등을 요구하게 된다. 이때 수사기관 대응 담당자를 통해 수사기관 조사·인터뷰 요구 시 피조사자 지원과 상황을 파악할 필요가 있다.

사고 직후 피조사자는 정신적 충격 및 불안 상태에서 사실관계 등을 제대로 파악할 여유가 없어 사실과 다른 진술을 할 우려가 있으므로 조사를 미루거나 변호인 조력이 필요할 경우가 있다.

만약 수사기관이 회사 관계자를 대상으로 진술서 작성을 요구하는 경우 진술서 작성 의무가 없으므로 객관적 사실 외 의견·평가 기재 진술서 작성은 신중히 할 필요가 있다.

### 4) 목격자 진술서 받는 방법

① 목격자 인적사항 : 주민등록번호, 소속, 주소, 현장 최초 출역 일자
② 사고 경위
③ 작업은 누가 어떤 방법으로 지시하였는지
④ 피재자의 보호구 착용 현황 및 사고 당시 보호구 착용 상태
⑤ 채용 시 및 작업내용 변경 시 안전보건교육, 정기안전교육을 받았는지 여부
⑥ 사고 당일 작업지시사항 및 안전에 관한 특별지시사항이 있었는지
⑦ 사고 원인이 무엇이라고 생각하는지
⑧ 사고자와 작업하면서 나눈 대화 내용
⑨ 사고 전날 음주 사실이 있는지 여부
⑩ 사고자의 가족관계를 알고 있는지 여부
⑪ 사고자의 일당 등을 문답 형식으로 상세히 조사

## 5) 중대재해 발생 시 관계기관이 요구하는 서류

중대산업재해가 발생하게 되면 사고 당일 고용노동부 근로감독관과 한국산업안전보건공단 직원이 현장에 나와서 현장조사를 하게 된다. 고용노동부는 현장조사 단계에서 사고발생 원인조사에 중점을 두게 된다.

사고 당일 사고발생 경위, 작업지시 관계, 목격자 진술 내용과 현장소장의 진술 등을 종합하여 사고원인에 따른 산업안전보건법과 중대재해처벌법 위반사항을 조사하게 된다.

이때 고용노동부의 현장조사를 마칠 때까지는 현장을 보존하여야 한다. 현장조사가 끝나면 통상적으로 작업 중지 명령이 내려지게 된다. 작업 중지 명령에 따라 이행조치 하여야 할 부분은 조속히 이행조치를 하여야 한다. 또한 이행조치 결과를 사진 등의 입증서류를 첨부하여 고용노동부에 작업 중지 명령 해지 요청을 공문으로 요청하면 고용노동부는 서면을 검토하여 작업 중지 명령을 해제하게 된다. 중대재해가 발생하게 되면 준비해야 할 서류는 다음과 같다.

① 도급계약서, 하도급계약서
② 원, 하도급 법인 등기부등본 및 사업자등록증
③ 안전보건총괄책임자 및 안전보건관리책임자, 안전관리자 선임계
④ 협력업체 회의록 사본
⑤ 안전보건교육일지(채용 시, 정기, 특별, 작업내용 변경 시)
⑥ 보호구 지급대장
⑦ 작업일지
⑧ 출역일보
⑨ 안전점검일지(추락의 경우 : 추락위험장소 투입 전 사전 안전점검일지 등)
⑩ 사고사진 및 사고 상황도
⑪ 안전조치사항 입증 사진(추락의 경우 : 안전난간대, 추락방망, 안전대걸이시설, 승강로, 발판 등)
⑫ 작업계획서

⑬ 현장안전관리 조직도
⑭ 사망진단서(또는 사체검안서)

## 6.2 압수수색 대응요령

### 1) 압수수색 영장 교부 단계 대응요령

최근에는 압수수색을 실시하는 경우가 많지 않으나 사상자 수가 많거나 증거인멸 정황이 있는 경우, 사회적 이목 집중의 경우에는 압수수색이 활발하게 이루어질 가능성이 높다. 최근 형사소송법 개정으로 수사기관은 피의자에게 압수수색영장 사본 교부 의무가 있다.

압수수색영장을 교부받은 경우 피의자, 범죄사실, 압수 대상·장소의 범위, 압수방법 등을 확인하고 영장 내용에 따라 압수가 이루어지는지 확인할 필요가 있다

압수수색 시 여러 장소에서 여러 명의 피압수자를 대상으로 동시에 진행되는 것이 일반적이기 때문에 피압수자 등 참여자들에게 압수 대상·범위 등 면밀히 확인하도록 조치해야 한다.

### 2) 서류, 물건 등의 압수 단계 대응요령

압수물은 향후 유죄의 증거가 되고 참고인·피의자 조사 시 책임 추궁의 근거로 활용되므로 원칙적으로 사본을 제출하고 불가피하게 원본을 제출하더라도 사본을 보관할 필요가 있다. 책자, 수첩 등과 같이 사본이 용이하지 않고 분량이 많은 경우 수사기관이 원본 제출을 요구할 수 있으나 범죄혐의와 관련 있는 부분만 사본을 압수토록 협의할 필요도 있다.

실무상 복사기를 충분히 구비하여 지원하는 것이 바람직하며 압수된 서류나 물건은 수사기관 대응 담당자를 통해 취합·관리할 필요가 있다.

### 3) 컴퓨터 등 전자정보 압수 단계 대응요령

전자정보 또한 혐의사실과 관련된 전자정보만을 문서로 출력하거나 수사기관이 휴대한 저장매체에 복제하는 방법으로 압수하는 것이 원칙이다. 다만, 현장에서 혐의사실과 관련된 자료의 선별이 불가능한 경우에는 전체 파일 또는 키워드 검색으로 추출된 파일을 이미징 하거나 저장매체 원본을 반출하도록 협의가 가능하다.

그러나 이 경우에도 반출한 전자정보는 수사기관에서 피압수자 등의 참여하에 혐의사실과 관련된 전자정보를 선별하여 압수할 필요(최종 압수물은 선별된 전자정보)가 있다.

# 07 수사 진행 단계 대응요령

## 7.1 참고인 및 피의자 소환 조사 단계 대응요령

### 1) 조사 내용 및 답변 방법

참고인 조사의 경우 변호인 조력이 가능하다. 사고 경위와 원인, 관련자들 임무와 역할, 관여 정도, 각종 의무위반 여부 확인, 관련자의 진술이 엇갈리는 경우 사실 확인에 대한 질문을 하게 된다. 객관적으로 확인된 사실을 중심으로 진술하도록 하고, 개인적인 생각이나 추측을 기반으로 하는 답변은 지양(사실관계나 책임 소재가 왜곡될 가능성 우려)해야 한다. 피의자 조사의 경우 범죄혐의 입증을 위하여 임의제출 또는 압수된 자료를 바탕으로 하는 경우가 많다. 따라서 사전에 사실관계를 확인할 필요가 있다.

### 2) 조사 이후 조치 단계 대응요령

조사가 종료된 이후 조서 열람 시 본래 진술 취지와 다르게 기재되어 있거나 잘못 진술한 부분은 없는지 면밀히 확인하여 필요시에는 수정해야 한다. 참고인 진술조서 또는 피의자 신문조서는 정보공개청구가 가능(경찰은 대부분 공개, 그러나 고용노동부 및 검찰의 경우 비공개 결정을 하는 경우가 많음)하다. 수사기관 조사 시 쟁점이 된 사항에 대하여 필요시 반박자료 또는 의견서를 반드시 제출할 필요가 있다.

## 7.2 사고원인 분석

통상 국과수 및 안전보건공단 사고 원인조사 결과(부검 결과 등 포함)는 사고발생 이후 1~2개월 이후 수사기관에 통보된다. 사고발생 원인에 따라 혐의 인정 여부, 책임의 범위 및 대상 등에 큰 영향을 미칠 수 있으므로 회사 자체적으로 사고원인 분석과 대응 방안을 마련할 필요가 있다.

# 08 수사 종결 단계 대응요령

## 8.1 구속영장 청구 단계 대응요령

### 1) 구속영장의 신청 및 청구

고용노동부 지방청과 경찰은 각자 수사를 담당한 범죄혐의에 대해 검사에게 구속영장을 신청하고 검사는 법원에 구속영장을 청구하게 된다. 검사의 지휘를 받는 고용노동부 지방청 근로감독관과는 달리 경찰은 수사권 조정으로 검사지휘를 받지는 않으나 중대재해사건의 경우 통상 검사, 고용노동부 지방청, 경찰이 사전 협의하에 진행하게 된다. 검사는 구속영장 청구 전 피의자 면담을 실시하는 경우도 있다.

### 2) 구속 전 피의자 심문 단계 대응요령

검사가 구속영장을 청구하면 이를 청구받는 판사(주로 영장전담판사)는 즉시 검사, 피의자 및 변호인에게 심문기일과 장소를 통지하는데 이 경우 피의자는 법원 영장계에서 영장청구서 사본을 등사할 필요가 있다. 구속영장을 청구받은 판사는 구인영장을 발부하며 이에 따라 피의자는 통상 심문 시작 30분~1시간 전에 영장청구 검사실 등으로 출석하게 된다.

심문 절차가 종료되면 구속영장 발부 여부가 결정될 때까지(최대 24시간 이내) 교도소 · 구치소 · 경찰서 유치장 등에 유치된다(기각 시 석방).

## 8.2 송치 및 검찰 처분

구속영장을 청구하지 않거나 구속영장이 기각된 경우 수사기관은 사건 수사를 마무리한다. 고용노동부 지방청은 사건을 검사에게 송치, 경찰은 송치(혐의 인정) 또는 불송치(혐의 불인정)하게 된다. 사건을 송치받은 검사는 직접 보완수사를 하거나 고용노동부 또는 경찰에게 보완수사를 하도록 한 후 공소제기 여부를 결정하게 된다.

구속영장이 발부된 경우에는 10일 이내에 사건을 검사에게 송치하고 검사는 20일 이내 공소제기를 하게 된다.

# 09 합의와 산재보험급여 청구

## 9.1 개요

사고가 발생하지 않는 것이 가장 좋지만 사고발생 시에는 불가피하게 유가족과 원만한 합의를 하여야 한다. 건설업의 경우 사고발생 시 원도급 건설사가 당연히 산재처리를 하여야 한다.

그러나 일반적으로 합의당사자는 단계별로 정하되 1차 합의당사자는 하급업체 대표가 되어야 유가족과의 대화 및 접근이 용이한 측면이 있다. 이때 원도급사에서는 합의 적정금액 산정 등 합의요령 측면에서 계속 지원하여야 한다.

## 9.2 합의요령

합의 시작 전에 하도급 업체와 ① 산재보상 ② 사용자 배상책임보험 수령액 ③ 나머지 합의금 ④ 형사조사에 대한 비용 등 부대비용에 대한 부담방안을 명확하게 하여 하도급업체가 합의에 적극적인 자세로 임할 수 있도록 지원하여야 한다. 만약, 하도급업체가 적극적으로 합의에 참여하지 않는다면 원도급에서 일단 합의하고 부진정연대채무 원리와 하도급 계약조건에 의거 하도급사의 과실비율만큼 구상권을 행사하면 된다.

합의 첫째 날은 먼저 유가족 측에게 합의 대표자를 선정토록 요구할 필요가 있다. 유가족 대표로 하여금 합의안을 제시토록 하고 이를 들어볼 필요가 있다.

합의 둘째 날은 법적으로 산정된 합의금 산정 내역을 설명할 필요가 있다. 법적 근거를 토대로 합의금이 결정됨을 충분하게 설명해야 한다. 이때 가능하면 유가족들의 변호인이나 노무사가 산출한 근거를 제시하면 회사내부 결재과정에 좀 더 수월해질 수 있음을 알려주는 것이 좋다고 설득하는 것이 바람직하다. 회사에서 선임한 변호인 및 노무사의 의견서에 의하면 민사배상금 및 위자료 금액이 합리적임을 설명한다. 또한 소송 시에 이 금액이 최대금액이라는 점을 합리적이고 논리적으로 설득시킬 필요도 있다.

합의는 최대한 예의를 갖추어 협상에 임하되 장기간 설득해도 합의에 응하지 않을 경우는 2~3차례 내용증명으로 합의 의사를 송부하여야 한다. 재해자 인적사항, 합의금액 산정내역, 합의 진행 과정을 간략하게 기재한 손해배상 산정 내역서를 첨부하여 공탁할 필요도 있다.

## 9.3 합의 필요서류

가합의 단계에서 합의금액과 합의금액 지급 시기 및 합의 시에 필요한 서류를 준비하여 정식 합의할 수 있는 시점을 기재하여 수급권자의 서명날인(무인지장)을 받아두면 좋다. 이때 수급권자임을 확인할 수 있는 간단한 서류(의료보험증 사본, 주민등록증 사본 등)를 첨부해 두어야 한다.

**표 2.3 정식 합의 필요서류**

| 구분 | 내용 |
|---|---|
| 유족 | • 인감도장, 인감증명서, 주민등록등본(사망 전, 후), 제적등본, 사망진단서 |
| 회사 | • 유족급여 일시금 및 장의비 청구서, 산재보험급여 대체지급청구서, 대체지급증명원, 장제실행확인서, 원 · 하도급 각각 법인등기부등본, 법인인감증명서, 그 외 인감 날인이 필요한 서류 |
| 공증 시 지참서류 | • 합의당사자가 공증에 참석할 때는 본인의 주민등록증, 도장<br>• 대리인이 참석 시에는 본인의 인감증명서와 대리인의 주민등록증, 도장 지참 |

사망재해의 경우에는 빠른 시일 내에 선(先)합의하여 합의금을 모두 지급한 후에 위 합의금에 포함된 산재유족급여 일시금 및 장의비는 회사에서 위임 수령하게 된다. 따라서 회사에서는 산재보험급여 대체지급청구서, 산재보험급여 대체지급증명원, 산재유족급여 및 장의비 청구서, 장제실행확인서에 합의서, 수급권자의 인감증명서, 호적등본(제적 후), 주민등록등본(제적 전, 후), 회사통장계좌번호 사본 및 그 외 사고 관련 서류(고용노동부에 제출한 서류 일체 1부)를 준비하여 현장 관할 근로복지공단 지사 보상부에 제출하면, 평균임금에 관한 확인을 위하여 회사 측과 유가족의 문답 진술이 있은 후에 유족급여 및 장의비를 회사가 수령하면 된다.

## 9.4 불법체류자 합의

불법체류자의 경우 유가족이 국내에 체류하지 않는 경우는 합의당사자가 없기 때문에 공탁조차도 시행하지 못하는 경우가 많다. 이럴 때도 유가족에게 사고에 대한 합의통보서를 1~2차례 문서(번역)로 보내고 유가족의 국내 도착이 늦어질 때는 위 문서를 첨부한 민사합의 지연사유서를 고용노동부와 경찰서에 제출하면 된다.

# 10 언론 대응 요령

## 10.1 언론 대응 인터뷰 기본원칙

중대산업재해가 발생한 이후 최초 발표 시에는 경영책임자 등이 사고발생에 따른 유감 표명과 함께 피해자 위로, 구조 · 구난상황 등에 대해 간단히 언급하는 것이 좋다. 후속 발표는 소관 이사, 부서장 순으로 수행한다. 사망사고가 포함된 대형사고 시 언론 대응 발표문 예시는 다음과 같다.

> 무엇보다 먼저 이번 사고로 인하여 피해를 입으신 분들과 그 가족 여러분께 진심으로 깊은 애도와 위로의 말씀을 전하며, ○○으로서 이번 사고에 무거운 책임감을 느낍니다.
>
> 이번 사고는 ㅇㅇ년 ㅇㅇ월 ㅇ일 ㅇㅇ시경에 발생되었고 구체적인 사고원인과 피해상황은 현재 파악 중에 있습니다.
>
> 현재 긴급구조는 (　　)하게 실시하고 있고, 피해자 구호는 (　　)하게 진행되고 있습니다.
>
> 우리회사에서는 이번 사고를 최대한 빨리 수습하고 유가족에 대한 보상과 지원이 가능한 최대한 신속히 이루어지도록 관계기관 등과 협의토록 노력을 기울이겠습니다.
>
> 아울러, 이번과 같은 재난(사고)의 재발을 방지하기 위한 대책을 마련토록 하겠습니다.
>
> 다시 한 번, 피해를 입으신 분들과 그 가족 여러분께 진심으로 깊은 애도와 위로의 말씀을 드립니다.

## 10.2 기본절차

### 1) 피해규모 파악

① 초기 긴급구조 시에는 소방서 등 관계기관에서 발표하는 피해현황으로 일원화

② 긴급구조 활동이 종료된 이후에는 대책본부에서 통계전담직원을 지정하여 파악

③ 피해자 후송병원, 영안실 등에 직원을 파견하여 병원별 사상자 현황 등 피해규모를 정확히 파악

④ 피해현황 파악 시 누락되거나 중복된 자료가 없는지 확인

⑤ 정확하게 확인되지 않은 숫자 인용 등 데이터 오류는 사소한 것이라 하더라도 언론의 신뢰를 잃는 원인이 되므로 주의

### 2) 최초발표

① 사고원인, 피해상황 등이 정확히 확인되기 전에 기자단 조우 시에는 가급적 답변을 자제하고 현장을 먼저 확인할 수 있도록 기자단에 협조 요청

② 정확한 상황이 확인되지 않는 경우 예시문구를 참고하여 언론 대응
(예시문구) "현재 파악된 바로는", "잠정", "몇 시경",
"관계기관에서 발표한 자료에 의하면",
"구체적인 사고원인, 피해상황은 현재 조사 중"

### 3) 후속 발표문안 정리

① 재난상황 요약(발생일시, 장소, 피해상황, 긴급구조 및 수습상황 등), 향후 전망, 복구 및 지원대책 등을 간략하고 이해하기 쉽게 작성

② 긴급구조가 진행되는 중에 피해규모 및 구조상황을 대외 발표하는 경우에는 반드시 "집계시간 현재의 현황으로써 "이후 조사결과에 따라 변동 가능성이 있음을 표명

③ 정확한 상황이 확인되지 않는 경우 2)-②항 예시문구를 참고하여 언론 대응

### 4) 대외발표 시 협업

① 상황관리반은 위기 및 대응상황 등을 언론소통반에 수시 제공

② 언론소통반은 대외 발표문안 검토, 보도내용 모니터링 등 언론동향 파악, 기자단 안내 등 수행

③ 상황관리반은 대응방안 등을 종합적으로 정리하되 필요시 관련 전문가, 학회 등이 참여하여 대책 및 자료에 신뢰도 제고

## (                    ) 관련 보고

| 사고명 | |
|---|---|
| 발생일시 | |
| 발생장소 | |
| 상황개요<br>(발생원인) | |
| 피해상황 | ○ 인적 :<br>○ 물적 : |
| 조치사항 | |
| 협조사항 | |
| 향후 전망 및 대책 | |
| 언론보도 동향 | |

보고부서 :
보 고 자 :

## 5) 언론대응 등 초기대응 실무반 구성과 역할

언론대응 등 초기대응 실무반 구성과 역할은 다음 표와 같다.

**표 2.4 언론대응 등 초기대응 실무반 구성**

| 구분 | 반장 | 담당업무 |
|---|---|---|
| 상황<br>관리반 | 해당 소관임원<br>(부서장) | • 위기상황관리 총괄<br>• 상황보고서 작성 및 보고<br>• 대표이사 특별지시사항 처리<br>• 주요인사 방문 시 보고 주관 및 보고서 작성<br>• 위기 정보 수집 및 상황보고서 작성<br>• 위기상황 전파<br>• 위기대응 계획안 마련 |
| 언론<br>소통반 | 홍보업무<br>부서장 | • 각종 여론정보 수집 및 모니터링<br>• 위기 관련 언론(취재) 대응 |
| 행정<br>지원반 | 총무업무<br>부서장 | • 대책본부 운영장비 설치 · 지원 및 근무자 관리<br>• 그 밖에 대책본부 운영에 필요한 지원 등 |
| 유관기관지원반 | 안전업무<br>부서장 | • 유관기관 담당자 지정 및 지원협조<br>• 목격자, 요청자료 제공 및 검토 등 |

※ 상황관리반 인원구성은 소관 부서장이 별도 지정

# 11 형사상 산업안전보건법 위반죄 및 중대재해처벌법 위반죄의 주요 법률적 쟁점

## 11.1 산업안전보건법 위반 관련

### 1) 도급인의 안전조치 의무의 범위 측면

산업안전보건법 제63조는 “도급인은 관계수급인 근로자가 도급인의 사업장에서 작업을 하는 경우에 자신의 근로자와 관계수급인 근로자의 산업재해를 예방하기 위하여 안전 및 보건 시설의 설치 등 필요한 안전조치 및 보건조치를 하여야 한다. 다만, 보호구 착용의 지시 등 관계수급인 근로자의 작업행동에 관한 직접적인 조치는 제외한다.”라고 규정하였다.

고용노동부는 위 단서 규정이 “관계수급인 근로자의 보호구 미착용 상태에서의 작업이나 불완전한 작업행동에 대하여 도급인으로서의 산재예방의무 책임을 묻지 않는다는 것으로, 근로자의 작업행동에 관한 직접적인 조치 의무는 근로계약 당사자인 관계수급인이 부담토록 하는 규정”이라고 유권해석한 바 있다(산업안전과 - 3413, 2019.8.1.).

즉, 도급인의 안전조치 및 보건조치에는 근로자의 작업행동에 관한 직접적인 조치가 제외되므로, 예컨대 도급인이 보호구를 관계수급인 및 그 소속 근로자에게 지급하고, 보호구 착용에 관하여 충실히 관리 · 감독을 하였음에도 불구하고, 관계수급인 근로자가 보호구를 착용하지 않아 사고가 발생한 경우에는 도급인의 산업안전보건법 위반의 책임은 인정되지 않을 여지가 있다.

예컨대, 하급심 법원은 ‘위 규정이 직접적으로 예시하고 있는 도급인이 취하여야 할 안전조치는 '안전시설의 설치'이고, 한편 '보호구 착용의 지시 등 관계수급인 근로자의 작업행동에 관한 직접적인 조치'는 도급인이 취하여야 하는 안전조치에서 명시적으로 제외하고 있는바, 위 규정의 문언 및 구조에 비추어 보면, 위 규정은 도급인에게 자신의 사업장에서 작업하는 관계수급인 근로자를 위하여 '안전한 작업환경을 조성할 의무'를 부과하는 취지라고 보이고, 더 나아가 관계수급인 근로자에게 개별 작업을 어떤 순서·방법으로 하도록 지시하거나 관리·감독할 의무를 도급인에게 부과하는 취지라고는 해석하기는 어렵다'라고 판단하며 무죄를 선고하였다(대구지방법원 서부지원 2023. 1. 11. 선고 2021고단3504 판결).

### 2) 개별 안전 조치의무 위반 측면(객관적 구성요건 해당성)

산업안전보건법 제38조는 사업주로 하여금 산업재해를 예방하기 위한 조치(안전조치)를 하도록 규정하며 이를 위반하는 경우 산업안전보건법 제168조제1호에 따라, 이를 위반하여 근로자가 사망에 이르게 된 경우 산업안전보건법 제167조제1항에 따라 형사처벌이 부과되도록 규정되어 있다.

그리고 산업안전보건법 제38조제4항의 위임에 따른 산업안전보건기준에 관한 규칙(안전보건규칙)은 제1부터 제673조까지에 걸쳐서 각 사업장이나 공정에서 지켜야 할 안전보건조치 의무들을 방대하고 상세하게 규정하고 있다. 따라서 구체적인 사안에 따라 해당 안전조치 의무위반에 해당하지 않는다는 점을 사실관계나 법리 측면에서 대응할 여지가 있는지 구체적으로 그 구성요건 해당성 여부를 따져볼 필요가 있다.

예컨대, 안전보건규칙 제38조의 작업계획서 작성 의무와 관련하여, 작업계획은 공사현장의 지형 및 지반상태 등 조사 결과를 고려하여 차량계 건설기계의 종류 및 능력에 따라 그 운행경로, 작업방법 등을 미리 계획하는 것으로써, 작업계획에 당해 차량계 건설기계의 사용과 관련하여 발생 가능한 모든 상황이 포함되어야 한다거나 세부적인 작업내용의 변경이 발생할 때마다 반드시 작업계획을 수정하여야 하는 것은 아니다(대법원 2010. 2. 25. 선고 2009도3835 판결).

그리고 안전보건규칙 제200조제1항[1]의 유도자 배치 의무와 관련하여, 해당 의무는 운전 중인 차량계 건설기계에 접촉되지 않도록 다른 근로자들의 출입을 통제하였음에도 다른 근로자들의 출입이 필요한 경우에는 유도자를 배치하여야 한다는 취지이므로, 콘크리트 펌프카를 사용하여 콘크리트 타설 작업 중인 당해 근로자가 사망한 경우 위 규정의 적용이 배제될 가능성이 있다(의정부지방법원 2014. 7. 17. 선고 2014노395 판결).

### 3) 고의, 인과관계 및 예견가능성 측면

설령 앞서 살핀 구성요건 해당성이 인정된다고 하더라도, 근로자 사망으로 인한 산업안전보건법 위반죄는 결과적 가중범으로 해석되는바, 죄가 성립하기 위해서는 기본범죄에 대한 고의와 중한 결과에 대한 예견가능성이 인정되지 않으면 범죄가 성립하지 않으므로, 이 측면에서 대응 가능한지 법리적 검토가 필요하다. 즉 산업안전보건법 제168조제1호, 제38조 위반죄는 사업주가 자신이 운영하는 사업장에서 산업안전기준에 관한 규칙이 정하고 있는 바에 따른 안전조치를 취하지 않은 채 산업안전보건법 제38조에 규정된 안전상의 위험성이 있는 작업을 하도록 지시하거나, 그 안전조치가 취해지지 않은 상태에서 위 작업이 이루어지고 있다는 사실을 알면서도 이를 방치하는 등 그 위반행위가 사업주에 의하여 이루어졌다고 인정되는 경우에 한하여 성립하는 것이지 단지 사업주의 사업장에서 위와 같은 위험성이 있는 작업이 필요한 안전조치가 취해지지 않고 이루어졌다는 사실만으로 성립하는 것은 아니다(대법원 2007. 3. 29. 선고 2006도8874 판결 참조).

또한 근로자로 하여금 사업장 내에서 작업을 하도록 함에 있어 그 작업이 산업재해의 위험을 내포하고 있음을 인식하였거나 인식할 수 있었음에도 불구하고 산업재해의 발생을 예방 또는 방지하기 위한 조치를 취하지 아니한 경우에만 비로소 사업주가 산업안전보건법상의 형사책임을 진다고 봄이 타당하고, 사업주에 대하여 이례적인 상황이 발생할 것까지 예상하

1 안전보건규칙 제200조제1항은 "사업주는 차량계 건설기계를 사용하여 작업을 하는 경우에는 운전 중인 해당 차량계 건설기계에 접촉되어 근로자가 부딪칠 위험이 있는 장소에 근로자를 출입시켜서는 아니된다. 다만, 유도자를 배치하고 해당 차량계 건설기계를 유도하는 경우에는 그러하지 아니하다"라고 규정하고 있다.

여 이러한 사고발생 가능성을 염두에 두고 일일이 이에 대비하여 어떤 조치를 취할 것까지 기대하는 것은 무리이다(대법원 2008. 4. 24. 선고 2008도336 판결, 대법원 2023. 10. 26. 선고 2023도3094 판결 참조).

한편, 업무상과실치사죄의 업무상과실이 인정되기 위해서는 결과 발생을 예견할 수 있고 또 회피할 수 있었음에도 불구하고 예견하거나 회피하지 못한 과실이 인정되어야 하고(대법원 2011. 9. 8. 선고 2009도13959 판결 등), 그 과실의 유무를 판단함에는 같은 업무와 직무에 종사하는 일반적 보통인의 합리적이고 객관적인 주의 정도를 표준으로 하여야 하며, 통상 예견할 수 있는 범위를 넘는 이례적인 사태의 발생까지 예견하고 대비할 것까지 요구할 수는 없다는 것이 법원의 확립된 태도이다(대법원 1969. 10. 23. 선고 69도1650 판결, 대법원 1971. 5. 24. 선고 71도623 판결 등).

## 3.2 중대재해처벌법 위반 관련

### 1) 산업안전보건법 위반죄 불성립으로 인해 중대재해처벌법 위반도 불성립

원칙적으로 중대재해처벌법 위반죄는 산업안전보건법상 사업주의 안전조치 의무위반으로 인한 재해 발생이 전제되고, 그 안전조치 의무위반의 원인이 경영책임자의 안전보건 확보의무 불이행에서 기인하였다는 2단의 인과관계가 인정되어야 한다.

이론적으로는 산업안전보건법과 중대재해처벌법이 각 구성요건을 달리하기 때문에 산업안전보건법 위반이 인정되지 않더라도 중대재해처벌법 위반죄의 성립이 가능하다는 의견이 존재할 수 있지만, 중대재해처벌법이 엄중한 형사제재 규범임을 고려하면, 죄형법정주의 및 책임주의 원칙상, 산업안전보건법 위반이 매개되지 않은 경우의 중대재해처벌법 위반은 예외적으로 인정될 수밖에 없다. 따라서 산업안전보건법상 안전조치 의무위반이 인정되지 않거나, 그 의무위반과 재해자의 사망 사이에 인과관계가 인정되지 않아 산업안전보건법 위반죄가 성립하지 않는다면, 중대재해처벌법에 이르는 중첩적 인과관계가 단절되고, 결국 중대재해처벌법 위반죄가 성립하지 않는 경우가 생길 수 있다.

### 2) 실질적 지배 · 운영 · 관리 범위 밖에서 발생한 사고

중대산업재해의 경우 사업주 또는 경영책임자 등은 사업주나 법인 또는 기관이 실질적으로 지배 · 운영 · 관리하는 사업 또는 사업장에서 종사자의 안전보건상 유해 또는 위험을 방지하기 위하여 그 사업 또는 사업장의 특성 및 규모 등을 고려하여 안전보건 확보의무를 이행하여야 한다(중대재해처벌법 제4조제1항).

중대재해처벌법 제4조의 '실질적 지배 · 운영 · 관리'의 의미에 대하여, '하나의 사업 목적하에 해당 사업 또는 사업장의 조직, 인력, 예산 등에 대한 결정을 총괄하여 행사하는 것으로써, 종사자의 안전보건상의 유해 · 위험요인을 인지하고 이를 방지할 수 있도록 위 권한을 행사할 수 있는 상태'라거나(고용노동부), '유해 · 위험요인을 제거 · 통제할 수 있고, 경영적 관점에서 하나의 사업 목적하에 해당 사업 또는 사업장의 조직 · 인력 · 예산 등에 대한 결정을 총괄하여 행사하는 경우'라고 설명하고 있다(검찰).

실무상 사업장 내에서 발생한 사고의 경우에는 일단 위 실질적 지배 · 운영 · 관리 범위 안에 있음을 전제로 수사를 진행할 가능성이 높지만, 사업장 밖에서 발생한 사고 또는 사업장 내라도 실질적 지배 · 운영 · 관리 범위 밖에서 발생한 사고라면 중대재해처벌법 위반죄가 성립하지 않을 수 있다.

### 3) 중대재해처벌법상 안전보건 확보의무 이행으로 인한 중대재해처벌법 위반 불성립 (객관적 구성요건 해당성)

중대재해처벌법 제4조 및 그 위임을 받은 동법 시행령 제4조 및 제5조는 경영책임자가 이행해야 할 안전보건 확보의무 사항들을 열거하고 있다.

경영책임자의 안전보건 확보의무는 사업현장에서 종사자를 보호하기 위해 필요한 '직접적인' 안전보건 조치 의무를 규정하고 있는 것이 아니라, 그러한 안전보건 조치가 원활히 수행될 수 있도록 전사 차원에서의 안전보건 관리체계를 구축하고, 안전보건관계법령이 규정하고 있는 의무들이 잘 이행되고 있는지 점검하도록 하는 이른바 '관리상의 조치 의무'를 그 내용으로 하고 있다.

따라서 설령 사업 현장에서 직접적인 안전보건조치 실행 사항이 미흡한 경우가 있다고 하더라도 곧바로 '경영책임자의 안전보건 확보의무 위반'을 의미한다고 단정할 수는 없고, 중대재해처벌법 시행령에 규정된 안전보건 확보의무의 내용을 기준으로 법령상 의무위반이 있었는지를 구체적으로 따져봐야 한다. 경영책임자의 지위에서 그 의무를 충실히 이행하였음에도 현장의 안전보건 담당자나 종사자들이 구체적인 안전보건 조치를 충실히 이행하지 아니한 경우에는 경영책임자에게 중대재해처벌법 위반의 책임을 물을 수는 없다.

### 4) 안전보건 확보의무 미이행과 사고발생 간 인과관계

중대재해처벌법은 안전보건 확보의무를 불이행하여 중대산업재해에 이르게 한 경영책임자에게 형사처벌을 부과하도록 규정하고 있다. 법 문언상에 인과관계가 명시되어 있지는 않으나, 형법의 일반원리에 따라 당연히 인과관계가 요구된다고 해석된다(형법 제17조[2]).

이에 따르면 설령 안전보건 확보의무를 이행하지 않은 상황에서 중대재해가 발생하였다고 하더라도, 그 인과관계가 단절된다면 중대재해처벌법 위반죄는 성립하지 않을 수 있다.

예컨대 유해·위험요인 확인 및 개선절차 미이행(시행령 제4조제3호), 재해예방을 위한 예산 편성 및 집행(시행령 제4조제4호) 등의 경우에는 그 인과관계가 비교적 쉽게 인정될 가능성이 있으나, 안전보건목표와 경영방침 설정(시행령 제4조제1호), 안전보건전담조직 구성(시행령 제4조제2호)의 경우, 중대재해 사고발생과 직접적인 인과관계를 상정하기 곤란하다는 점 때문에 수사 및 재판 사례에서도 의무 불이행으로 판단하였음에도 불구하고 범죄사실로까지 인정되지는 못하는 사례들이 종종 보인다.

2 제17조(인과관계) 어떤 행위라도 죄의 요소되는 위험발생에 연결되지 아니한 때에는 그 결과로 인하여 벌하지 아니한다.

# 제3장

# 안전보건관리 체계구축과 이행

# 01 안전보건 목표와 경영방침 설정

## 1.1 관련 조문

**시행령 제4조(안전보건관리 체계의 구축 및 이행조치) 제1호**

1. 사업 또는 사업장의 안전보건에 관한 목표와 경영방침을 설정할 것

## 1.2 조문의 취지

안전보건을 확보하기 위해서는 사람(조직), 돈(예산), 유해 · 위험요인 도출(점검), 소통(회의), 교육 등이 필요하다. 사람은 회사의 대표이사인 경영책임자로부터 안전보건관리책임자인 현장소장과 관리감독자, 안전관리자를 비롯한 보건관리자, 본사의 전담조직, 작업자 등이 이에 해당된다.

이 조문은 경영책임자가 가져야 할 안전보건 리더십과 철학에 대한 조문이다. 중대산업재해를 예방하기 위한 가장 중요한 요소는 안전보건경영을 최우선으로 두겠다는 경영책임자의 관심과 의지가 가장 중요하다. 중대산업재해 예방은 단순히 서류상의 형식적인 체계구축과 이행만으로 달성되는 것은 아니다. 재해를 실질적으로 감소하기 위해서는 경영책임자를 포함한 조직구성원들의 인식과 행동의 변화에 달려있다. 이를 위해서는 경영책임자가 기업경영의

목표와 방침에 안전보건에 대한 내용을 포함하고 구체적인 실천으로 구성원의 신뢰를 높여야만 가능하다.

## 1.3 실행전략

### 1) 일반사항

**일반사항**

① 안전보건에 대한 경영책임자의 의지(철학)를 밝히고 경영방침과 목표 설정

② 사업 또는 사업장의 유해·위험요인 등 특성과 조직 규모에 적합하도록 수립

- 사업 또는 사업장의 특성과 조직 규모에 따라 안전보건경영방침과 목표, 추진계획 등으로 세분화 필요

③ 종사자 및 이해관계자 등이 공감할 수 있어야 하며 종사자와의 협의나 참여를 통해 수립하는 것이 바람직

- 구성원의 의견을 충분히 듣고 모두가 중요성을 인식하고 함께 노력할 수 있도록 그 내용을 현장 안에 게시하여 알려야 함
- 홈페이지, 사내 인트라넷, 업무수첩, 사무공간, 구내식당 등에 게시하고 본사와 현장 종사자에게 전파
- 하청, 파견, 공급, 판매업체 및 이용고객 등에게 알릴 필요
- 정기적인 교육, 이메일 발송, TBM 시 교육 등

④ 반복적인 재해 감소를 위한 경영적 차원에서의 노력이나 구체적인 대책 방안 등을 반영한 목표나 경영방침 수립

⑤ 안전보건에 관한 목표와 경영방침, 추진계획 간 일관성 유지

⑥ 안전보건경영방침과 목표는 정기적 또는 수시로 검토하고 수정

- 방침이나 목표를 수정할 필요가 생겼을 때는 필요에 따라 수정하여 추진하는 것이 합리적

### 안전보건경영방침

① 경영책임자의 철학과 목표, 성과개선에 관한 의지를 구체적으로 제시
② 간결하게 문서화하고 조직의 모든 구성원 및 이해 관계자에게 공개

### 안전보건 목표

① 재해현황, 위험성평가 결과, 교육실시 등을 성과측정하고 경영자 검토를 반영하여 설정
② 안전보건에 관한 목표는 안전보건경영방침과의 연계성, 구체성, 측정 가능성, 달성 가능성을 고려하여 설정
③ 안전보건 목표는 가급적 정량적 지표를 활용하여 작성

### 안전보건 추진계획

① 안전보건경영방침과 안전 목표를 달성하기 위한 구체적인 방안으로써 방법, 일정, 소요자원을 표시
② 추진계획을 이행할 책임자와 추진 결과를 측정할 지표 설정

목표(目標)와 방침이 혼동되기도 하고 목표가 불명확하거나 구체적이고 정량화가 이루어지지 않아 추상적으로 설정되는 경우가 허다하다. 또한 경영책임자의 방침과 목표에 대한 이해가 불충분하여 오해가 생김에 따라 종사자들이 경영책임자의 목표 달성을 지원할 수 없는 사례도 흔히 볼 수 있다.

방침은 목표 달성을 위한 '이정표'와 같은 것으로써 종사자들은 이에 따라 자기통제를 할 수 있게 된다.

반면에 목표는 과거의 실적을 반영한 연장선상에서의 예상치가 아니라 달성하기는 어렵지만 노력하면 성취 가능한 future(미래)의 높은 성과를 설정하는 것을 말한다. 정리하면 목표는 달성의 기준이며 방침은 목표를 달성하기 위한 행동지침이다.

따라서 경영책임자는 우선 자신의 방침을 분명히 제시하고 목표를 설정하는 것이 필요하다. 종사자들은 경영책임자의 방침과 목표에 따라 자신의 효율적인 목표를 설정하여야 한다.

### 2) 중대산업재해 예방을 위한 경영책임자의 철학 포함

중대재해처벌법에서 정하고 있는 안전보건 관리체계를 구축하기 위해서는 무엇보다도 실질적인 안전보건에 관한 목표와 경영방침의 설정이 먼저 이루어져야 한다. 안전보건에 관한 경영방침은 중대산업재해 예방을 위한 경영책임자 등의 철학이 포함되어야 한다. 철학이라고 하면 너무 추상적인 면이 있다고 생각하기 쉽다. 그러나 너무 어렵게 생각할 필요는 없다. 사고감소를 위한 실질적이고 구체적인 경영책임자 등의 의지 표명을 철학으로 이해하면 된다.

예를 들면, 경영책임자 등이 사업장 내 종사자에게 안전한 작업환경을 제공한다는 의지 등이 그것이다. 또한 유해 · 위험요인 개선을 위한 예산과 인력을 우선 배정하고 점검과 교육을 강화한다는 의지 표명도 경영책임자의 철학이라고 볼 수 있다.

안전보건에 관한 목표와 경영방침은 산업안전보건법 제14조(이사회 보고 및 승인 등)가 규정하는 대표이사의 안전 및 보건에 관한 계획과 상당 부분 중복될 수 있다.

### 3) 근로자의 안전보건 확보를 최우선 가치로 설정

안전보건에 관한 목표와 경영방침을 설정하는 데 있어서는 근로자의 안전보건을 최우선 가치로 하는 내용이 포함될 필요가 있다. 일반적으로 대기업은 조직이 시스템적으로 운영되어 큰 문제는 없다. 그러나 중소규모 기업일수록 경영책임자 1인의 관심과 실천 여부에 따라서 안전보건관리 체계구축의 성과가 좌우될 가능성이 크다. 따라서 안전보건경영방침은 사업 또는 사업장의 모든 종사자의 안전보건 확보, 근로자 참여 활성화, 관련된 법규 준수에 관한 경영자의 의지에 대한 내용을 포함시키도록 할 필요가 있다.

예를 들면 경영책임자는 안전보건경영방침에 사업장 내 모든 종사자에게 안전하고 건강한 작업환경을 제공한다는 내용과 모든 종사자의 생명 보호와 작업장의 안전을 최우선 목표로 한다는 취지, 사업장의 유해 · 위험요인의 개선을 위해 우선적으로 예산과 인력을 배정하도록 하는 내용도 포함되도록 할 필요가 있다.

### 4) 사업장 특성, 규모 등을 고려하고 수시로 검토, 수정 필요

개인사업주 또는 경영책임자 등은 개인사업주나 법인 또는 기관이 실질적으로 지배 · 운영 · 관리하는 사업 또는 사업장의 특성 및 규모 등을 고려하여 종사자의 안전보건상 유해 또는 위험을 방지하기 위한 안전보건에 관한 목표와 경영방침을 설정하여야 한다.

일반적으로 안전보건에 관한 목표와 경영방침이라고만 한다면 너무 모호한 개념이라고 생각할 수 있다. 그래서 일부 회사들의 경우에는 적당히 안전에 대한 내용을 포함하여 작성하기만 하면 된다고 안일하게 생각할 수도 있다. 그래서 인터넷에 떠도는 자료들이나 타 회사의 것을 그대로 복사하여 사용하는 경우가 종종 있다. 그러나 이는 큰 오해이다. 창원지방법원 마산지원이 2023년 8월 25일 선고한 2023고합8 판결을 보면 그 이유를 알 수 있다.

판결문에 따르면 안전보건에 관한 목표와 경영방침에는 사업 또는 사업장의 특성과 규모 등이 반영돼야 하고 그 내용은 중대재해처벌법 시행령 제4조제2호 내지 제9호에 관한 것 등으로 구체화할 것을 요구하고 있다. 관련 업계에서 통용되는 표준적인 양식을 별다른 수정 없이 활용하는 데 그치거나 안전 및 보건을 확보하기 위한 실질적이고 구체적인 방안이 포함되지 않아 명목상의 것에 불과한 경우에는 중대재해처벌법이 요구하는 목표와 경영방침을 설정했다고 볼 수 없다고 법원은 보고 있다.

따라서 회사의 특성과 상황을 고려하여 실질적인 안전보건에 관한 경영방침과 목표를 설정하는 것이 중요하다고 하겠다.

안전보건경영방침과 목표는 정기적 또는 수시로 검토하고 필요한 경우에는 즉시 수정할 필요가 있다. 보통 2~3년에 한 번씩은 전면적으로 검토하고 PDCA 원칙에 따라 수정하는 것을 권장한다.

### 5) 반복적인 재해발생 감소를 위한 경영방침과 목표 수립

반복적인 재해 등에도 불구하고 이를 감소하기 위한 경영적 차원에서의 노력이나 구체적인 대책 방안 등을 반영한 목표나 경영방침을 수립하지 아니한 경우에는 안전 및 보건을 확보하기 위한 수단으로써의 목표나 경영방침 수립을 명백히 해태한 것으로 볼 수 있다.

중대산업재해가 발생한 경우 안전보건에 관한 목표와 경영방침을 세우지 않은 것 하나만으로는 의무위반과 재해 사이에 곧바로 인과관계가 인정된다고 보기는 어렵다. 그러나 다른 의무위반이 함께 있는 경우에는 경영책임자 등의 안전보건 의식의 부재에 따른 다른 안전보건 확보 의무위반으로 보아 인과관계가 인정될 여지가 크다.

### 6) 종사자와 함께 수립

안전보건경영방침의 내용은 종사자가 함께 참여하여 수립할 필요가 있다. 사업장 특성이나 규모에 적합하고 실질적인 재해감소 효과를 얻기 위해서는 소속 근로자, 협력업체, 파견업체, 고객 등이 함께 참여하여 같이 수립할 것을 권장한다.

수립된 안전보건경영방침과 목표는 경영책임자가 서명하고 그 내용을 행동으로 옮김으로써 의지를 강조해야 한다. 가능하면 안전보건경영방침에 근로자대표가 같이 협력하여 작성하고 서명을 할 필요가 있다.

### 7) 종사자에게 적극적으로 알리고 협력 강구

작성된 안전보건경영방침은 소속 근로자뿐만 아니라 협력업체, 파견업체, 공급 · 판매업체, 고객 등에게도 적극적으로 알려 안전보건 목표 달성에 동참할 수 있도록 할 필요가 있다.

제주지방법원이 2023년 10월 18일 선고한 2023고단146 판결은 시사하는 바는 크다. 판결문에 따르면 사업 또는 사업장의 안전보건에 관한 목표와 경영방침을 설정하지 아니하여 안전보건관리책임자, 관리감독자, 안전관리자 등으로 하여금 안전 및 보건에 관한 중요성을 인식하지 못하고 현장의 전반적인 안전관리 감독이 이루어지지 못하는 상황을 초래했다고 보고 있다. 판결문은 안전보건경영방침과 목표의 설정뿐만 아니라 이를 종사자들에게 알려서 중요성을 인식하여 철저한 안전관리 활동으로 사고를 예방하는 것이 중요하다는 것을 강조하고 있다.

이런 연유로 안전보건경영방침과 목표가 수립되었다면 경영책임자는 종사자들에게 안전보건경영에 대해서 지속적으로 관심을 가지고 있다는 사실을 알리는 것이 중요하다. 따라서 안전보건경영방침은 간결하게 문서화하여 구성원과 이해관계자에게 이메일, 각종 회의, CEO 메시지, 사내 인트라넷, 구내식당 게시 등의 방식으로 주기적으로 알리고 이를 준수하도록 요청할 필요가 있다. 가끔 보면 회사 홈페이지나 현장소장실에 안전보건경영방침이나 목표가 게시되어 있지도 않는 회사들이 많이 있다. 이는 경영책임자의 안전보건경영에 대한 의지가 없다는 오해를 불러일으키기 쉽다.

고용노동부 질의회시(중대산업재해감독과 – 367, 2022.01.28)에 따르면 안전보건에 관한 목표와 경영방침은 모든 종사자가 그 목표와 경영방침을 인식하고 실천할 수 있도록 상시적으로 볼 수 있는 장소 또는 매체에 게시하는 등의 방법으로 알리는 것이 바람직하다고 보고 있다.

이를 위해서 안전보건경영방침은 홈페이지, 인트라넷, 회사 수첩, 사무 공간, 이메일, 각종 회의, CEO 메시지, 게시판 등을 활용하여 본사와 현장 종사자에게 전파하고 하청, 파견, 공급, 판매업체 및 이용 고객 등에게 알릴 필요가 있다. 회사 내부 취업규칙 등에 명시할 것을 규정하고 있지는 않은 상태이기에 취업규칙 등에 명시하는 것은 기업 자율적으로 결정할 수 있다. 이때 유의할 사항은 단순히 사내 인트라넷, 구내식당 등에 게시하는 것만이 아니라 정기적인 교육이나 이메일 발송, TBM 시 교육 등 여러 방법을 통해 반복적이고 지속적으로 알리고 주지시킬 필요가 있다.

### 8) 안전보건 목표는 가급적 정량적 지표로 작성

안전보건 목표는 달성 가능한 내용으로 본사와 현장별로 계량 가능한 목표를 설정하는 것이 바람직하다. 문서작업 자체가 목표가 될 수는 없으며 과도한 문서작업은 유해 · 위험요소를 확인하고 통제하는 데 오히려 방해가 될 수 있다.

일부 회사들에서는 안전보건에 관한 목표를 중대재해 제로(zero), 무사고와 같이 추상적으로 설정하고 있는데 이는 바람직하지 않다.

안전보건 목표를 통해 경영방침을 달성하기 위한 정량적이고 측정 가능하며 성과평가가 가능한 것으로 수립해야 한다. 안전보건에 관한 목표를 구체적으로 설정하기 위해서는 사업장에서 이전에 발생했던 재해나 아차사고, 동종업계에서 자주 발생하는 재해의 유형 등을 면밀히 분석하고 각 사업장의 규모와 특성을 고려하여 설정할 필요가 있다.

만약 안전보건 목표를 설정하는 것이 어렵다면 사업장의 위험성평가를 통해 개선할 사항을 먼저 확인하고 목표를 설정하는 것이 효과적일 수도 있다. 중대재해처벌법에서 정하고 있는 안전보건 관리체계를 구축하기 위해서는 무엇보다도 실질적인 안전보건에 관한 목표와 경영방침의 설정이 우선적으로 이루어져야 한다.

## 1.4 실행방법

### 1) 안전보건경영방침, 목표 설정 시 고려사항

#### (1) 사고감소를 위한 실질적이고 구체적인 방침과 목표 수립

안전보건경영방침이나 목표를 수립할 때 기존에는 업계에서 통용되는 일반적인 양식을 활용해 왔다. 그러나 이는 실행력을 담보할 수 없고 형식적인 서류 작업 위주로 진행되어 왔던 것이 사실이다. 그러다 보니 사고감소 효과와는 별로 관련이 없었다. 따라서 회사의 규모나 특성을 고려하고 사고감소를 위한 실질적이고 구체적인 경영방침과 목표를 수립할 필요가 있다. 창원지방법원 마산지원(2023.8.15. 선고 2023고합8, 4호 판결)에 따르면 안전보건경영방침과 목표를 수립할 때에는 구체성 정도를 제시토록 하고 있다. 판결문에 따르면 중대산업재해가 발생한 회사는 안전보건 목표를 "전 임직원 및 근로자 안전 생활화를 위한 환경 조성 및 의식수준 향상"으로 설정했다. 또한 경영방침은 "안전문화 확산, 교육계획"으로 수립하였으나 재판부는 이를 인정하지 않았다. 따라서 아래 사항을 참조하여 경영방침이나 목표를 수립할 때 참조할 필요가 있다.

① 사업 또는 사업장의 특성과 규모 반영
② 안전보건관리 체계구축 등에 필요한 예산편성 및 집행에 실질적이고 구체적인 방안 포함
③ 업계에서 통용되는 표준적인 양식을 별다른 수정 없이 활용하는 경우 의무이행이라 볼 수 없음

그 외에 아래 사항을 참조하여 경영방침과 목표 수립이 적절한지에 대해서도 주기적으로 점검하고 확인할 필요가 있다.

### 안전보건에 관한 목표와 경영방침 수립 시 확인사항

① 경영책임자가 경영전략에 안전보건경영을 반영 및 추진하여 안전보건이 경영에 핵심 요소임을 강조하고 있는지 여부
② 경영책임자의 안전보건에 대한 가치 표명, 추진 의지, 방향성이 포함된 안전보건경영방침이 작성되어 있는지 여부
③ 경영책임자가 주기적으로 개별 현장을 방문하여 안전보건경영에 관한 의지를 피력하고 있는지 여부
④ 전년도 안전보건 목표 및 세부 추진방안에 대한 평가를 실시하고 있고 이에 대한 사항이 피드백되어 반영되어 있는지 여부
⑤ 안전보건 목표는 안전보건관리 체계구축 및 이행을 위한 과정을 평가할 수 있는 정량적 지표로 설정하고 있는지 여부
⑥ 발주자 및 협력업체에게도 안전보건에 관한 경영방침을 전파하고 있는지 여부
⑦ 안전보건 목표 및 경영방침을 온라인과 오프라인 모두 게시하고, 현황을 보고받고 있는지 여부(경영방침을 손쉽게 확인할 수 있도록 조치)
⑧ 안전보건 활동에 참여할 수 있는 시간을 보장하고, 활동에 대한 적절한 인센티브를 제공하고 있는지 여부
⑨ 경영책임자 또는 안전보건 전담조직의 장이 주관하는 안전보건경영방침과 목표 수립에 관한 정기적인 회의 등이 존재하는지 여부
⑩ 사업 또는 사업장의 유해·위험요인 등 특성과 조직 규모에 적합하는지 여부

> ⑪ 실질적으로 실행이 담보되고 목표 달성에 대한 성과측정이 가능한지 여부
> ⑫ 안전보건에 관한 목표와 경영방침 간에는 일관성이 있는지 여부
> ⑬ 종사자와 협의를 통해 수립하였는지 여부
> ⑭ 종사자 및 이해관계자 등이 충분히 공감하고 참여하였는지 여부
> ⑮ 개정이 필요할 경우에는 사고 예방을 위한 요인들을 충분히 반영하여 결정하였는지 여부

### (2) 사업의 특성과 규모 반영 사항

건설업의 경우 안전보건경영방침과 목표를 수립하는 과정에서 사업의 특성과 규모를 반영하여야 하는데 고려할 요소를 살펴보면 다음과 같다.

이러한 요소를 고려하면 회사별 경영방침과 목표는 각각 달라질 것이다.

| 구분 | 내용 |
|---|---|
| 사업 특성 | • 주요사업 분야(예 :건축, 토목, 플랜트, 조경 등)<br>• 공사 수행 방식(원도급, 하도급, 공동도급, 직영) |
| 사업 규모 | • 공사 현장의 규모 및 특성(소규모, 중규모, 대규모)<br>• 사고발생 방지를 위한 경영관리 차원의 인력, 예산, 시스템 도입 등 사항 |
| 유해 · 위험 요인 | • 연도별 사고발생 현황<br>• 공종별 사고유형(예 : 떨어짐, 낙하, 감전, 끼임, 부딪침, 질식, 질병 등)<br>• 사고 원인별 현황(예 : 시설적 원인, 관리적 원인, 불안전 행동)<br>• 동종 업계(공종) 산업재해 발생 현황<br>• 공사 종류별 위험성평가 내용<br>• 발생 가능성 높은 사고 유형<br>• 유해 · 위험요인 및 감소대책 수립내용<br>• 사고발생 원인별 안전대책 수립사항(아차사고 포함) |
| 종사자(근로자) 현황 | • 내국인 근로자 및 외국인 근로자 비율<br>• 고령자, 기능 숙련도 비율<br>• 일용직 근로자 경험, 자격 비율 |

| 구분 | 내용 |
|---|---|
| | • 외국인 근로자 현황(국적, 연령, 경력 등)<br>• 외국인 근로자와의 의사소통 관리(통역사 등)<br>• 외국인 근로자에 대한 안전교육 실시 방법<br>• 현장 공사관리자 배치 인원수, 경험 보유 |
| 주요 장비, 공도구, 자재, 작업대 | • 주로 사용하는 장비(예 : 크레인, 지게차, 굴착기 등)<br>• 주로 사용하는 공도구(예 : 그라인더, 연삭기, 용접기 등)<br>• 주로 사용하는 자재(예 : 유로폼, 목재, 철재류 등)<br>• 주로 사용하는 작업대(예 : 말비계, 비계, 시스템비계, 사다리 등) |
| 작업환경 | • 현장 내부, 외부 작업 특성<br>• 고소작업, 밀폐공간, 전기사용 작업<br>• 개인보호구 착용 가능 |
| 안전보건 조직 | • 현장의 안전보건관리 조직<br>• 안전관리자 등 경험, 자격, 지식 보유<br>• 관리감독자 등 경험, 자격, 지식 보유<br>• 조직 구성원의 개인별 업무분장 내용 |

### (3) 일부 건설사들의 사례

완벽한 것은 아니지만 일부 건설사들의 안전보건경영방침과 목표 사례를 참조하여 회사별 특성에 맞는 경영방침과 목표를 설정할 필요가 있다.

#### 안전보건에 관한 목표와 경영방침 사례

**안전보건 목표**

- (최근 3년간 재해분석 대응) 전년 대비 추락사고 50% 감축
- 전 근로자 개인보호구 지급 및 안전보건교육 100% 실시
- 작업 전 위험성평가 100% 실시 및 TBM 교육실시

### 안전보건 세부 추진계획

① 본사 : 안전관리의 컨트롤 타워 구축

ⓐ 안전보건 관리체계 강화

- 재해분석 : 월별 재해 데이터 분석, 주요 원인 도출 및 예방대책실행
- 규정 표준화 : 통일된 안전보건 매뉴얼 작성과 반기별 업데이트
- 반기 1회 협력회사의 안전보건 교육 및 점검을 지원하여 협력회사가 높은 안전보건관리 능력을 유지할 수 있도록 다양한 안전보건 활동 지원

ⓑ 안전문화 정착

- 경영진 현장방문 : 월 1회 이상 안전점검 및 직원 소통
- 외부 교육 연계 : 최신 안전관리 기법 학습(경영진 1회)
- 모든 임직원과 이해관계자들이 안전보건경영을 실천하고 목표를 달성하도록 독려
- 우수현장 보상 : 분기별 안전 성과 평가 및 포상

ⓒ 지원체계강화

- 현장맞춤지원 : 위험요소에 따른 자원 및 장비 우선지원
- 24시간 핫라인 운영 : 안전점검 및 긴급사고 발생 시 즉각 대응체계 구축
- 시기별 및 위험요인별 중점관리 사항 선정 제시
- 사업장 특성을 고려하여 분기 1회 테마 점검을 통해 사업장에서 안전 및 보건 확보의무를 충실히 이행하고 있는지 여부를 확인하고 조치
- 안전보건관리자의 역할과 책임을 명확히 정의한 업무 가이드북 제작 및 건설기계별 안전 점검표와 가이드라인 배포 등을 통해 장비 사고를 예방하고 안전관리 역량 강화

② 현장 : 실질적 안전관리 실행의 구심점

ⓐ 작업환경개선

- 고위험작업관리 : 관리감독자가 고소작업 등 모니터링 및 위험 예방
- 안전고리 체결 확인 : 고소작업 시 안전고리 체결 여부 사전점검 및 관리
- 일일 안전점검 : 작업 전후 위험 요소 점검 및 본사 공유

ⓑ 교육과 대응역량 강화

- 맞춤형 안전교육 : 월 1회 이상 정기교육 및 특별교육 등 필히 실시
- 외국인 근로자 지원 : 다국어 매뉴얼 제공 및 통역 지원
- 훈련 참여 : 비상상황 대응 협력 훈련강화

- 사전 위험성평가를 통한 유해 · 위험요인 도출 및 개선조치
- 가상현실 교육장비 활용을 추진해 현장 직원들의 안전보건 교육 강화

ⓒ 점검 및 관리 체계화

- 데이터 기반 관리 : 재해감소율 분석 및 개선안 도출
- 스마트 위험성평가 시스템 추진 확대
- 작업 전 안전 점검 및 작업자 안전 건의 사항 확인 조치
- 안전지원센터와 이동식 CCTV를 추가 설치하는 등 AI 안전상황센터 모니터링 확대
- 실시간 소통 플랫폼 도입 : 신속한 정보전달 및 양방향 소통강화
- 상시 안전보건 관련 기술적 · 관리적 제안사항을 청취하고 적용 검토 등 이해관계자와 자유로운 의사소통을 통해 구성원의 참여와 협의를 도출

### 안전보건경영방침

① 모든 근로자의 사고와 질병 예방을 최우선 과제로 삼고, 안전한 작업환경을 조성하고 안전보건이 경영의 최우선 핵심 가치임을 강조

② 유해 · 위험요인을 제거하고 관련 법령과 내부 지침을 철저히 준수하며, 필요한 인력을 배치하고 예산을 편성, 집행 약속

③ 현장의 안전보건관리책임자, 관리감독자에게 해당 업무수행에 필요한 권한과 예산을 부여하며, 해당 업무를 충실하게 수행하는지 여부를 평가 관리

④ 근로자를 포함한 모든 이해관계자의 의견을 들어 재해예방에 필요한 사항에 대해 개선하겠다는 의지와 구체적인 실행 계획수립 의지

⑤ 중대산업재해가 발생하거나 발생할 급박한 위험에 대한 작업 중지, 근로자 대피, 위험요인 제거 등 대응조치 등을 포함한 시나리오 작성과 비상조치 매뉴얼에 따른 훈련실시

⑥ 협력회사의 안전보건관리 역량 강화를 위한 책임과 역할 수행

⑦ 안전보건관계법령에 따라 유해 · 위험작업에 관한 안전보건교육 실시

## 2) 안전보건경영방침 작성

안전보건경영방침과 목표의 설정은 안전에 관한 목표와 경영방침을 명확히 하는 것으로써 안전의 출발점이다.

(1) 안전보건경영방침 작성 예시

**표 3.1 안전보건경영방침 작성 예시**

## 안전보건경영방침

○○기업은 경영활동 전반에 안전과 보건을 기업의 최우선 가치로 인식하고, 법규 및 기준을 준수하는 안전보건관리체계를 구축하여 전 직원이 안전하고 쾌적한 작업환경에서 근무할 수 있도록 최선을 다한다. 이를 위해 다음과 같은 안전보건 활동을 통해 지속적으로 안전보건 작업환경을 개선한다.

1. 경영책임자는 '근로자의 생명 보호'와 '안전한 작업환경 조성'을 기업경영 활동의 최우선 목표로 삼는다.
2. 모든 근로자의 사고와 질병 예방을 최우선 과제로 삼고, 안전한 작업환경을 조성하고 안전보건이 경영의 최우선 핵심 가치임을 천명한다.
3. 유해·위험 요인을 제거하고 관련 법령과 내부 지침을 철저히 준수하며, 필요한 인력을 배치하고 예산을 편성하고 집행한다.
4. 현장의 안전보건관리책임자, 관리감독자에게 해당 업무수행에 필요한 권한과 예산을 부여하며, 해당 업무를 충실하게 수행하는지 여부를 평가, 관리한다.
5. 근로자를 포함한 모든 이해관계자들의 의견을 들어 재해예방에 필요한 사항에 대해서는 반드시 개선하고 공유한다.
6. 중대산업재해가 발생하거나 발생할 급박한 위험에 대한 작업 중지, 근로자 대피, 위험요인 제거 등 대응조치 등을 포함한 시나리오 작성과 비상조치 매뉴얼에 따른 훈련을 실시한다.
7. 협력회사의 안전보건관리 역량 강화를 위한 책임과 역할을 수행한다.
8. 안전보건관계법령에 따라 유해·위험작업에 관한 안전보건교육을 실시한다.
9. 모든 구성원은 안전보건 활동에 대한 책임과 의무를 성실히 준수토록 한다.

2025년 ○ 월 ○ 일

○○ 기업 대표이사 (서명) ○○ 기업 근로자 대표 (서명)

### (2) 안전보건 목표/경영방침 게시 대장

안전보건 목표와 경영방침은 종사자들이나 이해관계자들이 언제든지 볼 수 있도록 게시하여야 한다. 게시 대장을 비치하여 종사들이 얼마나 인지하고 있는지에 대해서도 주기적으로 확인할 필요가 있다.

**표 3.2 안전보건 목표/경영방침 게시 대장**

| 안전보건 목표/경영방침 게시 대장 | | |
|---|---|---|
| 구분 | 게시 · 안내방법(장소 등) | 게시 · 안내일 |
| 1 | 현장사무실 게시판 게시 | 2024.04.01. |
| 2 | 회사 홈페이지 팝업창 게시 | 2025.01.01. |
| 3 | | |

- 안전보건경영방침 설정 게시 사진 첨부

| 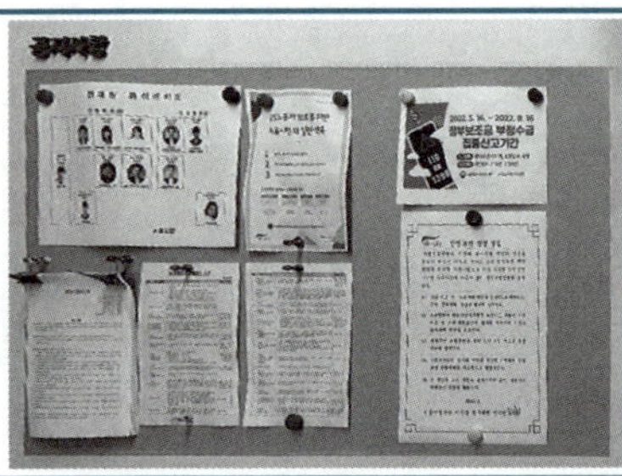 | 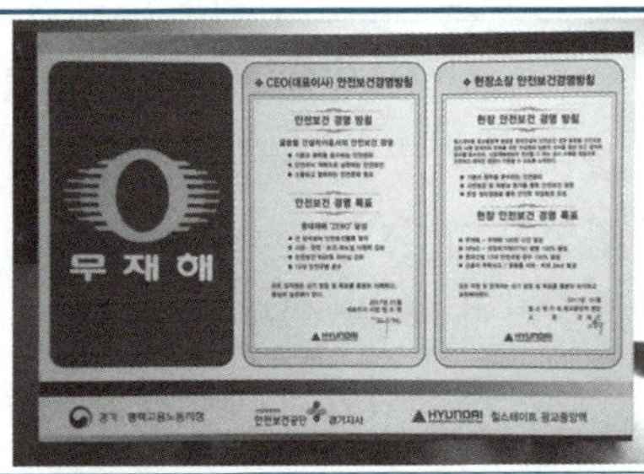 |
|---|---|
| 현관 출입구 또는 사무실 등 | 현장사무실 등 |

### (3) 안전보건 목표/경영방침 주기적 관리대장

**표 3.3 안전보건 목표/경영방침 주기적 관리대장**

| 안전보건 목표/경영방침 관리대장 | | | | |
|---|---|---|---|---|
| 구분 | 개정항목 | 개정일자 | 개정내용 | 개정사유 |
| 1 | 안전보건 목표 | 2024. 03.01. | 유해 · 위험요인 월별 1건 이상 발굴 및 개선 | 유해 · 위험요인 사전확인 및 개선을 통한 재해예방 |
| 2 | 안전보건 경영방침 | 2025. 01.01 | 근로자를 포함한 모든 이해관계자의 의견을 들어 재해예방에 필요한 사항에 대해서는 반드시 개선하고 공유 | 실질적 사고감소를 위해 종사자 의견청취와 협력에 대한 내용 추가 |

(4) 안전보건 목표/경영방침 수립 관련 회의록

**표 3.4 안전보건 목표/경영방침 수립 관련 회의록**

## 안전보건 목표/경영방침 수립 관련 회의록

○ 일시/장소

| 회의일시 | 2025년 월 일 (시간 : ) |
|---|---|
| 회의장소 | (회의실) |

○ 회의내용

- 안전보건경영방침과 목표 현황과 문제점 분석
- 위험성평가 강화를 통한 실질적 재해 감소를 위한 추진목표 수정
- 유해 · 위험요인 도출과 안전보건 강화 내용 추가

○ 회의 사진

사진 또는 자료 등

○ 참석자 명단

| 소속/직책 | 성명 | 서명 | 소속/직책 | 성명 | 서명 |
|---|---|---|---|---|---|
| 대표이사 | 김** | | 작업반장 | 김** | |
| 안전임원 | 최** | | 근로자 | 박** | |
| 담당부서장 | 양** | | 협력업체 | 최** | |
| 담당직원 | 박** | | 협력업체 | 이** | |
| 현장소장 | 김** | | 외국인근로자 | 반티아** | |

### 3) 안전보건 목표와 세부 추진계획 수립

안전보건 목표는 기업 전체, 본사, 사업 부서별이나 현장별로 설정한다. 최종목표 이외에 재해예방 활동 과정 중심의 목표를 포함하여 정량적 측정과 평가가 가능하도록 설정해야 한다.

안전보건 목표는 재해자 수 등 정량적 결과지표와 더불어 안전보건관리체계 구축과 이행을 위한 과정을 평가할 수 있는 안전보건 활동 과정지표도 같이 포함시킬 필요가 있다. 예를 들어 안전보건의 최종적인 목표로 사망자 제로(zero) 달성 등과 같이 설정할 경우에는 구성원들의 적극적인 노력 없이 운에 맡기는 현상을 초래할 가능성이 있다. 따라서 재해예방 활동 과정 중심의 목표를 설정하는 것이 좋다.

특히 중소기업의 경우 사망사고와 같은 중대산업재해가 발생할 가능성이 높은 위험요소를 1~2개로 특정할 수 있다면 이에 대한 예방 활동을 목표로 설정하는 것이 바람직하다. 구체적으로는 사업장에서 반복적으로 발생한 재해나 유사·동종업종에서 발생한 재해사례 등을 분석하여 이에 대한 예방 활동을 목표로 설정할 수 있다. 업종에 따라 다르겠지만 중소 건설업체의 경우에는 추락이나 건설기계와의 협착 위험요인 발굴과 개선 이행률, 추락사고 예방을 위한 안전작업 절차서 도입·개선 건수 등을 목표로 설정할 수 있다.

수립된 경영방침과 목표, 세부 추진계획은 본사, 사업부서, 건설현장, 인트라넷, 게시판 등에 게시하여 알리는 것이 좋다. 법적 의무사항은 아니지만 안전보건경영방침과 목표, 세부 추진계획이 실질적으로 재해를 감소하는 데 효과성이 있는지 여부를 반기 1회 이상 주기적으로 점검하는 것을 권장한다. 이때 점검 결과는 대표이사에게 보고하고 점검 결과 문제된 사항과 개선이 필요한 사항은 차년도 안전보건경영방침과 목표에 피드백 하는 것이 좋다. 문서작업 자체가 목표가 될 수 없으니 과도한 문서작업은 가능하면 지양할 필요가 있다. 중요한 것은 실질적으로 사고를 감소하기 위한 목표를 설정하고 이를 이행하는 것이다.

일반적으로 과정 중심 안전보건 목표의 예시는 다음과 같다. 업종과 규모에 따라 기업의 여건을 고려하여 변형하여 사용이 가능하다.

대기업은 인적, 물적 자원이 충분하기에 시스템적이고 조직적으로 목표 수립과 달성이 가능하다. 그러나 중소기업의 경우에는 대기업과 경영환경과 운영방식이 다르다. 따라서 중소기업의 경우에는 다양한 세부 추진목표 중에서 사망사고와 같은 사고를 실질적으로 줄이기 위한 목표를 설정하는 것을 권장한다. 예를 들어 위험성평가를 통한 위험요인 발굴과 개선율, 근로자들에 대한 안전보건교육 실시율, 종사자 의견 건수와 개선율, 비상조치 시나리오 건수와 훈련 실시율 등과 같이 실질적인 내용으로 구성하는 것이 바람직하다.

① 산업재해 감소율
② 고위험 요소 발굴 및 개선 이행률
③ (정기, 수시, 상시, 정기) 위험성평가를 통한 위험요인 발굴 건수(추락사고, 끼임사고 등) 및 개선조치 건수
④ 안전보건 예산 · 인력 증감률
⑤ 근로자의 위험요인 · 아차사고 신고 건수
⑥ 안전보건 교육실시 건수 및 이행률
⑦ 재해 시나리오별 조치계획 수립 건수 및 비상조치계획 훈련 건수
⑧ 건강검진 실시율 및 유소견자 상담률
⑨ 작업 전 안전미팅(TBM) 실시율
⑩ 종사자 의견 건수와 이행률
⑪ 기계 · 설비의 정기검사 실시율
⑫ 작업별 작업발판 설치 건수 및 이행률
⑬ 근로자 안전대 지급 건수 및 안전대 부착설비 설치 건수
⑭ 안전작업절차서 도입 · 개선 건수
⑮ 작업허가제 등 도입 · 개선 건수
⑯ 안전보건경영방침 게시 건수(온 · 오프라인) 및 근로자 인지율
⑰ 작업표준 및 지침서 변경 시 개정 건수
⑱ 산업안전보건위원회, 안전보건협의체, 노사협의체 등 개최 건수
⑲ 안전점검 건수 및 개선조치율
⑳ 안전보건관리책임자 등 평가 건수 및 업무 충실도 평가점수 상향률

**표 3.5 안전보건 목표 및 분기별 추진계획서 작성 예시**

| 안전보건활동 목표/(분기별) 세부추진계획 | 결재 | 작성 | 검토 | 승인 |
|---|---|---|---|---|
| | | | | |

**안전보건활동 목표/세부추진계획**

○ 안전보건 목표
- (최근 3년간 재해분석 대응) 전년 대비 추락사고 50% 감축
- 전 근로자 개인보호구 지급 및 안전보건교육 100% 실시
- 작업 전 위험성평가 100% 실시 및 TBM 교육 실시

| 전사목표 | 목표/세부추진계획 | | 추진일정 | | | | 성과지표 | 담당 부서 | 예산 (만원) | 달성률 (%) | 실적/ 부진사유 |
|---|---|---|---|---|---|---|---|---|---|---|---|
| | | | 1 분기 | 2 분기 | 3 분기 | 4 분기 | | | | | |
| 추락사고 50% 감축<br>or<br>안전교육 및 위험성평가 100% 실시 | 추락사고 50% | 계획 | ○ | ○ | ○ | ○ | 수시 | 전부서 | - | | |
| | | 실적 | | | | | | | | | |
| | 최초 위험성평가 건수 | 계획 | ○ | | | | 1회 | 전부서 | 500 | | |
| | | 실적 | | | | | | | | | |
| | 정기 위험성평가 건수 | 계획 | ○ | | | | 1회 이상/연 | 전부서 | 500 | | |
| | | 실적 | | | | | | | | | |
| | 수시 위험성평가 건수 | 계획 | ○ | ○ | ○ | ○ | 수시 | 전부서 | 50 | | |
| | | 실적 | | | | | | | | | |
| | 상시 위험성평가 건수 | 계획 | ○ | ○ | ○ | ○ | 수시 | 전부서 | 50 | | |
| | | 실적 | | | | | | | | | |
| | 고위험 요인 도출 및 개선 건수 | 계획 | ○ | ○ | ○ | ○ | 개선이행 100% | 전부서 | - | | |
| | | 실적 | | | | | | | | | |
| | 아차사고 수집 건수 | 계획 | ○ | ○ | ○ | ○ | 1건/월/인당 | 안전 | - | | |
| | | 실적 | | | | | | | | | |
| | 안전보건교육 (정기) 건수 및 이행률 | 계획 | ○ | ○ | ○ | ○ | 6시간/분기 (60명) | 전부서 | 100 | | |
| | | 실적 | | | | | | | | | |

| 전사목표 | 목표/세부추진계획 | | 추진일정 | | | | 성과지표 | 담당 부서 | 예산 (만원) | 달성률 (%) | 실적 / 부진사유 |
|---|---|---|---|---|---|---|---|---|---|---|---|
| | | | 1분기 | 2분기 | 3분기 | 4분기 | | | | | |
| | 안전보건교육 (관리감독자) 건수 및 이행률 | 계획 | | | ○ | | 16시간/연 (10명) | 안전 | 50 | | |
| | | 실적 | | | | | | | | | |
| | 안전보건교육 (특별안전교육) 건수 및 이행률 | 계획 | | | ○ | | 16시간/연 (크레인, 유해물질취급자) | 안전 | 50 | | |
| | | 실적 | | | | | | | | | |
| | 안전보건교육 (신규채용시) 건수 및 이행률 | 계획 | ○ | ○ | ○ | ○ | 8시간/연 (채용 시) | 전부서 | 30 | | |
| | | 실적 | | | | | | | | | |
| | 안전보건교육 (MSDS) 건수 및 이행률 | 계획 | ○ | ○ | ○ | ○ | 2시간/연 (유해물질 취급자) | 전부서 | 30 | | |
| | | 실적 | | | | | | | | | |
| | 산업안전보건위원회 등 안전회의 개최 건수 | 계획 | ○ | ○ | ○ | ○ | 1회/분기 | 안전 | 50 | | |
| | | 실적 | | | | | | | | | |
| | 작업표준 제·개정 건수 | 계획 | ○ | ○ | ○ | ○ | 변경 시 | 안전 | - | | |
| | | 실적 | | | | | | | | | |
| | 안전검사 실시율 | 계획 | | | ○ | | 2년 주기 (크레인 10대, 컨베이어 30대) | 안전 | 50 | | |
| | | 실적 | | | | | | | | | |
| | 계측기 검·교정 실시율 | 계획 | ○ | | ○ | | 1회/반기 (공기호흡기, 감지기) | 안전 | 100 | | |
| | | 실적 | | | | | | | | | |
| | 소방시설 정기점검 건수 | 계획 | ○ | ○ | ○ | ○ | 1회/월 | 안전 | - | | |
| | | 실적 | | | | | | | | | |
| | 합동안전점검 건수 | 계획 | ○ | ○ | ○ | ○ | 1회/월 | 안전 | - | | |
| | | 실적 | | | | | | | | | |
| | 일반 건강검진 건수 | 계획 | | ○ | | | 1회/연 (관리직 1회/2년, 현장직 1회/1년) | 안전 | 500 | | |
| | | 실적 | | | | | | | | | |

| 전사목표 | 목표/세부추진계획 | | 추진일정 1분기 | 2분기 | 3분기 | 4분기 | 성과지표 | 담당부서 | 예산(만원) | 달성률(%) | 실적 / 부진사유 |
|---|---|---|---|---|---|---|---|---|---|---|---|
| | 특수 건강검진 건수 | 계획 | | ○ | | | 1회/연 (현장직 1회/1년) | 안전 | 300 | | |
| | | 실적 | | | | | | | | | |
| | 배치 전 건강검진 건수 | 계획 | ○ | ○ | ○ | ○ | 해당 시 | 안전 | 100 | | |
| | | 실적 | | | | | | | | | |
| | 유소견자 사후관리 건수 | 계획 | ○ | ○ | ○ | ○ | 5명/월 | 안전 | 100 | | |
| | | 실적 | | | | | | | | | |
| | 비상조치훈련 건수 | 계획 | ○ | ○ | ○ | ○ | 1회/분기 (화재, 누출, 대피, 구조) | 전부서 | 30 | | |
| | | 실적 | | | | | | | | | |
| | 작업허가서 발부 건수 | 계획 | ○ | ○ | ○ | ○ | 단위 작업별 | 전부서 | - | | |
| | | 실적 | | | | | | | | | |
| | TBM 실시건수 이행률 | 계획 | ○ | ○ | ○ | ○ | 단위 작업별 | 전부서 | - | | |
| | | 실적 | | | | | | | | | |
| | 안전관찰제도 운영건수 | 계획 | ○ | ○ | ○ | ○ | 1건/월/인당 | 전부서 | - | | |
| | | 실적 | | | | | | | | | |
| | 안전보건 예산 집행률 | 계획 | ○ | ○ | ○ | ○ | 수립예산 이행 | 전부서 | 1,000 | | |
| | | 실적 | | | | | | | | | |
| | 성과측정 및 모니터링 건수 | 계획 | | ○ | | ○ | 1회/반기 | 전부서 | - | | |
| | | 실적 | | | | | | | | | |
| | 시정조치 이행률 | 계획 | ○ | ○ | ○ | ○ | 수시 | 전부서 | - | | |
| | | 실적 | | | | | | | | | |
| | 경영자 현장 점검 건수 및 지시 건수 | 계획 | | | | ○ | 1회/연 | 안전 | - | | |
| | | 실적 | | | | | | | | | |

### 4) 안전보건 목표 수립 및 운영절차 예시

문서번호 :

# 안전보건 목표 수립 및 운영절차

2025. . .

| 작성자 | 검토자 | 근로자대표 | 대표이사 |
|---|---|---|---|
| (확인) | (확인) | (확인) | (확인) |

| 제정 : (처음 만든 날짜) | 개정 : (수정한 날짜) |
|---|---|

㈜ ○○건설

# 안전보건경영방침 및 추진목표 제 · 개정 이력

| 제목 | 안전보건 목표 수립 및 운영절차 | 제 · 개정 및 폐기권자 | 안전보건 관리책임자 |
|---|---|---|---|
| 문서 번호 | - | 기안 부서 | |
| 개정 주기 | 필요시 | 관리 부서 | |
| 공개 여부 | 공개 | 제정 일자 | |

| 제 · 개정 이력 | | | | | | |
|---|---|---|---|---|---|---|
| 개정 번호 | 제 · 개정 | | | 연월일 | 제 · 개정사유 | 제 · 개정내용 |
| | 작성자 | 전면 | 부분 | | | |
| 1 | | ● | | | | 제정 |
| | | | | | | |
| | | | | | | |
| | | | | | | |
| | | | | | | |
| | | | | | | |
| | | | | | | |
| | | | | | | |

# 안전보건 목표 수립 및 운영절차

| 승인 | |
|---|---|
| 기안 | |

| 제정 : (처음 만든 날짜) | 개정 : (수정한 날짜) |
|---|---|

## 1. 목적

이 절차는 안전보건의 성과를 지속적으로 개선하도록 하는 회사의 안전보건 방침 설정에 대하여 규정함을 목적으로 한다.

## 2. 적용 범위

이 절차는 안전보건 목표 수립 및 이에 따른 운영계획을 수립 운영하는 절차에 대하여 적용한다.

## 3. 책임 및 권한

3.1 대표이사

안전보건 방침의 승인, 경영검토를 통하여 안전보건 방침의 유효성 검증

3.2 관리부서장

(1) 안전보건 방침을 관리할 수 있는 시스템의 수립 · 실행, 문서화 및 유지

(2) 안전보건 방침의 제 · 개정의 필요성 검토 및 검토안 작성

(3) 안전보건 방침이 전 임직원 및 해당 협력업체 직원이 숙지하도록 홍보, 전달

(4) 이해관계자의 안전보건 방침 요구 시 이를 통보

3.3 부서장/현장소장 등

소속 직원과 근로자들이 안전보건 방침을 이해하고 준수하도록 교육훈련 실시, 안전보

건경영의 목표 및 세부 목표에 반영 추진

3.4 근로자

안전보건 방침이 이행될 수 있도록 안전보건활동에 적극 참여하고 관련 법규, 규정을 준수

## 4. 업무절차

(1) 안전보건 방침은 다음 사항을 참조하여 수립한다.

① 조직의 안전보건 위험성의 특성과 조직규모 부합

② 최소한의 법적 요구사항의 준수의지 포함

③ 모든 근로자의 안전보건을 위한 위험의 지속적인 개선 및 실행의지 포함

④ 조직의 구성원 및 이해관계자가 쉽게 접할 수 있도록 공표 또는 공개

⑤ 안전보건 방침이 조직에 적합한지를 정기적 검토

⑥ 안전보건 방침을 간결, 명확하게 문서화, 시행일과 대표이사 및 근로자 대표의 서명 포함

(2) 안전보건 방침의 제정 또는 개정은 다음에 의한다.

운영절차 관리책임자는 다음과 같은 사유로 방침의 제·개정의 필요성이 발생할 경우, 개정안을 작성하여 해당 부서장 및 근로자 대표와 협의 및 검토를 거쳐 대표이사에게 보고한다.

① 신규 사업이 개시될 시

② 관련 법률의 제·개정 발생 시

③ 경영 여건의 변화로 인한 대표이사의 의지가 바뀌어 지시가 있을 시

④ 중대재해 발생 시

⑤ 대표이사 변경 시

⑥ 기타 안전보건 방침의 개정이 필요할 경우

(3) 대표이사의 공표로 확정된 안전보건 방침은 매뉴얼에 포함시켜 관리한다.

(4) 운영절차 관리책임자는 안전보건 방침이 전 임직원 및 해당 협력업체 직원이 숙지하도록 다음과 같은 방법으로 홍보, 전달한다.

① 게시판 부착

② 공문을 통한 시달

③ 기타 유효한 방법

(5) 해당 부서장 및 현장소장은 안전보건 목표와 경영방침을 전 사원이 이해하고 준수하도록 교육·훈련계획에 따라 교육을 실시하고 안전보건 목표 및 세부목표에 반영한다.

(6) 대표이사는 매년 안전보건경영검토 회의를 통하여 안전보건 방침의 유효성을 검증한다.

(7) 운영절차 관리책임자는 이해관계자가 회사의 안전보건 방침을 요구하지 않아도 상시적으로 이를 공개한다.

(8) 안전보건 방침은 간결하게 문서화하고 최고경영자 및 근로자 대표의 서명과 시행일을 명기하여 조직의 모든 구성원 및 이해관계자가 쉽게 접할 수 있도록 공개되어야 한다.

## 5. 목표 및 추진계획 필수 고려사항

5.1 목적

(1) 사업장은 작업부서별(또는 작업단위, 계층별)로 안전보건 활동에 대한 안전보건 목표를 수립한다.

(2) 사업장이 목표를 수립할 때에는 안전보건활동 수준평가결과, 위험성평가 결과, 법규 등 검토사항과 안전보건 활동상의 필수적 사항(교육, 훈련, 성과측정, 내부심사) 등이 반영되도록 한다.

(3) 안전보건활동은 안전보건 방침에서 추구하는 목표와 일치하여야 하며, 각 안전보건활동별로 목표를 정한다.

(4) 목표를 수립 시에는 목표달성을 위한 조직 및 인적·물적 지원 범위와 크기를 반영한다.

(5) 목표는 실행 가능한 경우, 측정 가능하여야 하며, 상해 및 직업병 예방, 적용되는 법규 요구사항, 조직이 준수하여야 하는 그 밖의 요구사항, 지속적 개선의 의지가 포함된 안전보건 방침과 일관성이 있어야 한다.

(6) 조직이 안전보건 목표를 수립하고 검토할 때, 조직의 법규 요구사항 및 조직이 준수하여야 하는 그 밖의 요구사항과 조직의 위험성을 고려하여야 한다. 또한 조직의 기술적 대안, 재정적, 운영적 및 사업상의 요구사항과 이해관계자의 견해를 고려하여야 한다.

(7) 조직은 조직의 목표를 달성하기 위한 추진계획을 수립, 실행 및 유지하여야 한다. 추진계획은 최소한 다음과 같은 사항을 포함하여야 한다.

① 조직의 관련 기능과 계층별로 목표를 달성하기 위한 책임 및 권한을 지정

② 목표를 달성하기 위한 수단 및 일정

(8) 추진계획은 목표가 달성되는 것을 보장하기 위해 정규적으로 계획된 주기로 검토되어야 하며 필요시 조정되어야 한다.

5.2 안전보건활동 추진계획

(1) 사업장은 안전보건상의 목표를 달성하기 위한 활동 추진계획을 해당업무(작업), 단위별(팀별, 부, 과별)로 다음 사항을 수립하고 문서화하여 실행한다.

① 조직의 전체 목표 및 부서별 세부목표와 이를 추진하고자 하는 책임자 지정

② 목표달성을 위한 안전보건활동계획(수단 · 방법 · 일정)

③ 안전보건활동별 성과지표

(2) 안전보건활동 추진계획은 정기적으로 검토되고 조직의 운영변경 또는 새로운 계획의 추가사유가 발생할 때에는 수정한다.

**6. 문서 및 기록 관리**

〈붙임 1〉 안전보건경영 방침

## 1.5 컴플라이언스 핵심 체크포인트

① 사업(장)의 특성을 반영한 목표 및 경영방침 수립

- 안전보건 목표와 경영방침은 업종, 작업에 따른 유해 · 위험요인 등 사업(장)의 특성을 반영하여 수립하여야 한다.

② 목표와 계획에 대한 성과 관리 및 결과 반영

- 안전보건 목표와 세부 실행계획은 달성 가능한 내용으로 측정 및 성과평가를 할 수 있도록 세부 절차를 마련하고 이행하여야 한다.
- 전년도 안전보건 목표 등의 추진 결과에 대하여 평가하고 개선 필요한 부분을 당해연도 목표 등에 반영할 필요가 있다.

③ 모든 종사자가 숙지할 수 있도록 게시 및 전파

- 안전보건 목표와 경영방침은 모든 종사자가 숙지할 수 있도록 사내에 게시하고 안전보건 관련 회의체 및 교육 교안에도 반영하여 적극적으로 전파할 필요가 있다.

## 1.6 고용노동부 유권해석

**안전보건에 관한 경영방침과 목표 명시 방식**

고용노동부 질의회시(중대산업재해감독과-367, 2022.01.28)에 따르면 중대재해처벌법 시행령에 따라 사업 또는 사업장의 안전보건에 관한 목표와 경영방침을 설정하여야 하지만 이를 취업규칙 등에 명시할 것을 규정하고 있지는 않은 상태이다.
다만 **안전보건에 관한 목표와 경영방침은 모든 종사자가 상시적으로 볼 수 있는 장소 또는 매체에 게시하는 등의 방법으로 알리는 것이 바람직하다.** 취업규칙 등에 명시하는 것은 기업 자율적으로 결정할 수 있다는 입장이다.

## 1.7 중요 판결 & 수사 사례에 따른 핵심 실천 사항

### 1) 주요 위반사항

- 사업장의 특성과 규모 등을 구체적으로 고려하지 않은 채, 업계에서 통용되는 표준적인 양식을 별다른 수정 없이 활용
- 안전 및 보건을 확보하기 위한 실질적이고 구체적인 방안이 포함되지 않아 명목상의 것에 불과

### 2) 판결 사례

**제4호 OO건설 판결 : 창원지방법원 마산지원 2023. 08. 25. 선고 2023고합8 판결**

- "중대재해처벌법 시행령 제4조제1호에 규정된 안전보건에 관한 목표와 경영방침에는 사업 또는 사업장의 특성과 규모 등이 반영되어야 하고, 그 내용은 중대재해처벌법 시행령 제4조제2호 내지 제9호에 관한 것 등으로 구체화되어야 함"

- "업계에서 통용되는 표준적인 양식을 별다른 수정 없이 활용하는 데 그치거나, 안전 및 보건을 확보하기 위한 실질적이고 구체적인 방안이 포함되지 않아 명목상의 것에 불과한 경우에는, 중대재해처벌법이 요구하는 목표와 경영방침을 설정하였다고 볼 수 없음"

**제19호 OO종합건설 판결 : 춘천지방법원 2024. 08. 08. 선고 2022고단1445 판결**

- "안전보건에 관한 목표와 경영방침은 사업 또는 사업장의 특성과 규모 등을 고려하여, 반복적인 재해 등에도 불구하고 이를 감소하기 위한 경영적 차원에서의 노력이나 구체적인 대책 등을 반영하여야 함"
- "피고인이 제출한 안전보건경영방침은 2022. 02. 중순경 작성된 것으로 보이기는 하나, 당시 전파되지 않는 등 시행되지 않다가, 이 사건 이후 재작성된 것으로 보임"

**제22호 OO 산업(공동주택 및 빌딩관리업체) 판결 : 의정부지방법원 2024. 08. 27. 2023고단1464 판결**

- "2022.06에 이르러서야 비로소 피고인 회사가 중대재해처벌법의 시행을 반영한 안전보건관리계획서를 일선 관리사무소에 하달하였고, 이 사건 사고 당시까지도 이 사건 아파트 관리사무소에 적용될 안전보건관리계획서가 작성되지 아니하였음"
- "본사 차원의 안전보건관리계획서에 이미 중대재해처벌법 시행령 제4조제1호에서 요구하는 '사업 또는 사업장의 안전보건에 관한 목표와 경영방침'은 명시되어 있을 뿐 아니라(이 사건 아파트 관리사무소를 비롯하여 피고인 회사의 개별 사업장에서 본사와 다른 내용의 안전보건에 관한 목표와 경영방침을 수립한다는 것은 상정하기 어렵다), 이와 실질적으로 유사한 내용이 (비록 산업안전보건법에 기하여 작성된 것이나) 피고인 회사의 2021년도 안전보건관리계획서에도 포함되어 있다고 볼 여지가 있음"
- "사건 사고 당시 피고인 회사가 이미 중대재해처벌법 시행령 제4조제1호에 따른 조치를 이행하였다고 볼 여지가 있고, 설령 견해를 달리하여보더라도 추상적인 목표와 경영방침을 다소 늦게 설정한 것과 이 사건 사고 사이의 인과관계가 있다고 보기도 어려움"

### 3) 핵심 실천사항

| | |
|---|---|
| 사업장에 맞게 경영방침 및 목표 설정 | • 표준양식을 검토 없이 그대로 사용하지 않도록 주의<br>• 1~2년마다 경영방침 및 목표를 수정 |
| 실질적인 경영방침 및 목표 설정 | • 단순한 추상적 구호에 그치지 않도록, 구체적인 실천 방안 반영 필요<br>• 경영방침 및 목표 설정을 위한 내부 품의 근거자료 보관 |

## 1.8 안전보건 목표 및 경영방침 이행 점검기준

### 1) 정기점검과 이에 따른 필요 조치 확인보고서 작성

안전보건 목표와 경영방침을 한 번 수립해 놓고 수정하지 않는다면 의미가 없다. 그 이유는 건설현장의 안전보건 환경은 수시로 변화하기 때문이다. 따라서 최소 1년에 한 번은 수립했던 목표나 경영방침이 어떤 문제를 가지고 있는가를 분석하고 부족한 부분은 보완해 나갈 필요가 있다. 이를 위해서 주기적인 정기점검과 이에 따른 필요 조치 확인보고서를 작성하여 보관할 필요가 있다. 첨부자료의 점검표를 참조하여 점검하면 된다.

**표 3.6 정기점검 및 이에 따른 필요 조치 확인보고서**

# 정기점검 및 이에 따른 필요 조치 확인보고서

○ 점검구분(상반기/ 하반기) :
○ 점검일자 :
○ 점검장소 :
○ 점검인원 :

| 결재 | 작성 | 검토 | 승인 |
|---|---|---|---|
| | | | |

1. 점검 주요 내용

| 안건 및 내용 | | 판단근거 |
|---|---|---|
| ① 안전보건 목표의 적합성 및 유효성 검토(필수) | | |
| 결과 | | 점검표 |
| 향후 개선방향 | | |
| ② 안전보건경영방침의 적합성 및 유효성 검토(필수) | | |
| 결과 | | 점검표 |
| 향후 개선방향 | | |
| ③ 세부 추진계획의 적합성 및 유효성 검토(미수립 시 제외) | | |
| 결과 | | 점검표 |
| 향후 개선방향 | | |

### 2) 안전보건 목표 및 경영방침 적절성 이행 점검기준

#### □ 안전보건 목표와 경영방침 점검표

○ 점검일 :

○ 부서명 :

○ 점검책임자 : (인)

| 결재 | 작성 | 검토 | 승인 |
|---|---|---|---|
| | | | |

□ 점검 주요 내용

| 점검내용 | 점검결과 |
|---|---|
| 1. 경영책임자가 경영전략에 안전보건경영을 반영 및 추진하여 안전보건이 경영에 핵심 요소임을 강조하고 있는지 여부 | |
| 2. 경영책임자의 안전보건에 대한 가치 표명, 추진의지, 방향성이 포함된 안전보건경영방침이 수립되어 있는지 여부 | |
| 3. 경영책임자가 주기적으로 개별 현장을 방문하여 안전보건경영에 관한 의지를 피력하고 있는지 여부<br>① 안전보건경영에 관심을 갖는 노력 실행 자료<br>② 안전보건 관련 직접 회의 개최 실적 | |
| 4. 기업 전체, 본사, 부서별, 현장별, 팀별로 목표 설정<br>① 목표 달성에 대해 구성원에게 공개 및 필요 사유 발생 시 지속적으로 수정 | |
| 5. 전년도 안전보건 목표 및 세부 추진방안에 대한 평가를 실시하고 있고 이에 대한 사항이 피드백되어 반영되어 있는지 여부<br>① 방침의 적정성에 대하여 정기적으로 평가 실시 여부<br>② 개정이 필요할 경우에는 사고 예방을 위한 요인들을 충분히 반영하여 결정하였는지 여부<br>③ 정기점검 결과와 이에 따른 필요조치 이행 확인용 보고서<br>④ 경영책임자 또는 안전보건 전담조직의 장이 주관하는 안전보건경영방침과 목표 수립에 관한 정기적인 회의 등이 존재하는지 여부<br>⑤ 최고 경영책임자, 안전보건관리책임자 등의 경영목표 수정 및 필요(대외 환경변화 등)에 따라 변경 수립한 승인 문서 | |

| 점검내용 | 점검결과 |
|---|---|
| 6. 안전보건 목표는 안전보건관리체계 구축 및 이행을 위한 과정을 평가할 수 있는 정량적 지표로 설정하고 있는지 여부<br>① 최종목표(결과지표) + 과정 중심(안전보건 예방 활동) 목표 포함<br>② 목표에 재해자 수 등 결과지표와 더불어 안전보건활동 등 과정지표 포함<br>③ 안전보건 방침과의 연관성 유지<br>④ 측정 및 평가 가능하도록 설정<br>⑤ 실질적으로 실행이 담보되고 목표 달성에 대한 성과측정이 가능한지 여부 | |
| 7. 연간 안전보건에 관한 목표 수립 시기<br>① 회계연도(01.01~12.31.)에 준한 연간 계획을 수립하며 수립 시기는 전년도 12월 중에 수립을 원칙<br>② 안전보건경영방침 목표 및 계획/실적 집계는 회계연도(01.01~12.31)에 준한 연간실적을 당해 연도 12월에 집계·분석하여 차기연도 계획에 반영<br>③ 최고경영책임자 및 안전보건관리책임자의 경영목표는 필요(대외 경영환경 변화, 이슈, 사업 리스크 검토 등)에 따라 변경 수립 | |
| 8. 목표의 적정성에 대한 정기적 검토(성과평가)<br>① 안전보건에 관한 노력의 적절한 반영을 위한 목표 적정성에 대한 정기적 검토 여부<br>② 전 부서 및 구성원을 대상으로 안전보건 목표·세부계획에 따라 성과평가 실시<br>③ 안전보건에 관한 평가 시 근로자 의견 검토 및 반영, 도급·용역·위탁 시 안전보건관리에 관한 사항 포함<br>④ 안전보건에 관한 성과평가 결과를 다음 연도 목표설정과 실행계획 수립에 반영<br>⑤ 안전보건에 관한 목표와 경영방침 간에는 일관성이 있는지 여부 | |
| 9. 안전 세부 추진계획 목표에 포함될 사항<br>① 산업재해 감소율<br>② 고위험 요소 발굴 및 개선 이행률<br>③ (정기, 수시, 상시, 정기) 위험성평가를 통한 위험요인 발굴 건수(추락사고, 끼임사고 등) 및 개선조치 건수 | |

| 점검내용 | 점검결과 |
|---|---|
| ④ 안전보건 예산과 인력 증감률<br>⑤ 근로자의 위험요인 · 아차사고 신고 건수<br>⑥ 안전보건 교육실시 건수 및 이행률<br>⑦ 재해 시나리오별 조치계획 수립 건수 및 비상조치계획 훈련 건수<br>⑧ 건강검진 실시율 및 유소견자 상담률<br>⑨ 작업 전 안전미팅(TBM) 실시율<br>⑩ 종사자 의견 건수와 이행률<br>⑪ 기계 · 설비의 정기검사 실시율<br>⑫ 작업별 작업발판 설치 건수 및 이행률<br>⑬ 근로자 안전대 지급 건수 및 안전대 부착설비 설치 건수<br>⑭ 안전작업절차서 도입 · 개선 건수<br>⑮ 작업허가제 등 도입 · 개선 건수<br>⑯ 안전보건경영방침 게시 건수(온 · 오프라인) 및 근로자 인지율<br>⑰ 작업표준 및 지침서 변경 시 개정 건수<br>⑱ 산업안전보건위원회, 안전보건협의체, 노사협의체 등 개최 건수<br>⑲ 안전점검 건수 및 개선조치율<br>⑳ 안전보건관리책임자 등 평가 건수 및 업무 충실도 평가점수 상향률 | |
| 10. 안전보건 활동에 참여할 수 있는 시간을 보장하고, 활동에 대한 적절한 인센티브를 제공하고 있는지 여부 | |
| 11. 사업 또는 사업장의 유해 · 위험요인 등 특성과 조직 규모에 적합하는지 여부<br>① 사업 특성과 사업 규모<br>• 주요사업 분야(예 : 건축, 토목, 플랜트, 조경 등)<br>• 공사 수행 방식(원도급, 하도급, 공동도급, 직영)<br>• 공사 현장의 규모 및 특성(소규모, 중규모, 대규모)<br>• 사고발생 방지를 위한 경영관리 차원의 인력, 예산, 시스템 도입 등 사항<br>② 유해 · 위험요인<br>• 연도별 사고발생 현황<br>• 공종별 사고유형(예 : 떨어짐, 낙하, 감전, 끼임, 부딪침, 질식, 질병 등)<br>• 사고 원인별 현황(예 : 시설적 원인, 관리적 원인, 불안전 행동) | |

| 점검내용 | 점검결과 |
|---|---|
| • 동종 업계(공종) 산업재해 발생 현황<br>• 공사 종류별 위험성평가 내용<br>• 발생 가능성 높은 사고 유형<br>• 유해 · 위험요인 및 감소대책 수립내용<br>• 사고발생 원인별 안전대책 수립사항(아차사고 포함)<br>③ 종사자(근로자)현황<br>• 내국인 근로자 및 외국인 근로자 비율<br>• 고령자, 기능 숙련도 비율<br>• 일용직 근로자 경험, 자격 비율<br>• 외국인 근로자 현황(국적, 연령, 경력 등)<br>• 외국인 근로자와의 의사소통 관리(통역사 등)<br>• 외국인 근로자에 대한 안전교육 실시 방법<br>• 현장 공사관리자 배치 인원수, 경험 보유<br>④ 주요 장비, 공도구, 자재, 작업대<br>• 주로 사용하는 장비(예 : 크레인, 지게차, 굴착기 등)<br>• 주로 사용하는 공도구(예 : 그라인더, 연삭기, 용접기 등)<br>• 주로 사용하는 자재(예 : 유로폼, 목재, 철재류 등)<br>• 주로 사용하는 작업대(예 : 말비계, 비계, 시스템비계, 사다리 등)<br>⑤ 작업환경<br>• 현장 내부, 외부 작업 특성<br>• 고소작업, 밀폐공간, 전기사용 작업<br>• 개인보호구 착용 가능<br>⑥ 안전보건 조직<br>• 현장의 안전보건관리 조직<br>• 안전관리자 등 경험, 자격, 지식 보유<br>• 관리감독자 등 경험, 자격, 지식 보유 | |
| 12. 반복적인 재해 감소를 위한 목표와 경영방침 반영 여부<br>① 반복적인 재해 등에도 불구하고 이를 감소하기 위한 경영적 차원에서의 노력이나 구체적인 대책 방안 등을 반영한 목표나 경영방침을 수립<br>② 사업의 특성에 따른 재해원인 분석 및 동종업계 사고 현황 분석 결과 반영 여부 | |

| 점검내용 | 점검결과 |
|---|---|
| 13. 종사자와 협의를 통해 수립하였는지 여부<br>① 협의 내용(회의록, 사진 등)<br>② 간결하게 문서화<br>③ 포함해야 할 내용<br>• 모든 종사자(도급 · 용역 · 위탁 등 포함)의 생명 보호와 작업장의 안전보건을 최우선 하는 목표<br>• 유해 · 위험요인의 개선을 위해 우선적으로 예산과 인력을 배정하는 내용<br>• 사업 또는 사업장의 유해 · 위험 특성, 규모를 고려한 방침 수립<br>• 근로자 참여 활성화, 관련된 법규 준수에 관한 경영자의 의지 포함 | |
| 14. 종사자 및 이해 관계자 등이 충분히 공감하고 참여하였는지 여부<br>① 소속 근로자, 협력업체, 파견업체, 공급 · 판매업체, 고객 등에게도 알리는 노력<br>② 이메일, 각종 회의, 인트라넷, 게시판, CEO 메시지 : 주기적 동참 유도<br>③ 모든 종사자, 이해관계자가 쉽게 알 수 있도록 공개<br>④ 경영방침과 목표/추진계획 게시 사진(또는 사내 홈페이지 공지 사진)<br>⑤ 안전보건 목표 및 경영방침을 온라인과 오프라인 모두 게시하였다는 현황을 보고받고 있는지 여부(경영방침을 손쉽게 확인할 수 있도록 조치)<br>⑥ 안전보건관리책임자의 안전보건경영방침에 대해 사업장 종사자 및 구성원이 그 목표와 방침을 인식하고 실천할 수 있도록 게시하는 등의 방법으로 알려야 함(사업장의 경영방침 게시 사진 또는 교육일지)<br>⑦ 발주자 및 협력업체에게도 안전보건에 관한 경영방침을 전파하고 있는지 여부 | |
| 15. 경영책임자와 근로자대표가 직접 서명<br>① 서명하고 있는 사진, 홍보자료 등<br>② 근로자 대표 서명 포함 | |
| 16. 안전보건 현황 파악을 위한 상황조사 보고서 작성<br>① 근로자(사무직, 사무직 외) 현황, 연도별 재해발생(사망, 부상, 직업병) 현황<br>② 현황 포함내용<br>• 안전보건관리체제(안전보건관리책임자 등의 선임, 관리감독자의 역할, | |

| 점검내용 | 점검결과 |
|---|---|
| 산업안전보건위원회 구성 및 운영 등)<br>• 안전보건관리규정 작성 및 관리, 게시<br>• 산업안전보건법령 요지의 게시 등<br>• 위험성평가 기준 및 위험성평가 실시(최초, 수시, 정기, 상시평가) 현황<br>• 안전표지, 작업표준 및 안전수칙 등의 게시 및 준수 현황<br>• 유해 · 위험방지계획서의 작성 및 제출 등 현황<br>• 아차사고를 포함한 산업재해 발생보고 및 통계의 유지 · 관리<br>• 도급인의 안전보건조치 실시사항<br>• 유해 · 위험기계 등의 안전검사, 안전인증, 자율안전확인 신고 현황<br>• 폭발 · 화재 및 위험물 누출에 의한 위험방지조치 현황<br>• 작업시작 전 점검 및 비정상작업에 따른 위험방지조치<br>• 작업장, 통로, 계단 및 정리 · 정돈 상태 현황<br>• 시나리오 및 비상조치 매뉴얼과 훈련 현황<br>• 산업안전보건에 관한 사항(끼임 재해예방 등) | |

# 02 안전보건업무를 총괄 · 관리하는 전담조직 설치

## 2.1 관련 조문

**시행령 제4조(안전보건관리체계의 구축 및 이행 조치) 제2호**

2. 「산업안전보건법」 제17조부터 제19조까지 및 제22조에 따라 두어야 하는 인력이 총 3명 이상이고 다음 각 목의 어느 하나에 해당하는 사업 또는 사업장인 경우는 안전보건에 관한 업무를 총괄 · 관리하는 전담조직을 둘 것. 이 경우 나목에 해당하지 않던 건설사업자가 나목에 해당하게 된 경우에는 공시한 연도의 다음 연도 1월 1일까지 해당 조직을 두어야 한다.
   가. 상시근로자 수가 500명 이상인 사업 또는 사업장
   나. 「건설산업기본법」 제8조 및 같은 법 시행령 별표 1에 따른 토목건축공사업에 대해 같은 법 제23조에 따라 평가하여 공시된 시공능력의 순위가 상위 200위 이내인 건설사업자

## 2.2 조문의 취지

전담조직은 사업 또는 사업장의 안전보건관리체계를 관리 · 감독하는 등 안전과 보건에 관하여 경영책임자를 보좌하고 법인 또는 기관의 안전보건에 관한 컨트롤 타워로서 역할을 하는 조직이다. 중대재해예방을 위한 체계구축은 기업경영 전반에서 이해되고 중요하게 고려될 때 실질적인 예방효과를 가져올 수 있다. 규모가 큰 기업일수록 위험요소가 다양하고 복합적이기 때문에 안전보건에 관한 기업 전체의 컨트롤 타워 역할을 하는 전담조직을 구성해야 한다. 기업이 추구하는 다양한 가치들이 충돌할 때 전담조직이 없다면 안전보건 사항이 고려

되기 어렵고 결국에는 더 큰 위기를 초래할 수도 있기 때문이다. 상시 근로자수 500명 미만이고 토목건축공사업 시공능력 순위 상위 200위 밖의 중소규모 건설기업들은 안전보건 전담조직을 만들 필요는 없다. 그렇지만 안전보건관리체계를 구축하고 운영하는 실무자 1명 정도는 있어야 원활한 업무수행이 가능하다.

## 2.3 실행전략

**일반사항**

① 본사에 안전보건 총괄 관리 전담부서 설치(요건에 미치지 않는 중소기업은 해당 없으나 선택 가능)

② 전담부서는 사업장의 안전 및 보건에 관한 업무를 총괄·관리하는 것을 목적으로 하며 모든 업무를 직접적으로 수행 불가
- 종사자의 안전보건상 유해·위험방지 정책의 수립
- 안전보건 전문인력의 배치
- 안전보건 관련 예산의 편성 및 집행관리
- 기타 안전보건관계법령상 필요한 조치의 이행 등

③ 전담부서에 안전보건 인력을 충분히 확보하고 독립적 권한과 책임 부여로 컨트롤 타워로서 역할 수행

④ 안전보건 활동에 참여할 수 있는 시간을 보장하고 인센티브 제공

⑤ 전담조직을 구성하는 경우 구체적인 권한과 조직원의 자격 및 인원 등은 회사의 특성과 규모 등을 고려하여 자율적으로 정함

전담조직은 경영책임자의 안전보건 확보의무 이행을 위한 집행 조직으로서 실질적으로 법 제4조 및 제5조에 따른 의무를 총괄하여 관리할 수 있어야 한다.

전담조직은 안전보건관리 체계구축에 필요한 기준, 절차, 매뉴얼 마련, 소속기관 안전보건 활동 실행계획 수립, 계획 및 절차의 이행 여부 점검 등의 업무를 수행하게 된다. 구체적으로는 사업 또는 사업장의 안전보건관리 체계를 관리·감독하는 등 개인사업주 또는 법인의 경

영책임자를 보좌하고 안전보건에 관한 컨트롤 타워로서의 역할을 수행하게 된다.

이러한 점을 고려할 때 전담조직은 각 사업장의 직접적인 안전 및 보건 조치에 관한 업무를 수행하는 조직이 아니라 사업장 업무수행에 대한 유해 · 위험요인의 개선 여부를 점검하는 등 본사차원에서 안전보건상의 관리업무를 총괄 · 관리하는 조직이다.

안전보건에 관한 업무를 총괄 · 관리한다는 의미는 중대재해처벌법령 및 안전보건관계법령에 따른 종사자의 안전보건상 유해 · 위험방지 정책의 수립이나 안전보건 전문인력의 배치, 안전보건 관련 예산의 편성 및 집행관리 등 법령상 필요한 조치의 이행이 이루어지도록 하는 등 사업 또는 사업장의 안전보건 확보의무의 이행을 총괄 · 관리하는 것을 말한다. 다만, 사업장 안전관리자나 보건관리자처럼 사업장의 모든 안전조치 및 보건조치 등 안전 및 보건에 관한 업무를 전담조직에서 직접적으로 수행하라는 뜻은 아니다.

따라서 전담조직에서 업무를 수행하는 자는 소방, 시설관리, 전기 등의 업무를 함께 수행할 수 없고 생산관리, 일반행정 등 안전보건관리와 상충되는 업무도 함께 수행할 수는 없다.

## 2.4 실행방법

### 1) 전담조직 설치 기준

중대재해처벌법에 따른 안전보건 업무를 총괄 · 관리하는 전담조직을 두어야 하는 기준은 다음과 같다.

첫 번째 조건은 공통사항으로써 산업안전보건법에 따라 두어야 하는 사업장별 안전보건 전문인력인 안전관리자(제17조), 보건관리자(제18조), 안전보건관리담당자(제19조), 산업보건의(제22조) 등의 합이 총 3명(위탁인력 포함) 이상인 경우이다.

두 번째는 첫 번째 조건을 만족하면서 ① 상시근로자 수가 500명 이상인 사업 또는 사업장이거나 ② 공사 시공능력 순위 상위 200위 이내인 건설사업자가 해당된다. 따라서 자신의

회사가 안전보건 업무를 총괄·관리하는 전담조직을 설치하는 요건에 해당되는지를 미리 확인할 필요가 있다.

중소기업의 경우에는 대부분 전담조직 설치조건에 해당되지는 않아 의무사항은 아닌 경우가 많다. 그러나 산업안전보건법령에 따라 건설현장에는 공사금액 50억 원 이상일 경우에는 안전관리자 등을 배치해야 한다. 따라서 전담조직은 아니지만 담당업무를 수행하는 담당자 1명을 지정하여 운영하는 것이 좋다.

### 2) 전담조직 업무

전담조직은 부서장과 해당 부서원 모두 안전보건에 관한 업무만 총괄·관리하여야 하며, 안전보건과 무관하거나 생산관리, 일반행정 등 안전보건과 목표의 상충이 일어날 수 있는 업무를 함께 수행할 수는 없다.

안전보건에 관한 업무를 총괄·관리하는 전담조직은 특정 사업장의 안전보건이 아닌 전체 사업 또는 사업장을 총괄·관리하여야 한다. 가끔 일부 회사들의 경우 전담조직 안에 안전관리자를 배치시켜 사업장 안전관리 업무를 하도록 하고 있으나 이는 잘못된 형태이다.

전담조직은 현장의 안전보건관리책임자 등이 안전조치 및 보건조치 등 각 현장의 안전보건관리를 제대로 하고 있는지를 확인함은 물론 이를 지원하는 등 총괄하고 관리하는 역할을 수행하여야 한다.

사업의 유해·위험성을 충분히 이해하고 상시적 안전보건관리 업무뿐만 아니라 긴급하게 발생하는 사고나 재해에 대해서도 신속하게 대처할 수 있는 지휘 본부의 기능을 할 수 있어야 한다.

전담조직의 구체적인 권한과 조직원의 자격 및 인원 등은 사업 또는 사업장의 특성과 규모 등을 종합적으로 고려하여 자율적으로 정할 수 있으나, 단지 형식적인 수준에 그쳐서는 안 된다.

형식적 조직 설치로 시행령 제4조제2호의 의무를 이행한 것으로 판단하여 법 위반의 책임을 면할 수는 없으며, 시행령 제4조제2호의 이행 여부는 전담조직의 구성, 역할, 권한, 실제 수행한 업무의 내용 등을 실질적 · 종합적으로 검토하여 판단하게 된다.

### 3) 전담조직 구성원 자격, 인원

전담조직이란 특정한 목적을 달성하기 위한 집단으로 다수인의 결합체를 의미한다. 중대재해처벌법에서는 전담조직원의 자격, 인원 등 구성 방법에 관하여 구체적으로 규정하고 있지는 않으므로 사업 또는 사업장의 특성과 규모 등을 종합적으로 고려하여 자율적으로 전담조직을 구성할 수 있다. 그러나 일반적으로 전담조직의 구성은 업무수행을 위해서라도 반드시 2명 이상으로 하는 것이 좋다. 현장이 여러 곳에 분산되어 있는 경우에는 각 현장에 두고 있는 안전관리자 등의 전문인력 외에 별도의 인력으로 전담조직을 구성하여야 한다. 이때 기업의 규모와 특성을 반영하여 최소 2명 이상의 합리적 인원으로 구성할 필요가 있다.

전담조직 구성원의 자격에 관한 별도의 기준은 없다. 그러나 안전보건과 함께 경영시스템까지 고려할 수 있는 유능한 인력을 배치하는 것이 바람직하다. 아무래도 안전관리 업무는 독립적이 아니라 기업경영 전반의 필수적인 사항으로 다루어져야 하기 때문이다.

중소기업 입장에서도 중대재해처벌법에 따른 컨트롤 타워로서 업무를 수행해야 하기에 담당 직원을 둘 수밖에 없게 된다. 전담 직원이든 겸임이든 인건비 부담과 업무 가중이 되고 있는 실정이다. 따라서 인건비 보전이나 세금감면과 같은 혜택 부여를 통해서 전사의 안전보건관리 업무가 이루어질 수 있도록 하여야 한다.

전담 안전관리자(보건관리자)는 산업안전보건법 시행령에서 정한 업무만을 하도록 규정하고 있다. 만약 안전관리자가 중대재해처벌법상 전담조직의 관리업무를 수행하게 되면 산업안전보건법 위반으로 볼 수 있다. 더 나아가 중대재해처벌법상 안전보건관계법령에 따른 의무 이행에 필요한 관리상의 조치를 위반한 것으로 볼 수 있다(고용노동부 질의회시, 중대산업재해감독과-2866, 2022.07.25).

물론 안전관리자 등 안전보건관리체계를 구성하는 산업안전보건법상 전문인력으로 구성되는 조직과 전담조직의 업무가 일부 중첩되는 부분도 있지만 각 법령에 따른 기능과 역할이 다르게 부여된 점에 차이가 있으므로 각 법령상 의무에 맞게 조직을 구성하여 운영할 필요가 있다.

### 4) 전담조직 업무분장

#### (1) 전담조직 주요 업무내용

전담조직을 구성하거나 전담 직원을 선정하면 담당업무 분장표를 만들 필요가 있다. 이때 포함되어야 할 주요 업무 내용은 종사자의 안전보건상 유해·위험방지 정책의 수립이나 안전보건 전문 인력의 배치, 안전보건 관련 예산의 편성 및 집행관리 등이 포함될 필요가 있다. 또한 각 사업장의 안전보건관리를 제대로 하고 있는지를 확인하고 이를 지원하는 업무 등도 포함된다. 이러한 내용은 별도의 전담조직 및 업무분장 규정을 제정하든지 아니면 회사 안전보건관리규정 등에 내용을 포함시킬 필요가 있다.

**전담조직 주요 업무내용**

① 안전보건 목표/경영방침 및 세부추진 계획 수립, 공표, 교육실시
② 본사 안전보건 전담조직 구성원별 업무분장 실시
③ 산업안전보건관리비 등 안전보건 관련 예산의 편성 및 집행관리
④ 위험성평가 실시기준, 절차 수립 및 이행 여부 확인(현장별 위험성평가 실시 확인, 교육실시 확인)
⑤ 사내의 안전보건 관련 자료 전산 관리
⑥ 법적인 요구사항과 기타 안전보건 요구사항 파악
⑦ 현장 안전보건 방침·목표수립에 필요한 절차수립 및 자료제공
⑧ 성과측정(연 2회 이상) 및 내부 심사(연 1회 이상) 실시
⑨ 안전보건분야 전문 인력 배치 및 업무수행 충실도 평가 실시
⑩ 안전보건 정보 수집 및 현장 배포(산업안전보건법 개정사항, 위험성평가 자료 등)
⑪ 사고발생 시 재해조사 및 재해예방 대책 수립
⑫ 안전보건 관련 규정 등 제·개정 관리 등

⑬ 안전보건상 유해 · 위험방지 정책의 수립
⑭ 현장의 안전보건관리책임자 등이 현장의 안전보건 관리를 제대로 하고 있는지 여부 확인 및 지원

### (2) 안전보건 관련 부서별 업무 분장표

안전보건 관련 부서별(현장별) 업무 분장표를 만들 필요가 있다. 아래의 예를 참조하여 회사 특성과 규모에 맞게 수립할 필요가 있다. 이와 관련된 내용은 안전보건관리규정에 포함시킬 필요가 있다.

**표 3.7 안전보건 관련 부서별(현장별) 업무 분장표 예시**

| 직무 | 업무분장 | 비고 |
|---|---|---|
| 경영 책임자 | 가. 안전보건경영방침의 제정 및 승인<br>나. 안전보건경영목표 및 세부추진계획의 승인<br>다. 안전보건경영목표 이행 여부 확인<br>라. 안전보건경영목표 달성을 위한 인적, 기술적, 재정적 자원 제공<br>마. 안전보건경영 매뉴얼 승인<br>바. 경영자 검토 및 승인<br>사. 비상사태에 대한 대책 수립 승인 | |
| 본사 안전 보건 담당 임원 | 가. 안전보건 경영활동이 원청이나 발주자의 요구사항에 따라 수립, 실행 및 유지되도록 보장<br>나. 회사의 안전보건 경영 실적에 대한 결과 검토<br>다. 안전보건 경영활동의 주기적 점검과 교육<br>라. 위험성평가 이행에 관련된 사항 확인<br>마. 비상사태에 대한 대책 수립 검토 | |
| 본사 안전 관리 담당 부서장 | 가. 안전보건 목표, 방침 및 세부추진계획 수립, 공표 및 교육 실시<br>나. 안전보건 경영활동 체계구축과 주기적 점검으로 보완 · 개정<br>다. 현장 목표의 검토 및 이행 여부 확인<br>라. 안전보건경영 문서관리 절차 수립 및 유지관리<br>마. 안전보건관련 전사자료 관리 | |

| 직무 | 업무분장 | 비고 |
|---|---|---|
| | 바. 산업안전보건관리비 등 안전 관련 실행예산과 사용계획 및 현장사용 내용 검토<br>사. 위험성평가 관련사항 계획수립<br>아. 현장별 위험성평가 이행 여부 확인 및 관련문서 취합<br>자. 안전보건 정보 수집, 배포<br>카. 현장별 안전보건관리책임자, 관리감독자 평가자료 작성<br>타. 현장안전보건 교육, 점검 및 지원 업무 | |
| 본사 각 부서장 | 가. 현장지원팀은 안전보건 경영활동 실행 및 운영관리에 관한 의사소통 및 정보 공유<br>나. 경영지원팀은 상 · 하반기 성과측정 및 내부 심사평가결과에 대한 포상 지원<br>다. 인사지원팀은 상 · 하반기 우수 직원에 대해 인사고과에 반영하고 포상 지원 | |
| 현장 안전 보건 관리 책임자 | 가. 현장의 안전보건 경영활동의 운영관리 총괄 및 업무분장을 통한 책임과 권한의 부분적 위임<br>나. 안전보건경영방침을 이행하기 위한 현장별 세부 목표 및 세부 추진계획 수립 및 이행<br>다. 현장 위험성평가 실시 주관<br>라. 현장 안전보건 매뉴얼 수립 · 유지관리<br>마. 현장 직원에 대한 교육훈련계획 수립 및 실시<br>바. 안전보건 시설의 운영 및 기록관리<br>아. 현장 안전보건 관련 업무를 위한 적절한 자원의 확보 및 배치<br>자. 산업안전보건법 제15조의 안전보건관리책임자의 업무 수행 | |
| 현장 안전 관리자 | 가. 위험성평가 관련문서 작성<br>나. 산업안전보건관리비의 사용계획의 수립, 집행 및 기록의 유지 · 관리<br>다. 현장 안전보건관리 활동 및 관련문서 기록의 유지 · 관리<br>라. 기타 현장 안전보건 경영활동에 필요한 계획수립 및 시행<br>마. 산업안전보건법 시행령 제18조제1항의 안전관리자의 업무 | |
| 현장 관리 감독자 | 가. 당해 작업장 정리정돈 및 통로확보의 확인, 감독<br>나. 근로자 보호구 착용 상태 및 사용에 관한 지도, 점검<br>다. 현장 안전관리(담당)자의 지도, 조언에 대한 협조<br>라. 공종별 위험성평가 및 점검에 관한 사항<br>마. 근로자에 대한 안전한 작업의 지도, 감독<br>바. 현장 내 재해 발생 시 보고 및 응급처지<br>사. 기타 산업안전보건법 시행령 제15조제1항의 관리감독자의 업무 | |

### 5) 전담조직 구성 운영절차 예시

문서번호 :

# 안전보건 전담조직 구성 운영절차

2025. . .

| 작성자 | 검토자 | 근로자대표 | 대표이사 |
|---|---|---|---|
| (확인) | (확인) | (확인) | (확인) |

| 제정 : (처음 만든 날짜) | 개정 : (수정한 날짜) |
|---|---|

㈜ ○○건설

# 안전보건 전담조직 구성 운영절차 제 · 개정 이력

| 제목 | 안전보건 전담조직 구성운영절차 | 제 · 개정 및 폐기권자 | 안전보건 관리책임자 |
|---|---|---|---|
| 문서 번호 | - | 기안 부서 | |
| 개정 주기 | 필요시 | 관리 부서 | |
| 공개 여부 | 공개 | 제정 일자 | |

**제 · 개정 이력**

| 개정 번호 | 제 · 개정 | | | 연월일 | 제 · 개정사유 | 제 · 개정내용 |
|---|---|---|---|---|---|---|
| | 작성자 | 전면 | 부분 | | | |
| 1 | | ● | | | | 제정 |
| | | | | | | |
| | | | | | | |
| | | | | | | |
| | | | | | | |
| | | | | | | |
| | | | | | | |
| | | | | | | |

# 안전보건 전담조직 구성운영절차

| 승인 | |
|---|---|
| 기안 | |

| 제정 : (처음 만든 날짜) | 개정 : (수정한 날짜) |
|---|---|

## 1. 목적

이 장은 회사의 안전보건관리체계를 효과적으로 운영하기 위한 조직의 역할, 책임 및 권한 등에 대하여 규정함을 목적으로 한다.

## 2. 적용 범위

이 장은 본사 및 사업장(현장)에 적용한다.

## 3. 책임 및 권한

3.1 대표이사

조직과 업무분장을 승인한다.

3.2 안전보건관리이사

(1) 조직도와 현장별 업무분장을 계획하고 대표이사에게 보고 후 공포

(2) 개인별 업무역량 강화를 위한 사외 교육훈련 계획을 수립

3.4 현장소장

(1) 안전보건 확보의무 이행을 위한 조직 구성 및 책임과 권한 부여

(2) 개인별 업무분장 수립, 조직의 업무역량 강화를 위한 사내 교육훈련 실시 및 평가

3.5 근로자

개인별 업무분장에 따라 성실히 업무를 수행하고 그 결과를 현장소장에게 보고

### 4. 업무 절차

(1) 대표이사는 현장의 업무를 파악하고 필요한 전담조직을 본사에 구성하고 권한을 부여한다.

(2) 대표이사는 본사에 전담조직을 구성할 때에는 다음과 같은 업무를 수행토록 한다.

① 안전보건 목표/경영방침 및 세부추진 계획 수립, 공표, 교육실시
② 본사 안전보건 전담조직 구성원별 업무분장 실시
③ 산업안전보건관리비 등 안전보건 관련 예산의 편성 및 집행관리
④ 위험성평가 실시기준, 절차 수립 및 이행 여부 확인(현장별 위험성평가 실시 확인, 교육실시 확인)
⑤ 사내의 안전보건 관련 자료 전산 관리
⑥ 법적인 요구사항과 기타 안전보건 요구사항 파악
⑦ 현장 안전보건 방침 · 목표수립에 필요한 절차수립 및 자료제공
⑧ 성과측정(연 2회 이상) 및 내부 심사(연 1회 이상) 실시
⑨ 안전보건분야 전문 인력 배치 및 업무수행 충실도 평가 실시
⑩ 안전보건 정보 수집 및 현장 배포(산업안전보건법 개정사항, 위험성평가 자료 등)
⑪ 사고발생 시 재해조사 및 재해예방 대책 수립
⑫ 안전보건관리 관련 규정 등 제 · 개정 관리 등
⑬ 안전보건상 유해 · 위험방지 정책의 수립
⑭ 현장의 안전보건관리책임자 등이 현장의 안전보건 관리를 제대로 하고 있는지 여부 확인, 지원

(3) 대표이사는 안전보건 관련 부서별(현장별) 업무분장을 다음과 같이 하도록 한다.

**표 3.8 안전보건 관련 부서별(현장별) 업무 분장표**

| 직무 | 업무분장 | 비고 |
|---|---|---|
| 경영 책임자 | 가. 안전보건경영방침의 제정 및 승인<br>나. 안전보건경영목표 및 세부 추진계획의 승인<br>다. 안전보건경영목표 이행 여부 확인<br>라. 안전보건경영목표 달성을 위한 인적, 기술적, 재정적 자원 제공<br>마. 안전보건경영 매뉴얼 승인 | |

| 직무 | 업무분장 | 비고 |
|---|---|---|
| | 바. 경영자 검토 및 승인<br>사. 비상사태에 대한 대책 수립 승인 | |
| 본사<br>안전<br>보건<br>담당<br>임원 | 가. 안전보건 경영활동이 원청이나 발주자의 요구사항에 따라 수립, 실행 및 유지되도록 보장<br>나. 회사의 안전보건경영 실적에 대한 결과 검토<br>다. 안전보건 경영활동의 주기적 점검과 교육<br>라. 위험성평가 이행에 관련된 사항 확인<br>마. 비상사태에 대한 대책 수립 검토 | |
| 본사<br>안전<br>관리<br>담당<br>부서장 | 가. 안전보건 목표, 방침 및 세부추진계획 수립, 공표 및 교육 실시<br>나. 안전보건 경영활동 체계구축과 주기적 점검으로 보완 · 개정<br>다. 현장 목표의 검토 및 이행 여부 확인<br>라. 안전보건경영 문서관리 절차 수립 및 유지관리<br>마. 안전보건관련 전사 자료 관리<br>바. 산업안전보건관리비 등 안전 관련 실행예산과 사용계획 및 현장사용 내용 검토<br>사. 위험성평가 관련사항 계획 수립<br>아. 현장별 위험성평가 이행 여부 확인 및 관련문서 취합<br>자. 안전보건 정보 수집, 배포<br>차. 현장별, 안전보건관리책임자, 관리감독자 평가자료 작성<br>카. 현장 안전보건 교육, 점검 및 지원 업무 | |
| 본사<br>각 부서장 | 가. 현장지원팀은 안전보건 경영활동 실행 및 운영관리에 관한 의사소통 및 정보 공유<br>나. 경영지원팀은 상 · 하반기 성과측정 및 내부 심사 평가결과에 대한 포상 지원<br>다. 인사지원팀은 상 · 하반기 우수 직원에 대해 인사고과에 반영하고 포상 지원 | |
| 현장<br>안전<br>보건<br>관리<br>책임자 | 가. 현장의 안전보건 경영활동의 운영관리 총괄 및 업무분장을 통한 책임과 권한의 부분적 위임<br>나. 안전보건경영방침을 이행하기 위한 현장별 세부 목표 및 세부추진계획 수립 및 이행<br>다. 현장 위험성평가 실시 주관<br>라. 현장 안전보건 매뉴얼 수립 · 유지관리 | |

| 직무 | 업무분장 | 비고 |
|---|---|---|
| | 마. 현장 직원에 대한 교육훈련계획 수립 및 실시<br>바. 안전보건 시설의 운영 및 기록관리<br>아. 현장 안전보건 관련 업무를 위한 적절한 자원의 확보 및 배치<br>자. 산업안전보건법 제15조의 안전보건관리책임자의 업무 수행 | |
| 현장<br>안전<br>관리자 | 가. 위험성평가 관련문서 작성<br>나. 산업안전보건관리비의 사용계획의 수립, 집행 및 기록의 유지 · 관리<br>다. 현장 안전보건관리 활동 및 관련문서 기록의 유지 · 관리<br>라. 기타 현장 안전보건 경영활동에 필요한 계획수립 및 시행<br>마. 산업안전보건법 시행령 제18조제1항의 안전관리자의 업무 | |
| 현장<br>관리<br>감독자 | 가. 당해 작업장 정리정돈 및 통로확보의 확인, 감독<br>나. 근로자 보호구 착용 상태 및 사용에 관한 지도, 점검<br>다. 현장 안전관리(담당)자의 지도, 조언에 대한 협조<br>라. 공종별 위험성평가 및 점검에 관한 사항<br>마. 근로자에 대한 안전한 작업의 지도, 감독<br>바. 현장 내 재해 발생 시 보고 및 응급처지<br>사. 기타 산업안전보건법 시행령 제15조제1항의 관리감독자의 업무 | |

(4) 대표이사는 안전보건관리 이사, 현장소장과 협의하여 조직도를 작성하고 부서별 업무분장을 수립한다.

(5) 현장소장은 개인의 역량, 경험, 자격, 학력, 성격 등을 고려하여 개인별 업무분장을 수립한다.

(6) 현장소장은 개인의 업무역량 강화를 위한 교육훈련 계획을 수립하고 실시한다. 외부 교육훈련이 필요한 경우 안전보건관리 이사에게 교육훈련을 요청한다.

(7) 안전보건관리 이사는 외부 교육훈련계획을 수립하고 실시 후 성과를 측정한다.

(8) 안전보건관리 이사/현장소장은 내부 교육훈련 실시 후 근로자 대상 만족도를 조사한다.

(9) 안전보건관리 이사는 조직도와 부서별 업무분장을 전 근로자가 알 수 있도록 사내 게시판, 이메일 등을 통해 공개한다.

(10) 안전보건관리 이사는 자격면허가 필요한 업무를 파악하여 유자격자를 양성, 유지하고 그 기록을 관리한다.

(11) 대표이사는 조직의 개편이 필요한 경우 안전보건관리 이사, 관리부서장, 각 부서장과

협의하여 조직의 개편을 검토한다.

**5. 별첨**

첨부 1. 조직도
첨부 2. 안전보건관리(총괄)책임자 및 관리감독자 선임계
첨부 3. 안전보건관리책임자 및 관리감독자 평가표

# 안전보건 조직의 권한 및 책임 부여 운영절차

| 승인 | |
|---|---|
| 기안 | |

| 제정 : (처음 만든 날짜) | 개정 : (수정한 날짜) |
|---|---|

## 1. 목적

이 절차는 우리회사의 안전보건관리체계를 효과적으로 운영하기 위한 조직의 역할, 책임 및 권한 등에 대하여 규정함을 목적으로 한다.

## 2. 적용 범위

이 절은 우리회사의 본사 및 현장에 적용한다.

## 3. 책임 및 권한

3.1 대표이사

조직과 업무분장을 승인한다.

3.2 관리부서장

(1) 조직도와 부서별 업무분장을 계획하고 대표이사에게 보고 후 공포

(2) 개인별 업무역량 강화를 위한 사외 교육훈련 계획을 수립

3.3 각 부서장/현장소장

개인별 업무분장을 수립하고 부서원의 업무역량 강화를 위한 사내 교육훈련을 실시 및 평가

3.4 근로자

개인별 업무분장에 따라 성실히 업무를 수행하고 그 결과를 각 부서장/현장소장에게 보고

## 4. 업무 절차

(1) 대표이사는 상임이사와 협의하여 고객에게 제공할 생산품(서비스 포함)을 정하고 이를 달성하기 위하여 해야 할 업무를 파악하고 필요한 조직(부서)을 구성한다. 대표이사는 부서장을 선정한다.
(2) 대표이사는 관리부서장, 각 부서장과 협의하여 조직도를 작성하고 부서별 업무분장을 수립한다.
(3) 각 부서장은 개인의 역량, 경험, 자격, 학력, 성격 등을 고려하여 개인별 업무분장을 수립한다.
(4) 각 부서장은 개인의 업무역량 강화를 위한 교육훈련 계획을 수립하고 실시한다. 외부 교육훈련이 필요한 경우 관리부서장에게 교육훈련을 요청한다.
(5) 관리부서장은 외부 교육훈련계획을 수립하고 실시 후 성과를 측정한다.
(6) 관리부서장/각 부서장은 내부 교육훈련 실시 후 근로자 대상 만족도를 조사한다.
(7) 관리부서장은 조직도와 부서별 업무분장을 전 근로자가 알 수 있도록 사내 게시판, 이메일 등을 통해 공개한다.
(8) 관리부서장은 자격면허가 필요한 업무를 파악하여 유자격자를 양성, 유지하고 그 기록을 관리한다.
(9) 대표이사는 조직의 개편이 필요한 경우 상임이사, 관리부서장, 각 부서장과 협의하여 조직의 개편을 검토한다.

## 5. 문서 및 기록관리

〈붙임 1〉 위임 전결표

| 서식명 | 작성 | 검토 | 승인 |
|---|---|---|---|
| 작업안전수칙 | 각 부서 담당 | 안전보건담당 | 각 부서장 |
| 안전보건활동 관련 지표 | 각 부서 담당 | 안전보건담당 | 각 부서장 |
| 안전보건 목표 및 세부추진계획 | 각 부서 담당 | 관리부장 | 대표이사 |
| 위험성평가 실시 계획 | 각 부서 담당 | 각 부서장 | 관리부장 |

| 서식명 | 작성 | 검토 | 승인 |
|---|---|---|---|
| 위험성평가 | 각 부서 담당 | | 각 부서장 |
| 위험성평가 결과 개선계획 | 각 부서 담당 | | 각 부서장 |
| 위험성평가 결과 개선결과 | 각 부서장 | 관리부장 | 대표이사 |
| 법령개정목록 및 요지 게시 | 안전보건담당 | 관리부장 | 대표이사 |
| 조직도 및 업무분장 | 각 부서장 | 관리부장 | 대표이사 |
| 연간 교육훈련계획 | 안전보건담당 | | 관리부장 |
| 교육일지(공통) | 안전보건담당<br>각 부서 담당 | | 관리부장<br>각 부서장 |
| 보호구지급대장 | 각 부서 담당 | 안전보건담당 | 각 부서장 |
| 물질안전보건자료목록 | 안전보건담당 | 각 부서장 | 관리부장 |
| 비상대응훈련계획 | 안전보건담당 | 관리부장 | 대표이사 |
| 비상대응훈련결과 | 안전보건담당 | 관리부장 | 대표이사 |
| 성과측정 및 모니터링결과 | 각 부서 담당 | | 각 부서장 |
| 시정요구서 및<br>조치결과보고서 | 각 부서 담당 | | 각 부서장 |
| 준수평가 | 각 부서 담당 | | 각 부서장 |
| 내부심사계획 | 안전보건담당 | 관리부장 | 대표이사 |
| 내부심사표 | 심사원 | | 관리부장 |
| 시정요구서 | 심사원 | | 관리부장 |
| 조치결과보고서 | 각 부서 담당 | | 각 부서장 |
| 내부심사결과표 | 안전보건담당 | 관리부장 | 대표이사 |
| 경영자검토 | 안전보건담당 | 관리부장 | 대표이사 |
| 산재조사표 및 재발방지계획 | 안전보건담당 | 관리부장 | 대표이사 |
| 재발방지조치결과 | 각 부서 담당 | 각 부서장 | 대표이사 |

| 서식명 | 작성 | 검토 | 승인 |
|---|---|---|---|
| 안전보건순찰(점검) | 안전보건담당 | | 관리부장 |
| 산업안전보건위원회,<br>노사협의회 개최 계획 | 안전보건담당 | 관리부장 | 대표이사 |
| 산업안전보건위원회,<br>노사협의회 회의록 | 안전보건담당 | 관리부장 | 대표이사 |
| 산업안전보건위원회<br>조치결과보고 | 안전보건담당 | 관리부장 | 대표이사 |
| 장비목록 | 각 부서 담당 | | 각 부서장 |
| 장비이력대장 | 각 부서 담당 | | 각 부서장 |
| 자체점검표 | 각 부서 담당 | | 각 부서장 |
| 위험기계 안전검사 계획 및<br>결과 | 안전보건담당 | | 관리부장 |
| 작업환경측정 계획 및 결과 | 안전보건담당 | | 관리부장 |
| 건강진단 계획 및 결과 | 안전보건담당 | | 관리부장 |
| 근골격계부담작업<br>유해요인조사계획 | 안전보건담당 | | 관리부장 |
| 유해요인조사 | 안전보건담당 | | 관리부장 |
| 개선계획 및 결과 | 안전보건담당 | | 관리부장 |

## 2.5 컴플라이언스 핵심 체크포인트

① 전담조직 구성 의무 대상인지 검토

- 전담조직을 두어야 하는 의무가 있는지 명확히 검토하여야 한다.

② 전담조직 구성 및 역할

- 전담조직 구성원은 최소 2명 이상으로 하되, 사업장별 분산된 안전관리자 외 별도 인력으로 구성할 필요가 있다.
- 전담조직의 구성원들은 모두 안전보건 업무를 전담하여야 한다.
- 전담조직은 특정 사업장이 아닌 전사를 총괄 · 관리하는 조직으로 안전보건 총괄부서로서의 업무분장을 통해 그에 따른 역할을 하여야 한다.

## 2.6 고용노동부 유권해석

**중대재해처벌법상 전담조직이 산업안전보건법상 관련 업무수행이 가능한지 여부**

고용노동부 질의회시(중대산업재해감독과-2866, 2022.07.25)에 따르면 중대재해처벌법상 전담조직은 안전보건에 관한 업무를 총괄 · 관리하여야 하며 구체적으로는 사업 또는 사업장의 안전보건관리체계를 관리 · 감독 하는 등 개인 사업주 또는 법인의 경영책임자 등을 보좌하고 개인사업주나 법인 또는 기관의 안전보건에 관한 컨트롤 타워(Control Tower)로서 역할을 수행해야 한다.

이러한 점을 고려할 때 전담조직은 각 사업장의 직접적인 안전 및 보건조치에 관한 업무를 수행하는 것이 아니라 사업장 업무 수행에 대한 유해 · 위험요인의 개선 여부를 점검하는 등 안전보건상의 관리업무를 하는 조직이라는 입장이다.

상시 근로자 300인 이상인 사업장의 전담 안전관리자(보건관리자)는 산업안보건건법 시행령에서 정한 업무만 하도록 하고 있어 중대재해처벌법상 전담조직의 관리업무를 수행케 할 경우 산업안전보건법 위반으로 볼 수 있다. 더 나아가 중대재해처벌법상 안전보건관계법령에 따른 의무이행에 필요한 관리상의 조치를 위반한 것으로 볼 수 있다.

**산업안전보건법상 전문인력을 위촉 또는 위탁한 경우 전담조직 구성 의무 판단**

고용노동부 질의회시(중대산업재해감독과-2237, 2022.06.13)에 따르면 산업안전보건법 제17조 제5항에 따라 안전관리자 등의 업무를 안전관리전문기관에 위탁하거나 기업규제완화법 제29조에 따라 안전관리자를 채용한 것으로 간주하는 경우와 같이 해당 사업 또는 사업장에 실제로 전문 인력을 두지 않는 경우라도 산업안전법령에 따라 전체 사업 또는 사업장에 두어야 할 의무가 있는 전문인력이 3명 이상이라면 중대재해처벌법상 전담조직을 설치해야 한다.

왜냐하면 안전관리자 등 전문인력의 수는 전체 사업 또는 사업장에서 선임해야 할 의무가 있는 전문인력의 수로 판단하기 때문이다.

**중대산업재해가 발생하면 전담조직의 장도 형사처벌 대상인지 여부**

고용노동부 질의회시(중대산업재해감독과-640, 2022.02.21)에 따르면 중대재해처벌법상 전담조직은 안전보건에 관한 업무를 총괄 · 관리하여야 하며 구체적으로는 사업 또는 사업장의 안전보건관리 체계를 관리 · 감독하는 등 개인사업주 또는 법인의 경영책임자 등을 보좌하고 개인사업주나 기관의 안전보건에 관한 컨트롤 타워로서의 역할을 수행하게 된다.

중대재해처벌법상 종사자에 대한 안전 및 보건 확보의무 이행 주체는 개인사업주 및 경영책임자 등이다. 전담조직의 장은 이에 해당하지 않으므로 중대재해처벌법상 형사처벌 대상에는 해당되지 않는다.

## 2.7 중요 판결 & 수사 사례에 따른 핵심 실천 사항

### 1) 주요 위반사항

- 전담조직의 구성원 상당수가 안전보건과 무관한 생산관리 등 업무수행
- 전담조직 구성원이 안전보건 업무 외에 다른 업무를 겸임
- 현장의 안전관리자를 본사의 전담조직 구성원으로 편성하여 업무수행

## 2) 판결 사례

**제23호 OO 사출성형기 제조업체 판결 : 청주지방법원 2024. 09. 10 선고 2023고단 1464 판결**

- "위 시행령 제4조제2호에서 규정한 '전담조직'은 사업장의 특성과 규모 등을 고려하여 경영책임자가 자율적으로 결정할 수 있다고 할 것이나, 규정의 내용과 취지상 전담조직은 안전확보의무의 이행을 실질적으로 총괄·관리할 수 있을 정도의 인적·물적 요건을 갖출 것이 필요하다고 할 것이고, **'전담'이라는 문구를 사용한 점에 비추어 볼 때 적어도 조직 구성원의 상당수가 안전보건과 무관한 생산관리 등 안전보건과 목표의 상충이 일어날 수 있는 업무를 함께 수행하는 것은 허용되지 않는다고 봄이 타당**함"
- "피고인 D는 중대재해처벌 등에 관한 법률의 시행을 앞두고 안전보건에 관한 업무를 총괄·관리하는 전담조직으로 P, L, N, M, Q, O를 팀원으로 하는 중대재해 예방팀을 구성하였다고 밝혔으나, 위 6인의 팀원들 중에는 L만이 안전보건에 관한 업무를 전담하였고, 나머지 인원들은 생산 공정관리 등 다른 업무를 겸하였음"
- "피고인 D가 구성한 중대재해예방팀은 안전보건에 관하여 특별히 추가로 담당한 업무나 별도의 근무시간 배정 등의 조치 없이 생산 내지 생산관리를 담당하던 직원들 중 일부를 선정하여 각기 담당하는 업무에서 개선점을 찾아 회의에서 공유하는 방식으로 운영되었음"
- "피고인 D가 법령에서 요구하는 바에 따라 안전확보의무의 이행을 실질적으로 총괄·관리할 수 있을 정도의 인적·물적 요건을 충족한 전담조직을 구성하였다고 볼 수 없음"

**제32호 OO 자동차부품제조업체 판결 : 대구지방법원 서부지원 2024. 12. 19 선고 2023고단510 판결 (첫 실질적 무죄 판결)**

- "중대재해처벌법에서 요구하는 전담조직의 구성이 되었다고 보려면, **적어도 회사가 외부에 공시하는 조직도나 인사발령 등을 통하여 조직의 설치나 변경내용이 객관적으로 파악할 수 있는 정도에 이르러야 할 것**이지 단지 내부 회의에서 전담조직을 두기로 하고 그 구성원을 정한 것에 그치는 정도라면 이를 두고 중대재해 전담조직이 구성되었다고 평가하기 어려움"

- "2022. 01. 27. 전담조직 및 그 구성원들에 대한 인사발표가 나지 않았고, 중대재해처벌법 시행을 앞둔 상황에서, 직원이 980여 명 정도 규모의 회사가 인사담당자 1인이 2022. 02. 04. 코로나19 확진이 되었다거나 그 직후 설연휴가 이어졌다는 사정만으로 전담조직을 두는 것에 대한 인사가 이 사건 사고발생일까지 미루어졌다는 것은 쉽게 납득하기 어려운 점을 더하여 보면, 앞서 인정된 사실만으로는 이 사건 사고발생일 이전에 피고인 D가 중대재해처벌법에 따른 전담조직을 두었다고 보기는 어려움"
- "다만, 이미 내부적으로 전담조직에 배치할 인원을 결정하고 중대재해 대응 매뉴얼도 두고 있었던 점, M은 대구공장 안전관리자로 일하며 거의 매일 4공장을 포함하여 공장 순회점검을 하였고, 2022. 01. 중대재해 전담조직의 팀원으로 내정된 뒤에도 대구공장 안전관리자가 충원되지 않아 대구공장 안전관리자 지위를 유지하며 순회점검 등 자신의 역할을 충실히 이행하였으며, 그 과정에서 E의 근로자들이 이 사건 수공구와 같은 소재로 보이는 취출지그[3]를 사용하는 것은 보았으나 이 사건 수공구를 금속링 및 고무링 안착을 위하여 사용하는 것을 보지 못한 점을 더하여 보면, 검사가 제출한 증거만으로는 피고인 C가 안전보건에 관한 업무를 총괄 · 관리하는 전담조직을 두지 아니한 것과 이 사건 사고 사이에 상당인과관계가 있다고 보기 어려움"

### 3) 핵심 실천사항

| | |
|---|---|
| 전담조직을 포함한 조직도 외부 공시 및 발령 | • 단지 내부적으로 전담조직을 두는 의사결정에 그치지 않도록 주의 |
| 전담조직 구성원에게 R&R 부여 | • 전담조직 구성원에게 해야 할 업무의 내용을 명확히 인식시킬 필요<br>• 전담조직 구성원의 지시사항을 경영책임자의 지시로 받아들일 수 있도록 일선에 전파 필요 |

3 취출지그 : 사출문을 취출하기 위해 로봇에 부착되는 장치로 사출자동화 시스템에 사용된다.

## 2.8 안전보건 업무를 총괄 · 관리하는 전담조직 점검기준

### 1) 정기점검과 이에 따른 필요 조치 확인보고서 작성

안전보건 전담조직(직원)에 대해서 최소 1년에 한 번은 재해감소 효과와 연계하여 어떤 문제를 가지고 있는가를 분석하고 부족한 부분은 보완해 나갈 필요가 있다. 이를 위해서 주기적인 정기점검과 이에 따른 필요 조치 확인보고서를 작성하여 보관할 필요가 있다.

**표 3.9 정기점검 및 이에 따른 필요 조치 확인보고서**

**정기점검 및 이에 따른 필요 조치 확인보고서**

| 결재 | 작성 | 검토 | 승인 |
|---|---|---|---|
| | | | |

○ 점검구분(상반기/ 하반기) :
○ 점검일자 :
○ 점검장소 :
○ 점검인원 :

1. 점검 주요 내용

| 안건 및 내용 | | 판단근거 |
|---|---|---|
| ① 안전보건 전담조직의 적합성 및 유효성 검토(필수) | | |
| 결과 | | 점검표 |
| 향후 개선방향 | | |
| ② 전담조직 구성 및 역할의 적합성 및 유효성 검토(필수) | | |
| 결과 | | 점검표 |
| 향후 개선방향 | | |
| ③ 전담조직 구성원 R&R의 적합성 및 유효성 검토(미수립 시 제외) | | |
| 결과 | | 점검표 |
| 향후 개선방향 | | |

## 2) 안전보건 전담조직 설치현황표 예

**표 3.10 안전보건 전담조직 설치현황표**

### 안전보건 전담조직 설치현황표

| 결재 | 작성 | 검토 | 승인 |
|---|---|---|---|
| | | | |

○ 전담조직 부서명 :

○ 전담조직 부서장 :

○ 전담조직 인원 : :

○ 전담조직보유 자격, 경험 현황 :

1. (본사) 전담조직도

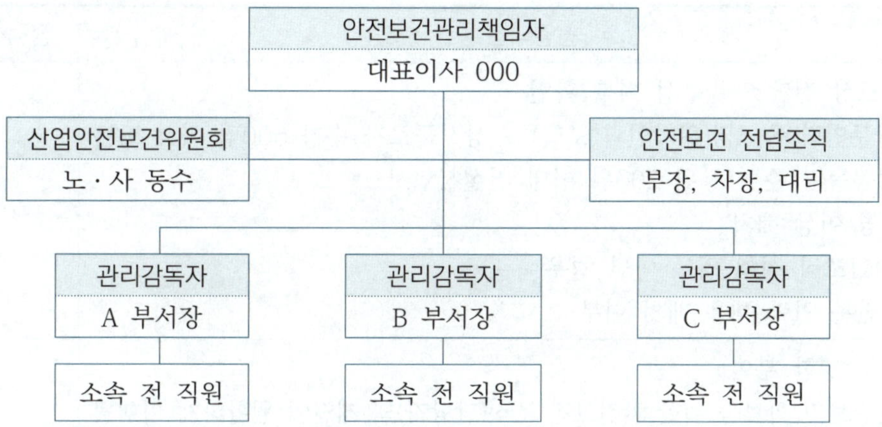


2. 안전보건 전담조직 구성과 주요업무

| 연번 | 직위 | 성명 | 자격/ 경력 | 주요업무 |
|---|---|---|---|---|
| 1 | 부장 | 김 * * | 15년 | • 업무총괄 |
| 2 | 차장 | 최 * * | 10년<br>(건설안전기사) | • 중대산업재해 예방 의무사항 이행관리 총괄<br>• 중대산업재해 예방관련 업무총괄<br>• 중대재해예방 매뉴얼 관리 및 조치 총괄 |
| 3 | 대리 | 박 * * | 5년<br>(건설안전<br>산업기사) | • 중대산업재해 예방관련 업무<br>• 안전보건관리계획 수립 및 이행점검<br>• 중대산업재해 예방을 위한 업무처리절차 관리<br>• 중대산업재해 예방관련 전담<br>• 안전보건관리책임자 등 평가 |

### 3) 안전보건 전담조직 적절성 이행 점검기준

□ 안전보건 전담조직 점검표

○ 점검일 :
○ 부서명 :
○ 점검책임자 : (인)

| 결재 | 작성 | 검토 | 승인 |
|---|---|---|---|
| | | | |

□ 점검 주요 내용

| 점검내용 | 점검결과 |
|---|---|
| 1. 조직도상 전담조직 구성 여부 확인<br>① 전문인력 총 3명(위탁인력 포함) + 상시근로자 수가 500명 이상 또는 시공능력 순위 상위 200위 이내 건설사업자<br>② 2명 이상 배치<br>③ 전담조직 설치 의무 아닌 경우<br>• 전문 인력 채용 배치 여부 | |
| 2. 독립적 권한 부여<br>① 안전보건 확보를 위한 안전보건 조직(담당자)의 제안이 원활하게 이행될 수 있도록 조직체계 구성 여부<br>② 안전보건 전담조직을 경영자 직속기구로 배치 여부 | |
| 3. 전담조직 구성원 자격, 학력, 경험 현황<br>- 개인별 보유 자격증, 학력, 경력 등 | |
| 4. 담당 업무 분장표<br>① 안전보건관리 규정 등에 안전보건관리 조직구성원의 업무분장 내용 포함<br>② 전체 사업 또는 사업장을 총괄 · 관리(특정 사업장 ×)<br>③ 안전보건과 무관한 업무 수행 금지<br>④ 권한과 책임감, 독립성 부여 여부 | |
| 5. 안전보건관리체계와 전담조직(직원) 연계성<br>① 안전보건관리체계 점검팀 구성, 점검 종류, 점검 주기, 점검 방법 등을 내부규정으로 정하여 운영 확인 | |

| 점검내용 | 점검결과 |
|---|---|
| ② 산업재해 발생 시 사고의 원인을 찾기 위해 전담조직 주관하에 조사팀을 구성하여 현장의 문제점 조사 확인<br>③ 안전보건관계법령에 따른 의무를 이행했는지를 반기 1회 이상 전담조직 주관하에 점검 확인<br>• 직접 점검하지 않고 대행한 경우에는 점검이 끝난 후 지체 없이 점검 결과를 보고 받는지 여부 확인<br>④ 평가 및 점검결과 발견된 문제 및 개선방안(조치계획)을 전담조직이 경영층에게 보고하고, 근로자에게 교육 등을 통해 전파하는지 여부 확인<br>⑤ 도출된 문제 및 개선방안 마련 시 근원적인 문제점이 개선되도록 충분한 자원(인력, 예산 등)을 배정하는지 검토 여부<br>⑥ 평가 및 점검 결과 마련된 개선방안은 개선시기, 담당, 예산 · 인력 배정안을 포함하여 전담조직에서 조치계획을 수립하는지 여부 | |

# 03 유해 · 위험요인 확인 개선 절차 마련, 점검 및 필요한 조치

## 3.1 관련 조문

**시행령 제4조(안전보건관리체계의 구축 및 이행 조치) 제3호**

3. 사업 또는 사업장의 특성에 따른 유해 · 위험요인을 확인하여 개선하는 업무절차를 마련하고, 해당 업무절차에 따라 유해 · 위험요인의 확인 및 개선이 이루어지는지를 반기 1회 이상 점검한 후 필요한 조치를 할 것. 다만, 「산업안전보건법」 제36조에 따른 위험성평가를 하는 절차를 마련하고, 그 절차에 따라 위험성평가를 직접 실시하거나 실시하도록 하여 실시 결과를 보고받은 경우에는 해당 업무절차에 따라 유해 · 위험요인의 확인 및 개선에 대한 점검을 한 것으로 본다.

## 3.2 조문의 취지

중대재해가 발생하지 않으면 당연히 중대재해처벌법에 따른 경영책임자에 대한 처벌도 없다. 처벌을 받지 않는 방법은 중대산업재해가 발생하지 않는 것이 핵심이다. 중대산업재해가 발생하지 않도록 하기 위해서는 사업 또는 사업장의 유해 · 위험요인을 사전에 예측하고 미리 사고가 발생하지 않도록 예방하는 것이 매우 중요하다. 이를 위해서는 사업장 내 중대재해를 발생시킬 수 있는 모든 유해 · 위험요인을 확인 및 개선하는 절차(매뉴얼)를 마련하고 실제로 절차대로 이행되고 있는지 여부를 주기적으로 확인해야 한다. 일반적으로 건설업의 경우에는 유해 · 위험요인을 확인하기 위해 위험성평가 기법을 주로 활용하고 있다.

중대재해처벌법의 핵심은 기업 스스로 경영책임자를 중심으로 안전보건관리체계를 구축하고 이행하는 것이다. 업종, 기업규모, 작업 특성 등에 따라 기업별로 유해 · 위험요인이 다르므로 현장에 어떤 유해 · 위험요인이 있는지 확인하고 이를 제거 · 대체 · 통제하는 등 개선조치를 할 수 있도록 하는 시스템을 갖출 필요가 있다. 이를 통해 유해 · 위험요인에 대한 안전보건관리를 철저히 이행하는 것이 필요하다. 특히 해당 기업의 과거 사고 유형을 분석하여 동일한 사고가 발생하지 않도록 하는 것이 중요하다. 유해 · 위험요인을 파악하기 위해 동종 업종의 사고사례, 현장 종사자의 의견을 청취하는 것을 놓쳐서는 안 된다. 유해 · 위험요인의 확인 · 개선은 가장 중요한 핵심사안으로 이를 소홀히 한다면 안전보건관리체계가 갖추어졌다고 볼 수가 없다.

이 조문은 기업이 스스로 건설물, 기계 · 기구, 설비 등의 유해 · 위험요인을 찾아내어 그 위험성을 평가하고 유해 · 위험요인의 제거 · 대체 및 통제방안을 마련하고 이행하며 이를 지속적으로 개선토록 하기 위한 조문이다.

## 3.3 실행전략

**일반사항**

① 유해 · 위험요인 확인 및 개선 업무절차를 담은 위험성평가 규정 수립
- ㉠ 유해 · 위험요인 확인, 개선대책 수립, 이행, 이행 여부의 점검 및 확인절차까지 포함
- ㉡ 위험요인 발굴 및 신고창구 설치와 종사자 의견을 청취하는 절차 마련
- ㉢ 위험요인별 제거, 대체 · 통제 방안과 미개선 시 작업 중지와 조치가 완료된 후 작업을 개시하도록 하는 내용 포함
- ㉣ 위험성평가 규정은 현장에 비치하고 실질적으로 작동 유지

② 반기 1회 이상 유해 · 위험요인 확인 및 개선 점검과 대표이사에게 보고 후 이에 관한 실질적 조치 이행

③ 종사자 의견은 반드시 청취하여 유해 · 위험요인을 확인하고 개선방안 도출
④ 동종업계 사고사례 등을 활용한 정량적 근거에 의한 유해 · 위험요인에 대한 위험도 판단
⑤ 형식적인 서류상의 위험성평가보다는 중대산업재해를 예방하기 위한 실질적 위험성평가 실시
⑥ 위험성평가 결과에 따른 TBM 활용을 통한 교육 실시
⑦ 개선대책은 효과가 가장 큰 제거, 대체, 공학적 통제, 행정적 통제, 개인보호구 순으로 실시

## 1) 유해 · 위험요인을 확인 · 개선하는 업무절차의 마련

### (1) 유해 · 위험요인을 확인 · 개선하는 업무절차(매뉴얼)

유해 · 위험요인의 확인 및 개선하는 업무절차란 건설업 특성을 고려한 사업 또는 사업장의 특성에 따른 업무로 인한 유해 · 위험요인(위험성)의 확인 및 개선, 대책의 수립 · 이행까지 이르는 일련의 절차를 의미한다.

개인사업주 또는 경영책임자 등은 업무처리 절차가 체계적으로 마련되도록 함은 물론 각 사업장에서 그 절차가 실효성 있게 작동하고 있는지 여부를 주기적으로 점검하고 확인하도록 하는 내부 규정을 마련하는 등 일정한 체계를 구축하여야 한다.

건설업의 경우에는 산업안전보건법 제36조에 따른 위험성평가 제도를 도입하고 해당 절차에 따라 위험성평가를 실시하고, 개인사업주 또는 경영책임자 등이 그 결과를 보고받은 경우에는 그 확인 · 개선 절차 마련 및 점검을 한 것으로 볼 수 있다. 다만, 사업장이 여러 곳에 분산되어 있는 사업 또는 사업장에서 일부 사업장에 대해서만 위험성평가를 실시한 경우에는 모든 사업 또는 사업장에 대해 유해 · 위험요인의 확인 및 개선에 대한 점검을 한 것으로 볼 수 없다.

일반적으로 유해 · 위험요인의 확인 및 개선 방법은 ① 기계 · 기구, 설비, 원재료 등의 도입 또는 변경 ② 건설물, 기계 · 기구, 설비 등의 정비 · 보수 ③ 작업방법 · 공법, 절차의 변경 등이 실행되기 전에 실시하여 사전에 위험성을 제거한 후 작업할 수 있도록 하여야 한다.

또한 정기적으로 확인하여 현재 관리되고 있는 위험성 감소대책의 실효성을 지속적으로 확보할 수 있도록 하여야 한다.

### (2) 유해 · 위험요인을 '확인'하는 절차

유해 · 위험요인을 확인하는 절차는 작업자를 포함한 종사자, 이해관계자 등 누구나 자유롭게 사업장의 유해 · 위험요인을 발굴하고 신고할 수 있는 창구를 포함하여 개인사업주 또는 경영책임자 등이 사업장의 유해 · 위험요인을 파악하는 체계적인 과정을 의미한다.

유해 · 위험요인의 확인 절차에는 사업장에서 실제로 유해 · 위험작업을 하고 있는 종사자의 의견을 청취하는 절차를 반드시 포함하여야 한다. 그 이유는 종사자가 위험요소에 대해서 가장 많이 알고 있고 그 개선방법에 대해서도 해결책을 가지고 있기 때문이다.

중요한 것은 유해 · 위험을 도출하는 것이기 때문에 원청, 하청 소속 근로자뿐만 아니라 일용직으로 현장에서 노무를 제공하는 모든 종사자 및 납품을 위해 일시적으로 출입하는 모든 사람이 제기한 유해 · 위험요인을 확인하는 절차를 마련할 필요가 있다. 이를 위해서는 다음과 같은 방법이 필요하다.

① 건설현장 내 모든 기계 · 기구, 설비 현황을 파악하고 기계 · 기구, 설비마다 위험 요소를 세부적으로 확인해야 한다. 특히 해당 현장을 포함한 회사 내에서 산업재해가 발생하였던 기계 · 기구, 설비는 반드시 위험요인으로 분류하여야 한다. 또한 사고사례 등을 참조하여 동종업계에서 발생한 산업재해도 위험요인으로 작용할 여지가 없는지 확인하는 것이 필요하다.

② 화재 · 폭발 · 누출의 위험이 있는 화학물질과 건강에 위해를 끼칠 우려가 있는 화학물질, 물리적 인자 등을 파악해야 한다. 특히 화학물질의 경우에는 화학제품의 제조 · 수입자가 의무적으로 제공하는 물질안전보건자료(MSDS)에 있는 화학물질의 명칭, 유해 · 위험성 정보, 번호 등을 확인하는 절차를 포함하여야 한다. 이를 통해 파악한 화학제품에 함유된 물질이 고용노동부 고시 「화학물질 및 물리적인자의 노출 기준」 별표 1에 해당한다면 유해인자로 분류하여야 한다.

③ 기계 · 기구, 설비, 유해인자 및 재해 유형과 연계하여 위험장소와 위험작업을 파악하도록 하여야 한다.

④ 유해 · 위험을 도출 후 위험도를 판단할 때 적용하는 빈도, 강도에 대한 과학적인 근거를 가지고서 판단할 필요가 있다. 사고현황, 동종업계 사고사례 등을 파악하여 미리 위험요소 프로파일을 작성하는 것이 좋다.

### (3) 유해 · 위험요인을 '개선'하는 절차

유해 · 위험요인의 확인하였다고 할지라도 개선조치가 없다면 무용지물일 것이다. 따라서 회사에서 설정한 허용기준치를 초과하는 위험요소에 대해서는 반드시 개선하는 조치를 하도록 규정에서 정하고 있어야 한다.

① 확인된 유해 · 위험요인을 체계적으로 분류 · 관리하고 유해 · 위험요인별로 제거 · 대체 · 통제하는 방안을 마련하여야 한다. 이때 현장 작업자, 현장소장, 관리감독자, 안전관리자 등과 함께 개선방안을 마련해 나갈 필요가 있다.

② 해당 사업장에서 발생할 수 있는 다양한 재해유형별로 산업안전보건법령, 산업안전보건기준에 관한 규칙 등을 참고하여 위험 기계 · 기구, 설비, 유해인자, 위험장소 및 작업방법에 대한 안전조치 및 보건조치 여부를 확인 후 조치가 되어 있지 않으면 유해 · 위험요인이 제거 · 대체 · 통제 등 개선될 때까지는 원칙적으로 작업을 중지하고 조치가 완료된 후 작업을 개시하도록 하는 내용이 포함되어야 한다.

③ 유해 · 위험요인의 확인 및 개선 시 대책의 적절성, 개선 진행 상황 및 개선 완료 여부를 주기적으로 검토하여야 하며, 위험요소의 제거 · 대체, 공학적 · 행정적 통제, 개인보호구 제공 여부 등을 검토하여 위험성이 합리적인 수준 이하로 감소되도록 관리하여야 한다.

## 2) 유해 · 위험요인의 확인 및 개선이 이루어지는지를 '반기 1회 이상' 점검

개인사업주 또는 경영책임자 등은 각각의 사업장에서 위 업무절차에 따라 유해 · 위험요인을 확인하고, 확인된 유해 · 위험요인을 제거 · 대체 · 통제 등 개선조치가 이루어지고 있는지 여부를 점검하여야 한다. 점검은 사업장마다 반기 1회 이상 실시하여야 한다. 이때 반드시 모든 사업장에 대한 점검을 동시에 하여야 하는 것은 아니다. 이때, 경영책임자 등이 사업 또는 사업장의 유해 · 위험요인에 대한 확인 등을 직접 하여야 하는 것은 아니다. 사업장 내 유해 · 위험요인에 대한 확인 및 개선이 가능하도록 하는 절차를 마련하고, 그 절차대로 사업장에서 이행되고 있는지를 점검하는 등 관리하라는 것이다.

시행령에서는 이행점검의 주기를 반기 1회 이상으로 규정하고 있는데, 이것은 이행점검의 주기이지 유해 · 위험요인 평가 주기가 아니다. 위험성평가란 사업주가 스스로 유해 · 위험요인을 파악하고 해당 유해 · 위험요인의 위험성 수준을 결정하여, 위험성을 낮추기 위한 적절한 조치를 마련하고 실행하는 과정을 말한다. 위험성평가는 착공 등 공사의 시작함에 따라 1개월 이내에 반드시 실시하는 최초 위험성평가, 최초 위험성평가를 실시한 날로부터 1년이 되는 날 이전에 실시하는 정기 위험성평가가 있다. 또한 사업장 건설물의 설치, 이전, 변경 또는 해체, 기계 · 기구, 설비, 원재료 등의 신규 도입 또는 변경, 건설물, 기계 · 기구, 설비 등의 정비 또는 보수, 작업방법 또는 작업절차의 신규 도입 또는 변경, 중대산업사고 또는 산업재해 발생 등에 실시하는 수시 위험성평가가 있다. 이외에도 월(月)별 유해 · 위험요인을 파악하고 그 위험성을 결정하여 위험성 감소대책을 월 1회 이상 마련하고 시행하여야 하는 상시 위험성평가가 있다. 따라서 이행점검은 위와 같은 정기평가와 수시평가, 상시평가가 적절하게 이루어졌는지를 적어도 반기에 1회 이상 점검하라는 취지로 해석하여야 한다.

유해 · 위험요인 평가가 사업장의 안전보건정책의 중핵인 점을 고려하면 개인사업주 또는 경영책임자 등은 마땅히 점검 및 그에 따른 조치사항을 기재한 기록을 보관하여야 한다. 필요시에는 동영상 촬영을 하여 기록을 보관하는 것도 권장한다.

### 3) 유해 · 위험요인의 확인 · 개선에 대한 점검 후 필요한 조치

유해 · 위험요인의 확인 및 개선의 이행에 대한 점검에 그치는 것이 아니라, 점검 후 유해 · 위험요인에 대한 개선조치가 제대로 이행되지 않은 경우에는 유해 · 위험요인의 제거 · 대체 · 통제 등 개선될 수 있도록 하는 필요한 조치를 하여야 한다.

## 3.4 실행방법

### 1) 일정한 기준에 따라 현장 내 유해 · 위험요인 파악

사업장 특성을 고려하여 도출된 유해 · 위험요인을 일정한 기준에 따라 파악하고 기록해야 한다. 이를 위해 사전에 사업장별로 보유하고 있는 위험기계 · 설비, 유해 · 위험물질 등의 리스트를 작성하고 위험장소 및 작업형태별 위험요인에 대한 정보를 파악할 필요가 있다.

**위험성평가를 위한 사업장 안전보건 정보**

① 작업표준, 작업절차 등에 관한 정보
② 기계 · 기구, 설비 등의 사양서, 물질안전보건자료(MSDS) 등의 유해 · 위험요인에 관한 정보
③ 기계 · 기구, 설비 등의 공정 흐름과 작업 주변의 환경에 관한 정보
④ 같은 장소에서 사업의 일부 또는 전부를 도급을 주어 행하는 작업이 있는 경우 혼재 작업의 위험성 및 작업 상황 등에 관한 정보
⑤ 재해사례, 재해통계 등에 관한 정보
⑥ 작업환경측정 결과 근로자 건강진단 결과에 관한 정보
⑦ 그 밖의 위험성평가에 참고가 되는 자료 등

위험요인에 대한 정보를 수집하고 파악된 위험요인은 아래와 같은 유형별로 분류할 필요가 있다.

① 모든 기계 · 기구, 설비의 위험 유무 파악
② 산업재해, 아차사고가 발생한 기계 · 기구, 설비는 반드시 위험요인으로 분류
③ 작업장소 및 작업 형태별 위험요인 파악

특히 작업환경이 수시로 변하는 건설현장은 위험장소와 위험작업을 공정의 변화에 맞춰 수시로 파악해야 한다. 유해 · 위험요인은 회사의 조직문화, 설비와 취급물질, 비상상황, 수

급인(근로자), 방문객, 인근 주민 등 안전에 영향을 줄 수 있는 요인들을 고려하고 사고가 발생할 수 있는 모든 요인 또한 파악해야 한다. 여건이 어려운 소규모 사업장(50인 미만, 건설업 120억 원 미만)은 정부가 무상으로 위험성평가 컨설팅을 지원하고 있으니 활용할 필요가 있다.

**표 3.11 유해 · 위험요인 파악 기준(ISO 45001:2018) 예시**

| 구분 | 유해 · 위험요인 |
|---|---|
| 조직 문화적 측면 | 안전을 경시하는 풍토, 과중한 노동, 각종 차별과 괴롭힘 등 |
| 설비와 취급물질 등 | 위험기계, 유해인자, 위험장소, 작업형태 |
| 비상시, 긴급상황 발생 | 화재, 폭발, 천재지변 |
| 위험도에 영향을 주는 사람 | 수급인(근로자), 방문객, 지역주민 등 |

**표 3.12 위험 기계 · 설비 목록 작성 예시**

| NO | 기계 · 기구 설비명 (관리번호) | 용량 | 단위 작업 장소 | 수량 | 검사 대상 | 방호 장치 | 점검 주기 | 발생가능 재해형태 |
|---|---|---|---|---|---|---|---|---|
| 1 | 지게차 (A-1, 2) | 5 ton | 지하 주차장 | 2 | 건설기계 관리법 검사 | 법정방호 장치 | 1개월 | 부딪힘, 넘어짐 |
| 2 | 이동식 크레인 (C-1) | 20 ton | 101동 | 1 | 건설기계 관리법 검사 | 과부하방지, 훅해지 장치, 권고방지 장치 | 3개월 | 부딪힘, 끼임 |
| 3 | 이동식 크레인 (C-2) | 10 ton | 102동 | 1 | 건설기계 관리법 검사 | 과부하 방지, 훅해지 장치, 권고방지장치 | 3개월 | 부딪힘, 끼임 |

**표 3.13 작업별 위험관리 대장 활용 서식 예시**

| 단위 작업 장소 | 작업내용 | 위험 코드 | 관련기계 · 기구 · 설비 (관리번호) | 화학 물질명 (CAS No) | 발생 가능 재해형태 | 관련 협력 업체 | 위험성 | 비고 |
|---|---|---|---|---|---|---|---|---|
| P1 구역 | 지게차 이용 운반 작업 | H-P1 -01 | 지게차 (00000) | | 부딪힘 | 無 | 고 | 작업지휘자 배치 |
| | 하부피트 | | | | 질식 | | | |

**표 3.14 유해 · 위험물질, 작업별 위험관리 목록 작성 예시**

| 화학 물질 | CAS NO | 분자식 | 폭발 한계(%) | | 노출 기준 | 독성치 | 인화점 (℃) | 발화점 | 증기압 (20℃, mmHg) | 부식성 유무 | 이상반응 유무 | 일일 사용량 | 저장량 |
|---|---|---|---|---|---|---|---|---|---|---|---|---|---|
| | | | 하한 | 상한 | | | | | | | | | |
| 메틸 알코올 | 67-56-1 | $CH_3OH$ | 5.5 | 4.4 | 200 ppm | $LD_{50}$ 6200mg/kg Rat, $LD_{50}$ 15800mg/kg Rabbit, $LC_{50}$ 64000ppm /4hr Rat | 9.7 | 464 | 127 | X | 고인화성, 자극성 · 부식성 · 독성가스 | 0.2㎥ | 1㎥ |

① 유해 · 위험물질은 제출대상 설비에서 제조 또는 취급하는 모든 화학물질을 기재
② 증기압은 상온에서 증기압을 말한다.
③ 부식성 유무는 있으면 ○, 없으면 ×로 표시
④ 이상반응 여부는 그 물질과 이상반응을 일으키는 물질과 그 조건(금수성 등)을 표시하고 필요시 별도로 작성
⑤ 노출기준에는 시간가중평균노출기준(TWA)을 기재
⑥ 독성치에는 LD50(경구, 쥐), LD50(경피, 쥐 또는 토끼) 또는 LC50(흡입, 4시간 쥐)을 기재

## 2) 종사자와 함께 유해 · 위험요인도출

중대재해를 예방하기 위해서는 현장의 유해 · 위험요인을 아는 종사자의 의견이 매우 중요하다. 사업주와 작업에 참여하는 종사자가 협력하여 사업장 내 유해 요인을 파악하고 그 위험

성을 평가하며 적절한 개선대책을 수립하고 실행하여야 한다. 산업안전보건법 제36조에 따르면 사업주는 위험성평가를 실시할 때 반드시 해당 작업에 종사하는 근로자를 참여시키도록 하고 있다. 이는 근로자가 직접 작업 현장에서 보고 느끼는 실제 유해 요소를 알아냄으로써 현실적인 개선방안을 도출하기 위함이다.

위험성평가를 할 때 근로자를 포함한 종사자의 참여는 평가의 효율성을 높이고 안전 문화를 정착시키는 데 필수적이다. 이 과정에서 근로자의 의견을 듣고 순회 점검 등을 통해 다양한 정보를 수집할 수 있다. 위험성평가를 실시할 때 각 절차에서 해당 작업에 종사하는 근로자를 참여시켜야 한다. 위험성평가에 참여하여야 하는 근로자는 위험성평가를 가장 효과적으로 수행할 수 있는 사업장의 해당 작업에 대해 가장 잘 알고 유해 · 위험요인을 가장 잘 아는 근로자여야 한다.

위험성평가에 어떤 근로자가 참여해야 하는지에 대해서는 참여 근로자의 범위를 일정한 요건(과반수 이상, 1/3 이상 등)으로 요구하지는 않는다. 단지 위험성평가를 하는 작업의 위험을 가장 잘 아는 근로자가 참여하는 것이 원칙이다. 하지만, 외국인 근로자가 대부분이고 근로자들이 수시로 바뀌는 건설현장 등 근로자의 참여가 어려운 사정이 있다면 관리감독자의 참여도 근로자의 참여로 인정이 가능할 수도 있다. 근로자는 사업주와 함께 사업장의 위험성 수준 판단기준을 마련하는 데 참여해야 한다. 근로자는 사업장에서 위험에 직접 노출된다. 따라서 유해 · 위험요인의 위험성 수준이 높은지 낮은지 판단하는 기준을 마련할 때는 반드시 근로자가 참여하여야 한다. 또한, 사업장에서 허용 가능한 위험성의 수준이 어떤 수준인지를 결정할 때도 위험에 직접 노출되는 근로자들의 참여가 필수적이다.

사업장의 유해 · 위험요인을 가장 잘 아는 것은 직접 작업을 수행하는 근로자이다. 따라서 유해 · 위험요인을 빠짐없이 파악하기 위해서는 근로자들의 적극적인 참여가 필수적이다. 정기적인 사업장 순회점검 외에도 평소에 근로자 안전보건 제안제도나 아차사고 발굴 신고제도 등을 활용하여, 근로자들이 작업장의 유해 · 위험요인을 눈여겨보고 사업주에게 제보할 수 있도록 하는 것이 중요하다. 유해 · 위험요인의 위험성이 허용 가능한 수준인지를 판단할 때도 근로자의 참여가 필수적이다. 근로자들은 경험적으로 유해 · 위험요인이 갖고 있는 위험의 발생 가능성과 그 위험이 가져오는 피해의 중대성에 대한 정보를 잘 알고 있다. 따라서 유해 ·

위험요인의 위험성이 사업장에서 허용 가능한 수준인지 여부를 판단할 때는 근로자들을 반드시 참여시켜 그들의 경험을 활용할 필요가 있다.

일반적으로 근로자들은 위험성 감소에 대한 아이디어를 가지고 있는 경우가 많다. 근로자들은 많은 작업경험을 바탕으로 작업 시 위험성을 감소시킬 수 있는 다양한 방법들에 대한 아이디어를 가지고 있다. 따라서 근로자들은 위험성 감소대책에 대한 유용한 의견을 제시할 수 있다. 위험성 감소대책의 실행 여부 확인에도 실제 위험에 노출되는 근로자들이 반드시 참여해야 한다. 위험성 감소대책의 실행에는 기계·기구에 대한 방호조치 외에도 작업하는 근로자의 주의사항이나 준수사항이 함께 지켜져야 하는 경우가 많으므로 근로자의 참여가 꼭 필요하다.

근로자 참여 범위와 방법을 고시에서는 구체적으로 정하고 있지는 않다. 고시에서는 위험성평가의 참여 주체가 되는 근로자는 위험성평가를 가장 효과적으로 수행할 수 있게 하는 사업장의 유해·위험요인을 가장 잘 아는 근로자로 상정하고 있을 뿐이다. 근로자 참여의 범위와 방법을 일률적이고 구체적으로 규정하게 되면 정해진 참여 방법에만 한정하게 되어 사업장의 사정에 따라 더 효과적으로 근로자를 참여시킬 수 있는 방법을 사용하지 못하게 되는 문제가 생길 수 있다. 이런 이유 때문에 근로자 참여 방법은 위험성평가 절차별로 다양하게 결정할 수 있다.

위험성평가를 사업 개시 이전에 실시하는 경우 실질적으로 근로자의 참여가 어려울 수 있다. 이러한 경우에는 사업주가 전문기관 등의 도움을 받아 사업장의 유해·위험요인에 대해 빠짐없이 위험성평가를 실시하고 사업을 개시한 후 근로자가 참여하여 위험성 결정이 제대로 이루어졌는지 재검토하며 순회점검 및 제안제도 등을 통해 추가적인 유해·위험요인을 발굴해야 할 것이다.

### 3) 정량적 근거에 따른 유해·위험요인에 대한 위험도 판단

동종업계 사고사례 등을 활용한 정량적 근거에 의해 유해·위험요인에 대한 위험도를 판단할 필요가 있다. 일반적으로 위험도를 판단할 때 빈도나 강도를 객관적이고 과학적인 근거 없이 결정을 하고 있다. 그러다 보니 위험성평가를 하는 사람에 따라 동일한 작업장 내에서 같은 작업공종이지만 위험도가 달라질 수 있다. 이런 연유로 실제는 위험도가 매우 높지만 시설개선에 소요되는 예산부족 상황을 고려하여 고의로 위험도를 낮추는 경우도 있다.

따라서 사고현황이나 동종업계 사고사례를 참조하여 강도, 빈도에 대한 정량적인 위험요소 프로파일을 사업이나 사업장 특성에 맞게 기준을 설정할 필요가 있다.

일반적으로 유해 · 위험요인을 도출하고 위험도를 판단할 때 빈도강도법을 주로 사용하고 있다. 이 방법은 위험성평가의 주요 기법 중 하나로, 위험성의 두 가지 요소인 빈도(발생 가능성)와 강도(사고의 중대성)를 기준으로 위험 수준을 산출하는 방법이다. 이 방법은 다양한 산업 현장에서 위험을 체계적으로 평가하고 관리하기 위해 사용되고 있다.

빈도(Frequency)는 특정 위험이 발생할 가능성을 평가하는 요소이다. 예를 들어 사고가 자주 나타나는지, 드물게 발생하는지 등을 기준으로 빈도를 설정할 수 있다. 하루에 한 번 이상 발생하면 빈도가 높은 것으로 볼 수 있다. 일반적으로 1주일에 한 번 또는 3개월에 한 번 나타나는 정도로 빈도가 자주 발생하는지 늦는지의 여부는 사업이나 사업장 특성에 맞게 특정할 수 있다.

강도(Severity)는 사고가 발생했을 때 발생할 피해의 크기를 평가하는 요소이다. 강도는 경미한 부상에서 사망에 이르기까지의 영향을 기준으로 평가된다. 만약, 사망사고가 발생할 수 있는 경우는 강도가 높은 것으로 간주되고 경미한 부상은 낮은 강도로 평가된다.

빈도강도법에서는 빈도와 강도를 계산하여 수치로 산출한다. 가장 일반적인 것으로는 두 값을 곱하거나 더해서 위험성의 크기를 나타내는 것이다. 이때 나온 수치는 위험성의 크기를 측정하는 데 있어 중요한 기준이 된다. 예를 들어, 빈도가 2이고 강도가 3이면, 크기는 6으로 산출된다. 이 수치가 높을수록 위험성이 높고 이를 기준으로 관리 대책을 마련해야 한다. 빈도강도법에서 주의해야 할 부분은 수치를 산출한 후 해당 수치가 허용 가능한 수준인지를 판단하는 과정이다. 대부분의 사업장은 특정 크기 이상을 허용하지 않으며, 그 크기가 허용치를 초과할 경우 감소 대책을 마련하고 이행한다. 예를 들어, 크기가 4, 6, 9에 해당하는 경우에는 안전장치 설치, 작업방식 개선, 개인보호구 지급 등 다양한 관리적, 기술적 대책을 통해 더 나은 개선책을 추구한다.

### 4) 유해 · 위험요인 감소대책은 재해감소 효과성이 큰 순서대로 실행

유해 · 위험요인에 대한 감소대책은 재해감소의 효과성이 큰 순서대로 실행하는 것이 원칙이다. 대책을 수립할 때 유해 · 위험요인의 통제 · 제거가 쉽다는 이유로 위험도가 낮은 요인부터 마련하는 것이 아니라 중대재해 발생 우려가 큰 유해 · 위험요인부터 확인하고 마련해야 한다. 또한 근로자 참여 없이 실시하거나 전년도 위험성평가에 평가 일자만 바꾸는 등 형식적으로 실시해서도 안 된다.

① 유해 · 위험요인이 있다면 유해 · 위험요인을 아예 제거
② 제거가 어렵다면 유해 · 위험이 낮은 작업방식이나 시설, 물질로 대체
③ 유해 · 위험요인의 대체도 어렵다면 유해 · 위험 수준을 줄일 수 있도록 방호덮개, 안전난간을 설치하는 등의 통제를 실시(공학적 · 기술적 통제)
④ 작업방법 변경이나 작업허가제 도입 등의 관리방법을 실행(행정적 통제)

중소기업에서 유해 · 위험요인을 제거하거나 통제할 수 없는 불가피한 사유가 있다면 작업방식을 감독하거나 위험작업은 허가제로 운영하는 등의 방법으로 관리를 해야 한다. 작업절차서 등 안전수칙에 따라서 행동할 수 있도록 적극적인 교육을 실시하거나 수칙을 준수한 작업자에게는 인센티브를 부여하는 것도 좋은 방법이다.

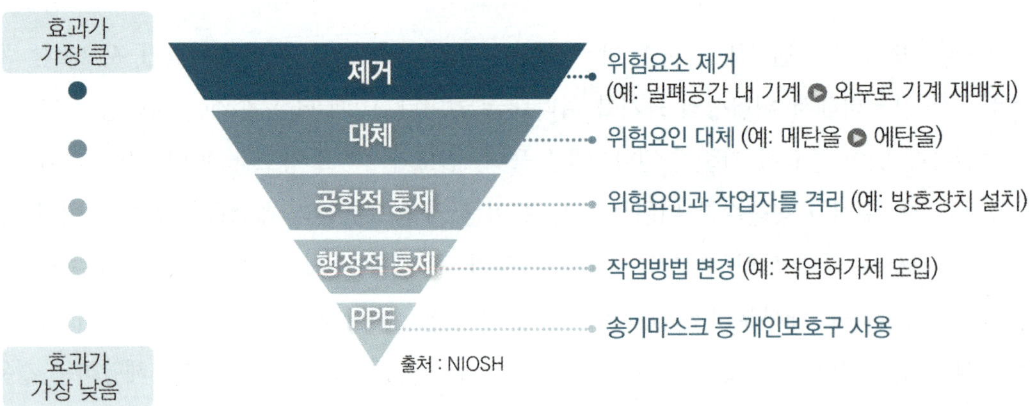


**그림 3.1** 위험요인의 제거 · 대체 및 통제의 효과성 비교

**표 3.15 유해화학물질에 대한 재해감소대책 예시**

① 제거 : 유해물질을 제거
② 대체 : 유해물질을 저독성 물질로 대체
③ 공학적 통제 : 국소배기장치를 설치하고 배관, 설비 연결부 등에 누출방지조치 실시
④ 행정적 통제 : 작업 절차서를 준수
⑤ 개인보호 장비 : 방독마스크, 보안경을 착용

**표 3.16 위험요인별 재해감소대책 예시**

| 위험요인 | ① 제거 · 대체 | ② 공학적 통제 | ③ 행정적 통제 | ④ 보호구 착용 |
|---|---|---|---|---|
| 끼임 위험 기계 · 기구 | 끼임 위험이 없는 자동화 기계 도입 | 덮개 등 방호장치 설치 | 잠금 및 표지부착(LOTO), 작업허가제 도입 | 말려 들어갈 위험이 없는 작업복 착용 |
| 인화성 가스 | 인화성 완화 (예 : 아세틸렌 → LPG) | 전기설비 방폭 조치, 가스검지기 · 긴급차단 장치 연동 설치, 환기 · 배기장치 설치 | 작업절차서 준수, 정비작업허가제 도입 | 제전작업복 착용, 가스검지기, 방폭 공구 사용 |
| 밀폐 공간 | 밀폐 공간 내부 가스발생 설비 제거 (예 : 발전기를 외부에 설치) | 환기 · 배기장치 설치, 유해가스 경보기 설치 | 출입금지 표지, 작업허가제 도입, 감시인 배치 | 송기마스크 |
| 화학 물질 | 저독성 물질 사용 (예 : 발암성 → 비발암성) | 설비 밀폐, 환기 · 배기장치 설치 | 취급 화학물질 유해성 교육, 경고표지, 특수건강검진 | 방독마스크, 피부보호구 등 |

**표 3.17 위험성평가 개선사진 예시**

위험성평가 개선사진

| 개선내용 | 개선 전 모습 | 개선 후 모습 |
|---|---|---|
| | | |
| | | |
| | | |
| | | |

## 5) 유해 · 위험요인을 특별히 살펴야 할 시기

유해 · 위험요인을 특별히 살펴야 할 시기가 있다. 기계 · 기구 · 설비, 원재료가 새롭게 도입되거나 변경될 때, 작업자가 변경될 때, 작업방법 또는 작업절차가 변경될 때는 꼭 살펴보아야 한다. 이 경우 작성된 유해 · 위험요인 리스트를 확인하여 현행화를 도모할 필요가 있다.

유해 · 위험요인의 확인 및 개선에 대한 점검은 법령상의 최소한의 점검주기에 국한할 것이 아니라 필요한 만큼 수시로 실시하여 실질적인 위험관리가 이루어지도록 하는 것이 바람직하다. 수시 위험성평가 해당 작업은 일반적으로 다음과 같다.

① 사업장 건설물의 설치 · 이전 · 변경 또는 해체
② 기계 · 기구설비, 원재료 등의 신규 도입 또는 변경
③ 건설물, 기계 · 기구, 설비 등의 정비 또는 보수

(주기적, 반복적 작업으로써 정기평가를 실시한 경우는 제외)
④ 작업방법 또는 작업절차의 신규 도입 또는 변경
⑤ 중대산업사고 또는 산업재해 발생(휴업 이상의 요양에 한함)
⑥ 그 밖에 사업주가 필요하다고 판단한 경우

상시 위험성평가 실시 방법은 다음과 같다.

① 매월 : 1회 이상 근로자 제안제도 활용, 아차사고 확인, 사업장 순회점검 등을 통해 유해 · 위험요인 파악 및 개선대책 수립
② 매주 : 안전보건관리책임자, 관리감독자, 안전관리자, 보건관리자 등이 ①항 공유 및 이행 · 점검
③ 일일 : 작업 전 안전점검 회의(TBM) 등을 통해 ①항, ②항 공유 주지

**표 3.18 위험성평가 실시 시기**

| 구분 | 최초 | 수시 | 정기 | 상시 |
|---|---|---|---|---|
| 실시시기 | 사업 개시일(실착공)부터 1개월 이내 | 착수 전(지침 제15조제2항) | 최초 평가 후 매년 | 최초 평가 후 매월(순회점검), 매주, 일일(TBM) |
| 평가대상 | 본사와 각 현장 | | | |
| ※ 상시평가 시 수시평가, 정기평가를 실시한 것으로 인정(지침 제15조제4항) | | | | |

## 6) 형식적 위험성평가 금지 및 사고발생 가능한 위험요인 창의적 도출

형식적인 서류상의 위험성평가보다는 중대산업재해를 예방하기 위한 실질적 위험성평가를 실시할 필요가 있다. 특히 사망사고와 같은 중대산업재해가 발생할 수 있는 유해 · 위험요인을 제외하여서는 절대로 안 된다. 일부 사업장의 경우 위험성평가 보고서 분량은 굉장히 많지만 실제 내용을 보면 사망사고가 발생할 수 있는 요인은 제외되어 있는 경우가 많다. 따라서 사망사고가 발생할 수 있는 요인 도출을 위해 다양한 방법을 도입할 필요가 있다.

고용노동부 고시 사업장 위험성평가에 관한 지침 제10조(유해 · 위험요인 파악)에서 유해 · 위험요인 파악의 방법을 제시하고 있다. 사업장 순회점검에 의한 방법, 근로자들의 상시적 제안에 의한 방법, 설문조사 · 인터뷰 등 청취조사에 의한 방법, 물질안전보건자료(MSDS), 작업환경측정결과, 특수건강진단결과 등 안전보건자료에 의한 방법, 안전보건 체크리스트에 의한 방법, 그 밖에 사업장의 특성에 적합한 방법을 제시하고 있다. 이 방법 외에도 창의적인 생각을 가진 사람들을 포함시켜 미처 생각하지 못한 위험요소를 찾아낼 필요가 있다.

유해 · 위험요인을 확인하고 개선하는 조치는 안전보건 확보의무 사항 중에서 가장 중요하다. 다른 사항에 앞서 이 조치는 반드시 준수할 필요가 있다. 그렇기 때문에 위험성평가를 형식적으로 하는 등 소홀히 해서는 안 된다. 위험성평가는 유해 · 위험요인의 확인 및 개선조치가 실질적으로 이루어졌는지 여부가 중요하다. 위험성평가 등을 형식적으로 이행하여 제대로 된 개선조치가 이루어지지 않아 중대산업재해를 야기하였다면 유해 · 위험요인의 확인 및 개선에 관한 점검 의무위반은 물론 법령상의 다른 의무위반으로도 처벌받을 수 있다.

사실 위험성평가가 실효성이 있으려면 충분한 기술과 지식, 경험을 보유한 적격자에 의해 실시되어야 한다. 자체적으로 실시할 여력이 안 될 경우에는 외부 전문기관에 위탁할 수 있으며 이 경우에도 관리감독자와 해당 작업자가 꼭 참여해야 한다.

위험성평가 제도를 도입하고 해당 절차에 따라 위험성평가를 모두 실시하고 이에 더하여 그 실시 결과를 경영책임자 등이 보고받았다면 중대재해처벌법에 따른 유해 · 위험요인의 확인 및 개선에 대한 점검을 반기 1회씩 연 2회 모두 실시한 것으로 간주할 수 있다.

### 7) 모든 종사자에게 유해 · 위험요인과 대책을 알리고 교육실시

건설현장은 항상 다양한 작업과 복잡한 환경으로 인해 사고 위험이 상존한다. 위험성평가는 이러한 환경에서 발생할 수 있는 위험 요소를 사전에 찾아내고 이를 제거하거나 줄이기 위한 조치를 마련하는 필수적인 과정이다. 이 평가를 통해 작업자는 각 작업의 위험 요소를 명확히 이해하고 필요한 예방조치를 취할 수 있다. 특히 중대재해처벌법이 강화되면서 위험성평가는 단순한 예방을 넘어 법적 책임을 준수하기 위한 중요한 도구가 되었다.

위험성평가의 핵심은 잠재적 위험 요소를 미리 식별하고 기록하는 것뿐만 아니라 이를 지속적으로 관리하고 업데이트하며 작업자에게 TBM은 물론 이들에게 정보를 공유하는 데 있다. 이를 제대로 수행하지 않으면 사고 위험은 물론 법적 규제에 따른 제재까지 발생할 수 있다.

작업 활동에 의해 영향을 받을 수 있는 모든 사람에게 유해 · 위험요인과 대책을 알리고 교육을 실시해야 한다. 소속 근로자 외에 수급인과 수급인의 근로자, 파견업체 및 고객, 인근 주민, 조직의 공급망에도 관련 정보를 제공해야 한다.

외국인 근로자를 포함하여 젊거나 숙련되지 못한 근로자, 임신, 장애 또는 고령의 근로자와 같은 그룹은 더 큰 위험에 놓일 수 있다. 고령자, 외국인이 혼재된 경우 위험을 알리는 내용을 이해하지 못해 위험요인이 증가할 수 있으니 유해 · 위험요인을 색으로 구별하거나 이해 가능한 언어를 병기할 필요가 있다. 고령자는 넘어지거나 높은 곳에서 떨어질 경우 중대재해로 이어질 가능성이 크니 더욱 주의를 필요로 한다.

TBM(Tool Box Meeting)은 작업 시작 전에 근로자들과 함께 작업내용과 안전사항을 논의하는 시간으로 건설현장에서 빠질 수 없는 절차이다. 이 과정은 각 작업의 위험 요소를 사전에 공유하고 작업자들이 이를 충분히 인식하게 하여 사고를 예방하는 데 큰 역할을 한다.

TBM의 가장 중요한 부분은 소통이다. 관리자는 작업자들에게 오늘의 작업내용과 예상되는 위험 요소, 그리고 이에 따른 대응 방안을 설명하여야 한다. 이를 통해 작업자들은 자신의 역할과 주의사항을 명확히 인지하고 필요한 안전조치를 취할 수 있다. 또한 작업자들이 스스로 안전에 대한 책임을 갖게 하는 데도 효과적이다.

안전점검회의(TBM : Tool Box Meeting)와 종사자 의견청취를 명확하게 구분할 필요가 있다.

고용노동부 고시인 사업장 위험성평가에 관한 지침 제13조(위험성평가의 공유) 제1항에서는 위험성평가를 실시한 결과, 근로자가 종사하는 작업과 관련된 유해 · 위험요인, 이에 따른 유해 · 위험요인의 위험성 결정 결과, 유해 · 위험요인의 위험성 감소대책과 그 실행계획 및 실행 여부, 위험성 감소대책에 따라 근로자가 준수하거나 주의하여야 할 사항 등을 근로자에게 게시, 주지 등의 방법으로 알려야 한다고 규정하고 있다.

또한 제2항에서는 위험성평가 결과 중대재해로 이어질 수 있는 유해 · 위험요인에 대해서는 작업 전 안전점검회의(TBM : Tool Box Meeting) 등을 통해 근로자에게 상시적으로 주지시키도록 하고 있다.

중대재해처벌법 판결(창원지방법원 통영지원 2024년 8월 21일 선고 2023고단95, 1448(병합)) 사례에 따르면 작업 전 안전점검회의인 TBM은 작업 직전, 현장에서 작업팀을 중심으로 작업자들이 모여 오늘의 작업내용과 안전한 작업 방법에 대해 서로 확인하고 논의 · 공유하는 활동이기에 중대재해처벌법에서 요구하는 종사자 의견청취 절차로 볼 수 없다고 봤다.

### 8) 반기 1회 이상 의무점검

법령상에서 반기 1회 이상 의무점검을 규정하고 있는 이유는 기존의 안전보건관리체계의 문제점을 파악하고 보완하여 개선하라는 의미가 있다. 세상에는 완벽한 체계는 존재하지 않는다. 이행하면서 문제점을 분석하고 개선하는 행위를 통하여 완벽해질 수 있다. 예산이나 인력 충원 문제로 인해 개선이 힘든 문제점은 감추고 서류상으로 개선하기 쉬운 문제점만을 도출하여 의무점검을 하는 것은 사고 예방에 결코 도움이 되지 않는다. 사람들이 옷을 입을 때 내 키는 180 cm인데 160 cm을 옷을 입는다든지 또는 내 키가 160 cm인데 옷은 180 cm 옷을 입는다고 가정해 보자. 뭔가 불편하고 몸에 옷이 맞지는 않을 것이다. 내 사이즈에 맞는 옷을 입으려면 내 몸의 체형을 측정하고 거기에 맞는 옷을 구매하든가 맞출 필요가 있다.

안전보건관리체계도 마찬가지 원리가 적용된다. 우리회사의 특성에 맞는 체계를 갖추기 위해서는 반기 1회 이상 의무점검을 통하여 문제점을 적극적으로 발굴하고 피드백하여 이행 가능한 체계를 마련할 필요가 있다.

중대재해처벌법상 반기 1회 이상 점검과 관련하여 점검방법에 대해 규정한 내용은 없다. 따라서 사업 또는 사업장 규모와 특성에 따라 자율적으로 점검 방법을 운영할 수 있다. 다만 중요한 것은 사업장의 유해 · 위험요인의 확인과 개선조치가 실질적으로 이루어졌는지를 점검하여야 한다는 점이다. 법령상 점검을 형식적으로 이행하여 제대로 된 개선조치가 이루어지지 않아 중대산업재해를 야기했다면 반기 1회 이상 점검 의무를 이행했다고 보기는 어렵다.

중대재해처벌법상 반기 1회 이상 점검은 상반기(01.01 ~ 06.30까지)와 하반기(07.01 ~ 12.31까지)를 최소한의 주기로 하여 각 1회 이상 실시하는 것이 타당하다. 일부 기업의 경우 ISO 45001, ISO 14001에 따른 안전보건관리체계를 구축 · 운영 중이고 ISO 규정에 따라 매년 내부 심사와 외부 심사를 진행하고 있는 경우가 많다. 중대재해처벌법 시행령 제4조의 의무는 법 제4조제1항제1호의 재해예방에 필요한 인력 및 예산 등 안전보건관리체계의 구축 및 이행에 관한 조치의 구체적인 사항을 정한 것이다.

반면에 ISO 45001, ISO 14001 등 인증제도는 중대재해처벌법이나 산업안전보건법에서 정한 의무가 아니다. 이행방법, 경영책임자에게 형사책임 부여 등의 내용에 있어서 상이하므로 각 인증 관련 심사활동을 중대재해처벌법상 안전 및 보건 확보의무 이행으로 간주하기는 어렵다. 다만 안전보건경영시스템(KOSHA-MS/ISO 45001)과 중대재해처벌법상 의무는 일정부분 중복되는 내용이 있으므로 의무 이행 방법으로 활용할 수도 있을 것으로 보인다. 이때 중요한 것은 법령상 의무를 실질적으로 이행하고 유해 · 위험요인을 개선하였는지 여부이므로 안전보건관리체계가 형식적으로 운영되지 않도록 하여야 한다.

### 9) 위험성평가 규정 작성 및 이행

유해 · 위험요인 확인 및 개선 업무절차를 담은 위험성평가 규정을 수립하고 현장에서 이를 그대로 이행할 필요가 있다.

규정 안에는 유해 · 위험요인 확인, 개선대책 수립, 이행, 이행 여부의 점검 및 확인절차까지 포함하여야 한다. 또한 위험요인 발굴 및 신고창구 설치와 종사자 의견을 청취하는 절차 마련, 위험요인별 제거 · 대체 · 통제 방안과 미개선 시 작업 중지와 조치가 완료된 후 작업을 개시하도록 하는 내용을 포함시킬 필요가 있다.

위험성평가 규정은 현장에 비치하고 실질적으로 작동되도록 유지할 필요가 있다. 아울러 반기 1회 이상 유해 · 위험요인 확인 및 개선 점검과 대표이사에게 보고 후 이에 관한 실질적 조치를 이행할 필요가 있다.

**표 3.19 위험성평가 규정 예시**

문서번호 :

# 위험성평가 실시규정(절차서)

2025. . .

| 작성자 | 검토자 | 근로자대표 | 승인자(현장소장) |
|---|---|---|---|
| (확인) | (확인) | (확인) | (확인) |

| 제정 : (처음 만든 날짜) | 개정 : (수정한 날짜) |
|---|---|

㈜ ○○건설

# 위험성평가 실시 규정

| 승인 | |
|---|---|
| 기안 | |

| 제정 : (처음 만든 날짜) | 개정 : (수정한 날짜) |
|---|---|

**제1조(목적)** 이 실시규정은 우리회사 전체의 유해 · 위험요인을 파악하고, 그 유해 · 위험요인별 위험성의 수준을 결정한 후 위험성을 감소시키기 위해 필요한 조치를 마련하여 실시함을 목적으로 한다. 이 규정에서 정하지 않는 사항에 대해서는 고용노동부의 「사업장 위험성평가에 관한 지침」 및 「개편 위험성평가 안내서」를 적용한다.

**제2조(적용)** 이 실시 규정은 우리 현장에서 수행하는 모든 작업, 가시설 및 건설기계의 위험성평가에 대한 범위, 절차, 책임과 권한에 대하여 적용한다.

**제3조(위험성평가 업무 체계)** 위험성평가 업무 체계는 다음과 같이 '위험성평가 → 위험성평가 회의 → 안전보건교육/안전보건활동 → 이행 확인 점검'을 통해 지속적으로 개선한다.

**제4조(조직의 구성)** 위험성평가 실시 담당 조직의 구성은 〈표 1〉과 같이 한다.

**〈표 1〉 위험성평가 실시 담당 조직 구성도**

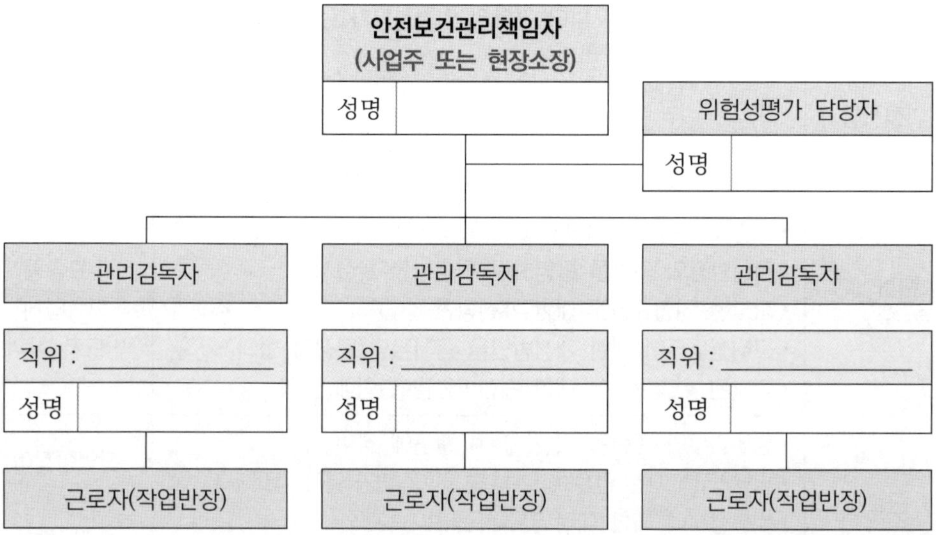


제5조(역할과 책임) 위험성평가 실시 담당 조직구성원별 역할과 책임은 〈표 2〉와 같이 한다.

**〈표 2〉 위험성평가 조직의 역할과 책임**

| 조직 | 역할과 책임(권한) | 비고 |
|---|---|---|
| 안전보건<br>관리책임자<br>(현장소장) | • 현장의 위험성평가 업무를 총괄<br>• 개선방안에 대한 인적 · 물적 지원(종사자 의견청취 반영 여부 확인)<br>• 협력회사와 협의된 개선방안의 실행 여부 확인<br>• 성과측정 실시 및 결과에 따른 개선 사항 반영(매년 실시) | 필요시<br>감리자도<br>참여가능 |
| 관리감독자<br>(공사담당) | • 협력회사에서 작성한 위험성평가표의 위험요인 누락 여부 검토(종사자의 의견청취 반영)<br>• 파악된 위험요인에 대한 개선방안 적합성 여부 검토/보완<br>• 관리대상 위험요인에 대한 개선 방안을 현업에 반영 및 실행 확인<br>• 비정상작업(비일상 작업)에 대한 파악 및 확인 후 협력회사에 위험성평가 작성 지시 및 안전관리자와 공유 | 주요공정<br>관리감독자<br>반드시 참여 |

| 조직 | 역할과 책임(권한) | 비고 |
|---|---|---|
| 안전보건 관리자 (위험성평가 담당자) | • 공사담당/팀장으로부터 검토된 위험성평가표를 최종 검토(종사자의 의견청취 반영)<br>• 회의 시 논의해야 할 고위험 관리대상 작업 선정<br>• 협력회사와 협의된 개선방안의 실행 여부 확인<br>• 최종 승인된 위험성평가표를 협력회사 및 공사담당에게 피드백 | 안전관리자 미배치 현장은 관리감독자 중 담당자 지정 |
| 협력업체 소장 | • 작업에 대한 위험성평가 및 고등급 위험요인 파악(해당 공정의 작업반장의 의견을 반영하여 위험성평가 실시)<br>• 파악된 위험요인에 대한 개선방안 수립<br>• 고위험등급에 대한 개선방안을 공사담당/팀장과 협의<br>• 파악된 위험요인에 대한 개선방안을 현업에 반영 | 주요공종 협력업체 반드시 참여 |
| 근로자 | • 담당업무와 관련된 위험성평가 활동에 참여<br>• 담당업무에 대한 안전보건수칙 및 위험성평가 결과 감소대책 이행<br>• 비상상황에 대한 대비 및 대응방법 숙지<br>• 위험한 장소 출입 시 출입허가절차 준수 | 작업반장이 근로자 의견 취합 |

* 구체적인 실시 방법은 사업장의 규모에 따라 조정할 필요가 있지만, 중소규모의 사업장에서는 인력의 사정을 감안하여 1인 2역의 업무분담을 할 수 있다.

**제6조(평가대상)** 근로자(협력업체, 방문객 포함)에게 안전보건상 영향을 주는 다음 사항 등을 평가대상으로 한다.

① 현장 내부 또는 외부에서 작업장에 제공되는 모든 위험기계 · 기구 및 설비(가설기자재, 건설재료 포함)

② 현장에서 보유 또는 취급하고 있는 모든 유해물질

③ 일상적인 작업(협력업체 포함) 및 비일상적인 작업(수리 또는 정비 등)

④ 발생할 수 있는 비상조치 작업

⑤ 현장 내에서 발생이 확인된 아차사고

⑥ 산업재해가 발생한 경우 그 원인이 된 유해 · 위험요인

**제7조(실시시기)** 우리 현장의 위험성평가 실시 시기는 다음과 같다.

① 최초평가 : 처음으로 실시하는 위험성평가를 말하며 전체 사업장의 모든 작업을 대상으

로 0000년 00월 00일(현장 실착공일로부터 1개월 이내)까지 실시한다. 다만, 공사별 또는 해당 공사의 단위작업 공사종류별로 분리하여 공사 개시 전에 실시할 수 있다.

② 상시평가 : 최초평가 후 현장의 상시적인 위험성평가를 위해 매월 1회 이상 주기를 정하여 상시평가를 시행한다.

- 월간(위험성평가) → 주간(이행상황 논의 · 점검) → 일간(TBM 공유)

**상시평가 세부 절차**

'월(月) → 주(週) → 일(日)' 단위의 구조화된 단계적 위험성 관리

| 월(月) | 위험 파악 · 대책 마련 |
|---|---|

• (참석대상)
- 안전보건관리책임자(현장소장), 안전보건관리자, 관리감독자, 협력업체 소장, 해당 작업반장 등 현장 근로자

• (논의사항)
- (예정공정표) 매월 또는 정해진 위험성평가 주기 내에 예정된 작업공정 확인
- (노사합동 순회점검) 노사합동 순회점검을 통해 현장의 유해 · 위험요인을 확인, 월간 작업일정과 관련된 신규/변동 유해 · 위험요인에 유의, 아차사고 사례 및 근로자 제안을 미리 취합하여 즉시 대응할 수 있는 것은 즉시 대응하고, 순회점검 시 중점 점검
- (아차사고 검토) 월간 작업일정과 관련된 아차사고 사례를 검토하여 사고로 이어질 수 있는 상황을 미리 예방
- (근로자 제안) 근로자들의 유해 · 위험요인 및 위험상황 제안제도를 활용하여 지난 한 달 제보받은 사항들을 점검하고, 사고로 이어질 수 있는 상황을 미리 예방
- (위험성평가) 파악한 유해 · 위험요인별 ❶ 위험성 결정, ❷ 「산업안전보건법」 등에서 정한 것 이상으로 위험성 감소대책 및 실행계획 수립(누가, 무엇을, 언제까지 이행할지 계획)

| 주(週) | 공유 · 점검회의 |
|---|---|

- (참석대상)
  - 안전보건관리책임자(현장소장), 안전보건관리자, 관리감독자, 협력업체 소장 등 (※ 가급적 기존 주 단위 공정회의 등을 활용)
- (논의사항)
  - 주간 공정 · 작업별 핵심 유해 · 위험요인과 주의 · 준수사항 공유
  - 유해 · 위험요인별 위험성 변동 여부 점검 및 감소대책 이행현황 점검
  - 신규/변동 유해 · 위험요인에 대한 위험성 결정 및 감소대책 마련

| 일(日) | TBM 활용 위험성평가 결과 공유 |
|---|---|

- 작업 전 안전점검회의(TBM) 등을 통한 공유 · 주지
  - 매 작업일마다 TBM을 통해 위험성평가 및 이행 확인 점검 결과에 따른 근로자 준수사항과 주의사항을 공유(SNS 오픈채팅방 활용 병행)

**제8조(실시방법)** 위험성평가 실시 방법은 다음과 같다.

① 현장소장(안전보건관리책임자)이 위험성평가 실시를 총괄 · 관리한다.

② 위험성평가 전담직원을 지정하는 등 위험성평가 운영체제를 구축한다.

③ 작업내용 등을 상세하게 파악하고 있는 관리감독자가 해당 작업 근로자와 함께 유해 · 위험요인의 파악, 위험성의 결정, 위험성 감소대책의 수립 · 실행을 하게 한다.

④ 위험성평가의 전(全) 과정에 근로자의 참여를 보장한다.

⑤ 기계 · 기구, 설비 등과 관련된 위험성평가에는 해당 기계 · 기구, 설비 등에 전문적인 지식을 갖춘 사람을 참여하게 한다.

⑥ 위험성평가를 실시하기 위한 회의를 실시한다(협의체회의와 병행 가능).

⑦ 위험성평가의 결과는 게시 등을 통해 전체 근로자에게 알리고, 근로자 안전보건교육 내용 및 작업 전 안전점검회의(TBM) 내용에 포함한다.

⑧ 필요시 전담 직원들에게 위험성평가 전문교육을 실시한다..

**제9조(추진절차)** 위험성평가의 추진절차는 다음과 같다.

① 1단계 : 사전준비[평가대상 작업(공정) 선정 및 안전보건정보 조사]

- 정확한 작업(공정)의 분류가 중요, 작업(공정) 흐름도에 따라 평가대상 작업(공정)들을 정의한다.

**※ 예정공정표 : 공정에 따른 위험성평가 대상 공종(작업) 선정**

| | | 10월 4주차 | | | 11월 1주차 | | | | | | | 11월 2주차 | | | | | | | 비고 |
|---|---|---|---|---|---|---|---|---|---|---|---|---|---|---|---|---|---|---|---|
| | | 29 | 30 | 31 | 1 | 2 | 3 | 4 | 5 | 6 | 7 | 8 | 9 | 10 | 11 | 12 | 13 | 14 | |
| 동별 | 공정 | 토 | 일 | 월 | 화 | 수 | 목 | 금 | 토 | 일 | 월 | 화 | 수 | 목 | 금 | 토 | 일 | 월 | |
| 201동 | 형틀 | | | | | 먹 | | | | | | | | | | | | | |
| | 철근 | | | | | | | PIT기초 | | | | | | | | | | | |
| | 타설 | | | | 버림 | | | | | | | | | | | | | | |
| 202동 | 형틀 | 형틀 | | | | | | | | | | | | | | | | | |
| | 철근 | | | | 데크 | 주차장보, 슬라브 | | | | | | | 아파트 주변 보철근 | | | | | | |
| | 타설 | | | | | | | | | | | 타설 | | | | | | | |
| 203동 | 형틀 | 먹 | | 형틀, 단열재 | | | | | 마감 | | | | | | | | 형틀 | | |
| | 철근 | 옹벽철근 | | | | | 슬라브철근 | | | | | | | 옹벽철근 | | | | | 7일타설 |
| | 타설 | | | | | | | | | | 타설 | | | | | | | | |
| 주차장 E-1 | 형틀 | | | | | | | 마감 | | | | | | | | | | | |
| | 철근 | 데크 | | 주차장보, 슬라브 | | | | | | | | | | | | | | | |
| | 타설 | | | | | | | | 타설 | | | | | | | | | | |
| 주차장 F | 형틀 | | | | | | | | | | | | | | | | | | |
| | 철근 | | | | | | | | | | | | | | | | | | |
| | 타설 | | | | | | | | | | | | | | | | | | |
| E-2 | 형틀 | | | 해체정리 | | | | | | | | | | | | | | | |
| | 철근 | | | | | | | 시스템 | | | | | | | | | | | |
| | 타설 | 타설 | | | | | | | | | | | | | | | | | |
| E | 형틀 | 보슬라브 | | | | | | | | | | | | | | | | | |
| | 철근 | | | | | | | | 보, 슬라브철근 | | | | | | | | | | |
| | 타설 | | | | | | | | | | | | | | 타설 | | | | |

- 위험성평가 담당자는 위험성평가에 필요한 안전보건 정보를 수집하여 정리한다.
- 사업주, 위험성평가 담당자, 근로자가 모두 함께 위험성의 수준 및 그 판단기준을 설정한다.

② 2단계 : 유해 · 위험요인 파악(도출)

- 가장 중요한 단계로, 작업공정(단위작업)별 유해 · 위험요인을 상세히 파악한다. 베테랑 근로자들을 참여시킨다.

③ 3단계 : 위험성 결정

- 파악된 유해 · 위험요인과 현재의 조치사항이 산업안전보건법에서 정한 기준 이상을

만족하도록 합리적으로 실행 가능한 조치가 모두 이루어졌는지를 확인하여 허용할 수 있는 위험성인지, 허용할 수 없는 위험성인지를 결정한다.

- 유해 · 위험요인을 심사하여 정량화하는 단계, 가능성과 중대성을 조합

| 위험성(Risk) = 사고발생의 가능성 × 사고결과의 중대성 |
|---|

※ 위험성 추정은 가능성과 중대성을 조합 또는 곱하거나 더하여 산출할 수 있음

**가능성(빈도)**

| 구분 | 가능성 | 기준 |
|---|---|---|
| 상 | 3 | • 발생 가능성이 높음(자주 발생)<br>• 안전장치가 설치되지 않고, 안전수칙, 작업표준 등이 없으며, 표시 · 표지가 부착되지 않음 |
| 중 | 2 | • 발생 가능성이 있음(가끔 발생)<br>• 안전장치, 안전수칙 등은 마련되어 있으나, 근로자들이 작업불편 등으로 해제하거나 안전수칙을 무시할 가능성이 있음 |
| 하 | 1 | • 발생 가능성이 낮음(거의 없음, 무시할 수 있을 정도)<br>• 방호덮개, 안전장치 등이 설치되어 있으며, 근로자의 불안전한 행동에 대비한 안전조치가 전반적으로 잘 되어 있음 |

**중대성(강도)**

| 구분 | 중대성 | 기준 |
|---|---|---|
| 대 | 3 | • 사망, 실명, 장애 등을 초래할 수 있는 사고<br>• 화학물질, 분진 등의 노출기준(권고기준)의 50% 초과인 경우<br>• 발암성, 변이원성, 생식독성 물질 취급<br>• 직업병 유소견자 발생 |
| 중 | 2 | • 업무 복귀가 가능하고, 완치할 수 있는 상해를 초래할 수 있는 사고<br>• 의료기관의 치료를 요하는 사고<br>• 화학물질, 분진 등의 노출기준(권고기준)의 10% 초과 ~ 50% 이하인 경우 |
| 소 | 1 | • 아차사고를 초래할 수 있는 경우<br>• 화학물질, 분진 등의 노출기준(권고기준) 10% 이하인 경우 |

**위험성 추정**

| 가능성(빈도) \ 중대성(강도) | 대 | 중 | 소 |
|---|---|---|---|
| 상 | 높음(9) | 높음(6) | 보통(3) |
| 중 | 높음(6) | 보통(4) | 낮음(2) |
| 하 | 보통(3) | 낮음(2) | 낮음(1) |

**위험성 결정**

| 위험성 수준 | | 관리기준 | 비고 |
|---|---|---|---|
| 1~2 | 낮음 | 현재 상태 유지 | 근로자에게 유해 · 위험 정보를 제공 및 교육 |
| 3~4 | 보통 | 개선 | 안전보건대책 수립하여 개선 필요한 상태 |
| 6~9 | 높음 | 즉시 개선 | 작업을 지속하려면 즉시 개선이 필요한 상태 |

* 소규모 건설현장에서는 위험성 수준 3단계(상 · 중 · 하) 판단법, 체크리스트법 등 간편한 방법 활용 가능

④ 4단계 : 위험성 감소대책 수립 및 실행
- 위험성의 크기가 허용 불가능한 것으로 결정된 위험성에 대해서는 위험성 감소대책을 수립 · 실행하여 허용 가능한 위험성의 범위로 들어오도록 하고, 필요시 추가 감소대책을 수립 · 실행한다.

⑥ 5단계 : 기록, 공유 및 교육
- 위험성평가의 유해 · 위험요인 파악, 위험성 결정의 내용 및 그에 따른 조치 사항 등을 기록하고, 작업 전 안전점검회의(TBM) 등을 통해 위험성평가 실시 결과를 알리고 해당 작업 근로자 등 관계자들에게 교육한다.

**제10조(위험성평가의 방법)** 우리 현장의 위험성평가 방법은 위험성 수준 3단계(상 · 중 · 하) 판단법을 사용한다. 다만, 작업기간 1개월 미만의 임시 · 수시 · 비정형 작업에 대한 위험성평가는 체크리스트법을 활용한다.

**제11조(위험성의 수준 판단 기준)** 우리 현장의 위험성 수준과 그 판단 기준은 현장소장(안전보건관리책임자), 위험성평가 담당자, 협력업체 소장, 근로자대표들이 모인 최초 위험성평가 착수회의 등을 통해 결정한다.

**제12조(위험성평가 회의 및 주지)** 우리 현장은 구성원들이 알 수 있도록 위험성평가 회의를 통해 위험 등급을 분류를 협의하여 결정하고 관련 내용을 근로자에게 공유한다.

**제13조(근로자에 대한 공유)** 우리 현장의 위험성평가 결과 공유 방법은 다음과 같다.
① 근로자들이 많이 다니고, 잘 볼 수 있는 곳에, 잘 볼 수 있는 방법(가독성 높은 큰 글씨, 전광판 등)으로 위험성평가 결과 게시
② 우리 현장 안전보건교육 내용에 교육대상 근로자의 작업(공정)에 대한 위험성평가 결과 내용 포함
③ 작업 전 안전점검회의(TBM) 시 위험성평가 내용 포함

**제14조(근로자의 참여 방법)** 우리 현장은 작업(공정)별 위험성평가의 모든 과정에 근로자(작업반장 포함) 1명 이상 참여하도록 한다.

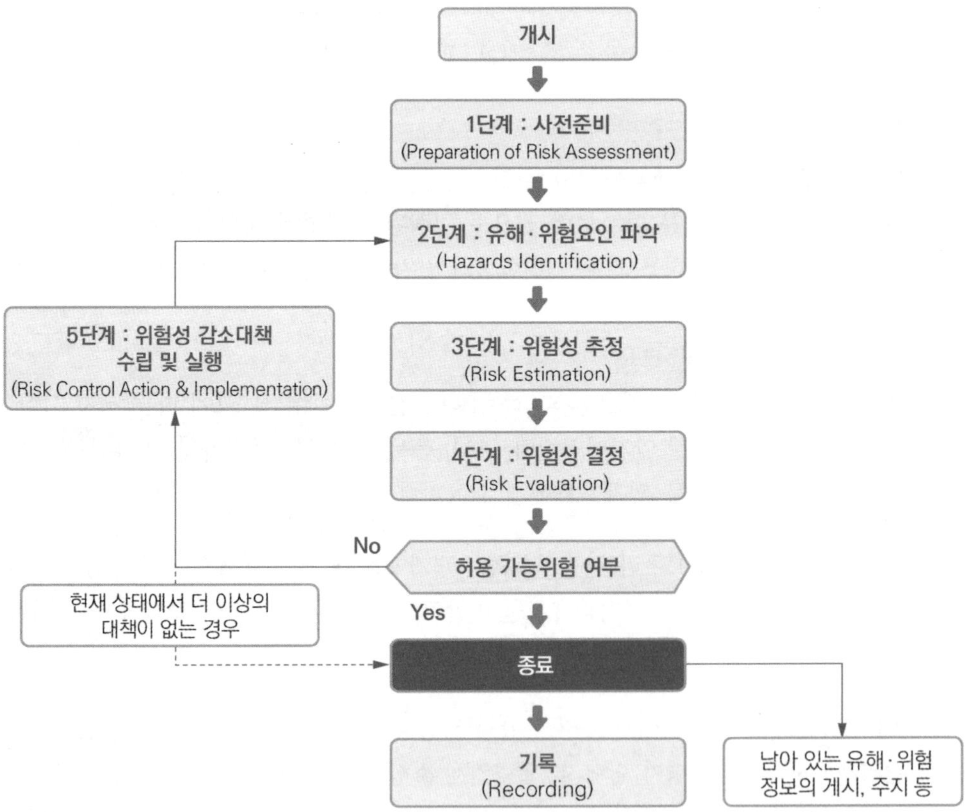

1. 전회 협의사항 Review

① 전회 상등급 위험요인 대책 적용여부, 점검결과 확인(조치자, 점검자)

② 대책 미적용 시 원인 파악, 시정조치

- 원인이 무엇인가 파악하고, 재발되지 않도록 조치

2. 금회 협의사항

① 금회 상등급 위험요인 설명

- 등급결정의 적절성
- 상등급 위험요인 추가 또는 삭제

② 관리대책 협의

③ 조치기한 및 조치담당자 결정

3. 회의록 작성 · 활용

① 회의 시 회의내용을 수기로 작성

② 위험성평가 등록부 수정작성에 활용

| 회의록 | | |
|---|---|---|
| 회의 일지 | | |
| 안건 | | |
| 참석자 | | |
| | | |
| | | |
| | | |
| | | |
| 회의내용 요약 | | |
| 전회 협의사항 Review | | |
| 금회 협의사항 | | |

**제15조(유의사항)** ① 위험성평가 담당자는 우리 현장의 유해 · 위험요인들이 산업안전보건법 기타 요구사항에 적합한 상태인지를 확인하고 미달하고 있는 경우에는 현장소장(안전보건관리책임자)에게 보고한 후 위험성 수준이 높은 것부터 우선적으로 위험성 감소대책을 반영하여 개선한다.

[감소대책 수립 시 주의사항]

1. 새로운 위험성의 유무를 확인하고 위험성 감소조치 전의 위험성보다 커지지 않는가를 확인
2. 작업자의 판단, 행동에만 의존하는 대책에 의한 조치, 위험성 감소의 근거가 불분명한 조치 등에 의해 위험성을 낮게 판단하고 있지 않은가를 확인
3. 작업성 · 생산성에 지장이 없는지, 품질에 문제가 없는지 등을 의견청취에 의해 작업자에게 확인
4. 각 단계에서는 현장에서의 노하우, 아이디어를 적극적으로 활용
   (기술면, 비용면, 운영면 등을 고려한 현실성은 다음 단계에서 검토)

② 현장소장은 제1항에 따른 감소조치 결과 당해 위험성 감소조치가 충분하지 않다고 판단하는 경우에는 담당자에게 조치의 재검토를 지시할 수 있다.

③ 현장소장은 감소대책을 수립, 실행할 때 소요되는 예산을 지원하여야 한다.

④ 위험성평가 참여자는 위험성 결정 시 최악의 상황에서 가장 큰 부상 또는 질병의 발생 상황을 고려하여 위험성의 수준을 판단한다.

**제16조(점검 및 개선활동)** ① 위험성평가의 이행에 대한 점검은 관리감독자가 수시로 확인하여야 한다.

② 위험성평가의 이행 점검 결과, 미이행 사항이나 추가적 유해 · 위험요인이 발견된 경우 시정조치를 하여야 하며, 시정조치 내용은 차기(다음번) 위험성평가에 반영되도록 하여야 한다.

**제17조(기록)** ① 위험성평가 기록은 출력하여 현장소장의 승인을 받는다.

② 위험성평가 기록은 우리회사 안전보건 기록 관련 규정에 준하여 보관하되 3년 이상 보관한다.

③ 위험성평가 기록물은 연 1회 정도 정기적으로 검토하고, 수정 · 보완이 필요한 경우에는 근로자의 의견을 반영한 후에 변경 여부를 결정하며, 모든 근로자가 알 수 있도록 배부 또는 게시한다.

〈양식 1〉

# 위험성평가 교육 결과

| 교육일시 | 20 년 월 일 : ~ : |
|---|---|
| 교육장소 | (교육장) |

□ 교육내용

- 「위험성평가」를 위한 사업주의 방침과 추진목표
- 「위험성평가」를 위한 사전준비 및 유해 · 위험요인 파악 방법
- 유해 · 위험요인에 대한 위험성 추정 및 결정방법
- 위험성 감소대책 수립 및 실행의 절차와 기록유지 방법

<u>위험성평가 교육실시 사진 또는 교육자료 등</u>

□ 참석자 명단

| 소속/직책 | 성명 | 서명 | 소속/직책 | 성명 | 서명 |
|---|---|---|---|---|---|
| | | | | | |
| | | | | | |
| | | | | | |
| | | | | | |

〈양식 2〉

# 위험성평가 회의 결과

| 회의일시 | 20 년 월 일 : ~ : |
|---|---|
| 회의장소 | (회의실) |

□ 회의내용

- 위험성평가 추진을 위한 계획수립의 적정성
- 위험성평가 실시에 따른 책임과 역할 부여
- 위험성평가와 관련한 관심사항 토론 등

위험성평가 회의 사진 또는 회의자료 등

□ 참석자 명단

| 소속/직책 | 성명 | 서명 | 소속/직책 | 성명 | 서명 |
|---|---|---|---|---|---|
| | | | | | |
| | | | | | |
| | | | | | |
| | | | | | |

〈양식 3〉

## 유해 · 위험요인 확인 개선 절차도

**① 사업장별 유해 · 위험요인 확인 (수시)**

| | |
|---|---|
| 사업장 순회점검 | 사업장 순회 · 점검을 통한 유해 · 위험요인 파악 |
| 청취조사 | 현장 종사자와의 면담을 통한 유해 · 위험요인 파악 |
| 안전보건 자료 검토 | 사업장에서 발생한 재해발생보고서, 건강검진 등의 자료를 통한 유해 · 위험요인 파악 |
| 안전보건 체크리스트 작성 | 작업별 안전보건 체크리스트 작성을 통한 유해 · 위험요인 파악 |

↓

**② 유해 · 위험요인 개선방안 수립**

| 구분 | 주요 내용 | 비고 |
|---|---|---|
| 제거 | 위험요소를 물리적으로 제거<br>예시) 밀폐 공간 내 모터를 외부모터로 변경 | 효율 |
| 대체 | 위험성이 상대적으로 낮은 요인으로 대체<br>예시) 설계변경을 통한 개구부 최소화 | ↓ |
| 공학적 통제 | 위험요소와 작업자와의 격리<br>예시) 방호장치, 환기장치 등의 설치 | |
| 행정적 통제 | 작업방법(절차) 변경, 작업허가 신청<br>예시) 작업절차서 정비, 작업허가제 작성 등 | |
| 보호구 착용 | 제거 · 대체 · 통제가 불가능한 경우 최후조치 수단<br>예시) 방독마스크, 귀마개 등의 보호구 지급 및 착용 | 비효율 |

↓

**③ 개선 이행**

- 유해 · 위험요인 목록 작성
- 유해 · 위험요인 알림 및 표시
- 유해 · 위험요인 개선 요청 및 안전조치 실시
- 유해 · 위험요인 관련 담당자 지정
- 안전작업절차 표시 및 게시

↓

**④ 유해 · 위험요인 확인 · 조치**
**⑤ 개선조치 점검 (반기 1회 이상)**

- 내부 관련규정 제 · 개정
- 반기별 유해 · 위험요인 파악 및 제거 · 조치 점검 보고

〈양식 4〉

### ① 사업장별 유해·위험요인 확인

<table>
<tr><th colspan="6">유해·위험요인 확인</th></tr>
<tr><td colspan="4">사업장명 :</td><td colspan="2">점검일자 : 년 월 일</td></tr>
<tr><td>점검자<br>(담당자)</td><td colspan="2">(서명)</td><td>확인자<br>(현장소장<br>/사업주 등)</td><td colspan="2">(서명)</td></tr>
<tr><td rowspan="9">유해<br>·<br>위험<br>요인<br>조사</td><td colspan="4">유해·위험작업</td><td>질병</td></tr>
<tr><td>작업내용</td><td>장소</td><td>위험정도<br>(상중하)</td><td>사고유형</td><td>질병<br>유형</td></tr>
<tr><td>케이블드럼 등<br>자재 운반</td><td>야외현장</td><td></td><td>③ 깔림<br>④ 부딪힘</td><td></td></tr>
<tr><td>이동용 사다리,<br>고소작업대 사용</td><td>실내·외</td><td></td><td>① 추락·떨어짐</td><td></td></tr>
<tr><td>케이블 포설</td><td>도로맨홀</td><td></td><td>① 추락·떨어짐<br>⑮ 교통사고<br>⑰ 질식</td><td></td></tr>
<tr><td>케이블 선로공사</td><td>전주</td><td></td><td>① 추락·떨어짐<br>⑬ 전도<br>⑮ 교통사고</td><td></td></tr>
<tr><td></td><td></td><td></td><td></td><td></td></tr>
<tr><td></td><td></td><td></td><td></td><td></td></tr>
<tr><td></td><td></td><td></td><td></td><td></td></tr>
<tr><td colspan="6">〈사고 유형〉<br>① 추락·떨어짐 ② 끼임 ③ 깔림 ④ 부딪힘 ⑤ 낙하·맞음 ⑥ 붕괴·무너짐 ⑦ 넘어짐 ⑧ 절단 ⑨ 베임 ⑩ 찔림 ⑪ 감전 ⑫ 화재·폭발 ⑬ 전도 ⑭ 무리한 동작 ⑮ 교통사고 ⑯ 누출·접촉 ⑰ 질식 ⑱ 기타<br>〈질병 유형〉<br>① 진폐 ② 중독 ③ 난청 ④ 요통 ⑤ 기타</td></tr>
</table>

〈양식 4〉

② 유해 · 위험요인 개선방안 수립

<table>
<tr><th colspan="6">유해 · 위험요인 확인에 따른 개선방안</th></tr>
<tr><td colspan="4">사업장명 :</td><td colspan="2">점검일자 : 년 월 일</td></tr>
<tr><td colspan="2">점검자<br>(담당자)</td><td colspan="2">(서명)</td><td>확인자<br>(현장소장<br>/사업주 등)</td><td>(서명)</td></tr>
<tr><td colspan="2" rowspan="3">현황 및 문제점</td><td colspan="4">① CCTV 설치 및 배선작업을 위하여 이동용 사다리 사용 시 떨어짐 가능성 다분<br>② 지중케이블 포설을 위한 맨홀 진입 시 산소결핍 또는 유해가스 누출</td></tr>
<tr><td colspan="4">사진</td></tr>
<tr><td colspan="2"></td><td colspan="2"></td></tr>
<tr><td rowspan="3">개선<br>방안</td><td></td><td colspan="2">〈단기〉</td><td colspan="2">〈장기〉</td></tr>
<tr><td>점검자<br>의견</td><td colspan="2">① 이동용 사다리 사용 및 안전교육 실시<br>② 작업 전 안전교육 실시</td><td colspan="2">①, ② 작업에 대한 외부교육을 위한 예산 편성</td></tr>
<tr><td>근로자<br>의견</td><td colspan="2">①, ② 작업에 대한 위험요인 교육</td><td colspan="2">①, ② 보조인력 배치를 위한 예산 편성</td></tr>
<tr><td colspan="2">작성 시 유의사항</td><td colspan="4">※ 작성 시 유해 · 위험요인 구체적으로 기재<br>※ 개선방안 작성 시 단기 및 장기 계획으로 구분하여 구체적으로 기재</td></tr>
</table>

〈양식 4〉

### ③ 개선 이행

<table>
<tr><th colspan="4">유해 · 위험요인 개선조치 결과</th></tr>
<tr><td colspan="3">사업장명 :</td><td>점검일자 : 년 월 일</td></tr>
</table>

<table>
<tr><td colspan="2">점검자<br>(담당자)</td><td>(서명)</td><td>확인자<br>(현장소장<br>/사업주 등)</td><td>(서명)</td></tr>
<tr><td colspan="2">유해<br>위험요인</td><td colspan="3">이동용 사다리 사용에 따른 떨어짐</td></tr>
<tr><td rowspan="3">개선<br>방안</td><td rowspan="2">점검자<br>의견</td><td colspan="2">〈단기〉</td><td>〈장기〉</td></tr>
<tr><td colspan="2">① 이동용 사다리 사용 및 안전교육 실시<br>② 작업 전 안전교육 실시</td><td>①, ② 작업에 대한 외부교육을 위한 예산 편성</td></tr>
<tr><td>근로자<br>의 견</td><td colspan="2">①, ② 작업에 대한 위험요인 교육</td><td>①, ② 보조인력 배치를 위한 예산 편성</td></tr>
<tr><td colspan="2" rowspan="3">조치결과</td><td colspan="3">• 작업 전 유해 · 위험요인 교육실시 및 보호구 지급, 착용 확인<br>• 외부교육을 위한 내년 예산 편성 및 교육계획 수립<br>• 2인 1조 작업을 위한 보조인력 예산편성</td></tr>
<tr><td colspan="3">사진</td></tr>
<tr><td colspan="2"></td><td></td></tr>
<tr><td colspan="2">유의사항</td><td colspan="3">※ 제거 → 대체 → 통제 → 보호구 착용순으로 개선 필요<br>(왼쪽이 가장 효율적)<br>※ 개선조치 시 점검자 및 근로자의 의견이 반영되어 조치 필요<br>※ 유해 · 위험요인 관리를 위한 담당자 필수 지정</td></tr>
</table>

〈양식 4〉

## ④ 유해 · 위험요인 확인 점검

| 유해 · 위험요인 확인 점검표 | | | |
|---|---|---|---|
| 사업장명 : | | 점검일자 : 년 월 일 | |
| 점검자 (담당자) | (서명) | 확인자 (현장소장 /사업주 등) | (서명) |

| 점검 사항 | 이행 | 미이행 | 개선사항 |
|---|---|---|---|
| 안전보건관리책임자, 현장 작업자의 참여를 바탕으로 유해 · 위험요인을 주기적 파악 여부 | | | |
| 근로자뿐 아니라 도급, 위탁, 용역 등 모든 구성원이 유해 · 위험요인을 신고 · 제보할 수 있는 절차 또는 제도 운영 여부 | | | |
| 산업재해 및 아차사고 조사를 통해 유해 · 위험요인 파악 여부 | | | |
| 동종업체 산업재해를 조사 · 참고하여 유해 · 위험요인 파악 여부 | | | |
| 보유하고 있는 위험기계 · 기구 · 설비 또는 유해 · 위험요인 현황을 관리대장 등을 통한 관리 여부 | | | |
| 새로운 기계 · 기구 · 설비 또는 유해 · 위험요인 도입 시 사전에 유해 · 위험요인을 파악하는 절차 수립 여부 | | | |
| 위험장소에 안전보건 표지를 부착하고, 출입 및 작업 시 별도 관리 여부 | | | |
| 작업방법을 고려한 위험요인 파악 여부 | | | |
| 새로운 작업의 경우 작업 위험성평가, 교육 등의 실시 여부 | | | |

※ 점검 후 이행되지 않은 사항 추가 조치
※ 반기 1회 이상 점검 및 보고

〈양식 4〉

⑤ 유해·위험요인 개선조치 점검

<table>
<tr><th colspan="4">유해·위험요인 개선조치 점검표</th></tr>
<tr><td colspan="4">사업장명 : 점검일자 : 년 월 일</td></tr>
<tr><td>점검자<br>(담당자)</td><td>(서명)</td><td>확인자<br>(현장소장<br>/사업주 등)</td><td>(서명)</td></tr>
<tr><th>점검 사항</th><th>이행</th><th>미이행</th><th>개선사항</th></tr>
<tr><td>각각의 위험요소에 대하여 사고발생 가능성(빈도)과 중대성(강도)을 예측하여 위험의 정도 평가 여부</td><td></td><td></td><td></td></tr>
<tr><td>위험요인 우선순위를 정하고, 감소대책 수립 여부</td><td></td><td></td><td></td></tr>
<tr><td>위험요인별 개선방안 마련 시 현장작업자가 참여하고, 사업주의 검토 여부</td><td></td><td></td><td></td></tr>
<tr><td>위험요인별 개선방안 마련 시 제거 → 대체 → 통제 → 보호구 순으로 검토 여부</td><td></td><td></td><td></td></tr>
<tr><td>위험요인별 개선방안 마련 시 가능한 공학적 통제방안 이상으로 복수의 방안 마련 여부</td><td></td><td></td><td></td></tr>
<tr><td>위험요인별 개선방안이 결정되면 개선시기, 예산 배정방안, 담당자 지정을 포함한 종합적인 대책 마련 여부</td><td></td><td></td><td></td></tr>
<tr><td>위험요인 제거·대체·통제를 위한 종합적인 대책을 모든 구성원에게 공유·교육 이행 및 점검 여부</td><td></td><td></td><td></td></tr>
<tr><td>보유하고 있는 기계·기구·설비 등에 대한 점검, 정비절차 마련 여부</td><td></td><td></td><td></td></tr>
<tr><td>새로운 기계·기구·설비를 도입하거나 작업 변경 시 사전에 교육 등의 안전을 고려하는 절차 마련 여부</td><td></td><td></td><td></td></tr>
<tr><td>위험작업에 대한 작업절차서 작성 여부</td><td></td><td></td><td></td></tr>
<tr><td>모든 종사자에게 안전보건관리체계 전반에 대한 주기적인 교육실시 여부</td><td></td><td></td><td></td></tr>
<tr><td colspan="4">※ 점검 후 이행되지 않은 사항 추가 조치<br>※ 반기 1회 이상 점검 및 보고</td></tr>
</table>

〈양식 5〉

# 사전 안전보건 정보

| 작업명<br>(공정명) | 작업설명 | 사용 설비 · 기계 | 유해 · 위험요인 |
|---|---|---|---|
| | | | |
| | | | |
| | | | |
| | | | |
| | | | |
| | | | |
| | | | |

〈양식 6〉

## 위험기계 · 기구 · 설비 목록 작성 서식(예시)

| 순번 | 기계 · 기구 · 설비명 (관리번호) | 용량 | 단위 작업 장소 | 수량 | 검사 대상 | 방호 장치 | 점검 주기 | 발생가능 재해형태 |
|---|---|---|---|---|---|---|---|---|
| | | | | | | | | |
| | | | | | | | | |
| | | | | | | | | |
| | | | | | | | | |
| | | | | | | | | |

## 유해 · 위험물질 목록 작성 서식(예시)

| 화학물질 | CAS No | 분자식 | 폭발한계(%) | | 노출기준 | 독성치 | 인화점 (℃) | 발화점 (℃) | 증기압 (20℃, mmHg) | 부식성 유무 | 이상반응 유무 | 일일 사용량 | 저장량 | 비고 |
|---|---|---|---|---|---|---|---|---|---|---|---|---|---|---|
| | | | 하한 | 상한 | | | | | | | | | | |
| | | | | | | | | | | | | | | |

주)

① 유해 · 위험물질은 제출대상 설비에서 제조 또는 취급하는 모든 화학물질을 기재합니다.
② 증기압은 상온에서 증기압을 말합니다.
③ 부식성 유무는 있으면 ○, 없으면 ×로 표시합니다.
④ 이상반응 여부는 그 물질과 이상반응을 일으키는 물질과 그 조건(금수성 등)을 표시하고 필요시 별도로 작성합니다.
⑤ 노출기준에는 시간가중평균노출기준(TWA)을 기재합니다.
⑥ 독성치에는 LD50(경구, 쥐), LD50(경피, 쥐 또는 토끼) 또는 LC50(흡입, 4시간 쥐)을 기재합니다.

〈양식 6〉

## 작업별 위험관리 대장 활용 서식(예시)

| 단위 작업 장소 | 작업내용 | 위험 코드 | 관련 기계 · 기구 · 설비 (관리번호) | 화학물질명 (CAS No) | 발생 가능 재해형태 | 관련 협력 업체 | 위험성 | 비고 |
|---|---|---|---|---|---|---|---|---|
| | | | | | | | | |
| | | | | | | | | |
| | | | | | | | | |
| | | | | | | | | |

〈양식 7〉

# 위험성평가 개선 사진

| 개선내용 | 개선 전 모습 | 개선 후 모습 |
|---|---|---|
| | | |
| | | |
| | | |
| | | |
| | | |

〈양식 8〉

## KRAS(표준 위험성평가) 양식
(http://kras.kosha.or.kr)

| 작업공정명 : | | | 위험성평가 | | | | | | | 평가일시 : | | |
|---|---|---|---|---|---|---|---|---|---|---|---|---|
| 세부작업내용 | 유해 · 위험요인 파악 | | 관련근거(법적기준) | 현재의 안전보건조치 | 위험성 | | | 위험성감소대책 | 개선 후 위험성 | 개선예정일 | 완료일 | 담당자 |
| | 위험분류 | 위험발생상황 및 결과 | | | 가능성(빈도) | 중대성(강도) | 위험성 | | | | | |
| | | | | | | | | | | | | |
| | | | | | | | | | | | | |
| | | | | | | | | | | | | |
| | | | | | | | | | | | | |
| | | | | | | | | | | | | |
| | | | | | | | | | | | | |
| | | | | | | | | | | | | |
| | | | | | | | | | | | | |
| | | | | | | | | | | | | |
| | | | | | | | | | | | | |

## 3.5 컴플라이언스 핵심 체크포인트

① 위험성평가 절차 마련 및 법정 기준에 부합하는 위험성평가 실시

- 위험성평가 관련 절차를 마련하고 그에 따라 위험성평가를 실시하여야 한다.
- 위험성평가 절차 등이 산업안전보건법 제36조(위험성평가의 실시) 및 사업장 위험성평가에 관한 지침[고용노동부고시 제2024-76호, 2024.12.18.]에 부합하는지 검토하여야 한다.
- 최초평가, 정기평가, 수시평가, 상시평가 등을 누락 없이 실시하여야 한다.

② 고위험작업 및 비정형작업에 대한 특별관리

- 고위험작업을 규정하고 고위험작업에 대하여는 안전작업허가 등 특별 관리대책을 수립하여 이행하여야 한다.
- 돌발작업 등 비정형작업 시에도 사전에 위험성평가를 실시하고 작업이 이루어지도록 하여야 한다.

③ 작업계획서 작성 여부 및 작업지휘자 배치 확인

- 개별 작업 관련, 작업계획서 대상 작업에 대한 작업계획서 작성 여부 및 작업지휘자 배치 작업에 대한 작업지휘자 배치 여부는 철저하게 이행, 관리하여야 한다.

④ 위험성평가 실시 관련 근로자 참여 및 공유

- 위험성평가에 근로자(최소한 근로자대표)를 참여시켜야 한다.
- 위험성평가 결과는 작업 전 안전점검회의(TBM), 조회, 안전교육 등을 통해 모든 근로자에게 공유하여야 한다.

⑤ 위험성평가 재검토 및 반기 1회 이상 점검 관리

- 재해 발생 시 관련 작업 등에 대하여 지체 없이 위험성평가를 실시하고 기실시했던 위험성평가를 재검토하여야 한다.
- 반기 1회 이상 위험성평가를 실시 주기에 따라 실시하였는지, 위험성평가 결과에 따른 개선조치가 이루어졌는지 점검 및 보고하여야 한다.
- 위 점검 결과에 따라 미흡한 부분은 필요한 조치를 취하고 관련 기록을 남겨 놓아야 한다.

## 3.6 고용노동부 유권해석

**유해 · 위험요인의 확인 개선에 갈음한 위험성평가의 주기**

고용노동부 질의회시(중대산업재해감독과-2542, 2022.07.01)에 따르면 산업안전보건법에 따른 위험성평가는 정기평가뿐만 아니라 수시평가 등 위험성평가를 실시해야 하는 모든 경우에 대해 실시하여야 산업안전보건법에 따른 위험성평가를 이행한 것으로 간주한다는 입장이다. **위험성평가 제도를 도입하고 해당 절차에 따라 위험성평가를 모두 실시하고 이에 더하여 그 실시결과를 경영책임자 등이 보고** 받았다면 **중대재해처벌법에 따른 유해 · 위험요인의 확인 및 개선에 대한 점검을 반기 1회씩 연 2회 모두 실시한 것으로 간주**할 수 있다.

**ISO45001 등 인증심사를 진행할 경우 반기별 점검 활동을 이행하는 것으로 갈음되는지 여부**

고용노동부 질의회시(중대산업재해감독과-2796, 2022.07.21)에 따르면 중대재해처벌법 시행령 제4조의 의무는 법 제4조제1항제1호의 재해예방에 필요한 인력 및 예산 등 안전보건관리체계의 구축 및 이행에 관한 조치에 관한 구체적인 사항을 정한 것이다.

반면에 ISO 45001, ISO 14001 등 인증제도는 중대재해처벌법이나 산업안전보건법에서 정한 의무가 아니며 이행방법, 경영책임자에게 형사책임 부여 등 **구체적인 내용에 있어 상이하므로 원칙적으로 각 인증 관련 심사활동을 중대재해처벌법상 안전 및 보건 확보 의무 이행으로 간주하기는 어렵다**는 입장이다.

## 3.7 중요 판결 & 수사 사례에 따른 핵심 실천사항

### 1) 주요 위반사항

- 위험성평가 절차 규정이 마련되어 있지 않거나 사업장의 특성이 반영 안 되어 있음
- 작업자들이 위험성평가에 대한 절차 및 규정을 모르고, 참여 없이 일방적 통보만 받음
- 수시 위험성평가를 실시하지 않고, 새로운 작업을 진행하다가 재해 발생
- 미흡한 부분 및 개선조치를 서류상 기재하였을 뿐, 실제로 개선되지 아니함

### 2) 판결 사례

**제5호 OO건설 판결: 의정부지방법원 고양지원 2023. 10. 06 선고 2022고단3255 판결**

- "최소한 산업안전보건법 제36조와 그 위임에 따른 사업장 위험성평가에 관한 지침(고용노동부 고시 제2020-53호)이 규정하는 방법과 절차·시기 등에 대한 기준을 전혀 반영하지 않고 일반적인 사항에 대한 절차만 규정하여 공사 현장의 특성과 작업의 공정을 적절히 파악하고 이동식 크레인 기사 등 해당 작업을 수행하는 근로자들의 참여 등을 통해 실질적인 위험요인을 찾아내 평가할 수 없도록 함"
- "원청인 OO건설은 안전보건 관련 전문가와 컨설팅 및 자문계약을 체결해 안전보건경영시스템 매뉴얼을 만들고 초청 강연과 자문을 받은 사실이 인정되지만 이는 일반적인 공사 현장에서 지켜야 할 매뉴얼에 불과함. 이 사건 공사 현장의 특성에 따른 유해·위험요인을 확인하여 개선하는 절차로 보기 어려움"
- "위험성평가표는 공사현장의 실질적인 위험요인을 확인해 작성한 것이 아니라 다른 현장 경험 등을 기초로 형식적으로만 작성된 것임"
- "2월 작성된 평가표에는 크레인 작업 시 H-beam을 1줄로 결속하여 인양할 경우의 위험성을 제거하기 위해 H-beam을 2줄로 결속하여 인양 시 수평을 유지해야 한다는 취지로 기재되어 있으나, 그러한 위험성 개선을 위한 절차가 이루어지지 않았고, 3월 작성된 평가표에는 위험요인에 대한 평가가 누락됐고, 결국 '한줄걸이' 작업의 위험성이 개선되지 않아 사고에 이르게 됐음"

**제8호 OO산업 판결 : 창원지방법원 2023. 11. 03 선고 2022고1429 판결**

- "유해 · 위험요인을 '확인'하는 절차는 누구나 자유롭게 사업장의 위험요인을 발굴하고 신고할 수 있는 창구를 포함하여 경영책임자 등이 사업장의 유해 · 위험요인을 파악하는 체계적인 과정을 의미하고, 이러한 확인 절차에는 사업장에서 실제 유해 · 위험작업을 하고 있는 종사자의 의견을 청취하는 절차를 포함하여야 함."
- "유해 · 위험요인을 '개선'하는 절차는 확인된 유해 · 위험요인을 체계적으로 분류 · 관리하고 유해 · 위험요인별로 제거 · 대체 · 통제하는 방안을 의미한다고 할 것임"
- "'위험성평가에 관한 절차'는 해당 사업장의 유해 · 위험요인을 파악평가 · 관리 · 개선할 수 있도록 해당 사업장의 고유한 특성을 반영하고 있어야 할 것임"

**제22호 OO 산업(공동주택 및 빌딩관리업체) 판결 : 의정부지방법원 2024. 08. 27 선고 2023고단1464 판결**

- "회사의 법규준수 체크리스트는 유해 · 위험요인을 찾아내어 위험성의 크기를 평가하고 그 시정방안을 모색하는 것이 아니라 일반적인 산업안전보건기준에 관한 규칙의 내용을 소개하고 그 준수 여부를 자율적으로 점검하도록 하는 수준에 불과함"
- "업무지침을 통하여 안전보건에 관한 구체적인 조치들을 지시하더라도 그 이행을 담보할 수 있는 장치가 마련되어 있지 않다면 이는 단순한 공람에 그칠 뿐 '유해 · 위험요인을 확인하여 개선하는' 절차라고는 평가할 수 없음"
- "법규준수 체크리스트와 같은 단순한 방식의 자율점검에는 일반적으로 점검자에 의하여 형식적으로 작성될 위험성이 상존한다고 할 것인데, 피고인 회사의 경우 본사 측 임원의 정기(봄맞이 환경정비 및 시설물관리 경진대회) 또는 수시감사 외에는 이와 같이 자율점검이 부실화될 위험성을 포착하고 차단할 별다른 경로가 없었던 것으로 보이고, 1인의 임원이 다수의 단지를 관리하는 상황[전국에 350여 개 현장이 산재한 반면 본사 직원은 20명 정도에 불과]에서 현실적으로 각 단지의 법규준수 체크리스트가 형식적으로 작성되고 있음을 파악하여 시정을 요구하는 것도 용이하지 않았을 것으로 보이며, 피고인 A도 경영책임자로서 이와 같은 한계를 인식하였을 것으로 보임"

**제23호 OO 사출성형기제조업체 판결 : 청주지방법원 2024. 09. 10 선고 2023고단1464 판결**

- "사업 또는 사업장의 특성에 따른 유해 · 위험요인을 확인하여 개선하는 업무절차에는 유해 · 위험 요인에 대한 신고, 종사자의 의견청취를 포함한 유해 · 위험요인에 대한 확인, 유해 · 위험요인 확인 시 작업의 중단, 실효성 있는 안전 확보 방안의 마련과 검토 등이 포함되어야 할 것이고, 업무절차의 구체적인 내용은 산업안전보건법 제36조에서 정한 위험성평가의 방식과 절차에 준하는 정도에 이를 것이 요구된다고 할 것임"
- "피고인 주식회사 C의 안전보건관리규정(2015. 07. 02. 개정된 것)에서는 제26조에서 위험성평가절차 등에 관하여 정하고 있었는데, 2017. 12. 21. 개정된 안전보건관리규정에서는 위 내용이 삭제되었음"
- "위험성평가가 구체적으로 어떠한 방식과 절차에 따라 이루어졌는지, 위험성의 결정은 누가 어떻게 판단한 것인지, 해당 근로자의 의견은 어떠한지, 대책은 어떻게 수립되었고 그 실효성 검토가 어떻게 이루어졌는지 등에 관해서는 이를 파악할 수 있는 자료가 없고, 수시평가가 이루어졌다고 볼 만한 자료도 제시되지 않았음"

**제32호 OO 자동차부품제조업체 판결 : 대구지방법원 서부지원 2024. 12. 19 선고 2023고단510 판결 (첫 실질적 무죄 판결)**

- "중대재해처벌법 시행 이전부터 이미 「사업장 위험성평가에 관한 지침」에 따라 2021. 1. 4. 위험성평가 실시규정을 제정하고 2021. 03부터 같은 해 06까지 기간 동안 정기(1회/1년) 및 수시 위험성평가를 실시함"
- "E에 대하여는 K 반장으로 하여금 위험성평가를 실시하도록 하여 그 결과를 제출받았고, E는 이 사건 기계가 사용되는 가류공정에 대한 위험성평가도 실시함으로써 사업장 특성에 따른 유해 · 위험요인에 대한 실질적인 평가가 이루어졌음"
- "K나 M이 위험성평가를 함에 있어 이 사건 사고와 같이 수공구가 끼어 들어가 튕겨 나오는 경우를 예견할 수 없어 비래의 위험에 대한 항목은 포함시키지 않았으므로, 이 사건 사고가 예견 가능한 것이었다면 피고인 C가 사업장 특성에 따른 유해 · 위험요인을 확인하여 개선하는 업무절차를 마련함에 다소 미흡함이 있었다고 볼 여지는 있으나, 이 사건 수공구의 사용 사실을 알았다고 보기도 어렵고 이 사건 사고가 예견하기 어려웠다고 보는

이상, 피고인 C로서는 사업장 특성에 따른 유해 · 위험요인을 확인하여 개선하는 업무절차를 마련하고 이를 이행하여 왔다고 보는 것이 타당함"

**제34호 OO산업 판결 : 울산지방법원 2025. 01. 09 선고 2023고단1687 판결**

- "**위험성평가를 실시하여 유해 · 위험요인을 확인하고서도 피고인 B에게 그 위험성평가 보고서나 외부 기관의 안전관리상태 보고서 등을 제대로 보고하지 않아서, 지속적인 위험성 지적에도 적시에 개선하지 않은 채로 장기간 방치**하였고, 이는 경영책임자인 피고인 B이 유해 · 위험요인을 확인하고서도 이를 개선하는 절차를 마련하지 않은 것으로 평가할 수 있음"
- "유해 · 위험요인의 확인 및 개선하는 업무절차를 마련하였다는 것은 그 업무절차에 따라 유해 · 위험요인을 확인하고서 이를 개선하는 업무를 실제 시행하여야 하는 것이고, **단순히 서류, 제도, 규정으로 유해 · 위험요인을 확인하는 업무절차를 설정해 놓았다는 것에 그쳐서는 안 됨**"
- "월례회의 보고에도 '블로우 성형기의 성능 이상, 부품파손 등으로 교체나 수리'의 설비 수리현황에 관한 내용은 있어도, 지속적으로 지적되어 온 이 사건의 원인인 '블로우 성형기 가동 중 안전문 임의개방 후 작업으로 인한 작업자의 끼임 사고 위험성'에 관한 보고가 없어서, 그 개선조치를 하지 않았고, 다른 위험 · 위해요인을 제거하기 위해서 블로우 성형기를 개선했다는 내용도 없음"

※ CHECK POINT
- 사업장에 맞지 않는 일반적인 샘플이나 매뉴얼을 그대로 사용할 것이 아니라 유해 · 위험요인의 특징 등 사업장의 특성을 고려해야 함
- 유해 · 위험요인에는 종사자 의견을 청취하는 절차가 필요함(위험성평가의 적법성을 위해서도 필요)

### 3) 주요 수사 사례 (안전보건 확보의무 이행 인정)

**사례 1**

- 본사 차원에서 '위험성평가업무지침' 마련하고, 개별사업장에서는 사업장의 특성에 맞게 '위험성평가 실시 규정',마련 · 내부 지침에 고용노동부 고시 '사업장 위험성평가에 관한 지침'을 기초로 위험성평가의 업무체계, 위험성평가종류, 평가시기및 대상, 평가주체, 위험성 등급분류 방법, 매월 1회 위험성평가회의 실시, 중점 위험사항결정 및 중점 위험성 감소대책 마련, 대책 이행 여부 기록관리 등 상세 규정 · 1개월에 2회씩 위험성평가표 작성함
- 위험성평가표에 공정별작업내용 및 유해 · 위험요인이 기재되어 있어 각 공정의 내용, 방법, 예측되는 재해 등을 산업안전보건정보로 활용하고 예측되는 위험성과 현재 안전보건 조치의 적정성을 판단해 왔음
- 위험작업허가제 실시, 매일 일일 위험성 체크 시스템을 통한 안전점검 실시. 본사 안전팀이 분기마다 전국 공사현장을 직접 방문하여 안전점검 실시함

**사례 2**

- 본사 차원에서 유해 · 위험요인 확인 및 개선을 포함한 '안전관리시스템'이 구축되어 관련 매뉴얼과 절차 등이 마련되어 주기적으로 점검, 현장에서도 본사가 마련한 위 안전관리시스템이 적용되어 관리됨
- '현장의 예상 외 작업'에 대한 위험성평가 절차를 누락하였더라도, 제3호 의무위반이라고 보기 어렵다고 한 사례

**사례 3**

- 안전보건관리 규정, 위험성평가절차 규정, 안전 작업허가 절차, 협력업체 안전보건 절차, 협력업체 위험성평가 지침 등이 마련되어 실제로 현장에서 적용되었고, 공정안전관리(PSM) 이행 평가에서 S등급(양호)을 받은 점 등이 고려되어, 단지 형식에 불과한 것은 아니라고 본 사례

**사례 4**

- 노동청의 공정안전관리(PSM) 이행평가에서 S등급(양호)을 받고, 설비 노후화를 확인하여 이에 대비해 '설비 관리 절차서'를 개정하였으며, 단순히 서류 개정에 그치지 않고, 사업장 내 모든 설비의 대대적인 정비를 실시 중에 발생한 사고라고 보아, 유해 · 위험요인 확인과 개선에 관한 업무절차를 마련하였다고 본 사례

**사례 5**

- 사업장 위험성평가지침에 담당자별 권한과 책임, 평가의 주체, 평가방법 및 절차(사업장 순회점검, 청취조사 등), 평가시기 및 종류 등의 내용이 규정되어 있음
- 설비에 대하여 설비관리팀과 안전환경팀이 상호 협력하여 매년 작업별로 정기 위험성평가 실시
- 분기별 전사(社) 안전환경위원회 개최
- 매달 1회 수급인 근로자가 참여하는 안전보건 협의체 등을 개최
- 안전환경전담조직이 특별점검을 실시하여 안전보건 관련 사항을 점검하였음
- 협력업체의 작업 실시 전 작업계획서 및 위험성평가 등 서류를 제출받은 뒤 안전성 유무를 확인하고 일일 안전작업허가제도 운영
- 안전보건 공생협력프로그램을 통해 매월 1회 협의체를 개최하여 협력업체의 지원이 필요한 사항을 요청할 수 있도록 함
- 사업장 위험성평가지침에 해당 작업에 종사하는 근로자를 포함시키도록 규정하고, 실제로 담당자를 참여시켜 위험성평가를 실시

### 4) 핵심 실천사항

| | |
|---|---|
| 유해 · 위험요인 확인 절차서 마련 | • 위험성평가 절차가 전혀 마련되어 있지 않으면, 법 위반으로 직결<br>• 경총, 한국산업안전보건공단이 배포한 위험성평가 실시 규정(절차서) 등의 자료 등 참고<br>• 사전준비 → 유해 · 위험요인 파악 → 위험성 결정 → 위험성 감소대책 수립 → 감소대책 이행 및 확인 → 평가결과 공유 및 교육의 순서 |
| 실질적인 위험성평가 실시 | • 사업장 특성을 고려하되, 3단계(상, 중, 하) 등으로 간명한 기준 활용 가능<br>• 최초평가, 정기평가, 수시평가, 상시평가를 누락 없이 실시<br>• 위험성평가 결과는 TBM, 교육 등을 통해 모든 종사자 공유(종사자 참여 및 인지필요) |
| 평가 결과에 대한 반기 1회 이상 점검 및 개선조치 | • 반기 1회 이상 실시 여부 및 결과에 대한 개선조치를 점검할 것<br>• 특히 높은 수준의 유해 · 위험요인은 개선조치를 취합하여 경영책임자에게 보고<br>• 보고받은 대표이사는 추가적으로 확인 및 개선이 필요한 사항에 대해 조치를 명하고, 결과를 확인할 것 |

## 3.8 위험성평가 이행 관련 점검기준

### □ 위험성 평가 이행 점검표

○ 점검일 :
○ 부서명 :
○ 점검책임자 : (인)

| 결재 | 작성 | 검토 | 승인 |
|---|---|---|---|
| | | | |

### □ 점검 주요 내용

| 점검내용 | 점검결과 |
|---|---|
| 1. 유해 · 위험요인을 확인 · 개선하는 업무절차 마련<br>① 본사 차원에서 위험성평가 업무 규정이나 지침을 마련하고 개별 현장에서 현장 특성에 맞게 위험성평가 실시규정을 마련<br>• 내부 지침에 고용노동부 고시 '사업장 위험성평가에 관한 지침'을 기초로 위험성평가의 업무체계, 위험성평가 조율, 평가시기 및 대상, 평가주체, 위험성 등급분류 방법, 매월 1회 위험성평가 회의, 중점 위험요인 결정 및 중점 위험성 감소대책 마련, 대책 이행 여부, 기록관리 등 상세 규정<br>• 위험성평가 관련 업무처리 철저 및 반기 1회 이상 이행상황 점검절차 마련 여부<br>② 현장 위험성평가 규정 작성 및 이행<br>• 위험성평가 관련 시기, 대상, 방법, 인원 구성 등<br>- 유해 · 위험요인 확인, 개선대책 수립, 이행, 이행 여부의 점검 및 확인절차까지 포함<br>③ 위험도 판단기준 및 허용기준치 위험요소 관리<br>• 회사에서 설정한 허용기준치를 초과하는 위험요소에 대해서는 반드시 개선하는 조치를 하도록 규정<br>④ 사전안전보건 정보 파악<br>• 발굴한 위험요인에 대해 유형별로 분류하여 기록관리<br>⑤ 위험요인 발굴 및 신고창구 설치와 종사자 의견을 청취하는 절차 마련 | |

| 점검내용 | 점검결과 |
|---|---|
| ⑥ 위험요인별 제거 · 대체 · 통제방안과 미개선 시 작업 중지와 조치가 완료된 후 작업을 개시하도록 하는 내용 포함<br>⑦ 위험성평가 규정은 현장에 비치하고 실질적으로 작동 유지 | |
| 2. 보유하고 있는 위험기계 · 설비 현황 및 위험요소 파악<br>① 건설현장 내 모든 기계 · 기구, 설비 현황 파악<br>• 기계 · 기구 · 설비명(관리번호), 용량(규격), 단위작업 장소, 수량, 검사대상, 방호장치, 점검주기, 발생가능 재해형태, 사진 등 자료<br>• 보유 장소에 목록 비치<br>② 위험기계 · 기구, 설비의 관리방안, 예산, 책임자 지정 및 관리<br>- 산업재해, 아차사고가 발생한 기계 · 기구 · 설비에 대해서는 위험요인으로 분류하여 관리<br>③ 동종업계에서 발생한 산업재해와 관련된 기계 · 기구 · 설비에 대해서는 위험요인으로 분류하여 관리<br>• 재해 유형과 연계하여 기계 · 설비와 위험요소 파악 | |
| 3. 보유하고 있는 유해 · 위험물질 현황 및 위험요소 파악<br>① 보유하고 있는 유해 · 위험물질(화학물질) 현황<br>• 보유 장소, 수량, 규격, 사진<br>• 화학물질, CAS No, 분자식, 폭발한계(상한, 하한, %), 노출기준, 독성, 인화점(℃), 발화점(℃), 증기압(20℃, mmHg), 부식성 유무, 이상반응 유무, 일일 사용량, 저장량<br>• 보유 장소에 목록 비치<br>② 유해 · 위험물질(화학물질)의 관리방안, 예산, 책임자 지정 및 관리방안<br>③ 산업재해, 아차사고가 발생한 유해 · 위험물질(화학물질)에 대해서는 위험요인으로 분류하여 관리<br>• 동종업계에서 발생한 산업재해와 관련된 유해 · 위험물질(화학물질)에 대해서는 위험요인으로 분류하여 관리<br>• 화재 · 폭발 · 누출의 위험이 있는 화학물질과 건강에 위해를 끼칠 우려가 있는 화학물질, 물리적 인자와 위험요소 파악<br>• 재해 유형과 연계하여 유해 · 위험물질(화학물질)와 위험요소 파악 | |

| 점검내용 | 점검결과 |
|---|---|
| 4. 보유하고 있는 위험 장소현황 및 위험요소 파악<br>① 보유하고 있는 사업장 내 위험장소 현황<br>• 위험장소, 위험요인, 사진 등<br>• 위험장소와 위험작업 조사 시 현장작업자 참여 여부<br>• 공정변화에 따라 위험장소와 위험작업에 대한 파악 여부<br>② 위험작업에 대한 위험요인 파악 절차 마련 여부<br>• 정형작업과 비정형작업 포함<br>• 재해 유형과 연계하여 위험장소와 위험작업 파악<br>③ 작업별로 위험도 관리 구분 평가<br>• 단위작업 장소, 작업내용, 위험 코드, 관련 기계 · 기구 · 설비(관리번호), 화학물질명(CAS No), 발생 가능 재해형태, 관련 협력업체, 위험성<br>• 유해 · 위험요인 리스트 : 위험성평가 활용<br>• 위험유형별 사고사례 및 원인과 대책 자료 | |
| 5. 정기적으로 확인하여 현재 관리되고 있는 위험성 감소대책의 실효성을 지속적으로 확보하는지 여부<br>- 절차에 따른 위험성평가를 상시 · 주기적으로 실시하는지 여부 | |
| 6. 종사자와 함께 유해 · 위험요인 도출<br>- 유해 · 위험요인의 확인 시 유해 · 위험작업을 하고 있는 종사자의 의견을 청취하는 절차 포함, 이행 여부<br>• 유해 · 위험요인을 파악하기 위해 현장 종사자의 의견을 청취 여부<br>• 위험성평가 과정에서 근로자 의견을 충분하게 반영 여부 | |
| 7. 정량적 근거에 따른 유해 · 위험요인에 대한 위험도 판단<br>① 사고현황, 동종업계 사고사례 등을 파악하여 미리 위험요소 프로파일을 작성<br>• 유해 · 위험요인을 파악하기 위해 해당 기업의 과거 사고 유형 분석하고 위험도에 반영<br>• 동업업종의 사고사례 분석 및 위험도에 반영<br>② 발생 가능성과 중대성을 예측하여 위험요인별 위험정도 평가 및 우선순위 결정 | |

| 점검내용 | 점검결과 |
| --- | --- |
| 8. 유해·위험요인 감소대책은 재해감소 효과성이 큰 순서대로 실행<br>① 개선대책은 효과가 가장 큰 제거, 대체, 공학적 통제, 행정적 통제, 개인보호구 순으로 실시<br>② 위험요인별로 복수의 통제 방안을 마련<br>③ 개선방안 마련 시 현장작업자, 관리감독자, 안전보건담당자 등의 참여<br>④ 필요시 관련분야 전문가 자문 활용<br>⑤ 개선방안에 대한 사업주의 검토 | |
| 9. 유해·위험요인을 특별히 살펴야 할 시기 지정 및 이행<br>- 본사 안전전담조직이나 안전팀에서 분기마다 공사현장을 직접 방문하여 안전점검 실시 | |
| 10. 형식적 위험성평가 금지 및 사고발생가능한 위험요인 창의적 도출<br>① 사망사고가 발생할 수 있는 위험요소는 모두 포함<br>② 1개월에 2회씩 위험성평가표 작성 시 위험성평가표에 공정별 작업내용, 사망사고 발생이 가능한 유해·위험요인 기재<br>③ 각 공정의 내용, 방법, 예측되는 재해 등은 산업안전보건정보를 활용하여 예측<br>④ 예측되는 위험성과 안전보건조치의 적정성 판단<br>⑤ 경영책임자가 매일 건설현장들의 위험성평가 실시 여부를 보고 및 조치(스마트 위험성평가 시스템 활용) | |
| 11. 모든 종사자에게 유해·위험요인과 대책을 알리고 교육실시<br>① 위험성평가 결과에 따른 TBM 활용을 통한 교육 실시<br>② 교육 : 실시 전·후 교육<br>• 위험성평가 전 사전교육 시행 여부<br>• 위험성평가 종료 후 남아있는 유해·위험요인에 대한 게시, 주지 등의 실시 여부 | |
| 12. 안전작업 절차서 및 위험작업 허가제 등 운영<br>① 위험작업 허가제 운영 규정과 실시 내용<br>• 위험작업 허가제 운영 실적<br>② 안전작업 절차서 규정<br>• 작업별 안전수칙 포함<br>• 안전수칙 준수자 : 인세티브 부여 | |

| 점검내용 | 점검결과 |
|---|---|
| ③ 위험성평가에 따른 고위험작업에 대해서 구체적인 안전작업 대책<br>• 작업허가서, 조립도, 상세도 작성<br>• 전산등록 후 모니터링 실시 여부<br>④ 매일 일일 위험성 체크 시스템을 통한 안전점검 실시 | |
| 13. 유해 · 위험요인 신고 절차서<br>① 유해 · 위험요인을 발굴 후 신고 절차 마련<br>• 신고에 대한 개선 여부 확인<br>② 유해 · 위험요인을 개선하는 과정 중 작업 중지 절차 마련<br>③ 작업 중지<br>④ 개선 완료된 이후 작업 진행 절차 | |
| 14. 추가 유해 · 위험요인 개선 업무절차<br>① 위험요인 발굴을 위한 소통절차 개선실적<br>② 아차사고 사례도출 및 조치현황<br>③ 부서 SNS(밴드, 카카오톡 등)를 활용한 유해 · 위험요인 발굴 및 개선<br>④ 위험성평가 활동 작동성 제고를 위해 계층별 교육 프로그램계획 수립 및 운영<br>⑤ 아차사고 개선<br>• 아차사고발생 시 특별점검 실시, 특별점검 결과에 대한 분석, 개선사항 수립<br>• 아차사고 분석(개선 여부) 사항에 대한 기록관리 및 보고 여부<br>⑥ 비정형 작업 개선<br>• 비정형작업에 대하여 운전정지, 작업허가제 실시 등 별도의 안전보건 관리를 하고 있는지 여부 | |
| 15. 위험성평가 실시시기 및 수행방법 적합성<br>① 위험성평가 실시 시기<br>가. 최초평가(모든 업무 및 내 · 외부 현안에 대한 위험요인 또는 위험성을 평가하고 개선)<br>나. 정기평가(정기평가는 최초평가 후 정기적으로 실시)<br>다. 수시평가(아차사고, 공정변경 및 작업사항 변경, 재해발생 작업을 대 | |

| 점검내용 | 점검결과 |
| --- | --- |
| 상으로 작업을 재개하기 전 등)<br>라. 상시평가(일, 주, 월 단위 상시평가)<br>② 위험성평가 실시 확인 대상 : 본사 및 전 사업장<br>③ 단계별 수행절차<br>가. (1단계) 평가대상 작업 선정 : 평가자료 준비(유해 · 위험요인 정보, 주변 환경 정보, 혼재 작업 위험성, 재해사례 등)<br>나. (2단계) 유해 · 위험요인 파악 : 원인, 피해대상, 피해형태를 현장순회 점검 등을 통해 조사<br>다. (3단계) 위험성평가 : 발생 가능성과 중대성에 따라 평가<br>• 가능성 추정 : 피해(부상 또는 질병)의 발생 가능성은 사업장 특성에 따라(3~5단계 등)을 정한다(예 : 최상, 상, 중, 하, 최하).<br>• 중대성 추정 : 치명적(사망 등), 중대, 중등, 경상<br>라. (4단계) 위험성 수용 정도 검토<br>• 위험성 수준평가 결과를 기준으로 위험성 수용 정도를 검토<br>마. (5단계) 개선계획 수립 및 검토<br>• (1순위) 본질적 대책<br>• (2순위) 공학적 대책<br>• (3순위) 관리적 대책<br>• (4순위) 개인보호구의 사용<br>바. (6단계) 기록 및 보존<br>• 위험성평가 자료는 최소 3년간 보존<br>④ 위험성평가 참여자 참여 여부(관리감독자, 해당 작업종사자, 전문지식을 갖춘 자 등)<br>⑤ 위험성평가 대상의 적정성(재해사례 반영 여부)<br>⑥ 유해 · 위험요인 파악 방법의 적정성(사업장 순회점검, 청취조사 등)<br>⑦ 위험성 추정방법 중 1가지 이상 적용 여부 확인(곱셈)<br>⑧ 위험성 추정 시 유의사항 준수 여부(예상되는 부상 또는 질병)<br>⑨ 위험성평가 결과, 위험성 크기가 허용 가능한 위험 여부 확인<br>⑩ 현장에서 위험성평가 활동에 활용이 용이한 평가기준, 방법 등 지침 개정<br>• 주기적 검토, 피드백 여부 | |

| 점검내용 | 점검결과 |
| --- | --- |
| 16. 위험성평가 실시 자료 기록, 보관 등<br>① 위험성평가와 관련하여 관계 법률에서 정하고 있는 위험성평가에 관한 절차를 준수하고 있는지 여부<br>② 위험성평가 실시 내용 및 결과 기록 · 보존 여부<br>• 유해 · 위험요인, 감소대책<br>• 위험요인을 유형별로 분류하여 정리<br>• 위험요인 정보 파악을 위해 충분한 자료수집 실시<br>• 사전안전보건정보 제공 자료<br>• 위험요인 정보 변경 시 수시로 위험요인 파악<br>③ 위험성평가 결과에 대한 종합대책 수립<br>• 위험유형별 개선방안을 종합하여 총괄 위험관리계획 수립<br>• 개선방안별 담당부서 지정을 통해 권한과 책임 명확화<br>• 위험요인별 개선시기 및 위험요인 확인 · 제거 등을 위한 점검 · 정비 주기를 구체적으로 명시<br>• 경영자 또는 사업주의 검토와 예산, 인력 등에 대한 배정방안 마련<br>• 개선 전에는 원칙적으로 작업을 중지하고 조치 완료 후 작업 재개하는 절차 포함<br>④ 위험성평가 실시근거 자료<br>• 위험성평가 회의 결과서<br>• 근로자, 관리감독자 참여 증빙 자료<br>• 유해 · 위험요인의 실질적인 확인 및 개선조치 이행<br>• 유해 · 위험을 색으로 구별, 이해 가능한 언어로 병기<br>• 위험성평가표<br>• 위험성평가 개선 사진<br>⑤ 위험성평가 교육, 정보공개 실시 내용 자료<br>• 소속 근로자, 수급인과 수급인의 근로자, 파견업체 및 고객, 인근 주민, 조직의 공급망<br>• 모든 구성원에게 위험요인 인지, 위험요인의 통제기법 등에 대한 교육 · 훈련실시<br>• 모든 구성원이 적극적으로 참여하도록 하고 교육의 효과성 제고를 위한 노력(사업주 교육 등) | |

| 점검내용 | 점검결과 |
|---|---|
| • 급박한 위험에 따른 대응훈련을 주기적으로 실시<br>• 위험성평가 교육 결과서 | |
| 17. 반기 1회 이상 주기적으로 점검하고 대표이사에게 보고<br>① 위험성평가의 문제점을 반기 1회 이상 주기적으로 점검하여 대표이사에게 보고<br>• 필요한 개선방안 마련<br>• 개선방안 이행 여부 점검(위험성 감소대책 실행 여부)<br>• 추가적인 조치 필요한 경우는 조치 실행<br>② 유해·위험요인의 확인·개선에 대한 점검 후 필요한 조치 여부 확인 | |

# 04 재해예방에 필요한 안전보건에 관한 인력 · 시설 · 장비 구비와 유해 · 위험요인 개선에 필요한 예산 편성 및 집행

## 4.1 관련 조문

**시행령 제4조(안전보건관리체계의 구축 및 이행 조치) 제4호**

4. 다음 각 목의 사항을 이행하는 데 필요한 예산을 편성하고 그 편성된 용도에 맞게 집행하도록 할 것
   가. 재해예방을 위해 필요한 안전보건에 관한 인력, 시설 및 장비의 구비
   나. 제3호에서 정한 유해 · 위험요인의 개선
   다. 그 밖에 안전보건관리체계 구축 등을 위해 필요한 사항으로써 고용노동부 장관이 정하여 고시하는 사항

## 4.2 조문의 취지

이 조문은 재해예방을 위해 필요한 인력, 시설, 장비 구비를 위한 예산을 확보하고, 각 기업의 수준에 따라서 유해 · 위험요인을 발굴하고 개선하는 데 필요한 관련 예산을 충분히 편성하고 집행하라는 조문이다. 왜냐하면 안전보건 활동을 위해서는 필연적으로 사람과 돈이 필요하기 때문이다.

개인사업주 또는 경영책임자 등은 재해예방을 위해 필요한 안전보건에 관한 인력 · 시설 · 장비의 구비와 유해 · 위험요인의 개선 등에 필요한 예산을 편성하고 그 편성된 용도에 맞게

집행하도록 하여야 한다.

산업재해 예방을 위해서는 충분한 안전보건에 관한 인력, 시설 및 장비의 마련과 유해·위험요인의 개선이 필수적이다. 이를 위해서는 비용 지출이 수반될 수밖에 없으므로 이에 상응하는 예산을 마련하고 그 용도에 맞게 집행되도록 하는 것을 개인사업주 또는 경영책임자 등의 의무의 하나로 명시한 것이다.

이때 유해·위험요인의 발굴과 개선을 위한 예산투입 노력이 기업의 경영상 과도한 손해를 가져올 정도까지 조치해야 하는 것은 아니다. 그러나 후순위가 되어서도 안 된다는 것을 의미한다. 예산의 규모보다는 유해·위험요인을 통제, 제거, 대체할 수 있게 예산을 편성하고 그 용도에 맞게 집행하는 것이 중요하다.

## 4.3 실행전략

### 1) 일반사항

**일반사항**

① 기본적인 안전수칙 준수에 필요한 인력·시설·장비 구비에 필요한 예산 편성
② 유해·위험요인의 개선에 필요한 예산
③ 기업 특성을 고려하여 재정 여건에 맞게 합리적으로 실행할 수 있는 수준으로 편성
④ 종사자 의견청취에 따른 재해예방에 필요한 내역 포함
⑤ 안전보건 예산편성 및 집행 매뉴얼 작성
⑥ 용도에 맞게 집행되도록 관리 실시
⑦ 반기 1회 이상 주기적으로 점검하고 대표이사에게 보고

### 2) 예산 편성의 기본원칙

예산의 편성 시에는 예산 규모가 얼마인지가 중요한 것이 아니라, 유해·위험요인을 어떻

게 분석하고 평가했는지 여부가 중요하다. 유해 · 위험요인 확인 절차 등에서 확인된 사항을 사업 또는 사업장의 재정 여건 등에 맞추어 제거 · 대체 · 통제 등 합리적으로 실행 가능한 수준만큼 개선하는 데 필요한 예산을 편성하여야 한다.

예산 편성의 첫 번째 원칙은 재해예방을 위해 필요한 안전보건에 관한 인력, 시설 및 장비의 구비를 위한 예산을 편성하여야 한다는 점이다. 이때 재해예방을 위해 필요한 인력, 시설 및 장비란 「산업안전보건법」 등 종사자의 재해예방을 위한 안전보건관계법령 등에서 정한 인력, 시설, 장비를 말한다. 특히, 재해예방을 위해 필요한 인력이란 안전관리자, 보건관리자, 산업보건의 등 전문인력뿐만 아니라 안전보건관계법령 등에 따른 필요 인력을 의미한다.

예산편성의 두 번째 원칙은 유해 · 위험요인 개선에 필요한 예산을 확보해야 한다는 점이다. 유해 · 위험요인 확인 · 개선 절차서에 따라 확인된 유해 · 위험요인의 개선을 위해 산업안전보건법, 화재예방법, 위험물안전관리법, 고압가스안전관리법, 전기안전관리법 등에서 정한 인력, 시설 · 장비를 구비하는 데 필요한 예산을 확보해야 한다.

**표 3.20 안전보건 관련 필요 인력**

| 법령 | 필요 인력 |
|---|---|
| 산업안전보건법 | 안전관리자, 보건관리자 등 |
| 전기안전관리법 | 전기안전관리자 |
| 화재예방법 | 소방안전관리자 |
| 위험물안전관리법 | 위험물안전관리자 |
| 고압가스안전관리법 | 가스안전관리자 |

이뿐만 아니라 안전보건관계법령에 따른 의무 내용은 아니지만 사업 또는 사업장 특성에 따라 유해 · 위험요인에 대한 개선이 필요하다고 판단되면 그 유해 · 위험요인을 제거 · 대체 · 통제하는 데 필요한 예산도 포함시킬 필요가 있다. 재해예방에 필요한 예산은 전년도 안전보건관리 활동의 성과, 금년도 안전보건계획 등을 반영하여 수립할 필요가 있다.

예산편성의 세 번째 원칙은 종사자의 의견청취에 따른 재해예방을 위해 필요한 개선방안을 마련하여 이행하는 데 소요되는 예산을 포함할 필요가 있다.

예산편성의 네 번째 원칙은 예산편성을 할 때 경영책임자는 재해예방에 필요한 예산이 적정하게 편성되었는지 확인하여야 한다. 또한 예산 집행의 명확성을 확보하기 위해 예산 금액 기준과 항목별 지출 승인에 대한 위임전결 사항을 규정할 수 있다. 현장에서 안전보건 활동에 사용될 수 있도록 안전보건관리책임자에게 예산 집행의 권한을 부여하고 재해예방 예산이 안전보건관리 목적 외 사용되지 않도록 관리할 필요도 있다.

## 4.4 실행방법

### 1) 기본적인 안전수칙 준수에 필요한 인력 · 시설 · 장비 구비에 필요한 예산 편성

사고방지를 위한 안전보건 활동을 수행하는 데 있어서 인력 · 시설 · 장비가 필요하고 이에 수반되는 예산확보는 필수적이다. 이에 따라 기본적인 안전보건 수칙 준수에 필요한 인력 · 시설 · 장비를 구비할 예산은 반드시 편성되어야 한다. 그래야 안전보건 활동을 할 수 있기 때문이다.

재해예방을 위해 필요한 인력, 시설, 장비란 산업안전보건법 등 종사자의 재해예방을 위한 안전보건관계법령 등에서 정한 인력, 시설, 장비를 말한다. 특히 재해예방을 위해 필요한 인력이란 안전관리자, 보건관리자, 안전보건관리담당자, 산업보건의 등 전문인력뿐만 아니라 안전보건관계법령 등에 따른 필요 인력을 의미한다. 예시는 다음과 같다.

> ① 타워크레인 작업 시 신호수(유도원) 배치(안전보건규칙 제146조제3항)
> ② 스쿠버 잠수작업 시 2명 1조 잠수작업 실시(안전보건규칙 제545조제1항)
> ③ 생활폐기물 운반 시 3명 1조 작업실시(폐기물관리법 시행규칙 제16조의3 제2항제3호 나목)
> ④ 2인 1조로 근무하여야 하는 위험작업과 해당 작업에 대한 6개월 미만인 근로자가 단독으로 수행할 수 없는 작업에 대한 기준 마련(공공기관의 안전관리에 관한 지침 제14조제3항) 등

일반적으로 건설업의 경우에는 산업안전보건법 제72조에 따른 건설업 산업안전보건관리비 계상 및 사용기준이 재해예방을 위해 필요한 인력, 시설 및 장비의 구입에 필요한 예산의 기준이 될 수 있다. 다만, 산업안전보건관리비의 계상은 산업안전보건법의 건설공사발주자의 의무사항에 해당한다.

중대재해처벌법에 따른 개인사업주나 경영책임자 등의 재해예방을 위해 필요한 안전보건에 관한 인력, 시설 및 장비 구입에 필요한 예산 편성 의무는 건설공사발주자의 의무와는 별개의 독립된 의무이다. 예산 편성 시 산업안전보건관리비의 기준을 참고하고, 그 외에 산업안전보건법을 포함한 안전보건관계법령에 따른 의무로써 갖추어야 할 인력, 시설 및 장비의 구비, 유해 · 위험요인의 개선을 위한 비용이 모두 포함되도록 예산을 편성하여야 한다.

개인사업주나 경영책임자 등은 도급이나 용역 등을 매개로 하여 노무를 제공하는 종사자들에 대해서도 안전보건 확보의무 등을 이행하여야 하는 바, 특히 인력, 시설 및 장비를 갖추기 위한 예산 편성은 산업안전보건관리비에 국한해서는 안 되며, 이와는 별개로 중대재해처벌법에 따라 재해예방을 위한 예산의 편성 및 집행을 하여야 한다. 특히 인력뿐만 아니라 사업장 및 작업의 특성을 고려하여 시설과 장비도 안전보건관계법령에 맞게 안전조치 및 방호장치 등이 제대로 갖춰질 수 있도록 하여야 한다.

중대재해처벌법 4호 사건과 관련하여 법원은 경영책임자가 예산을 제대로 편성하지 않았고 매뉴얼을 마련하지 않아 근로자가 사망사고가 발생했다고 판단했다. 법원은 중대재해처벌법에 따라 안전보건경영목표를 수립하는 것은 산업안전보건법상 안전보건 계획과는 다르고 안전보건 예산을 편성할 때는 공사비에 계상하는 산업안전보건관리비에 국한돼서는 안 된다고 보았다. 법원은 산업안전보건관리비로 계상된 공사금액을 안전관리자 인건비, 안전시설비, 개인보호구 · 안전장구 구입비 등으로 집행한 것에 대해서는 안전관리비용과는 다르다고 선을 그었다.

중대재해처벌법은 경영책임자가 재해예방을 위해 필요한 안전보건에 관한 인력, 시설 및 장비 구비를 위해 필요한 예산을 편성하고 그 용도에 맞게 집행하도록 규정하고 있다. 이에 대해 재판부는 '재해예방을 위해 필요한 인력, 시설, 장비'가 산업안전보건법을 비롯해 종사자의 재해예방을 위한 산업안전보건관계법령 등에서 정한 인력, 시설, 장비라고 설명했다.

특히 건설업의 경우 고용노동부 고시인 ‘건설업 산업안전보건관리비 계상 및 사용기준’이 예산을 수립하는 데 1차적인 기준이 될 수 있다고 했다. 다만 중대재해처벌법상 예산 편성 의무는 산업안전보건관리비 계상 의무보다 폭넓다. 사업주나 경영책임자 등은 도급이나 용역 등을 통해 노무를 제공하는 종사자에 대해서도 안전보건 확보의무를 가지기 때문이다. 따라서 중대재해처벌법에 따라 편성해야 하는 예산은 산업안전보건관리비에 국한되지 않고 관계법령에 따라 의무적으로 갖춰야 할 인력, 시설 및 장비 구비를 위한 비용이 모두 포함돼야 한다는 것이 재판부의 설명이다.

또한 안전보건 예산이 편성돼 있다 하더라도 그 예산이 사업장에서 그 용도에 맞게 집행되지 않았다면 의무이행으로 볼 수 없다는 점도 강조했다.

### 2) 유해 · 위험요인의 개선에 필요한 예산

유해 · 위험요인의 개선을 위해 산업안전보건법 등에서 정한 인력, 시설, 장비를 구비하는 데 필요한 예산뿐만 아니라 안전보건관계법령에 따른 의무의 내용은 아니지만 사업 또는 사업장 특성에 따라 위험성평가 결과에 따라 개선이 필요하다고 판단되면 그 유해 · 위험요인을 제거 · 대체 · 통제하는 데 필요한 예산도 편성할 필요가 있다.

건설현장에서 안전보건관리책임자가 주도한 위험성평가 등의 실시로 도출된 유해 · 위험요인의 개선에 필요한 예산 등은 반드시 편성되고 집행될 필요가 있다.

예를 들어 안전보건관계법령 준수를 위한 조치, 위험성평가에 따른 개선조치에 소요되는 비용 등 위험요인 대체 · 제거 및 통제를 위한 시설과 장비확충, 안전보건 담당자 등 인력배치, 비상조치 계획수립 및 훈련 등에 필요한 예산 등이 이에 포함된다.

만약 유해 · 위험요인의 제거 · 대체에 필요한 인력투입 · 장비 · 시설개선 등의 예산을 불가피하게 편성하기 어려운 경우에는 종사자에 대한 교육과 함께 다각적인 점검을 진행하고 방호조치, 작업절차 변경 등 보완조치를 할 필요가 있다. 다만, 종사자 교육과 점검은 유해 · 위험요인이 완전히 제거될 때까지는 임시적인 관리 방법이라는 점을 반드시 유의할 필요가 있다.

**표 3.21 안전보건 관련 구매가 필요한 권장장비 목록 예시**

| 구분 | | 기기명 | 용도 | 보유현황 |
|---|---|---|---|---|
| 안전관리 | 1 | 산소농도측정기 | 밀폐공간 작업 전 산소농도를 측정 | |
| | 2 | 복합가스농도 측정기(5가스) | 일산화탄소, 황화수소, 산소, 이산화탄소, 가연성가스 측정 | |
| | 3 | 절연저항측정기 | 전자기기나 배선공사의 안정성 확보를 위해 이들의 직류 절연저항을 측정하는 계측기 | |
| | 4 | 접지저항측정기 | 접지 전극과 대지 사이의 저항을 측정 | |
| | 5 | 검전기 | 전선로 등의 활선, 사선 상태 측정 | |
| 보건관리 | 1 | 조도측정기 | 단위 면적이 단위 시간에 받는 빛의 양 측정 | |
| | 2 | 표면온도계 | 금속을 비롯한 각종 물체의 표면 온도를 측정 | |
| | 3 | 혈압계 | 팔 밴드와 압력계로 이루어진 측정기 | |
| | 4 | 혈당측정기 | 적절한 혈당 관리를 위한 측정기 | |

**표 3.22 안전보건에 관한 인력, 시설 및 장비의 구비**

| 인력 | 장비 | 시설 |
|---|---|---|
| • 안전보건 전담인력 확충<br>• 안전보건 중심인력 운영<br>• 안전보건 전문인력 채용 | • 노후장비 적기교체<br>• 안전검사 적기실시<br>• 안전장구 완비 | • 위험시설 정비, 개 · 보수<br>• 시설 안전 검검 강화 |

### 3) 기업 특성을 고려하여 재정 여건에 맞게 합리적으로 실행할 수 있는 수준으로 편성

대기업에 비해 중소기업은 원활한 예산을 편성할 수 있는 상황이 쉽지 않은 실정이다. 중소기업의 경우 안전보건관리에 소요될 예산은 기업의 규모와 보유한 유해 · 위험요인에 따라 다르게 된다. 따라서 재정 여건에 맞게 합리적으로 실행할 수 있는 수준으로 예산을 편성할 필요가 있다.

예산편성 항목은 법령에서 따로 정하고 있지는 않은 실정이다. 따라서 건설업 산업안전보건관리비와 고용노동부의 「대표이사의 안전보건계획 수립 가이드」에서 제시하고 있는 항목을 참고하여 기업의 실정에 맞게 활용하면 될 것 같다.

예를 들면 한 여름철 폭염 예방을 위해 근로자들에게 대표이사가 감성 안전 측면에서 아이스크림이나 아이스 아메리카노 한 잔씩을 주었을 때 이는 본사 차원에서 사용하는 중대재해처벌법상 안전보건 예산으로 사용이 가능할 것으로 보인다. 아이스크림이나 아이스 아메리카노는 산업안전보건관리비로 사용이 불가하다.

**표 3.23 안전보건 예산 편성항목 예시** (단위 : 백만 원)

| 구분 | | 2024년 | 2025년 |
|---|---|---|---|
| 인력 | • 안전보건관리 전담조직인력 확충<br>• 안전보건 전문인력 채용<br>• 안전보건 조직 운영<br>• 안전보건 조직 관리<br>• 기타 | | |
| 시설 | • 위험시설 정비<br>• 위험설비 자동화 등 안전시설 개선비용<br>• 안전시설 신규 설치<br>• 안전 검검 강화 | | |
| 장비 | • 노후장비 적기교체<br>• 안전검사 적기실시<br>• 안전관련 물품 및 보호구 등 구입 비용<br>• 안전검사 실시<br>• 기타(스마트 안전장치 설치 등) | | |
| 점검 | • 평가, 점검 등 이행점검 비용<br>• 안전보건진단 및 컨설팅 비용<br>• 설비 및 시설물에 대한 안전점검 비용<br>• 합동안전보건점검 등<br>• 위험성평가 실시 | | |
| 교육 | • 근로자 안전보건교육 훈련비용<br>• 관리감독자 교육 비용<br>• 직무교육 비용<br>• 외부 교육 비용 | | |

04. 재해예방에 필요한 안전보건에 관한 인력 · 시설 · 장비 구비와 유해 · 위험요인 개선에 필요한 예산 편성 및 집행

| 구분 | | 2024년 | 2025년 |
|---|---|---|---|
| 회의 | • 노사협의체, 산업안전보건위원회 등 개최비용<br>• 간담회 | | |
| 보건 | • 작업환경측정 실시 | | |
| | • 특수건강검진 실시 | | |
| | • 근골격계 질환 예방 | | |
| | • 작업환경 개선 비용 | | |
| | • 휴게 · 위생시설 관리 | | |
| 기타 | • 협력사 안전관리 역량 지원 – 교육 지원 / 시설 지원 | | |
| | • 안전보건 캠페인 추진<br>• 안전보건 우수사례 포상 비용 | | |
| 예비비 | • 예비비 | | |

**표 3.24 항목별 주요 내용 예시**

1. 방호장치, 안전장치 구입비용
   • 프레스 등 방호장치, 급정지장치, 과부하방지장치 등
2. 안전보건관련 물품 및 보호구 등 구입비용
   • 안전보건물품 : 각종 안전표지, 소모성 물품 구입비, 물품 수리 · 관리비 등
   • 보호구 : 귀마개, 보안경, 안전화, 안전모, 각반 등
   • 건강 관련 물품(AED, 혈압계 등)
3. 위험설비 자동화 등 안전시설 개선비용
   • 위험시설의 안전 환경 시설 개선비용
4. 설비 및 시설물에 대한 안전점검 비용
   • 위험기계 · 기구 · 설비, 지게차 등의 안전점검 비용
   • 기타 시설물 점검 비용
5. 안전보건진단, 위탁, 컨설팅 비용
   • 외부전문가 또는 기관을 활용하여 실시하는 각종 진단 비용
6. 작업환경측정 및 특수건강진단 비용
   • 작업환경측정비용 : 위탁비용 또는 자체 측정을 위한 측정 장비 등의 구입비
   • 특수건강진단비용 : 종사자의 건강지표를 보기 위한 특수건강진단 소요비용
7. 공상자 치료 및 응급구조 비용
   • 3일 이하의 치료를 요하는 공상자 관련 진료 · 치료비
   • 응급구조 관련 물품(사설 앰뷸런스 등)

8. 종사자, 관리감독자, 사업주 안전보건교육 훈련비용
   - 종사자 : 강사비, 자료수집비, 출장비, 교재 제작비, 교육운영비 등
   - 관리감독자 : 교육비, 출장비 등
   - 사업주 : 교육비, 출장비 등
9. 안전보건관계자 외부교육 및 훈련비용
   - 직무교육 : 교육비, 출장비, 교통비 등
   - 훈련 : 전문기관 가입비, 학회 및 협회 참가비 등
10. 안전보건 포상비용 상세 내역
    - 우수참여자 : 상금 또는 상품에 필요한 비용, 행사비용 등
    - 안전보건경진대회, 위험발굴자 포상 관련 비용 등
11. 안전보건활동 촉진을 위한 캠페인 등 지원비용
12. 안전보건조직 운영 및 재해예방 인력비용
    - 캠페인, 홍보 등에 필요한 비용 등
    - 회의비, 운영비, 출장비, 유관기관 협력비 등
13. 협력업체 관리 비용
    - 협력업체 업무 지원 및 감독 관련 비용 등

### 4) 종사자 의견청취에 따른 재해예방에 필요한 내역 포함

종사자의 의견청취에 따른 재해예방을 위해 필요한 개선방안을 마련하여 이행하는 데 소요되는 예산을 포함할 필요가 있다.

종사자 참여 측면에서 유해·위험요인의 개선에 필요한 예산은 반드시 종사자 의견청취에 따른 재해예방에 필요한 내역을 포함하여 편성할 필요가 있다. 종사자의 의견청취에 따라 도출된 개선방안을 마련하고 이행하는 데 소요되는 예산을 포함하여야 한다.

### 5) 안전보건 예산편성 및 집행 매뉴얼 작성

재해예방을 위해 필요한 안전보건에 관한 인력과 시설 및 장비의 구비, 산업안전보건법에서 정한 유해·위험요인의 개선, 그 밖에 안전보건관리체계 구축 등을 위해 필요한 사항으로써 안전보건 예산을 편성하고 그 편성된 용도에 맞게 집행하여 경영책임자의 안전보건 확보

의무를 달성하기 위해서는 안전보건 예산편성 및 집행 매뉴얼을 작성할 필요가 있다.

중소기업 입장에서는 실효성이 크지는 않겠지만 매뉴얼 작성을 통해 객관적이고 투명한 예산 편성과 집행이 가능한 장점이 있기에 활용하는 것을 적극 권장한다.

**표 3.25 안전보건 예산편성 및 집행 매뉴얼 예시**

## 안전보건 예산편성 및 집행 매뉴얼

### 1. 목적

본 규정은 회사가 재해예방을 위해 필요한 안전보건에 관한 인력과 시설 및 장비의 구비, 산업안전보건법에서 정한 유해 · 위험요인의 개선, 그 밖에 안전보건관리체계 구축 비용 등을 위해 필요한 사항으로써 안전보건 예산을 편성하고 그 편성된 용도로 맞게 집행하여 경영책임자의 안전보건 확보의무를 달성하기 위하여 제정되었다.

### 2. 책임과 권한

가. 경영책임자

(1) 유해 · 위험요인의 개선사항을 이행하는 데 소요된 안전보건 예산을 반기 1회 이상 보고받아 검토

(2) 안전보건 예산의 계획대비 실적 확인 및 개선의지 표명

(3) 안전보건관리책임자 등에게 안전보건 업무수행에 필요한 권한과 예산 부여

나. 안전보건 담당 부서장

(1) 전년도 실적 및 다음 연도 경영방침 및 목표를 반영하여 안전보건 예산 수립

(2) 안전보건 예산 규모의 적정성 심의 · 의결 시 그에 따른 안전보건 예산 편성 및 지출 계획수립

다. 해당 부서장

(1) 안전보건 예산 규모를 보고받고, 그 적정성을 심의 · 의결하여 경영책임자에게 안전보건 예산 보고

(2) 승인이 완료된 안전보건 예산을 전산에 등록하고 확정하여 전사에 공유

### 3. 업무흐름도

| 프로세스 흐름도 | 책임부서 | 주요 활동(작업 내용) | 입력물 | 출력물 |
|---|---|---|---|---|
| 계획수립 | 안전 · 보건담당 실무 부서 | • 관리팀에서 매년 10월경 전년도 안전보건 예산 실적을 확인하고 차년도 안전보건경영 방침 및 목표에 따른 예산 수립을 안전보건 담당 실무 부서에 요청<br>• 안전보건담당 실무 부서는 전년도 안전보건 관리 성과를 반영하여 요청일로부터 안전보건예산 규모를 산출 | 안전 보건 예산 실적 | 안전 보건 예산 규모 |
| 안전 · 보건 예산 편성 | 안전 · 보건담당 실무 부서 | • 안전보건담당 실무 부서에서는 사업장 안전보건예산의 적정성을 판단하고, 지출 계획에 대한 산출 근거를 검토하여 안전보건예산 규모에 따른 안전보건 예산 및 지출 계획을 수립하고 각 항목에 안전보건 예산을 편성하여 관리팀에 제출 | 안전 보건 예산 규모 | 안전 보건 예산 및 지출 계획 |
| 심의 의결 | 관리팀 | • 매년 11월경 안전보건담당 실무 부서에서 보고받은 안전보건예산 계획을 경영기획팀에서 검토하고, 검토가 완료된 안전보건 예산 및 지출 계획을 연초에 경영책임자에게 보고하여 승인<br>• 관리팀은 승인을 득한 안전보건예산을 확정 | 안전 보건 예산 및 지출 계획 | 안전 보건 예산 확정 |
| 집행 및 결산 | 관리팀 | • 안전보건담당 실무 부서는 매월 소요에 따른 상세 결산 내역을 작성하고, 전결 규정에 따라 결재가 완료되면 관리팀에 매월 결의서를 제출<br>• 접수가 완료된 결의서는 관리팀에서 회계 마감일에 도래하여 결산을 진행 | 결의서 제출 | 결산 |
| 관계기관 사고보고 | 안전 · 보건담당 실무 부서 | • 안전보건담당 실무 부서는 반기 1회 이상 안전보건 활동 실적을 분석하여 검토하고, 경영책임자에게 보고 | 실적 보고 | 차년도 계획 수립 |

## 4. 세부 업무 절차

### 가. 계획 수립

(1) 안전보건 예산 수립의 요건

① 안전보건 예산은 당해 연도 안전보건관리 업무에 투입된 총 안전보건예산에 당해 연도 사업계획 및 전년도 안전보건관리 성과를 반영하되, 사업의 특성, 인력 규모 등을 고려하여 매년 말, 다음연도의 안전보건 예산 규모를 산출하여야 한다.

② 전년도 안전보건 예산 실적을 분석하여, 그 성과를 평가하고 안전보건 활동이 계획대로 실시되었는지 확인 · 개선하여 안전보건 예산 계획을 수립한다.

③ 본사 및 사업부서별 안전보건 목표를 수립하고, 안전보건 목표는 본사 조직별, 현장별 목표와 전체 목표가 연계될 수 있도록 예산을 수립하고 개선 및 이행 여부를 확인하여야 한다.

(2) 안전보건 목표 달성하기 위한 본사 및 사업부서별 안전보건 활동 추진계획 수립 시 예산 집행을 포함한 전년도 활동실적 평가결과를 분석하여 안전보건 환경 변화에 따른 세부 안전보건 예산계획을 마련하여야 하며, 다음과 같은 사항을 고려한다.

① 목표와 안전보건활동 추진계획과 연계성

② 방법, 일정, 소요자원 등 구체적인 추진계획

③ 추진내용을 측정할 지표를 포함

④ 안전보건활동 추진계획 책임자를 지정

⑤ 충분한 재정 및 기타 자원을 지원

⑥ 유해 · 위험도를 정량적으로 파악하고 개선하기 위한 위험성평가 우선순위 결정

⑦ 용도에 맞게 예산을 집행하여야 하며 안전보건 목적 외 사용을 금지함

### 나. 안전보건 예산의 편성

(1) 경영책임자 등은 재해예방을 위해 필요한 안전보건에 관한 인력, 시설, 장비의 구비와 유해 · 위험요인의 개선 등에 필요한 안전보건 예산을 편성하고 그 편성된 용도에 맞게 집행해야 한다. 안전보건 예산의 편성 시에는 예산 규모가 얼마인지가 중요한 것이 아니라, 유해 · 위험요인을 어떻게 분석하고 평가했는지 여부가 중요하고, 필요비용 등이 안전보건 예산에 충분히 반영되었는지 평가하는 기준은 다음과 같은 사항을 고려한다.

① 설비 및 시설물에 대한 안전점검 비용

② 근로자 안전보건교육 훈련비용
③ 안전 관련 물품 및 보호구 등 구입비용
④ 작업환경 측정 및 특수건강검진 비용
⑤ 안전진단 및 컨설팅 비용
⑥ 위험 설비 자동화 등 안전시설 개선비용
⑦ 작업환경개선 및 근골격계 질환 예방 비용
⑧ 안전보건 우수사례 포상 비용
⑨ 안전보건지원을 촉진하기 위한 캠페인 등 지원
⑩ 기타

(2) 안전보건 예산 편성 기준 및 산출근거 작성방법은 다음과 같은 기준으로 한다.

| 안전보건 예산 편성 기준 | 평가 | 안전보건 예산 산출 근거 |
|---|---|---|
| 1. 설비 및 시설물에 대한 안전점검 비용 | 월 1회 | 1. 각 사업장 현장 순회 점검(출장비, 진단 비용 등)<br>2. 안전보건관련 대응(우편 발송, 통신비) |
| 2. 근로자 안전보건교육 훈련 비용 | 월 1회 | 1. 안전보건 관계자(안전보건관리책임자, 안전관리자, 관리감독자 등)<br>2. 온라인 정기 안전보건교육 |
| 3. 안전관련 물품 및 보호구 등 구입비용 | 월 1회 | 1. 안전 분야 업무 지침서 구입 및 제작<br>2. 안전보건 표지, 안전 인식 강화 홍보물 제작<br>3. 사업장 안전보호구 등 지원 및 구입 |
| 4. 작업환경측정 및 특수건강검진 비용 | 반기 1회 | 작업 환경 측정 |
| 5. 안전진단 및 컨설팅 비용 | 월 1회 | 1. 각 사업장 현장 물품 지원, 안전진단 컨설팅<br>2. KOSHA MS 인증 수수료 |
| 6. 위험 설비 자동화 등 안전시설 개선비용 | 반기 1회 | 제조설비, 지게차 안전 검사비용 |
| 7. 작업환경개선 및 근골격계 질환 예방 비용 | 월 1회 | 임직원 검진 비용, 구급약품 구매, 건강증진 |
| 8. 안전보건 우수사례 포상 비용 | 월 1회 | 1. 표어 · 그림그리기 공모전, 안전 문화 강화<br>2. EHS 클린펀드 운영, 가족 친화, 스트레스 저감 |
| 9. 안전보건 지원을 촉진하기 위한 캠페인 등 지원 | 월 1회 | 안전보건관련 정기회의 및 서포터즈 운영비 |

다. 심의 · 의결

(1) 각 부서장은 매년 회사의 안전 및 보건에 관한 계획을 수립하여 경영책임자에게 보고하고 승인을 받아야 한다.
(2) 경영책임자는 안전 및 보건에 관한 예산계획에 다음 각 호의 사항을 이행하는 데 필요한 예산이 편성되었는지 검토하여야 한다.
  ① 재해예방을 위해 필요한 안전보건에 관한 인력, 시설 및 장비의 구비
  ② 사업장의 유해 · 위험요인의 개선
  ③ 그 밖에 안전보건관리체계 구축 등을 위해 필요한 사항으로써 고용노동부 장관이 정하여 고시하는 사항
(3) 경영책임자는 안전보건관리책임자 등이 산업안전보건법 제15조, 제16조 및 제62조에서 규정한 각각의 업무를 각 사업장에서 충실히 수행할 수 있도록 다음 각 호의 조치를 취해야 한다.
  ① 안전보건관리책임자 등에게 해당 업무수행에 필요한 권한과 예산을 부여할 것
  ② 안전보건관리책임자 등이 해당 업무를 충실하게 수행하는지를 평가하는 기준을 마련하고, 그 기준에 따라 반기 1회 이상 평가 · 관리할 것
(4) 안전보건 예산은 회사의 재무 상황 및 사업계획을 바탕으로 적정성을 심의, 의결한다.

라. 집행 및 결산

(1) 안전보건 예산은 근로자의 산업재해 및 건강재해 예방을 위한 목적으로만 사용하여야 하며, 재해예방에 필요한 안전보건 인력 · 시설 · 장비를 구비하고 유해 · 위험요인 개선에 사용된 안전보건 예산만을 집행하고 결산한다.
(2) 안전보건담당 조직은 안전보건 예산이 용도에 맞게 집행되었는지 여부를 경영책임자에게 보고하여야 한다.
(3) 경영책임자는 안전보건 점검 또는 보고 결과에 따라 인력을 배치하거나 안전보건 예산을 추가로 편성 · 집행하도록 하는 등 안전보건관계법령에 따른 의무가 이행되도록 필요한 조치를 취해야 한다.

마. 분석 및 보고

(1) 안전보건담당 조직은 사업장에서 안전보건관계법령에 따른 의무를 이행하는지 점검하

여야 한다.

(2) 안전보건담당 조직은 점검 및 조치 결과를 반기 1회 이상 경영책임자에게 보고하여야 한다.

(3) 경영책임자는 전항의 보고를 받고 안전보건관계법령에 따른 의무가 이행되지 않은 사실이 확인되는 경우에는 인력을 배치하거나 예산을 추가로 편성 · 집행하도록 하는 등 해당 의무이행에 필요한 조치를 취해야 한다.

(4) 안전보건 예산을 검토하는 과정에서 경영책임자는 사업장 안전보건관리책임자로부터 각 사업장에서 발생한 산업재해의 사고내용 · 빈도, 위험성이 높은 작업의 원인과 개선방안 등에 관한 의견을 청취하고, 사업장의 유해 · 위험요인에 대한 자체평가와 이에 대한 개선방안이 차년도 안전보건 예산 수립 시 반영될 수 있도록 하여야 한다.

**양식 1 : 안전보건 예산 편성항목 예시** (단위 : 백만 원)

| 구분 | | 2024년 | 2025년 |
|---|---|---|---|
| 인력 및 시설분야 | • 위험시설 정비 및 개보수 | | |
| | • 안전검사 실시 | | |
| | • 안전시설 신규 설치 및 투자 | | |
| | • 안전보건조직 노무관리 | | |
| 안전분야 | • 안전인력 육성 및 교육 | | |
| | • 안전보건 진단 및 컨설팅 | | |
| | • 위험성평가 실시 | | |
| | • 안전보호구 구입 | | |
| 보건분야 | • 작업환경측정 실시 | | |
| | • 특수건강검진 실시 | | |
| | • 근골격계질환 예방 | | |
| | • 휴게 · 위생시설 관리 | | |
| 기타 | • 협력사 안전관리 역량 지원<br>- 교육 지원 - 시설 지원 | | |
| | • 안전보건 캠페인 추진 | | |
| 예비 | • 예비비 | | |

### 양식 2 : 안전보건 예산집행 관리대장 예시

안전보건 예산집행 관리대장 (단위 : 백만 원)

| 구분 | 집행일 | 집행비용 | 집행항목 / 내역 | 확인자(확인일) |
|---|---|---|---|---|
| 1 | 24.04.01 | 10,000 | 안전 분야 / 안전보호구 구입<br>(안전모, 안전벨트 등) | ○○○ (서명)<br>(24.04.01) |
| 2 | | | | |
| 3 | | | | |
| 4 | | | | |
| 5 | | | | |

### 양식 3 : 중대산업재해 예방관련 예산 총괄표

(단위 : 백만 원)

| 항목 | 편성 | 집행 | 집행률 | 비고 |
|---|---|---|---|---|
| 시설(안전보건 관리를 위한 시설) | | | | |
| 장비(안전 및 보건관리 장비) | | | | |
| 안전 장구류(개인보호구 등) | | | | |
| 점검 | | | | |
| 교육훈련 | | | | |
| 기타(산업안전보건 관련 예산) | | | | |

### 양식4 : 안전보건 인력증빙 내역 첨부

| 분야 | 부서명 | 성명 | 선임 증명 | 비 고 |
|---|---|---|---|---|
| | | | | |
| | | | | |
| | | | | |
| | | | | |
| | | | | |

### 6) 용도에 맞게 집행되도록 관리 실시

개인사업주 또는 경영책임자 등이 재해예방을 위하여 필요한 안전보건에 관한 예산의 편성에 그치는 것이 아니라, 편성된 용도에 맞게 예산이 집행되도록 관리하여야 한다.

유해 · 위험요인의 제거 · 대체 또는 통제를 위한 예산을 편성하지 않았거나, 예산은 편성했지만 용도에 맞지 않게 집행했다면 중대재해처벌법 시행령 제4조제4호의 의무를 이행한 것으로 볼 수 없다. 예를 들어 작업발판, 안전난간 미설치로 근로자가 추락하면 산업안전보건법 위반이 되지만 작업발판 등의 설치에 필요한 예산이 편성되지 않은 경우에는 중대재해처벌법 위반이 될 수도 있다. 편성된 예산은 제3자가 객관적으로 살펴볼 때, 명확하게 예산의 항목과 각 항목에 배정된 예산액을 확인할 수 있어야 하고, 배정된 예산이 유해 · 위험요인을 제거하거나 감소시키는 데 실질적으로 충분한 정도가 되어야 한다.

**표 3.26 안전보건 예산집행 관리대장 예시**

| 안전보건 예산집행 관리대장 | | | | (단위 백만 원) |
|---|---|---|---|---|
| 구분 | 집행일 | 집행비용 | 집행항목 / 내역 | 확인자(확인일) |
| 1 | 24.05.01 | 10,000 | 안전 분야 / 안전보호구 구입<br>(안전모, 안전벨트 등) | 김** (서명)<br>(25. 04. 01.) |
| 2 | | | | |
| 3 | | | | |
| 4 | | | | |
| 5 | | | | |

고용노동부 감독과 수사 과정에서 예산의 실질적인 편성과 집행이 문제가 될 때는 이를 뒷받침할 자료가 있어야 한다. 따라서 개인사업주 또는 경영책임자 등은 편성된 예산과 집행 내역을 알 수 있는 세부 명세를 담은 자료를 보관하는 기준과 절차를 규정으로 수립하고 이를 실행할 필요가 있다.

### 7) 반기 1회 이상 주기적으로 점검하고 대표이사에게 보고

법적 의무사항은 아니지만 예산편성과 집행의 문제점을 반기 1회 이상 주기적으로 점검하여 대표이사에게 보고하고 점검결과 개선사항에 대해서는 필요한 조치를 하는 것을 권장한다.

## 4.5 컴플라이언스 핵심 체크포인트

① 예산 편성에 반영하여야 하는 항목 및 관리기준

- 안전보건 예산에는 안전보건 인력 수요, 안전시설 및 장비 구비, 위험요인 개선에 필요한 비용 등이 반영되어야 한다. 특히 전년도 안전보건 사고, 위험요인 분석결과 등을 고려하여 예산을 편성하여야 한다.
- 안전보건 예산은 전년도 집행 금액 대비 감액되지 않도록 하는 것이 바람직하며 감액할 경우 타당한 근거를 토대로 편성하여야 한다.
- 안전보건 예산 항목은 다른 예산과 구분될 수 있도록 관리하여야 한다.

② 반기 1회 이상 예산 집행(률) 관리

- 편성된 예산이 용도에 맞게 집행되었는지, 집행률은 적절한지를 확인할 수 있는 절차를 갖추고 최소 반기 1회 이상 확인하여야 한다.

③ 추가 예산 편성 · 집행 관련 절차 마련 및 이행

- 추가 예산 편성 · 집행이 필요한 경우 적시에 이루어질 수 있도록 관련 절차를 마련하여 이행하여야 한다.

## 4.6 고용노동부 유권해석

**건설업 산업안전보건관리비와 예산편성 · 집행 의무이행과의 연관성**

고용노동부 질의회시(중대산업재해감독과-1946, 2021.12.15.)에 따르면 산업안전보건관리비의 계상은 산업안전보건법상 건설공사발주자의 의무이고 중대재해처벌법 시행령 제4조제4호의 의무는 통상적으로 도급인(시공사)의 경영책임자에게 부여된 의무로써 의무주체와 내용 등이 다른 별개의 독립적인 의무이다.
산업안전보건관리비 계상기준만이 아니라 산업안전보건법을 포함한 안전보건관계법령에 따른 의무에 비추어 갖추어야 할 인력, 시설 및 장비의 구비와 유해·위험요인의 개선에 관한 비용 등 재해예방을 위해 필요한 예산을 편성하고 집행하여야 한다.

**예비비 편성과 예산편성·집행 의무이행과의 연관성**

고용노동부 질의회시(중대산업재해감독과-2293, 2022.6.13)에 따르면 중대재해처벌법상 상시적으로 이행해야 하는 의무 수행에 필요한 예산은 정규예산으로 편성토록 하고 있다. 다만 예산편성 시에 예측하지 못한 긴급 시설투자, 재해예방 등에 사용될 예산을 예비비로 편성하는 것은 가능하다.

## 4.7 중요 판결 & 수사 사례에 따른 핵심 실천사항

### 1) 주요 위반사항

- 안전보건 항목 예산이 다른 사업 예산과 섞여 별도로 구분되어 있지 아니함
- 안전보건 예산이 편성만 되어 있을 뿐, 제대로 집행되지는 않음
- 편성된 예산이 안전보건 용도가 아닌 다른 용도로 집행되고 있음에도 방치
- 안전보건 예산의 증액이나 집행이 필요한데도, 비용 절감을 이유로 거절
- 산업안전보건관리비에만 국한하여 최소한의 예산만 편성

## 2) 판결 사례

**제4호 OO건설 판결 : 창원지방법원 마산지원 2023. 08. 25 선고 2023고합8 판결**

- "「건설업 산업안전보건관리비 계상 및 사용기준」(고용노동부고시 제2022-43호)에 따른 산업안전보건관리비 계상 기준은 재해예방을 위해 필요한 인력, 시설 및 장비의 구입에 필요한 예산의 1차적인 기준이 될 수 있음"
- "다만, 중대재해처벌법상의 사업주 또는 경영책임자 등은 도급이나 용역 등을 매개로 하여 노무를 제공하는 종사자에 대하여도, 안전보건 확보의무를 이행하여야 하는 등의 이유로 건설공사발주자의 산업안전보건관리비 계상 의무보다 폭넓은 안전보건 관련예산 편성 의무를 부담하므로, 중대재해처벌법에 따라 편성하여야 하는 재해예방 관련 예산은 **산업안전보건관리비에 국한되지 아니하고, 관계법령에 따라 의무적으로 갖추어야 할 인력, 시설 및 장비의 구비를 위한 비용이 모두 포함**되어야 함"
- "산업안전보건기준에 관한 규칙 제200조는 「사업주는 차량계 건설기계를 사용하여 작업을 하는 경우에는 운전 중인 해당 차량계 건설기계에 접촉되어 근로자가 부딪힐 위험이 있는 장소에 근로자를 출입시켜서는 아니 된다. 다만, 유도자를 배치하고 해당 차량계 건설기계를 유도하는 경우에는 그러하지 아니하다.」라고 규정하고 있음."
- "따라서 피고인 F에게는 차량계 건설기계에 해당하는 굴착기를 사용하여 작업을 하는 경우 출입금지 표지판, 울타리 등의 안전시설을 설치하여 작업반경 내 공간에 근로자가 출입하지 못하도록 통제하거나 유도자를 배치하여야 할 법령상 의무가 있었음에도 피고인 P는 위와 같은 유도자 인건비에 관한 예산을 편성하지 않았음"

## 3) 주요 수사 사례 (안전보건 확보의무 이행 인정)

**사례 1**

- 본사 안전 예산으로 전담조직 운영비, 스마트 위험성평가 시스템사용료, 외부전문기관 현장 안전점검비 등 예산 편성 및 집행
- 산업안전보건법 기준에 부합하는 산업안전보건관리비 책정

**사례 2**

- 매년 전체 예산편성 관련 내부 공문을 통해, 재해예방을 위해 필요한 인력, 시설, 장비별로 각 세부 예산을 편성하고 그 용도에 따라 집행내역 확인

**사례 3**

- 이사회 결의를 거쳐 최종 승인된 안전보건 예산이 전체 사업장의 분기별 예산집행 계획, 집행실적을 보고 받아 관리됨
- 안전보건 관련 물품을 구매하고, 재해예방을 위한 용역계약을 체결하는 등 안전보건 예산 실제로 집행함

**사례 4**

- 연간 안전보건 관련 예산으로 안전 예산 00원, 보건 예산 00원을 별도로 구분하여 편성
- 해당 예산의 세부 항목과 항목별 예산액이 상세히 규정
- 예산액 자체도 상당하고 충분한 금액 (일률적으로 금액이 특정되어있는 것은 아니고, 사업장의 규모 및 특성을 고려하여 편성하면 됨)

### 4) 핵심 실천사항

| | |
|---|---|
| 안전보건 관련 항목 별도 편성 | • 차기 사업연도 예산 편성 때 안전보건 관련 항목은 별도로 구성할 것<br>• 위험시설 정비 및 개보수, 안전검사 실시, 안전시설 신규 설치 및 투자, 안전보건 조직 및 인력노무관리, 안전보건 진단 및 컨설팅, 위험성평가 실시비용 및 안전보호구 구입비, 특수건강검진 비용, 협력사 안전관리 역량지원 및 캠페인 비용 등의 항목 마련 가능 |
| 예산 편성안에 맞게 집행되는지 점검 | • 정기적으로 안전점검 편성 예산의 집행률 점검<br>• 합리적인 사유 없이 집행률이 상당히 저조하거나 용도와 다르게 집행되는지 점검<br>• 점검에 대한 개선조치 후 관련 자료 증빙 |

| | |
|---|---|
| 추가 예산 확보를 통한 부족 방지 | • 예비비를 편성하여 안전보건 예산의 부족을 방지하고, 적시 집행 도모 가능<br>• 사업장 또는 협력업체에서 추가로 요청할 경우, 적절히 증액할 수 있는 규정 및 절차 마련 → 안전보건 예산의 충분한 집행을 도모 |

## 4.8 안전보건 관련 예산 점검기준

### 1) 정기점검과 이에 따른 필요 조치 확인보고서 작성

재해예방에 필요한 안전보건에 관한 인력 · 시설 · 장비 구비와 유해 · 위험요인 개선에 필요한 예산편성 및 집행의 문제점은 없는지에 대해 주기적으로 점검하고 개선할 필요가 있다. 따라서 최소 1년에 한 번은 편성했던 안전보건 예산이 어떤 문제를 가지고 있는가를 분석하고 부족한 부분은 보완해 나갈 필요가 있다. 이를 위해서 주기적인 정기점검과 이에 따른 필요 조치 확인보고서를 작성하여 보관할 필요가 있다.

**표 3.27 정기점검 및 이에 따른 필요 조치 확인보고서**

# 정기점검 및 이에 따른 필요 조치 확인보고서

○ 점검구분(상반기 / 하반기) :
○ 점검일자 :
○ 점검장소 :
○ 점검인원 :

| 결재 | 작성 | 검토 | 승인 |
|---|---|---|---|
| | | | |

1. 점검 주요 내용

| 안건 및 내용 | | 판단근거 |
|---|---|---|
| ① 안전보건 예산 편성의 적합성 및 유효성 검토(필수) | | |
| 결과 | | 점검표 |
| 향후 개선방향 | | |
| ② 안전보건 예산 집행의 적합성 및 유효성 검토(필수) | | |
| 결과 | | 점검표 |
| 향후 개선방향 | | |
| ③ 추가예산 확보를 위한 예비비의 적합성 및 유효성 검토(미수립 시 제외) | | |
| 결과 | | 점검표 |
| 향후 개선방향 | | |

2. 중대산업재해 예방관련 예산 총괄표(단위 : 백만 원)

| 안전보건 예산 항목 | 편성액 | 집행액 | 집행률(%) | 비고 |
|---|---|---|---|---|
| 합계 | | | | |
| 인력 | | | | |
| 시설(위험성평가를 통한 개선에 소요되는 시설비용) | | | | |
| 장비, 장구 | | | | |
| 점검 | | | | |
| 교육, 훈련 | | | | |
| 회의, 소통 | | | | |
| 보건 | | | | |
| 기타 | | | | |
| 예비비 | | | | |

### 2) 안전보건 예산편성과 집행 이행 점검기준

□ 안전보건 예산편성과 집행 점검표

○ 점검일 :
○ 부서명 :
○ 점검책임자 : (인)

| 결재 | 작성 | 검토 | 승인 |
|---|---|---|---|
| | | | |

□ 점검 주요 내용

| 점검내용 | 점검결과 |
|---|---|
| 1. 기본적인 안전수칙 준수에 필요한 인력 · 시설 · 장비 구비에 필요한 필수 포함 예산 편성<br>① 안전보건관리자, 신호수 등 인력 배치<br>• 재해 예방을 위해 필요한 안전관리자, 보건관리자, 안전보건관리담당자, 산업보건의 등 전문인력 뿐만 아니라 안전보건관계법령 등에 따른 필요 인력 예산<br>• 산업안전보건법 등 종사자의 재해예방을 위한 안전보건관계법령 등에서 정한 인력, 시설, 장비 확보 비용<br>② 비상조치 계획 수립 및 훈련 등에 필요한 예산<br>③ 안전보건관계법령 준수를 위한 조치 | |
| 2. 유해 · 위험요인의 개선에 필요한 예산<br>① 위험성평가에 따른 개선조치 등 포함<br>• 건설현장에서 안전보건관리책임자가 주도한 위험성평가 등의 실시로 도출된 유해 · 위험요인의 개선에 필요한 예산 등은 반드시 편성되고 집행하였지 여부<br>• 예산 규모가 얼마인지가 중요한 것이 아니라 유해 · 위험요인을 어떻게 분석하고 평가하고 예산과 연계하여 반영하였는지 여부<br>• 안전보건관계법령 준수를 위한 조치, 위험성평가에 따른 개선조치에 소요되는 비용 등 위험요인 대체 · 제거 및 통제를 위한 시설과 장비확충, 안전보건 담당자 등 인력 배치, 비상조치 계획 수립 및 훈련 등에 필요한 예산 등<br>② 단기간 예산확보 불가 시 중단기적 전략에 의해 예산확보 계획 수립 여부 | |

| 점검내용 | 점검결과 |
|---|---|
| 3. 기업 특성을 고려하여 재정 여건에 맞게 합리적으로 실행할 수 있는 수준으로 편성 여부<br>① 기업의 규모와 보유한 유해 · 위험요인에 따른 개선에 필요한 예산 편성<br>② 산업안전보건관리비 외 안전확보 차원의 현장지원을 위한 본사 차원의 예산확보율<br>• 본사 안전보건 예산으로 전담조직 운영비, 스마트 위험성평가 시스템 사용료, 외부 전문기관 현장 안전점검비 등<br>• 본사 안전전담조직이 분기별로 각 현장의 안전점검 실시에 소요되는 비용<br>• 외부기관 작업공정별 위험요소 파악을 위한 점검, 안전교육 진행에 소요되는 비용<br>• 산업안전보건법 기준에 부합하는 산업안전보건관리비 현장 책정<br>③ 금년도 예산 수립 시 아래 사항 검토 진행 여부<br>• 전년도 예산의 적정성 여부<br>• 동종업계의 타 업체의 안전예산<br>• 재해예방에 필요한 인력, 시설, 장비의 구매, 유해 · 위험요인의 개선, 안전보건관리체계 구축 등에 관한 고용노동부 고시 사항 | |
| 4. 기업의 특성을 고려하여 포함되어야 할 안전보건 예산<br>① 인력<br>• 안전보건관리 전담조직인력 확충, 안전보건 전문인력 채용<br>• 안전보건 조직 운영, 안전보건 조직 관리<br>• 기타<br>② 시설<br>• 위험시설 정비, 위험설비 자동화 등 안전시설 개선비용<br>• 안전시설 신규 설치, 안전검검 강화<br>③ 장비<br>• 노후장비 적기교체, 안전검사 적기실시<br>• 안전관련 물품 및 보호구 등 구입비용, 안전검사 실시<br>• 기타(스마트 안전장치 설치 등)<br>④ 점검<br>• 평가, 점검 등 이행점검 비용, 안전보건진단, 컨설팅 비용 | |

| 점검내용 | 점검결과 |
|---|---|
| • 설비 및 시설물에 대한 안전점검 비용, 합동안전보건점검<br>• 위험성평가 실시<br>⑤ 교육<br>• 근로자 안전보건교육 훈련비용, 관리감독자 교육 비용<br>• 직무교육 비용, 외부교육 비용<br>⑥ 회의<br>• 노사협의체, 산업안전보건위원회 등 개최비용, 간담회 비용<br>⑦ 보건<br>• 작업환경측정 실시, 특수건강검진 실시, 근골격계 질환 예방<br>• 작업환경 개선 비용, 휴게 · 위생시설 관리<br>⑧ 교육 지원 / 시설 지원<br>• 안전보건 캠페인 추진<br>• 안전보건 우수사례 포상 비용<br>⑨ 예비비<br>⑩ 기타<br>• 협력사 안전관리 역량 지원 | |
| 5. 종사자 의견청취에 따른 재해예방에 필요한 내역 포함<br>① 종사자 참여 측면에서 유해 · 위험요인의 개선에 필요한 예산<br>• 종사자 의견청취에 따른 재해예방에 필요한 내역을 포함하여 편성 | |
| 6. 안전보건 예산편성 및 집행 매뉴얼 작성 및 개선<br>① 필요예산을 판단하기 위한 별도의 절차를 수립 여부<br>② 주기적으로 매뉴얼 검토 및 피드백 여부<br>• 안전보건 예산 편성 항목 및 기준 적절정 검토<br>• 심의 의결 및 집행과 결산<br>• 분석 및 보고 | |
| 7. 용도에 맞게 집행되도록 관리, 실시하고 있는지 여부<br>① 편성된 용도에 맞게 예산이 집행되도록 관리<br>② 예산 편성 및 집행서류 검토(○○년도 안전예산 편성 대비 실적)<br>③ 안전보건 예산이 적정 시기에 집행될 수 있도록 관리(목적 달성 시 예산 집행 완료로 간주) | |

| 점검내용 | 점검결과 |
|---|---|
| ④ 예산을 편성, 집행, 관리하는 체계 마련 여부<br>⑤ 안전보건 예산에 대한 별도 관리, 감사 체계 마련 여부<br>⑥ 안전보건에 필요한 조치항목들에 대하여 누락 없이 예산 책정 및 실제로 집행되었는지 점검 체계<br>⑦ 개별 사업장별 안전보건관리비(또는 유사명목 비용)이 안전보건 활동에만 사용되고 있는지 여부<br>• 해당 사용현황을 관리, 감독할 수 있는 제도, 절차 마련 여부<br>⑧ 개별 사업장별 안전보건관리비가 부족하지는 않는지 여부를 검토할 수 있는 제도, 절차 마련 여부<br>• 추가 편성을 요청할 경우 적정성을 심의하가나 추가 편성을 하는 절차가 마련되어 있는지 여부<br>⑨ 긴급할 경우 사용할 수 있는 예비비 등의 편성 여부 | |
| 8. 반기 1회 이상 주기적으로 점검하고 대표이사에게 보고<br>① 예산 편성과 집행의 문제점을 반기 1회 이상 주기적으로 점검하여 대표이사에게 보고<br>② 점검결과 개선사항에 대해서는 필요한 조치 | |

# 05 안전보건관리책임자 등의 충실한 업무수행 지원 (권한과 예산 부여, 평가기준 마련 및 평가 · 관리)

## 5.1 관련 조문

**시행령 제4조(안전보건관리체계의 구축 및 이행 조치) 제5호**

5. 「산업안전보건법」 제15조, 제16조 및 제62조에 따른 안전보건관리책임자, 관리감독자 및 안전보건총괄책임자(이하 이 조에서 "안전보건관리책임자 등"이라 한다)가 같은 조에서 규정한 각각의 업무를 각 사업장에서 충실히 수행할 수 있도록 다음 각 목의 조치를 할 것
   가. 안전보건관리책임자 등에게 해당 업무수행에 필요한 권한과 예산을 줄 것
   나. 안전보건관리책임자 등이 해당 업무를 충실하게 수행하는지를 평가하는 기준을 마련하고, 그 기준에 따라 반기 1회 이상 평가 · 관리할 것

## 5.2 조문의 취지

경영책임자가 모든 현장을 일일이 확인할 수 없으므로 사업장의 안전보건관리를 실질적으로 총괄하는 안전보건관리책임자와 관리감독자 등이 업무에 충실히 수행할 수 있도록 경영책임자가 지원하고 평가하기 위해 만든 조문이다.

사고예방은 각 현장에서 안전보건관리책임자 등이 안전조치와 보건조치를 강구할 때 이루어질 수가 있다. 이를 위해서는 안전보건관리책임자 등에게 권한과 예산을 부여해야 한다. 또한 이러한 조치를 했음에도 불구하고 이들이 안전보건 관련 업무를 잘 수행하고 있는지 여부에 대해서 평가하고 관리해야 한다. 안전보건관리(총괄) 책임자, 관리감독자에 대해서는 산업안전보건법에 따른 역할을 기준으로 평가표를 작성하고 반드시 평가를 실시해야 한다. 이렇게 해야만 사업장의 안전보건 조치의 실효성을 높일 수가 있기 때문이다. 사고 예방을 위해서는 안전보건 조직에 대해서 권한과 책임을 부여하는 체계를 구축할 필요가 있다.

## 5.3 실행전략

**일반사항**

① 안전보건관리책임자 등이 본연의 업무를 수행하고 안전관리자 및 보건관리자를 지휘 · 감독하는 데 필요한 권한과 예산 부여
② 안전보건관리책임자 등이 본연의 업무를 수행하는 데 필요한 시간과 비용지원
③ 해당 업무를 충실하게 수행하는지를 평가하는 기준을 마련하여 그 기준에 따라 반기 1회 이상 평가 · 관리

## 5.4 실행방법

### 1) 안전보건관리책임자 등에게 해당 업무수행에 필요한 권한과 예산부여

(1) 필요한 권한과 예산 부여

개인사업주 또는 경영책임자 등은 각 사업장의 안전보건관리책임자, 관리감독자 및 안전보건총괄책임자(안전보건관리책임자 등)가 산업안전보건법에 정해진 각각의 업무를 충실히 수행할 수 있도록 ① 안전보건관리책임자 등의 업무수행에 필요한 권한과 예산을 부여하고

② 해당 업무를 충실하게 수행하는지를 평가하는 기준을 마련하여 그 기준에 따라 반기 1회 이상 평가 · 관리하여야 한다.

산업안전보건법에서 산업재해 예방을 위하여 안전보건관리책임자 등을 두도록 하고 있다. 개인사업주 또는 경영책임자 등은 안전보건관리책임자 등이 사업장의 안전보건에 관한 제반 업무를 충실히 수행하도록 권한과 예산을 부여하여야 한다. 실제로 안전보건관리책임자 등이 자신의 업무를 충실히 수행하였는지 여부에 대해 평가 및 관리하도록 함으로써 사업장의 안전조치 및 보건조치의 실효성을 높일 필요가 있다.

현장의 유해 · 위험요인을 적절하게 개선조치를 할 수 있는 인력과 조직, 예산을 확보할 수 있어야 하며, 편성된 예산을 적절하게 집행할 수 있는 권한을 부여하여야 한다.

여기에서 권한과 예산의 구체적 의미와 관련하여 고용노동부 질의회시(중대산업재해감독과-2009, 2021.11.22)는 다음과 같이 보고 있다. 각 사업장마다 안전보건관리책임자 등의 구체적 업무 내용과 방식, 작업장소 등이 달라 필요한 권한과 예산을 일률적으로 정할 수는 없다고 보고 있다. 그러나 보다 상위 조직의 개별 업무지시 없이 해당 업무를 수행할 수 없거나 예산 부족으로 실질적으로 안전관리를 할 수 없는 경우가 발생하지 않도록 하여 법령에 따른 업무 수행을 통해 각 사업장의 안전보건을 확보할 수 있도록 하여야 한다는 입장이다.

일부 건설현장의 경우 현장에서 일을 할 수 있는 관리감독자가 없어 인력 충원을 대표이사에게 요구하고 있으나 원가절감 등을 이유로 반영되지 않은 상태에서 공사를 하는 경우가 있다. 이런 상태에서 사망자가 발생하게 되면 그 회사의 대표이사는 중대재해처벌법에 따라 처벌대상이 될 수 있다.

하나의 예로 건설공사 금액이 150억 원인 오피스텔 건축공사 현장이 있다고 가정해 보자. 현장에는 현장소장을 포함하여 품질관리자 1명, 안전관리자 1명만이 배치되어 있다. 사실 이 현장의 경우에는 건설기술진흥법 위반이 된다. 법적으로 품질관리자는 2명이 배치되어 활동을 해야 하지만 1명만 배치되어 활동을 하고 있기 때문이다. 물론 서류상으로는 2명이 배치되었을 수도 있다. 더군다나 이 현장의 경우에는 품질관리자가 품질관리 업무만이 아니라 현장의 공무업무도 겸직하고 있었다. 전담을 해야 하지만 이마저도 겸직을 하고 있어 건설기술진흥법 위반사항이다. 또한 안전관리자의 경우에도 공사관리자들이 미배치되어 있어 공사업무를 겸하고 있다. 역시 안전관리자로서 전담업무를 하여야 하지만 공사관리 업무수행에 따라 산업안전보건법 위반이 된다. 이런 상황에서 안전사고 방지는 물론 하자와 같은 품질불량 사례들이 속출하고 있는 것이 현실이다.

안전을 확보하는 데 있어서는 인력과 예산 동반이 필수적이다. 따라서 현장의 안전보건관리책임자인 현장소장에게 충분한 인력배치와 예산에 대한 권한을 주어야 현장에서 안전과 보건 조치가 가능할 것이다.

### (2) 안전보건관리책임자의 업무 명확화

사업주 또는 경영책임자 등은 안전보건경영방침과 목표를 달성할 수 있도록 안전보건관리규정 등 내부규정에 안전보건관리책임자 등의 권한과 책임을 명확히 정해야 한다. 또한 사업주, 경영책임자는 안전보건 담당자 주요 업무에 대한 권한과 이를 수행하기 위한 예산 편성과 집행에 대한 독립성을 부여하여야 한다. 특히, 유해 · 위험요인을 적절하게 개선하는 데 필요한 인력과 예산을 편성하고 이를 집행할 수 있도록 권한을 주어야 한다.

만약 권한을 제한하거나 예산의 부족으로 권한을 행사하지 못한다면 법령을 위반한 것으로 볼 수 있다.

안전보건관리책임자는 사업장을 실질적으로 총괄하여 관리하는 사람으로 통상적으로 사업장의 현장소장, 공장장 등을 말한다. 안전보건관리책임자는 산업안전보건법 제15조제1항 및 제2항에 따라 사업장을 실질적으로 총괄 · 관리하는 사람으로서 사업장의 산업재해 예방계획의 수립 등 안전 및 보건에 관한 업무를 총괄 · 관리하며 안전관리자와 보건관리자를 지휘 · 감독한다. 안전보건관리책임자는 건설업 기준으로 20억 원 이상이면 선임하여야 한다.

개인사업주 또는 경영책임자 등은 안전보건관리책임자가 사업장에서 위 업무를 수행하고 안전관리자와 보건관리자를 지휘 · 감독하는 데 필요한 권한과 예산을 주어야 한다. 산업안전보건법 제15조제1항에 따른 안전보건관리책임자의 업무는 다음과 같다.

**안전보건관리책임자의 업무(산업안전보건법 제15조제1항)**

1. 사업장의 산재예방계획 수립에 관한 사항
2. 안전보건관리규정(산업안전보건법 제25조, 제26조)의 작성 및 변경에 관한 사항
3. 근로자에 대한 안전보건교육(산업안전보건법 제29조)에 관한 사항
4. 작업환경의 점검 및 개선에 관한 사항
5. 근로자의 건강진단 등 건강관리에 관한 사항
6. 산업재해의 원인조사 및 재발방지대책 수립에 관한 사항
7. 산업재해에 관한 통계의 기록 및 유지관리에 관한 사항
8. 안전장치 및 보호구 구입 시 적격품 여부 확인에 관한 사항
9. 위험성평가의 실시에 관한 사항
10. 안전보건규칙에서 정하는 근로자의 위험 또는 건강장해의 방지에 관한 사항

### (3) 관리감독자의 업무 명확화

관리감독자는 사업장의 생산과 관련되는 업무와 그 소속 직원을 직접 지휘 · 감독하는 직위에 있는 사람을 의미한다. 건설현장의 경우 현장소장이나 안전관리자를 제외한 부서장, 과장, 대리, 직장 · 반장들이 이에 해당된다고 볼 수 있다.

관리감독자는 산업안전보건법 제16조제1항, 시행령 제15조에 따라 사업장 내 부서 단위에서의 소속 직원을 직접 지휘 · 감독하는 부서의 장으로서 해당 작업과 관련된 기계 · 기구 또는 설비의 안전보건 점검, 자신에게 소속된 근로자의 작업복 · 보호구 착용 등 점검 작업 전 안전미팅 진행 등 작업과 관련하여 종사자와 가장 밀접하게 안전보건에 관한 업무를 수행한다.

안전관리를 하는 데 있어서 관리감독자가 얼마나 안전에 대해 관심을 가지고 활동하느냐는 매우 중요하다.

개인사업주나 경영책임자 등은 관리감독자로 하여금 안전보건과 관련한 자신의 역할을 명

확히 인식하도록 하여야 한다. 또한 관리감독자에게 자신이 지휘 · 감독하는 작업과 관련한 기계 · 기구 또는 설비의 안전보건 점검 및 이상 유무의 확인, 소속된 근로자의 작업복 · 보호구 및 방호장치의 점검과 그 착용 · 사용에 관한 교육 · 지도 등에 필요한 시간, 비용 지원 등 업무수행을 위한 권한과 예산을 주어야 한다.

**관리감독자의 업무(산업안전보건법 시행령 제15조)**

1. 사업장 내 관리감독자가 지휘 · 감독하는 작업과 관련된 기계 · 기구 또는 설비의 안전보건 점검 및 이상 유무의 확인
2. 관리감독자에게 소속된 근로자의 작업복 · 보호구 및 방호장치의 점검과 그 착용 · 사용에 관한 교육 · 지도
3. 해당 작업에서 발생한 산업재해에 관한 보고 및 이에 대한 응급조치
4. 해당작업의 작업장 정리 · 정돈 및 통로 확보에 대한 확인 · 감독
5. 안전관리자, 보건관리자, 안전보건관리담당자, 산업보건의의 지도 · 조언에 대한 협조
6. 위험성평가를 위한 유해 · 위험요인의 파악 및 개선조치 시행에 참여

사업주는 관리감독자가 안전관리 업무를 원활하게 수행할 수 있도록 필요한 권한을 부여하고 시설, 장비, 예산, 그 밖에 업무수행에 필요한 지원을 하여야 한다.

특히 관리감독자는 현장에서 안전보건을 확보하는 데 있어서 가장 중요하다. 따라서 관리감독자를 평가할 때는 산업안전보건법에 따른 평가 외에 아래 사항도 포함하여 평가하길 권장한다.

## □ 안전보건관리책임자 등에 대한 평가기준 마련 및 점검표

| 평가항목 | 평가기준 | 점검결과 | 비고 |
|---|---|---|---|
| 관리감독자 업무 수행평가 | • 근로자 안전보건교육 이수율 | 내부경영평가 연계 | |
| | • 산업재해 재발방지대책 수립률 | | |
| | • 안전관리자 지도, 조건에 대한 협조 노력 | | |
| | • 위험성평가 실시 개선 | | |

## □ 평가항목별 세부 평가기준

### 1. 근로자 안전보건교육 이수율(부서, 현장)

$$\text{- 평가점수} = \frac{\text{전 직원 정기교육 참여인원}}{\text{전 직원 대상인원}} \times 50 + \frac{\text{신입직원 교육 참여인원}}{\text{신입직원 대상인원}} \times 50$$

(4회) (8시간 이상)

- 평가기준
  - (전 직원 대상) 근로자 안전보건 교육 분기별 1회 이수(총 4회)
  - (신규 채용직원 대상) 근로자 안전보건 교육 이수(8시간 이상)

    ※ 대상 : 24년 신규 채용 근로자

    ※ 24년 신규 채용직원 미발생 부서의 경우 전 직원 정기교육 참여율 평가 100% 반영
- 추가 가점 부여 : 근로자 안전보건 교육 이수율(배점 1점) 내에서 가점 부여(초과 불가)
  - 가점 인정 대상 : 사이버 안전교육(중대재해처벌법) 이수 또는 부서장(관리감독자)이 실시한 중대재해처벌법 관련 교육 참여인원

    ※ 단, 산업안전보건법에서 규정하는 안전보건교육과는 별도 실시
  - 이수율에 따른 가점

| 이수율(%) | 90 이상 | 90 미만 ~ 80 이상 | 80 미만 ~ 70 이상 | 70 미만 |
|---|---|---|---|---|
| 가점 | 0.2점 | 0.15점 | 0.1점 | 0점 |

## 2. 산업재해 재발 방지 대책 수립률(부서)

$$\text{- 평가점수} = \frac{\text{재발방지대책 수립건수}}{\text{산업재해발생 건수}} \times 100$$

※ 산업재해 발생 건수 : 근로복지공단 산업재해 인정 건 중 사업장에서 발생한 재해로 한정(근로복지공단 산업재해 승인 일자를 기준으로 적용)

※ 산업재해로 인한 ⅰ) 중상, ⅱ) 사망사고, ⅲ) 산업재해 발생 미보고[사고발생 지연보고로 산업재해 제출기한(사고발생일로부터 30일) 초과한 건] ⇒ ① 산업재해 재발방지대책 수립 지표 '0'점 부여

※ 산업재해 미발생 시 만점 부여

## 3. 안전관리자 지도 · 조언에 대한 협조 노력(부서, 현장)

$$\text{- 평가점수} = \frac{\Sigma \text{ 안전보건관리 방침 수립(5건) 기간 내 이행 점수}}{\text{총 5건}}$$

※ 산업안전보건관리 관련 방침 수립(총 5건)

| 구분 | 상반기 방침 수립(3건) | 하반기 방침 수립(2건) |
|---|---|---|
| 산업안전 보건관리 관련 방침 수립 | (1) 안전보건관리계획(1건)<br>(2) 중대재해처벌법 제5조에 따른 의무이행 점검결과(1건)<br>(3) 위험성평가(1건) | (1) 중대재해처벌법 제5조에 따른 의무이행 점검결과 보고(1건)<br>(2) 위험성평가(1건) |

- 평가기준

• 안전보건관리를 위한 계획 기간 내 수립 여부 평가

(1) 안전보건관리계획(연 1회)

(2) 중대재해처벌법 제5조에 따른 의무이행 점검결과(반기별)

(3) 위험성평가(반기별)

➠ 항목별 기간 내 수립 여부 : (1)번 항목 : 연 1회 점검
(2, 3)번 항목 : 반기별 점검

• 기간 내 이행 점수 : 위 항목 5건에 대한 기간 내 이행 점수를 총 합산하여 평균점수로 최종 평가

| 내용 | 기간 내 수립 | 수립 지연 | | |
|---|---|---|---|---|
| | | 7일 미만 | 7일 이상 14일 미만 | 14일 이상 |
| 점수 | 100점 | 95점 | 90점 | 80점 |

※ 단, 2024년 상반기 평가는 상반기 방침 수립 중'(2) 중대재해처벌법 제5조에 따른 의무이행 점검결과' 항목만 반영

**4. 위험성평가 실시 · 개선(부서, 현장)**

- 평가점수 = $\dfrac{\text{실적}}{\text{위험성 감소대책 수립 및 시행 건수 (하반기 목표건수 5건)}} \times 100$

- 평가기준
  ※ 위험성평가 중 위험성 감소대책 수립 및 시행 건수 평가항목으로 반영
  ※ 2024년 하반기 부서별 위험성평가 실적으로 평가 시행
- 하반기에 실시한 위험성 감소대책 수립 및 시행 건수 5건 이상이면 만점

### (4) 안전보건총괄책임자의 업무 명확화

안전보건총괄책임자는 도급을 주고 수급인의 근로자가 도급인의 사업장에서 작업을 하는 경우 지정되어야 한다. 안전보건총괄책임자는 도급인의 사업장에서 관계수급인 근로자가 작업을 하는 경우에 도급인의 근로자와 관계수급인 근로자의 산업재해를 예방하기 위한 업무를 총괄하여 관리하도록 지정된 그 사업장의 안전보건관리책임자를 말한다.

건설공사 현장의 경우에는 일반적으로 원청업체의 현장소장이 된다. 다만 전문건설공사 업체의 경우에는 재하도급이 불가하기에 안전보건총괄책임자로 선임은 힘들다. 반면에 현장대리인의 개념은 다르다. 현장대리인은 건설산업기본법에 따라 일정한 자격자가 현장대리인으로 선임되게 된다. 일부 현장에서는 현장대리인이 현장소장을 겸하는 경우도 있지만 일부 현장에서는 현장소장과 현장대리인이 별개인 경우도 있다.

도급인이 안전보건관리책임자를 두지 아니하여도 되는 사업장에서는 그 사업장에서 사업을 총괄하여 관리하는 사람을 안전보건총괄책임자로 지정하여야 한다. 안전보건관리책임자가 있는 사업장은 별도의 안전보건총괄책임자를 두지 않고 안전보건관리책임자가 안전보건총괄책임자의 역할도 수행하게 된다.

안전보건총괄책임자는 안전보건관리책임자로서의 업무 외에 산업안전보건법 제64조에 따른 도급 시 산업재해 예방조치, 산업안전보건관리비의 관계수급인 간의 사용에 관한 협의 · 조정 및 그 집행의 감독 등 산업안전보건법 시행령 제53조에 따른 업무를 수행한다.

사업주는 안전보건총괄책임자가 사업장에 산업재해 발생에 급박한 위험이 있다고 판단되어 작업을 중지시키려고 하는 경우 사업주는 안전보건총괄책임자의 판단을 존중하여야 한다.

**안전보건총괄책임자의 업무(산업안전보건법 시행령 제53조)**

1. 위험성평가의 실시에 관한 사항
2. 산업재해가 발생할 급박한 위험이 있는 경우 및 중대재해 발생 시 작업의 중지(산업안전보건법 제51조, 제54조)
3. 도급 시 산업재해 예방조치(산업안전보건법 제64조)
4. 산업안전보건관리비의 관계수급인 간의 사용에 관한 협의 · 조정 및 그 집행의 감독
5. 안전인증 대상기계 등과 자율안전확인 대상기계 등의 사용 여부 확인
6. 위험성평가를 위한 유해 · 위험요인의 파악 및 개선조치 시행에 참여

#### (5) 안전보건관리책임자 등의 역량 강화 조치

안전보건관리책임자 등은 작업장에서 안전과 보건에 관한 사항을 직접 지시하고 집행하므로 충분한 역량을 갖추는 것이 매우 중요하다. 따라서 경영책임자 등은 이들이 역량을 유지하거나 향상하도록 조직 내 · 외부 교육 또는 전문가 지원 등을 적극적으로 실시할 필요가 있다.

### 2) 안전보건관리책임자 등이 해당 업무를 충실하게 수행하는지를 평가하는 기준 마련

#### (1) 평가항목과 내용 구성

해당 업무를 충실하게 수행하는지를 평가하는 기준은 안전보건관리책임자 등이 해당 법령에 의해 정해진 의무를 제대로 수행하고 있는지에 대해 평가 항목을 구성하는 것을 의미한다.

일반적으로 평가항목은 고용노동부가 제시하고 있는 항목을 사용해도 무방하다.

안전보건관리책임자는 해당 사업장을 실질적으로 총괄하여 관리하는 사람, 관리감독자는 사업장의 생산과 관련되는 업무와 그 소속 직원을 직접 지휘·감독하는 직위에 있는 사람이므로 각각 해당 업무수행 능력과 성과 등을 평가하는 경우에 산업안전보건법에 따른 업무수행 및 그 충실도를 반영할 수 있는 평가항목이 포함되어야 한다.

평가 기준은 가능한 한 구체적이고 세부적, 정량적으로 마련함으로써 형식적인 평가가 아니라 실질적인 평가가 될 수 있어야 한다.

**표 3.28 안전보건관리책임자 등 평가 기준 및 평가표 예시 1**

○ 평가기준

| 구분 | 평가기준 |
|---|---|
| 양호 | • 법령에 따른 업무수행으로 수립된 안전보건목표를 달성하고 재해예방에 기여함 |
| 보통 | • 법령에 따른 업무를 적정하게 수행함 |
| 미흡 | • 법령에 따른 업무를 일부 수행하지 않음 |

○ 평가표(안)

| 직책 | 성명 | 담당 업무 | 평가 | | |
|---|---|---|---|---|---|
| | | | 미흡 | 보통 | 양호 |
| 안전보건관리책임자 | | 1. 사업장의 산재예방계획 수립에 관한 사항<br>2. 안전보건관리규정(산안법 제25조, 제26조)의 작성 및 변경에 관한 사항<br>3. 근로자에 대한 안전보건교육(산안법 제29조)에 관한 사항<br>4. 작업환경의 점검 및 개선에 관한 사항<br>5. 근로자의 건강진단 등 건강관리에 관한 사항<br>6. 산업재해의 원인 조사 및 재발방지대책 수립에 관한 사항<br>7. 산업재해에 관한 통계의 기록 및 유지관리에 관한 사항<br>8. 안전장치 및 보호구 구입 시 적격품 여부 확인에 관한 사항<br>9. 위험성평가의 실시에 관한 사항 | | | |

| 직책 | 성명 | 담당 업무 | 평가 | | |
|---|---|---|---|---|---|
| | | | 미흡 | 보통 | 양호 |
| | | 10. 안전보건규칙에서 정하는 근로자의 위험 또는 건강장해의 방지에 관한 사항 | | | |
| 관리 감독자 | | 1. 사업장 내 관리감독자가 지휘 · 감독하는 작업과 관련된 기계 · 기구 또는 설비의 안전보건 점검 및 이상 유무의 확인<br>2. 관리감독자에게 소속된 근로자의 작업복 · 보호구 및 방호장치의 점검과 그 착용 · 사용에 관한 교육 · 지도<br>3. 해당 작업에서 발생한 산업재해에 관한 보고 및 이에 대한 응급조치<br>4. 해당 작업의 작업장 정리 · 정돈 및 통로 확보에 대한 확인 · 감독<br>5. 안전관리자, 보건관리자, 안전보건관리담당자, 산업보건의의 지도 · 조언에 대한 협조<br>6. 위험성평가를 위한 유해 · 위험요인의 파악 및 개선조치 시행에 참여 | | | |
| 안전 보건 총괄 책임자 | | 1. 위험성평가의 실시에 관한 사항<br>2. 산업재해가 발생할 급박한 위험이 있는 경우 및 중대재해 발생 시 작업의 중지<br>3. 도급 시 산업재해 예방조치<br>4. 산업안전보건관리비의 관계수급인 간의 사용에 관한 협의 · 조정 및 그 집행의 감독<br>5. 안전인증 대상기계 등과 자율안전 확인 대상기계 등의 사용 여부 확인 | | | |

* 평가 주기 : 반기 1회 이상 평가

### 표 3.29 안전보건관리책임자 평가표 예시 2

| 평가 항목 | 평가 기준 | 평가점수 |
|---|---|---|
| 산업재해 예방계획 수립 | 경영방침에 부합한 산업재해 예방계획이 수립되었는지 | 6점 |
| 안전보건 관리규정 작성 및 변경 | 안전보건관리규정을 관계법령 및 현장 상황에 맞게 개정하였는지 | 6점 |
| 안전보건 교육 | 법령에 정한 이상으로 안전보건교육을 실시하였는지(경영방침 및 목표에 따른 교육 횟수 반영) | 10점 |
| 작업환경 점검 및 개선 | 1. 작업환경측정 실시(3점)<br>2. 작업환경 개선 사항 이행(5점) | 8 |
| 산업재해 원인 조사 및 재발방지대책 | 1. 원인조사(5점)<br>2. 재발방지대책 수립/이행(5점) | 10점 |
| 산업재해 통계 | 통계 기록 및 유지 상황 | 5점 |
| 안전장치 및 보호구 구입 시 적격품 여부 확인 | 안전장치 및 보호구 구입 시 적격품 여부 확인하였는지 점검 | 5점 |
| 위험성평가 실시 | 1. 유해·위험요인 발굴 건수(5점)<br>2. 위험성감소대책 수립 건수(5점)<br>3. 위험성감소대책 이행률(5점) | 15점 |
| 안전보건 규칙 준수 | 1. 위반사항 발견 시마다 위반의 정도에 따라 감소<br>2. 형사 처벌 대상 -3점<br>3. 과태료 대상 -2점<br>4. 시정조치 대상 -1점 | 15점 |
| 재해발생률 | 1. 무재해 달성 시 20점<br>2. 재해 1건당 -2점<br>3. 중대재해 1건당 -5점<br>4. 사망사고 1건당 -20점 | 20점 |
| 합계 | | 100점 |

**표 3.30 관리감독자 평가표 예시 3**

| 평가 항목 | 평가 기준 | 평가점수 |
|---|---|---|
| 기계 등 안전점검 | 기계 등 안전보건 점검 및 이상 유무 확인 후 체크리스트 작성<br>1. 작성내용 검토 후 평가<br>2. 안전보건 점검 시 이상 유무 발견 및 유해 · 위험요인 발견 시 가점 부여 | 10점 |
| 작업 전 설비점검 (산업안전보건기준에 관한 규칙 별표 3 점검업무 포함) | 1. 작업 전 설비점검 체크리스트 작성<br>2. 설비점검 여부에 관하여 안전관리자 및 작업자 다면평가 | 10점 |
| 작업복 등 방호장치 점검 및 교육, 지도 | 작업복 등 방호장치 지적 사항 발생 시 감점 | 10점 |
| 산업재해 보고 및 응급조치 | 1. 산업재해 보고(5점)<br>2. 응급조치 관련 훈련 참가 및 평가(5점) | 10점 |
| 작업장 정리정돈 등에 대한 감독 | 안전관리자 순찰 시 정리정돈에 대한 지적 사항 발생 시 감점 | 5점 |
| 안전관리자 및 보건관리자 업무 협조 | 안전관리자 및 보건관리자의 평가 | 5점 |
| 위험성평가 참여 | 위험성평가 참여 및 협조/위험감소대책 참여 및 협조<br>- 안전관리자 및 보건관리자의 평가 | 10점 |
| 유해 · 위험방지업무 (산업안전보건기준에 관한 규칙 별표 2) | 1. 작업계획서 작성 실적(5점)<br>2. 작업자의 표준안전 작업지침 및 안전수칙 숙지 여부(작업자 평가, 5점) | 10점 |
| 관리감독자 교육 참여 | 정기교육 참석률 및 교육 평가 점수 | 10점 |
| 재해발생률 | 1. 무재해 달성 시(20점)<br>2. 재해 1건당(5점)<br>3. 중대재해 1건당(10점)<br>4. 사망사고 1건당(20점) | 20점 |
| 합계 | | 100점 |

### (2) 평가시기

안전보건관리책임자 등이 업무를 충실히 수행하고 있는지 평가 기준을 마련하고 반기 1회 이상 평가·관리를 하여야 한다. 안전보건관리책임자 등을 평가하는 기준은 가능한 구체적이고 세부적으로 마련할 필요가 있다.

중대재해처벌법상 반기 1회 이상 점검의 의미는 상반기(01.01 ~ 06.30까지)와 하반기(07.01 ~ 12.31까지)를 최소한의 주기로 하여 각 1회 이상 실시해야 한다. 따라서 법 시행일이 '22.01.27이지만 최초 반기인 '22.06.30까지는 법령상 점검이 이루어져야 하며 이 기간이 지나는 동안 한 번도 점검이 이루어지지 않았다면 반기 1회 이상 점검하지 않은 것으로 판단할 수 있게 된다.

### (3) 평가방법

평가 방법은 자체평가와 위탁평가 방법으로 실시할 수 있다. 평가과정에서 객관적이고 공정한 평가를 위해서는 실무자, 회사 내외부 안전보건 전문가, 현장에서 작업에 종사하는 작업자, 자재 납품이나 건설기계를 대여하는 이해관계자 등으로 구성된 평가위원회를 구성하여 평가할 필요가 있다.

일반적으로 사업부서 실무자 1인이 평가하고서 부서장이 검토한 후에 경영책임자에게 보고를 하고 있으나 이런 경우 형식적으로 운영했다고 판단될 가능성이 높다. 따라서 다면평가와 평가위원회를 구성하여 평가하기를 권장한다.

**표 3.31 평가방법**

| 구분 | 내용 |
|---|---|
| 자체평가 | 회사 내부의 안전 전문성을 가진 사업주, 경영책임자, 안전관리자, 외부전문가가 평가를 실시한다. |
| 위탁평가 | 안전보건관계법령 의무사항에 대하여 산업안전보건법 제47조에 따른 안전보건진단기관인 외부전문기관이 위탁을 받아 평가를 실시할 수도 있다. |

평가하는 과정에서 유의할 점은 소속 조직을 평가하는 것이 아니라 안전관리책임자, 관리감독자 그 자체를 평가해야 한다는 점이다. 고용노동부(중대산업재해감독과-1917, 2022.05.24)는 사업장 내에는 다수의 관리감독자가 있어 관리감독자로 구성된 조직을 평가하는 것은 개별 관리감독자에 대한 평가를 갈음할 수는 없다고 보고 있다. 관리감독자에 대한 평가는 관리감독자가 산업안전보건법 제16조 및 동법 시행령 제15조에 따른 업무를 충실히 수행하기 위한 조치 중의 하나로써, 조직에 대한 평가만으로는 개별 관리감독자의 업무수행에 대한 평가가 누락될 수 있다. 이런 경우에는 중대재해처벌법 시행령 제4조제5호의 평가가 이루어졌다고 보기는 어렵다고 보고 있다.

### (4) 평가점수 부여 근거 정량화

평가표에 의해 평가를 실시할 때 점수 부여에 대해서 구체적인 근거 없이 평가를 하고 있으나 이는 지양하여야 할 사항이다. 가능하면 평가를 실시할 때는 정량적인 근거에 의해 평가를 할 필요가 있다. 필요하면 평가 대상자들에게 평가항목에 따라 업무를 추진하였다는 자체적인 성과를 제출하게 하고 이를 근거로 평가하는 방법도 하나의 방법이다. 사전에 평가항목별로 정량적 데이터를 구분하여 점수화하는 것을 권장한다.

### (5) 평가결과 반영

평가내용은 안전보건관리책임자 등의 산업안전보건법상 의무사항 이행 여부를 평가하게 된다. 평가 결과는 반드시 조치하고 반기 1회 이상 사업주 또는 경영책임자에게 보고해야 한다.

점검 결과 개선사항에 대해서는 필요한 조치를 하고 평가 결과를 인사고과에 반영하여야 한다. 인사고과는 보상, 연봉, 승진 등에 직접적으로 영향을 주기 때문에 공정한 평가방법과 시스템을 구축하는 것이 중요하다.

사실 안전보건관리책임자 등이 적극적으로 안전보건 활동에 참여하기 위해서는 적절한 인센티브와 패널티 부여가 필요하다. 경영책임자의 고유권한인 안전보건 예산과 권한을 안전보건관리책임자 등에게 주었다고 할지라도 제대로 일을 하도록 하기 위해서는 관리 측면에서 평가를 통해 합당한 상벌을 줄 필요가 있다.

### 3) 평가기준에 따라 반기 1회 이상 평가 · 관리의 문제점 분석

안전보건관리책임자 등의 업무 수행 평가와 관리는 그 평가기준에 따라 반기 1회 이상 이루어져야 한다. 안전보건관리책임자 등의 다른 업무 수행에 관한 평가 시에 병행하여 평가하여도 되며, 반드시 산업안전보건법에 따른 업무수행과 관련한 평가만 별도로 하여야 하는 것은 아니다. 그러나 가급적이면 별도로 평가하는 것을 권장한다.

안전보건관리책임자 등의 산업안전보건법에 따른 업무수행과 관련한 평가 결과가 현저히 낮은 경우에는 다른 업무수행 능력이 뛰어난 경우라도 평가 결과에 따른 상응한 조치를 하여야 한다. 또한 평가 방법에서 문제점, 평가에 따른 재해율 감소효과에 얼마나 기여하는지에 대해서도 분석하고 피드백할 필요가 있다.

### 4) 안전보건관리책임자 등 평가 절차

문서번호 :

# 안전보건관리책임자 등 평가 절차

2025. . .

| 작성자 | 검토자 | 근로자대표 | 승인자(현장소장) |
|---|---|---|---|
| (확인) | (확인) | (확인) | (확인) |

| 제정 : (처음 만든 날짜) | 개정 : (수정한 날짜) |
|---|---|

㈜ ○○건설

# 안전보건관리책임자 등 평가절차 제 · 개정이력

| 제목 | 안전보건책임자 등 평가 절차 | 제 · 개정 및 폐기권자 | 안전보건 관리책임자 |
|---|---|---|---|
| 문서 번호 | - | 기안 부서 | |
| 개정 주기 | 필요시 | 관리 부서 | |
| 공개 여부 | 공개 | 제정 일자 | |

**제 · 개정 이력**

| 개정 번호 | 제 · 개정 | | | 연월일 | 제 · 개정사유 | 제 · 개정내용 |
|---|---|---|---|---|---|---|
| | 작성자 | 전면 | 부분 | | | |
| 1 | | ● | | | | 제정 |
| | | | | | | |
| | | | | | | |
| | | | | | | |
| | | | | | | |
| | | | | | | |
| | | | | | | |
| | | | | | | |

# 안전보건관리책임자 등 평가절차

| 승인 | |
|---|---|
| 기안 | |

| 제정 : (처음 만든 날짜) | 개정 : (수정한 날짜) |
|---|---|

## 1. 목적

이 절차는 산업안전보건법 제15조, 제16조 및 제62조에 따른 안전보건관리책임자, 관리감독자, 안전보건총괄책임자가 산업안전보건법에서 규정한 각각의 업무를 충실히 수행할 수 있도록 업무를 제시하고 그에 따른 평가 기준을 마련하는 것에 그 목적이 있다.

## 2. 적용범위

이 절차는 (주)OO(이하 "회사"라 함)의 산업안전보건법에 따른 안전보건관리책임자 등의 업무 및 책임과 권한, 평가 기준 등에 대한 절차에 대하여 적용한다.

## 3. 책임과 권한

3.1 대표이사(경영책임자)

3.1.1 안전보건관리책임자 등에게 해당 업무에 대한 권한과 시설 · 장비 · 예산 등 필요한 지원을 할 것

3.1.2 안전보건관리책임자 등이 해당 업무를 충실하게 수행하는지를 평가하는 기준을 마련하고, 그 기준에 따라 반기 1회 이상 평가 · 관리할 것

3.2 안전보건관리(총괄)책임자

3.2.1 산업안전보건법 제15조, 제62조에 따른 업무를 충실히 수행할 것

3.2.2 예산을 충분히 집행하고 실적을 관리할 것

3.2 관리감독자

3.2.1 산업안전보건법 제16조에 따른 업무를 충실히 수행할 것
3.2.2 위임받은 예산을 충분히 집행하고 실적관리를 할 것

**4. 안전보건관리책임자 등의 업무**

4.1 안전보건관리책임자
4.1.1 사업장의 산업재해 예방계획의 수립에 관한 사항
4.1.2 법 제25조 및 제26조에 따른 안전보건관리규정의 작성 및 변경에 관한 사항
4.1.3 법 제29조에 따른 안전보건교육에 관한 사항
4.1.4 작업환경측정 등 작업환경의 점검 및 개선에 관한 사항
4.1.5 법 제129조부터 제132조까지에 따른 근로자의 건강진단 등 건강관리에 관한 사항
4.1.6 산업재해의 원인 조사 및 재발방지대책 수립에 관한 사항
4.1.7 산업재해에 관한 통계의 기록 및 유지에 관한 사항
4.1.8 안전장치 및 보호구 구입 시 적격품 여부 확인에 관한 사항
4.1.9 법 제36조에 따른 위험성평가의 실시에 관한 사항
4.1.10 법 제51조 및 제54조에 따른 작업의 중지
4.2 안전보건총괄책임자
4.2.1 법 제64조에 따른 도급 시 산업재해 예방조치
4.2.2 법 제72조제1항에 따른 산업안전보건관리비의 관계수급인 간의 사용에 관한 협의·조정 및 그 집행의 감독
4.2.3 안전인증 대상기계 등과 자율안전확인 대상기계 등의 사용 여부 확인
4.2.4 그 밖에 근로자의 유해·위험방지조치에 관한 사항으로써 고용노동부령으로 정하는 사항
4.3 관리감독자
4.3.1 사업장 내 법 제16조제1항에 따른 관리감독자(이하 "관리감독자"라 한다)가 지휘·감독하는 작업(이하 이 조에서 "해당작업"이라 한다)과 관련된 기계·기구 또는 설비의 안전보건 점검 및 이상 유무의 확인
4.3.2 관리감독자에게 소속된 근로자의 작업복·보호구 및 방호장치의 점검과 그 착용·사용에 관한 교육·지도
4.3.3 해당작업에서 발생한 산업재해에 관한 보고 및 이에 대한 응급조치

4.3.4 해당작업의 작업장 정리 · 정돈 및 통로 확보에 대한 확인 · 감독

4.3.5 안전관리자, 보건관리자, 안전보건관리담당자, 산업보건의에 해당하는 사람의 지도 · 조언에 대한 협조

4.3.6 유해 · 위험요인의 파악에 대한 참여와 개선조치의 시행에 대한 참여 등 법 제36조에 따라 실시되는 위험성평가에 관한 업무

4.3.7 그 밖에 해당작업의 안전 및 보건에 관한 사항으로써 고용노동부령으로 정하는 사항

## 5. 평가 절차

5.1 평가계획 수립

5.1.1 ○○팀은 안전보건관리책임자 등의 평가계획을 수립하여 평가 일정을 각 해당자에게 전달하고 개인별 성과실적을 제출토록 한다.

5.1.2 안전보건관리책임자 등은 목표 및 추진계획 대비 달성도를 성과측정하고 안전보건활동과 각각의 업무의 유효성을 검토하여 수행 여부를 사전 확인하여 평가 자료를 성실히 준비한다.

5.2 평가 실시

5.2.1 안전보건관리(총괄)책임자 평가는 ○○장이 반기 1회 이상 실시하며, 평가는 [붙임1] 안전보건관리책임자 평가표, [붙임2] 안전보건총괄책임자 평가표 내 평가 지표를 기준으로 실시한다.

5.2.2 관리감독자 평가는 안전보건관리책임자가 반기 1회 이상 실시하며, [붙임3] 관리감독자 평가표 내 평가 지표를 기준으로 실시한다.

5.2.3 평가는 서류평가를 우선 실시하고 필요시 현장평가도 병행하여 실시한다.

5.2.4 평가는 공정성과 객관성 확보를 위하여 내외부 전문가들로 구성된 평가위원회를 구성하여 실시한다.

5.3 검토

5.3.1 ○○팀장은 안전보건관리(총괄)책임자, 관리감독자 직무수행평가 결과를 취합하여 대표이사(경영책임자)에게 반기 1회 이상 보고한다.

5.3.2 평가 결과는 인사고과와 연계하고 우수자에 대해서는 인센티브를 부여한다.

## 6. 문서 보존

6.1 평가 관련 서류는 문서(전자문서를 포함한다)로 작성하여 보관하여야 한다.
6.2 평가 관련 서류는 5년 이상 보관하여야 한다.

7. 관련문서
   첨부 1. 안전보건관리책임자 평가표
   첨부 2. 안전보건총괄책임자 평가표
   첨부 3. 관리감독자 평가표

### ◈ 첨부 1. 안전보건관리책임자 평가표

<table>
<tr><th colspan="5">안전보건관리책임자 평가표</th></tr>
<tr><td>평가대상</td><td></td><td>평가<br>일자</td><td colspan="2"></td></tr>
<tr><td colspan="5">1. 평가 결과</td></tr>
<tr><td colspan="5">안전보건관리책임자(　　　　　)</td></tr>
</table>

| 순번 | 평가 항목 | 적합 | 부적합 | 미해당 |
|---|---|---|---|---|
| 1 | 사업장의 산업재해 예방계획의 수립에 관한 사항 | | | |
| 2 | 안전보건관리규정의 작성 및 변경에 관한 사항 | | | |
| 3 | 안전보건교육에 관한 사항 | | | |
| 4 | 작업환경측정 등 작업환경의 점검 및 개선에 관한 사항 | | | |
| 5 | 근로자의 건강진단 등 건강관리에 관한 사항 | | | |
| 6 | 산업재해의 원인 조사 및 재발방지대책 수립에 관한 사항 | | | |
| 7 | 산업재해에 관한 통계의 기록 및 유지에 관한 사항 | | | |
| 8 | 안전장치 및 보호구 구입 시 적격품 여부 확인에 관한 사항 | | | |
| 9 | 유해 · 위험방지조치에 관한 사항 | | | |

| 안전보건관리책임자 업무 평가 지표 | |
|---|---|
| 점검항목 | 점검 내용 |
| 1. 사업장의 산업재해 예방계획의 수립에 관한 사항 | 안전보건경영방침을 바탕으로 산업재해 예방을 위한 목표 및 계획을 수립하고 목표달성률 등 성과 측정을 실시하고 있는가? |
| | 목표의 공유 및 목표 이행을 위한 구성원의 역할 분담 등이 적절히 이루어져 있는가? |
| 2. 안전보건관리규정의 작성 및 변경에 관한사항 | 사업장의 안전보건 확보에 관한 기준 확립을 위해 안전보건관리규정을 재 · 개정하고 있으며, 법상 요구하는 내용을 포함하고 있는가? |
| | 규정을 제 · 개정하는 경우 산업안전보건위원회의 심의 · 의결을 거치는가? |
| 3. 안전보건교육에 관한 사항 | 연간 안전보건교육계획을 수립하고, 계획대로 적절히 시행되고 있는지 검토하고 있는가? |
| | 정기 안전보건교육 등 법상 교육실시 여부에 대한 보고를 받고 있으며, 누락자 및 불참자가 발생하지 않도록 관리를 실시하고 있는가? |
| 4. 작업환경측정 등 작업환경의 점검 및 개선에 관한 사항 | 사업장의 작업환경측정 대상 여부를 파악하고 있으며, 주기에 맞게 작업환경측정을 실시하고 결과 보고를 받고 있는가? |
| | 노출기준 초과 공정이 발생하는 경우, 작업환경 개선을 위한 노력을 하고 있는가? |
| 5. 근로자 건강진단 등 건강관리에 관한 사항 | 매년 건강검진 실시계획을 수립하고, 근로자 건강검진 완료 여부를 보고받고 있는가? |
| | 건강 이상소견자를 파악하고, 사후관리를 실시하고 있는가? |
| 6. 산업재해의 원인조사 및 재발방지대책의 수립 | 산업재해 발생 시 조치에 관한 절차, 규정 등을 마련하고 있으며 해당 규정에 따라 재해 원인 조사 및 재발방지대책 수립 등을 실시하는가? |
| | 수립한 재발방지대책이 꾸준히 준수될 수 있도록 담당 부서 및 안전보건관리 담당자에게 지속적으로 업무지시를 실시하는가? |
| 7. 산업재해에 관한 통계의 기록 및 유지에 관한 사항 | 사업장 내 발생하는 산업재해 및 휴업재해 현황을 알고 있으며, 산업재해조사표 제출 등 관리적 사항에 대해 알고 있는가? |
| 8. 안전장치 및 보호구 구입 시 적격품 여부 확인에 관한 사항 | 안전장치 및 보호구 구입 시 안전인증 취득 여부에 대한 확인을 하고 있는가? |

| 점검항목 | 점검 내용 |
|---|---|
| 9. 유해 · 위험방지 조치에 관한 사항 | 위험성평가 실시계획에 대한 보고를 받고 있으며, 실시 계획 내 포함된 내용에 대해 이해하고 있는가? |
| | 위험성평가 실시 현황 및 발굴된 문제점의 개선 완료 이행 여부 관리를 실시하고 있는가? |
| | 현장에서 이루어지는 공사 전 수시위험성평가 실시, 안전작업허가서 작성 등 내용에 대해 알고 있는가? |
| 평가 지표 | • 적합 : 해당 업무에 대해 인지하고 있으며, 실제 관련 업무수행 후 기록관리를 실시 중<br>• 부적합 : 해당 업무에 대한 인지가 미흡하거나, 관련 업무를 수행하고 있지 않음<br>• 미해당 : 점검내용 업무 해당 없음 |

### ◈ 첨부 2. 안전보건총괄책임자 평가표

| 안전보건총괄책임자 평가표 | | | | | |
|---|---|---|---|---|---|
| 평가대상 | | | 평가<br>일자 | | |
| 1. 평가 결과 | | | | | |
| 안전보건총괄책임자( ) | | | | | |
| 순번 | 평가 항목 | | 적합 | 부적합 | 미해당 |
| 1 | 위험성평가의 실시에 관한 사항 | | | | |
| 2 | 작업의 중지에 관한 사항 | | | | |
| 3 | 도급 시 산업재해 예방조치 | | | | |
| 4 | 작업장 정리정돈 및 통로확보에 대한 확인 · 감독 | | | | |
| 5 | 산업안전보건관리비의 협의 · 조정 및 그 집행의 감독 | | | | |
| 6 | 안전인증대상기계등과 자율안전확인대상기계등의 사용 여부 확인 | | | | |

| 안전보건총괄책임자 업무 평가 지표 | |
|---|---|
| 점검항목 | 점검 내용 |
| 1. 유해 · 위험요인의 파악 및 그 결과에 따른 개선 조치 | 위험성평가 실시계획에 대한 보고를 받고 있으며, 실시계획 내 포함된 내용에 대해 이해하고 있는가? |
| | 위험성평가 실시 현황 및 발굴된 문제점의 개선 완료 이행 여부 관리를 실시하고, 결과를 근로자에게 공유하고 있는가? |
| 2. 작업 중지에 관한 사항 | 종사자에게 급박한 위험이 발생하는 경우 작업 중지에 관한 권한을 부여하고 있으며, 종사자들은 해당 내용에 대한 안내를 받았는가? |
| 3. 도급 시 산업재해 예방조치 | 안전 및 보건에 관한 협의체를 구성, 운영하여 협력업체의 안전 및 보건관리를 실시하고 있는가? |
| | 2일에 1회 이상 협력업체 근로자의 작업장 순회점검을 실시하고 있는가? |
| | 2개월에 1회 이상 협력업체 대표, 근로자를 포함한 점검반을 구성하여 합동점검을 실시하고 있는가? |
| | 순회점검, 합동점검 시 발굴한 문제점의 개선 완료 여부 관리 및 공유를 실시하고 있는가? |
| | 협력업체 근로자의 안전보건교육 이수 여부를 확인하고 있는가? |
| | 협력업체 근로자의 안전보건교육을 위한 장소 및 자료제공 등 지원을 실시하고 있는가? |
| | 사업장 내부의 유해 · 위험물질, 위험 설비 등 정보를 협력업체에 제공하고, 경보체계 및 대피방법 등 훈련을 실시하고 있는가? |
| 4. 작업장 정리정돈 및 통로 확보에 대한 확인 · 감독 | 작업장 내 필요하지 않은 것에 대한 별도 보관 · 폐기 등을 실시하고 있으며, 점검 후 기록유지를 하고 있는가? |
| | 작업장 근로자 통로를 구분하고 있으며, 안전한 통로 확보를 위한 상시 점검 실시 후 기록유지를 하고 있는가? |
| 5. 산업안전보건관리비협의 · 조정 및 집행의 감독 | 건설공사발주자로서 도급계약을 체결하거나, 건설공사의 시공을 주도하여 총괄 · 관리하는 경우 사업계획 내 산업안전보건관리비 계상에 관한 내용을 포함하고 있는가? |
| 6. 안전인증대상기계 등과 자율안전확인대상기계등의 사용여부 확인 | 안전인증, 자율안전확인신고 대상 설비를 파악하고 있으며 해당 설비에 대한 인증 및 신고를 실시한 후 합격 판정을 받은 설비를 사용하고 있는가? |

| 점검항목 | 점검 내용 |
|---|---|
| 평가 지표 | • 적합 : 해당 업무에 대해 인지하고 있으며, 실제 관련 업무 수행 후 기록관리를 실시 중<br>• 부적합 : 해당 업무에 대한 인지가 미흡하거나, 관련 업무를 수행하고 있지 않음<br>• 미해당 : 점검 내용 업무 해당 없음 |

### ◈ 첨부 3. 관리감독자 평가표

| 관리감독자 평가표 | | | |
|---|---|---|---|
| 평가대상 | | 평가일자 | |
| 1. 평가 결과 | | | |
| 관리감독자(　　　　　) | | | |

| 순번 | 평가 항목 | 적합 | 부적합 | 미해당 |
|---|---|---|---|---|
| 1 | 기계 · 기구 또는 설비의 안전보건 점검 및 이상 유무의 확인 | | | |
| 2 | 근로자의 작업복 · 보호구, 방호장치의 점검과 그 착용 · 사용에 관한 교육 · 지도 | | | |
| 3 | 해당작업에서 발생한 산업재해에 관한 보고 및 이에 대한 응급조치 | | | |
| 4 | 해당작업의 작업장 정리 · 정돈 및 통로확보에 대한 확인 · 감독 | | | |
| 5 | 안전관계자의 지도 · 조언에 대한 협조 | | | |
| 6 | 위험성평가에 관한 업무 | | | |

| 관리감독자 업무 평가 지표 | |
|---|---|
| 점검항목 | 점검 내용 |
| 1. 기계 · 기구 · 설비의 안전점검 및 이상 유무 확인 | ①예초기 ②원심기 ③포장기 ④공기압축기 ⑤지게차 ⑥금속절단기 등 산업안전보건법 시행령 제70조에 명기된 설비들의 방호조치 유무를 확인하고 있는가? |
| | 산업안전보건기준에 관한 규칙 제35조 [별표2]에 따른 유해 · 위험방지 업무를 수행하고 있는가? |
| | 산업안전보건기준에 관한 규칙 제35조 [별표3]에 따른 작업 전 점검업무를 수행하고 있는가? |
| 2. 종사자의 작업복 · 보호구 및 방호장치 점검과 착용 · 사용에 관한 교육 · 지도 | 산업안전보건기준에 관한 규칙에 따라 작업복 점검, 착용 방법을 적절히 제시하고 있으며 이에 대한 사항을 근로자에게 교육하고 올바르게 착용하도록 지도하고 있는가? |
| | 산업안전보건기준에 관한 규칙에 따라 보호구 점검, 착용 방법을 적절히 제시하고 있으며 이에 대한 사항을 근로자에게 교육하고 올바르게 착용하도록 지도하고 있는가? |
| | 산업안전보건법에 따른 안전인증, 자율안전확인신고 대상 설비 등 유해 · 위험설비에 방호조치가 적절한지 점검하고 있으며, 문제 발생 시 사후 조치를 실시하고 있는가? |
| 3. 산업재해에 관한 보고 및 응급조치 | 산업재해가 발생한 경우 보고 체계 및 조치 방법, 응급조치에 대해 인지하고 있으며, 재발방지대책 수립과 관련한 기록관리를 실시하고 있는가? |
| 4. 작업장 정리정돈 및 통로확보에 대한 확인 · 감독 | 작업장 내 필요하지 않은 것에 대한 별도 보관 · 폐기 등을 실시하고 있으며, 점검 후 기록유지를 하고 있는가? |
| | 작업장 근로자 통로를 구분하고 있으며, 안전한 통로확보를 위한 상시 점검실시 후 기록유지를 하고 있는가? |
| 5. 안전보건관리자의 지도 · 조언에 대한 협조 | 안전보건관리담당자 등 안전보건 전문인력의 안전보건에 관한 기술적 사항에 대한 협조 방법이 적절히 제시되어 있으며, 이에 따라 협조를 실시하고 있는가? |
| 6. 유해 · 위험요인의 파악 및 그 결과에 따른 개선조치 | 위험성평가 절차에 따른 실시계획 수립, 평가자, 평가대상, 평가주기 및 방법을 인지하고 있으며 해당 절차대로 적절히 위험성평가를 실시하고 있는가? |
| | 위험성평가 실시 후 개선 완료 여부에 관한 관리를 실시하고 있는가? |
| 평가 지표 | • 적합 : 해당 업무에 대해 인지하고 있으며, 실제 관련 업무 수행 후 기록 관리를 실시 중<br>• 부적합 : 해당 업무에 대한 인지가 미흡하거나, 관련 업무를 수행하고 있지 않음<br>• 미해당 : 점검내용 업무 해당 없음 |

## 5.5 컴플라이언스 핵심 체크포인트

① 안전보건관리책임자 등의 권한 및 예산 부여

- 안전보건관리책임자 등에게 산업안전보건법상의 담당업무를 수행하는 데 필요한 권한과 예산을 부여하였음을 내부규정에 명확히 기재해 둘 필요가 있다.

② 안전보건관리책임자 등에 대한 평가 실시 및 결과 피드백

- 안전보건관리책임자 등의 담당업무를 평가하기 위한 평가 기준 및 절차를 마련하여 반기 1회 평가하여야 한다.
- 평가 기준은 산업안전보건법상의 담당업무 수행 및 그 충실도를 반영하는 내용이 포함되어야 한다.
- 안전보건관리책임자 등은 평가 관련 평가요소, 실행여부 등을 인지하고 있어야 하며 업무수행도 평가 후 미흡한 사항에 대해서는 교육 및 평가 피드백을 받아야 한다.

③ 평가 결과 및 조치 내용 관련 자료 관리

- 평가 결과 데이터는 보존, 관리할 필요가 있고 미흡평가 항목에 대한 조치 내용과 그에 대한 자료도 보존, 관리하여야 한다.

## 5.6 고용노동부 유권해석

**안전보건관리책임자 등에게 주어야 하는 권한과 예산의 구체적 의미**

고용노동부 질의회시(중대산업재해감독과-2009, 2021.11.22)에 따르면 각 사업장마다 안전보건관리책임자 등의 구체적 업무 내용과 방식, 작업장소 등이 달라 필요한 권한과 예산을 일률적으로 정할 수는 없다고 보고 있다.

그러나 보다 상위 조직의 개별 업무지시 없이 해당 업무를 수행할 수 없거나 예산 부족으로 실질적으로 수행할 수 없는 경우가 발생하지 않도록 하여 법령에 따른 업무수행을 통해 각 사업장의 안전보건을 확보할 수 있도록 하여야 한다는 입장이다.

### 안전보건관리책임자 등의 업무수행에 대한 평가기준 마련 및 평가 · 관리의 구체적인 방법

고용노동부 질의회시(중대산업재해감독과-1917, 2022.05.24)에 따르면 사업장 내 다수의 관리감독자가 있어 관리감독자로 구성된 조직을 평가하는 것으로 개별 관리감독자에 대한 평가를 갈음할 수 없다고 보고 있다.

관리감독자에 대한 평가는 관리감독자가 산업안전보건법 제16조 및 동법 시행령 제15조에 따른 업무를 충실히 수행하기 위한 조치 중의 하나로써, 조직에 대한 평가만으로는 개별 관리감독자의 업무수행에 대한 평가가 누락될 수 있다고 보는 입장이다.

따라서 중대재해처벌법 시행령 제4조제5호의 평가가 이루어졌다고 보기는 어렵다고 보고 있다. 관리감독자가 반기 중 관리감독자 외의 업무를 순환하여 수행할 경우와 관련하여 고용노동부는 관리감독자의 업무와 그 외 업무를 순환하는 자에 대하여 관리감독자 직무기간에 따른 평가 배점 비율 등은 조정할 수는 있다 할지라도 관리감독자의 업무를 수행한 부분에 대한 평가 자체가 배제되어서는 안 된다고 보고 있다.

### 안전보건관리책임자 등 평가 및 그 결과 활용

고용노동부 질의회시(중대산업재해감독과-3610, 2022.09.14)에 따르면 관리에 대해서는 법령상 정의한 바가 없으므로 관리하는 구체적인 방법 등은 사업장 규모 및 특성 등에 따라 해당 의무가 실질적으로 이행될 수 있도록 사업 또는 사업장에서 자율로 정하여 운영할 수 있다는 입장이다.

따라서 인사평가 반영 여부 역시 사업 또는 사업장에서 자율적으로 정하여 운영할 수도 있다.

## 5.7 중요 판결 & 수사 사례에 따른 핵심 실천사항

### 1) 주요 위반사항

- 산업안전보건법령에 따른 담당 업무 및 예산 집행 권한, 평가 기준에 관한 규정이나 지침이 전혀 없음
- 자신이 평가대상인지 모르고, 평가내용을 피드백 받은 적도 없음
- 별도 평가항목 기준이 마련되어 있지 않고, 단지 일반 인사고과 평가만 시행하여 제대로 된 평가인지 파악이 안 됨

### 2) 판결 사례

**제5호 OO건설 판결 : 의정부지방법원 고양지원 2023. 10. 06 선고 2022고단3255 판결**

- "이 사건 공사현장의 안전보건관리책임자인 피고인 B는 수사기관에서 '안전보건총괄책임자가 해당 업무를 충실하게 수행하는지를 평가하는 기준이 있는지 모른다'는 취지로 진술"
- "설령 공사현장에서 지켜야 할 일반적인 기준을 정한 안전보건경영시스템 매뉴얼에 안전보건관리책임자의 업무수행 평가방법 및 기준, 평가에 따른 포상기준을 정해 두었다 하더라도 이를 두고 '안전보건관리책임자가 업무를 각 사업장에서 충실히 수행할 수 있도록 안전보건관리책임자 등이 해당 업무를 충실하게 수행하는지를 평가하는 기준을 마련하였다'라고 인정하기 어려움"

**제8호 OO산업 판결 : 창원지방법원 2023. 11. 03 선고 2022고단1429 판결**

- "평가항목에는 산안법에 따른 업무수행 및 그 충실도를 반영할 수 있는 내용이 포함되어야 하고, 평가 기준은 이들에 대한 실질적인 평가가 이루어질 수 있도록 구체적 · 세부적이어야 함"
- "2021년 인사평가 실시계획 및 결과 보고는 피고인 OO산업에서 근무하는 관리직 직원

들에 대한 인사평가에 관한 내용일 뿐이고, 위 보건관리자 비대면 설문지는 인사평가 대상 직원들이 직접 자신의 성과, 실적, 자신의 부서나 회사에서 성과를 가장 많이 낸 임직원이 누구인지와 그렇게 판단한 이유 등을 기재하는 것으로 통상적인 인사평가에 앞서 작성하는 것에 불과한 것으로 보임"

**제19호 OO종합건설 판결 : 춘천지방법원 2024. 08. 08 선고 2022고단1445 판결**

- "자율점검을 시행하였다는 사정만으로는 중대재해처벌법 시행령상 안전보건관리책임자 등이 산업안전보건법에 따른 의무를 제대로 수행하고 있는지에 대해 평가항목을 구성하는 등 실질적인 평가기준을 마련하였다고 보기 어려움"

※ CHECK POINT
- 통상적인 인사평가만으로는 부족
- 산업안전보건법령에 따른 각 의무를 대상으로 한 평가 필요
- 평가내용은 통보하여 피드백 및 상응하는 조치가 있어야 실질적인 평가로 인정될 수 있음

### 3) 주요 수사 사례

#### (1) 제5호 가목(업무수행을 위한 권한 및 예산 부여) 안전보건 확보의무 이행 인정

**사례 1**

- 마련된 안전보건관리규정, 위임전결규정 등 규정에 안전보건관리책임자의 업무 범위와 권한이 상세히 지정됨
- 예산 운영절차에 관한 규정을 마련함
- 위 규정에 따라 안전보건관리책임자 등이 집행할 수 있는 예산 범위가 지정되어 있음
- 안전보건관리책임자가 필요시 대표이사의 결재를 통해 초과 집행할 수 있는 절차도 마련

**사례 2**

- 공사현장의 위험성평가 실시규정에 각 현장소장, 안전관리자, 관리감독자, 협력업체의 업무 내용 및 권한, 의무가 규정되어 있음
- 안전관리계획서에 의하면, 위 규정에 따라 현장소장이 각 시공 내용 및 위험요인을 분석하여 안전대책을 수립함
- 하도급업체의 현장소장이 안전관리자와 위험성평가를 함께 실시하고, 이를 현장소장에게 검토 및 결재 받는 방법으로 안전보건관리업무 수행이 이루어짐
- 현장소장, 안전관리자, 관리감독자, 협력업체 소장 등이 매일 공정회의를 실시하여 협력업체 간의 작업조율 및 안전조치에 대해 논의함

(2) 제5호 나목(평가기준 마련의무) 미흡, 단 사고와 상당인과관계 불인정

**사례 1**

- 안전보건관리책임자 등에 대한 업무수행 평가기준 마련 중인 상태에서 사고발생
- 승진 심사 시 공사현장의 산재 관리 여부 반영
- 산재발생 여부 등 평가하여 안전보건관리책임자 등을 평가하거나 징계
- 안전보건관리책임자 등에 대한 반기 1회 평가 시행 예정임을 공지하고 시행
- 재해발생 시 사고 관련자에 대한 징계절차 규정
- 안전보건관리책임자 등에 대한 업무수행 평가기준 미비로 인해 안전조치가 이루어지지 않았다고 단정할 수 없음

### 4) 핵심 실천사항

| | |
|---|---|
| 산업안전보건법에 따른 적정한 선임 여부 확인 | • 산업안전보건법령에 따른 기준을 충족하여 선임(선임계, 임명장 마련 고려)<br>• 안전보건관리책임자 : 사업장을 실질적으로 총괄하여 관리하는 사람(현장소장 등) |

| | |
|---|---|
| | • 안전보건총괄책임자 : 관계수급인 근로자가 작업할 경우, 그 사업장의 안전보건관리책임자<br>• 관리감독자 : 소속 직원을 직접 지휘, 감독하는 사람(부서장, 팀장, 반장 등) |
| 업무 권한과 예산 부여 | • 안전보건관리책임자, 안전보건총괄책임자, 관리감독자를 각 구별하여 담당업무와 예산에 관한 권한 분장을 명확히 하고, 해당 규정을 마련할 것<br>• 업무에 관한 예산을 집행할 권한이 있다는 점을 명시하는 것이 바람직함<br>• 실제로 규정에 따라 예산을 집행한 사실의 증빙은 보관 |
| 평가기준 마련 및 반기 1회 이상 평가, 관리 | • 산업안전보건법령에 따른 의무에 대한 평가기준을 마련할 것(평가표 활용 권고)<br>• 반기 1회 이상 직접 평가를 실시하고, 경영책임자에게 보고할 것<br>• 피평가자에게 사전에 평가기준을 안내하고, 평가결과를 피드백 후 개선 지시<br>• 평가 결과에 상응하는 보상 내지 제재 등을 시행하면 바람직함 |

## 5.8 안전보건관리책임자 등에 대한 평가기준 마련 및 평가 이행 점검기준

□ 안전보건관리책임자 등에 대한 평가기준 마련 및 평가

○ 점검일 :

○ 부서명 :

○ 점검책임자 : (인)

| 결재 | 작성 | 검토 | 승인 |
|---|---|---|---|
| | | | |

□ 점검 주요 내용

| 점검내용 | 점검결과 |
|---|---|
| 1. 안전보건관리책임자 등에게 필요한 권한과 예산 부여<br>① 현장에서 요구한 인력배치, 예산 사용 권한에 대한 증빙자료<br>② 조직 내 실질적 의사결정과정과 결재 서류 등 확인<br>③ 안전보건관리책임자 등에게 부여된 권한, 예산의 적정성을 정기적으로 평가할 수 있는 기준 마련<br>• 해당 권한, 예산 적절성에 대해 안전보건관리책임자 등의 의견청취 및 반영하는 절차 여부<br>④ 안전보건관리책임자 등에게 안전보건관리체계 구축, 이행 조치에 필요한 권한과 예산 부여 | |
| 2. 안전보건관리 규정에 내용 포함 여부<br>① 안전보건관리책임자, 관리감독자 등의 역할과 책임 규정<br>• 안전보건관리책임자 등의 권한과 책임을 명확히 규정<br>• 안전보건관리책임자(산업안전보건법 제15조), 관리감독자(산업안전보건법 제16조), 안전보건총괄책임자(산업안전보건법 제62조)에 따른 담당업무 기재<br>② 인력과 예산을 편성하고 집행할 수 있도록 권한 규정<br>• 안전보건 조직의 통제 능력이 유지되도록 권한 및 책임 부여<br>• 안전보건 조직의 통제 능력이 유지되도록 조직체계를 구축<br>• 동일한 작업 장소에서 작업하는 작업자 간의 협조체제 구축<br>• 조직 내의 유해·위험요소를 통제하기 위하여 기술적 문제뿐만 아니라 | |

| 점검내용 | 점검결과 |
|---|---|
| 인적 요소를 고려한 안전보건관리<br>③ 업무 분장표<br>• 권한과 예산 담당업무 부여(안전보건관리책임자, 관리감독자, 안전보건총괄책임자)<br>• 인력과 예산을 편성하고 집행할 수 있는 권한 | |
| 3. 현장 위험성평가 실시규정에 관련 내용 포함 여부<br>① 안전보건관리책임자, 관리감독자 등의 역할과 책임 규정<br>② 인력과 예산을 편성하고 집행할 수 있도록 권한 규정<br>③ 업무 분장표<br>• 현장소장, 관리감독자, 안전관리자, 협력업체가 수행해야 할 업무내용, 권한, 의무 등 규정 등 | |
| 4. 안전보건관리책임자의 업무 명확화<br>• 산업안전보건법 제15조제1항에 따른 업무 부여 | |
| 5. 관리감독자의 업무 명확화<br>• 산업안전보건법 시행령 제15조에 따른 업무 부여 | |
| 6. 안전보건총괄책임자의 업무 명확화<br>• 산업안전보건법 시행령 제53조에 따른 업무 부여 | |
| 7. 안전보건관리책임자 등의 역량 강화 조치<br>• 역량 강화를 위한 조직 내 · 외부 교육 또는 전문가 지원 | |
| 8. 평가항목과 내용 구성<br>① 안전보건 전문 인력 평가 기준 및 평가표<br>• 안전보건관리책임자 등이 업무를 충실히 수행하고 있는지 평가 기준 마련<br>• 관리감독자 업무수행 평가 시, 근로자 안전보건교육 이수율, 관리감독자 업무 수행평가, 산업재해 재발방지대책 수립률, 안전관리자 지도 · 조언에 대한 협조 노력, 위험성평가 실시 개선 노력 포함<br>• 구체적이고 세부적으로 마련<br>• 평가결과를 피드백하여 개선조치하고 관련 내용 증빙 | |

| 점검내용 | 점검결과 |
|---|---|
| ② 점검 결과에 따른 문제점 반영 여부<br>• 평가결과를 피드백하였던 개선조치 내용<br>③ 평가 방법에서 나타난 문제점, 평가가 재해율 감소효과에 얼마나 기여하는지에 대해서도 분석하고 피드백 | |
| 9. 평가방법<br>① 다면평가와 평가위원회를 구성하여 평가 실시<br>② 안전보건관리책임자 등에 대한 반기 1회 평가 시행 예정임을 공지하고 시행<br>• 안전보건관리책임자 등이 평가 시행 및 결과에 대해 충분히 인지 여부 | |
| 10. 평가점수 부여 근거 정량화<br>① 정량적 데이터를 구분하여 점수화<br>② 세부적, 정량적으로 평가점수 부여 근거자료 보관<br>③ 관련 규정에 따라 각 담당자가 충실히 업무수행 근거 검토<br>④ 관련 규정에 따라 현장에서 매일 공정회의를 실시하여 협력업체 간 작업 조율 및 안전조치 논의 기록 | |
| 11. 평가결과 인세티브에 반영<br>① 적절한 인세티브와 패널티 부여<br>• 점검결과 개선사항에 대해서는 필요한 조치를 하고 평가결과를 인사고과에 반영 여부<br>• 관련 내용을 해당 평가 대상자들에게 통보<br>② 승진심사 시 공사현장의 산업재해 발생 관련 반영여부<br>• 산재발생 여부 등을 평가하여 안전보건관리책임자 등을 평가하거나 징계<br>• 재해발생 시 사고 관련자들에 대한 징계절차 규정 등 | |
| 12. 반기 1회 이상 주기적으로 점검하고 대표이사에게 보고<br>• 점검결과 개선사항에 대해서는 필요한 조치 | |

# 06 산업안전보건법에 따른 안전관리자, 보건관리자 등 전문 인력 배치

## 6.1 관련 조문

**시행령 제4조(안전보건관리체계의 구축 및 이행 조치) 제6호**

1. 「산업안전보건법」 제17조부터 제19조까지 및 제22조에 따라 정해진 수 이상의 안전관리자, 보건관리자, 안전보건관리담당자 및 산업보건의를 배치할 것. 다만, 다른 법령에서 해당 인력의 배치에 대해 달리 정하고 있는 경우에는 그에 따르고, 배치해야 할 인력이 다른 업무를 겸직하는 경우는 고용노동부 장관이 정하여 고시하는 기준에 따라 안전보건에 관한 업무 수행시간을 보장해야 한다.

## 6.2 조문의 취지

이 조문은 안전보건관리책임자 등은 안전 또는 보건에 관한 전문가는 아니므로 안전보건에 관한 기술적인 사항에 대해 지도·조언하는 전문인력을 배치토록 하기 위한 조문이다.

개인사업주 또는 경영책임자 등은 안전관리자(산안법 제17조), 보건관리자(산안법 제18조), 안전보건관리담당자(산안법 제19조), 산업보건의(산안법 제22조)를 안전보건관계법령에서 정한 인원 이상으로 배치할 필요가 있다. 다만, 다른 법령에서 해당 인력의 배치에 대해 달리 정하고 있는 경우에는 그에 따르고, 배치해야 할 인력이 다른 업무를 겸직하는 경우에는 고용노동부 장관이 정하여 고시하는 기준에 따라 안전보건에 관한 업무 수행시간을 보장해야 한다. 일반적으로 건설업의 경우에는 안전보건관리담당자(산안법 제19조)는 해당 사항이 없다.

## 6.3 실행전략

**일반사항**

① 안전관리자, 보건관리자, 안전보건관리담당자, 산업보건의 배치기준 마련
② 사업장의 특성(위험성, 규모 등)을 고려하여 전문 인력 추가 배치계획 수립
③ 전문인력에 대해서 산업안전보건법의 선임기준에 따라 적법하게 신고
④ 안전관리자 등의 전문인력이 다른 업무와 겸직할 경우는 해당 업무를 수행할 수 있도록 충분한 업무시간 보장
⑤ 전담으로 선임된 안전관리자 등은 해당 업무만 수행토록 조치

중대재해처벌법상 안전보건 전문인력의 배치의무는 새로운 의무를 개인사업주 또는 경영책임자 등에게 부여한 것으로 볼 수는 없다. 일반적으로 산업안전보건법은 수범자를 사업주로 규정하고 있는 반면 중대재해처벌법은 개인사업주 또는 경영책임자 등 자연인을 수범자로 규정한 점이 다르다.

이미 산업안전보건법에서 배치 의무를 규정한 내용을 중대재해처벌법에서 다시 규정함으로써 산업안전보건법에서 처벌 대상으로 삼고 있지 않은 전문인력 배치 의무위반에 따른 사망사고에 대하여 처벌규정을 신설하는 효과가 있다

산업안전보건법상 안전보건조치 의무위반치사죄(산업안전보건법 제167조제1항)의 기본범죄는 산업안전보건법 제38조제1항부터 제3항(안전조치 위반), 산업안전보건법 제39조제1항, 산업안전보건법 제63조만으로 제한된다. 따라서 중대재해처벌법 시행령 제4조제6호는 중대산업재해의 원인이 될 수 있는 기본범죄의 범위를 대폭 확대하는 효과가 있다고 볼 수 있다.

## 6.4 실행방법

### 1) 법령상 정해진 수 이상의 전문 인력(안전보건관리자, 안전보건관리담당자, 산업보건의) 배치 여부 확인

전문인력의 적정 배치 여부 확인을 위해서 안전관리자, 보건관리자, 안전보건관리담당자의 경력, 자격보유, 역량을 고려한 사업장 배치기준 수립과 해당자 명단을 관리할 필요가 있다. 사업 또는 사업장의 안전관리자, 보건관리자, 안전보건관리담당자 배치현황을 정리하고 변동 시 신속히 수정 · 보완이 필요하다. 산업안전보건법 제17조부터 제19조까지 및 제22조에 따라 사업장에 정해진 수 이상의 전문인력이 배치되었는지를 확인해야 한다. 해당 전문인력은 안전관리자, 보건관리자, 안전보건관리담당자 및 산업보건의를 말한다.

건설업은 해당되지 않지만 제조업 등의 중소기업은 안전보건관리자, 안전보건관리담당자 등 전문인력을 직접 채용하지 않고 외부 안전보건관리 전문기관에 위탁(건설업 제외)할 수 있다. 산업안전보건법 제17조부터 제19조까지 전문인력을 외부 전문기관에 위탁이 가능한 기준은 다음과 같다.

**전문인력을 외부 전문기관에 위탁이 가능한 기준**

건설업을 제외한 상시근로자 수 300명 미만인 사업장 안전관리자, 보건관리자, 안전보건관리담당자의 업무위탁 가능

기업규제완화법에서 전문 인력 배치 의무를 면제하거나 전문인력을 채용한 것으로 간주하는 요건을 충족하는 경우(예 : 산업보건의)는 해당 전문인력을 배치하지 않아도 법 위반은 아니다.

중대재해처벌법 시행령 제4조제6호 단서에 따라 다른 법령에서 산업보건의 등의 배치에 대해 달리 정한 내용이 있으면 그 규정이 우선 적용된다. 따라서 「기업활동 규제완화에 관한 특별조치법」에서 산업보건의를 선임하지 않을 수 있도록 산업안전보건법의 예외를 규정하고 있으므로 산업보건의를 둘 것인지 여부는 기업에서 자율적으로 선택할 수 있다.

산업안전보건법에 따른 안전보건 업무 담당자 배치기준과 안전보건 전문 인력 등의 배치표와 담당업무는 아래 표와 같다.

**표 3.32 산업안전보건법에 따른 안전보건 업무 담당자 배치기준 등**

| 구분 | 적용 사업 | 선임자격 | 주요 업무 |
|---|---|---|---|
| 안전보건관리 책임자(제15조)<br>* 공장장, 현장소장 등 | • 업종별 상이<br>-(건설) 20억 원↑<br>-(제조) 50명↑<br>-(서비스업, 농업, 어업 등) 300명↑<br>-(기타) 100명↑ | 실질적 사업장 총괄 · 관리자 | • 산재예방계획 수립, 안전보건관리규정 작성 · 변경<br>• 안전보건교육, 근로자 건강관리<br>• 산재 원인조사 및 재발방지대책 수립<br>• 안전장치 · 보호구 적격품 여부 확인<br>• 근로자 위험, 건강장해 방지 |
| 관리감독자 (제16조)<br>* 부서장, 직장 · 반장 등 중간관리자 | • 5인 이상 | 생산 관련 직원(업무) 지휘(감독) 담당자 | • (해당 작업)기계 · 기구 또는 설비 점검, 작업장 정리정돈<br>• 작업복, 보호구, 방호장치 점검 , 교육 · 지도<br>• 보고 및 응급조치<br>• 업무에 대한 협조<br>• 관련, 위험요인 파악 및 개선 |
| 안전보건총괄 책임자(제62조) | • 업종별 상이<br>-(건설)관계수급인 공사 금액을 포함한 20억 원↑<br>-(제조 등) 관계수급인 근로자를 포함한 100명↑<br>※ 선박 및 보트 건조업, 1차 금속 제조업 및 토사석 광업은 50명↑ | 실질적 사업장 총괄 · 관리자<br>* 안전보건관리 책임자를 둔 경우 안전보건관리책임자로 지정 | • 위험성평가의 실시에 관한 사항<br>• 작업 중지<br>• 도급 시 산업재해 예방조치<br>• 산업안전보건관리비의 관계수급인 간의 사용에 관한 협의 · 조정 및 그 집행의 감독<br>• 안전인증 대상기계 등과 자율안전확인 대상기계 등의 사용 여부 확인 |
| 안전관리자 (제17조)<br>* 건설120억 원↑, 제조 등 300명↑사업장은 전담자 선임 | • 업종별 상이+++++<br>-(건설) 50억 원↑<br>-(제조 등) 50명↑<br>-(부동산, 사진처리업) 100명↑ | 관련 자격증 또는 학위 취득자 등 | • 위험성평가, 위험기계 · 기구, 안전교육, 순회점검에 대한 지도 · 조언 및 보좌<br>• 산재 발생원인 조사 · 분석, 재발방지를 위한 기술, 산재통계 유지 · 관리 · 분석 등에 대한 지도 · 조언 및 보좌 |

| 구분 | 적용 사업 | 선임자격 | 주요 업무 |
|---|---|---|---|
| 보건관리자<br>(제18조) | • 업종별 상이<br>-(건설)800억 원↑<br>※ 토목공사는 1,000억 원↑<br>-(제조 등) 50명↑<br>※ 300명↑ 사업장은 전담자 선임 | 관련 자격증 또는 학위 취득자 등 | • 위험성평가, 개인 보호구, 보건교육, 순회점검에 대한 지도 · 조언 및 보좌<br>• 산재 발생원인 조사 · 분석, 재발방지를 위한 기술, 산재통계 유지 · 관리 · 분석 등에 대한 지도 · 조언 및 보좌<br>• 가벼운 부상에 대한 치료, 응급처치 등에 대한 의료 행위(의사 또는 간호사에 한함)<br>• MSDS 게시 · 비치, 지도 · 조언 및 보좌 |
| 안전보건관리 담당자(제19조) | • 아래 업종 20~49인 사업장은 1명 이상 선임<br>※ 제조, 임업, 하수 · 폐수 및 분뇨처리 등 업종 | 안전보건관리자 자격 또는 교육 이수<br>(겸임 가능) | • 안전관리자 및 보건관리자의 역할 수행 |
| 산업보건의<br>(제22조)<br>* 보건관리자를 의사로 선임하거나 위탁한 경우 미선임 가능 | • 보건관리자 선임 대상 사업장과 동일 | 작업환경 또는 예방의학 전문의 | • 건강진단 결과 검토 및 근로자 건강보호 조치<br>• 건강장해 원인조사 및 재발방지 조치 |

| 주요 업종의 전문인력 배치 기준 | |
|---|---|
| 제조업 | • 안전관리자, 보건관리자<br>-(50명 이상) 1명 이상, (500명 이상) 2명 이상 |
| 건설업 | • 안전관리자 / (50억 원 이상) 1명 이상, (800억 원 이상) 2명 이상<br>• 보건관리자 / (800억 원 이상, 600명 이상) 1명 이상<br>* 2022년 7월 1일부터 60억 원 이상, 2023년 7월 1일부터 50억 원 이상으로 확대(산안법 시행령 부칙 제2조제4항) |
| 그 외 업종 | • 안전보건관리담당자 / (20명 이상 50명 미만) 1명 이상<br>* 대상업종 : 제조업, 임업, 하수 · 폐수 및 분뇨처리업, 폐기물 수집 · 운반 · 처리 및 원료재생업, 환경정화 및 복원업 |
| 산업보건의 | * (대상) 50명 이상 보건관리자를 두어야 하는 사업장<br>* (제외대상) 의사를 보건관리자로 선임한 경우, 보건관리전문기관에 업무를 위탁한 경우 |

안전보건관리책임자는 해당 사업장의 사업을 총괄하여 관리하는 사람으로 안전 또는 보건에 관한 전문가는 아니다. 산업재해 예방을 위해서는 안전 및 보건에 관한 기술적인 사항에 관하여 안전보건관리책임자를 보좌하고 관리감독자에게 지도 · 조언하도록 하는 안전관리자 등의 전문인력을 배치할 필요가 있다.

산업안전보건법 제17조에 따라 배치하여야 할 안전관리자는 안전에 관한 기술적인 사항에 관하여 사업주 또는 안전보건관리책임자를 보좌하고 관리감독자에게 지도 · 조언하는 업무를 수행하는 사람이다. 일정 규모 이상의 사업장은 산업안전보건법 시행령 제16조 별표 3에 따라 안전관리자를 두어야 하며 사업의 종류와 사업장의 상시 근로자의 수에 따라 배치하는 안전관리자의 수가 달라진다. 이때 안전관리자 등의 배치가 중요한 것이 아니라 해당 전문인력이 안전 및 보건에 관한 업무를 수행할 수 있도록 충분한 시간이 보장되도록 하여야 한다.

산업안전보건법 제18조에 따라 선임되는 보건관리자는 보건에 관한 기술적인 사항에 관하여 사업주 또는 안전보건관리책임자를 보좌하고 관리감독자에게 지도 · 조언하는 업무를 수행하는 사람이다. 일정 규모 이상의 사업장은 산업안전보건법 시행령 제20조 별표 5에 따라 보건관리자를 두어야 하며 사업의 종류와 사업장의 상시 근로자의 수에 따라 배치하는 보건관리자의 수가 달라진다.

산업안전보건법 제22조, 산업안전보건법 시행령 제29조에 따라 산업보건의는 근로자의 건강관리나 그 밖에 보건관리자의 업무를 지도하는 사람이다. 상시 근로자 수가 50명 이상으로 보건관리자를 두어야 하는 사업장에 해당하는 경우 산업보건의를 두어야 하지만 ① 의사를 보건관리자로 선임하였거나 ② 보건관리전문기관에 보건관리자의 업무를 위탁한 경우(건설업을 제외한 상시 근로자 수 300명 미만인 사업장만 가능함)는 산업보건의를 별도로 두지 않을 수 있다. 또한 산업보건의는 외부에서 위촉할 수 있으며 이 경우 근로자 2천 명당 1명의 산업보건의를 위촉하여야 한다.

**표 3.33 안전보건 전문인력 등 배치표 및 담당업무**

| 직책 | 성명 | 담당업무 | 비고 |
|---|---|---|---|
| 안전관리자<br>(산안법<br>제17조) | | 1. 산업안전보건위원회 또는 안전보건에 관한 노사협의체에서 심의 · 의결한 업무와 해당 사업장의 안전보건관리규정 및 취업규칙에서 정한 업무<br>2. 위험성평가에 관한 보좌 및 지도 · 조언<br>3. 안전인증대상기계 등과 자율안전확인 대상기계 등 구입 시 적격품의 선정에 관한 보좌 및 지도 · 조언<br>4. 해당 사업장 안전교육계획의 수립 및 안전교육 실시에 관한 보좌 및 지도 · 조언<br>5. 사업장 순회점검, 지도 및 조치 건의<br>6. 산업재해 발생의 원인조사 · 분석 및 재발방지를 위한 기술적 보좌 및 지도 · 조언<br>7. 산업재해에 관한 통계의 유지 · 관리 · 분석을 위한 보좌 및 지도 · 조언<br>8. 법 또는 법에 따른 명령으로 정한 안전에 관한 사항의 이행에 관한 보좌 및 지도 · 조언<br>9. 업무수행 내용의 기록 · 유지<br>10. 그 밖에 안전에 관한 사항으로써 고용노동부 장관이 정하는 사항 | |
| 보건관리자<br>(산안법<br>제18조) | | 1. 산업안전보건위원회 또는 노사협의체에서 심의 · 의결한 업무와 안전보건관리규정 및 취업규칙에서 정한 업무<br>2. 안전인증 대상기계 등과 자율안전확인 대상기계 등 중에서 보건과 관련된 보호구 구입 시 적격품 선정에 관한 보좌 및 지도 · 조언<br>3. 위험성평가에 관한 보좌 및 지도 · 조언<br>4. 물질안전보건자료(MSDS)의 게시 또는 비치에 관한 보좌 및 지도 · 조언<br>5. 시행령 제31조제1항에 따른 산업보건의 직무(보건관리자가 「의료법」에 따른 의사인 경우에 한함)<br>6. 해당 사업장 보건교육계획의 수립 및 보건교육 실시에 관한 보좌 및 지도 · 조언<br>7. 해당 사업장의 근로자를 보호하기 위한 자주 발생하는 가벼운 부상에 대한 치료, 응급처치가 필요한 사람에 대한 처치, 부상 · 질병의 악화를 방지하기 위한 처치, 건강진단 결과 발견된 질병자의 요양지도 및 관리, 위 의료행위에 따르는 의약품의 투여에 해당하는 의료행위(보건관리자가 「의료법」에 따른 의사 또는 간호사인 | |

| 직책 | 성명 | 담당업무 | 비고 |
|---|---|---|---|
| | | 경우에 한함)<br>8. 작업장 내에서 사용되는 전체 환기장치 및 국소 배기장치 등에 관한 설비의 점검과 작업방법의 공학적 개선에 관한 보좌 및 지도 · 조언<br>9. 사업장 순회점검 · 지도 및 조치의 건의<br>10. 산업재해 발생의 원인조사 · 분석 및 재발방지를 위한 기술적 보좌 및 지도 · 조언<br>11. 산업재해 통계의 유지 · 관리 · 분석을 위한 보좌 및 지도 · 조언<br>12. 법 또는 법에 따른 명령으로 정한 보건에 관한 사항의 이행에 관한 보좌 및 지도 · 조언<br>13. 업무수행 내용의 기록 · 유지<br>14. 그 밖에 보건과 관련된 작업관리 및 작업환경관리에 관한 사항 | |
| 안전보건<br>관리담당자<br>(산안법<br>제19조) | | 1. 안전보건교육 실시에 관한 보좌 및 지도 · 조언<br>2. 위험성평가에 관한 보좌 및 지도 · 조언<br>3. 작업환경측정 및 개선에 관한 보좌 및 지도 · 조언<br>4. 건강진단에 관한 보좌 및 지도 · 조언<br>5. 산업재해 발생의 원인조사, 산업재해 통계의 기록 및 유지를 위한 보좌 및 지도 · 조언<br>6. 산업안전보건과 관련된 안전장치 및 보호구 구입 시 적격품 선정에 관한 보좌 및 지도 · 조언 | 건설업<br>제외 |
| 산업보건의<br>(산안법<br>제22조) | | 1. 건강진단 결과의 검토 및 그 결과에 따른 작업 배치, 작업 전환 또는 근로시간의 단축 등 근로자의 건강보호 조치<br>2. 근로자의 건강장해의 원인조사와 재발방지를 위한 의학적 조치<br>3. 그 밖에 근로자의 건강 유지 및 증진을 위하여 필요한 의학적 조치에 관하여 고용노동부 장관이 정하는 사항 | |

**표 3.34 안전보건 전문인력 선임 관리대장**

<table>
<tr><th colspan="5">안전보건 전문인력 선임 관리대장</th></tr>
<tr><th colspan="2">구분</th><th>안전관리자</th><th>보건관리자</th><th>산업보건의</th></tr>
<tr><td rowspan="3">1</td><td>성명</td><td></td><td></td><td></td></tr>
<tr><td>직책</td><td></td><td></td><td></td></tr>
<tr><td>선임일</td><td></td><td></td><td></td></tr>
<tr><td rowspan="3">2</td><td>성명</td><td></td><td></td><td></td></tr>
<tr><td>직책</td><td></td><td></td><td></td></tr>
<tr><td>선임일</td><td></td><td></td><td></td></tr>
<tr><td rowspan="3">3</td><td>성명</td><td></td><td></td><td></td></tr>
<tr><td>직책</td><td></td><td></td><td></td></tr>
<tr><td>선임일</td><td></td><td></td><td></td></tr>
<tr><td rowspan="3">4</td><td>성명</td><td></td><td></td><td></td></tr>
<tr><td>직책</td><td></td><td></td><td></td></tr>
<tr><td>선임일</td><td></td><td></td><td></td></tr>
<tr><td rowspan="3">5</td><td>성명</td><td></td><td></td><td></td></tr>
<tr><td>직책</td><td></td><td></td><td></td></tr>
<tr><td>선임일</td><td></td><td></td><td></td></tr>
<tr><td colspan="2">※ 적용 사업장</td><td>공사금액 50억 원 이상</td><td>공사금액 800억 원 또는 상시근로자 600명 이상</td><td>공사금액 800억 원 이상이면서 상시근로자 50명 이상</td></tr>
</table>

□ 부서 및 현장별 안전 및 보건관리자 현황

| 부서 | 직급 | 직위 | 성명 | 선임일 | 자격요건 | 점검결과 | 비고 |
|---|---|---|---|---|---|---|---|
| | | | | | | | |
| | | | | | | | |
| | | | | | | | |
| | | | | | | | |
| | | | | | | | |
| | | | | | | | |
| | | | | | | | |

**표 3.35 안전관리자 선임서 예시**

# 안전관리자 선임서

사 업 장 명 :
소속 및 직책 :
성 명 :

위 사람을 「산업안전보건법」 제17조에 의거, 안전보건관리책임자를 보좌하고 관리감독자에게 지도 · 조언하기 위한 안전관리자로 선임합니다.

※ 안전관리자 업무

1. 산업안전보건위원회 또는 안전 및 보건에 관한 노사협의체에서 심의 · 의결한 업무와 해당 사업장의 안전보건관리규정 및 취업규칙에서 정한 업무
2. 위험성평가에 관한 보좌 및 지도 · 조언
3. 안전인증 대상기계 등과 자율안전확인 대상기계 등 구입 시 적격품의 선정에 관한 보좌 및 지도 · 조언
4. 해당 사업장 안전교육계획의 수립 및 안전교육 실시에 관한 보좌 및 지도 · 조언
5. 사업장 순회점검, 지도 및 조치 건의
6. 산업재해 발생의 원인 조사 · 분석 및 재발방지를 위한 기술적 보좌 및 지도 · 조언
7. 산업재해에 관한 통계의 유지 · 관리 · 분석을 위한 보좌 및 지도 · 조언
8. 법 또는 법에 따른 명령으로 정한 안전에 관한 사항의 이행에 관한 보좌 및 지도 · 조언
9. 업무수행 내용의 기록 · 유지
10. 그 밖에 안전에 관한 사항으로써 고용노동부 장관이 정하는 사항

년 월 일

○○기업(주) 대표이사 (인)

**표 3.36 보건관리자 선임서 예시**

# 보건관리자 선임서

사 업 장 명 :

소속 및 직책 :

성　　　명 :

위 사람을 「산업안전보건법」 제18조에 의거, 보건에 관하여 안전보건관리책임자를 보좌하고 관리감독자에게 지도·조언하기 위한 보건관리자로 선임합니다.

※ 보건관리자 업무

1. 산업안전보건위원회 또는 노사협의체에서 심의·의결한 업무와 안전보건관리규정 및 취업규칙에서 정한 업무
2. 안전인증 대상기계 등과 자율안전확인 대상기계 등 중 보건과 관련된 보호구 구입 시 적격품 선정에 관한 보좌 및 지도·조언
3. 위험성평가에 관한 보좌 및 지도·조언
4. 물질안전보건자료의 게시 또는 비치에 관한 보좌 및 지도·조언
5. 산업보건의의 직무(보건관리자가 시행령 별표 6 제2호에 해당하는 사람인 경우로 한정)
6. 사업장 보건교육계획의 수립과 보건교육 실시에 관한 보좌, 지도, 조언
7. 해당 사업장의 근로자를 보호하기 위한 다음의 조치에 해당하는 의료행위(보건관리자가 시행령 별표 6 제2호 또는 제3호에 해당하는 경우로 한정)
   1) 자주 발생하는 가벼운 부상에 대한 치료
   2) 응급처치가 필요한 사람에 대한 처치
   3) 부상·질병의 악화를 방지하기 위한 처치
   4) 건강진단 결과 발견된 질병자의 요양지도 및 관리
   5) 1)부터 4)까지의 의료행위에 따르는 의약품의 투여
8. 작업장 내에서 사용되는 전체 환기장치 및 국소 배기장치 등에 관한 설비의 점검과 작업방법의 공학적 개선에 관한 보좌 및 지도·조언
9. 사업장 순회점검, 지도 및 조치 건의
10. 산업재해 발생의 원인 조사·분석 및 재발방지를 위한 기술적 보좌 및 지도·조언
11. 산업재해에 관한 통계의 유지·관리·분석을 위한 보좌 및 지도·조언
12. 법 또는 법에 따른 명령으로 정한 보건에 관한 사항의 이행에 관한 보좌 및 지도·조언
13. 업무수행 내용의 기록·유지
14. 그 밖에 보건과 관련된 작업관리 및 작업환경관리에 관한 사항으로써 고용노동부 장관이 정하는 사항

년　　월　　일

○○기업(주) 대표이사　　　　　　(인)

**표 3.37 산업보건의 선임서 예시**

# 산업보건의 선임서

사 업 장 명 :
소속 및 직책 :
성　　　 명 :

위 사람을 「산업안전보건법」 제22조에 의거, 근로자의 건강관리나 그 밖에 보건관리자의 업무를 지도하기 위한 산업보건의로 선임합니다.

※ 산업보건의 직무

1. 건강진단 결과의 검토 및 그 결과에 따른 작업 배치, 작업 전환 또는 근로시간의 단축 등 근로자의 건강보호 조치
2. 근로자의 건강장해의 원인 조사와 재발방지를 위한 의학적 조치
3. 그 밖에 근로자의 건강 유지 및 증진을 위하여 필요한 의학적 조치에 관하여 고용노동부 장관이 정하는 사항

년　　월　　일

○○기업(주) 대표이사　　　　　　　(인)

<table>
<tr><th colspan="4">안전관리자 · 보건관리자 · 산업보건의 선임 등 보고서(건설업)</th></tr>
<tr><td rowspan="3">본사</td><td colspan="3">사업장명</td></tr>
<tr><td colspan="2">사업주 또는 대표자</td><td>전화번호</td></tr>
<tr><td colspan="3">소재지</td></tr>
<tr><td colspan="4">※ *란은 원수급인인 경우에만 작성합니다.</td></tr>
<tr><td rowspan="8">현장 개요</td><td colspan="2">현장명</td><td>발주자 또는 도급인</td></tr>
<tr><td colspan="2">전화번호</td><td>휴대전화번호</td></tr>
<tr><td colspan="3">소재지</td></tr>
<tr><td colspan="2">공사기간</td><td>공사금액(상시근로자 수) ( 명)</td></tr>
<tr><td colspan="2">굴착 깊이(m)*</td><td>건축물 · 공작물의 최대높이(m)*</td></tr>
<tr><td colspan="2">건축물의 연면적($m^2$)*</td><td>건축물의 최대 층고(m)*</td></tr>
<tr><td colspan="2">PC(Precast Concrete)조립작업 유무*</td><td>교량의 최대 지간 길이(m)*</td></tr>
<tr><td colspan="2">터널길이(m)*</td><td>댐의 용도 및 저수용량(ton)*</td></tr>
<tr><td rowspan="9">안전 관리자</td><td colspan="2">성명</td><td>기관명</td></tr>
<tr><td colspan="2">전자우편주소</td><td>전화번호</td></tr>
<tr><td colspan="3">자격/면허번호</td></tr>
<tr><td rowspan="2">경력</td><td>기관명</td><td>기간</td></tr>
<tr><td></td><td></td></tr>
<tr><td rowspan="2">학력</td><td>학교</td><td>학과</td></tr>
<tr><td></td><td></td></tr>
<tr><td colspan="3">선임 연 · 월 · 일</td></tr>
<tr><td colspan="3">전담 · 겸임구분</td></tr>
<tr><td rowspan="9">보건 관리자</td><td colspan="2">성명</td><td>기관명</td></tr>
<tr><td colspan="2">전자우편주소</td><td>전화번호</td></tr>
<tr><td colspan="3">자격/면허번호</td></tr>
<tr><td rowspan="2">경력</td><td>기관명</td><td>기간</td></tr>
<tr><td></td><td></td></tr>
<tr><td rowspan="2">학력</td><td>학교</td><td>학과</td></tr>
<tr><td></td><td></td></tr>
<tr><td colspan="3">선임 연 · 월 · 일</td></tr>
<tr><td colspan="3">전담 · 겸임구분</td></tr>
</table>

<table>
<tr><td rowspan="9">산업<br>보건의</td><td colspan="2">성명</td><td>기관명</td></tr>
<tr><td colspan="2">전자우편 주소</td><td>전화번호</td></tr>
<tr><td colspan="3">자격/면허번호</td></tr>
<tr><td rowspan="2">경력</td><td>기관명</td><td>기간</td></tr>
<tr><td></td><td></td></tr>
<tr><td rowspan="2">학력</td><td>학교</td><td>학과</td></tr>
<tr><td></td><td></td></tr>
<tr><td colspan="3">선임 연·월·일</td></tr>
<tr><td colspan="3">전담·겸임구분</td></tr>
<tr><td colspan="4">「산업안전보건법 시행규칙」 제11조 및 제23조에 따라 위와 같이 제출합니다.<br>년 월 일<br>보고인 (사업주 또는 대표자) (서명 또는 인)<br>지방고용노동청(지청)장 귀하</td></tr>
<tr><td colspan="4"></td></tr>
<tr><td colspan="4">공지사항</td></tr>
<tr><td colspan="4">이 건의 민원처리결과에 대한 만족도 조사 및 관련 제도 개선에 필요한 의견조사를 위하여 귀하의 연락처로 전화조사를 실시할 수 있습니다.</td></tr>
</table>

**표 3.38 안전보건 일지 예시**

<table>
<tr><td colspan="9">안전보건 일지</td></tr>
<tr><td colspan="4">사업장명 :</td><td colspan="5">점검일자 : 년 월 일</td></tr>
<tr><td colspan="2">점검자<br>(안전관리자)</td><td colspan="2">(서명)</td><td colspan="5">점검시간</td></tr>
<tr><td colspan="2">확인자<br>(현장소장/사업주 등)</td><td colspan="2">(서명)</td><td colspan="5"></td></tr>
<tr><td rowspan="6">작업<br>사항</td><td colspan="3">작업 내용</td><td colspan="3">인원 현황</td><td colspan="2">위험기계 · 기구</td></tr>
<tr><td colspan="3" rowspan="5"></td><td>직원</td><td colspan="2"></td><td></td><td></td></tr>
<tr><td>근로자</td><td colspan="2"></td><td></td><td></td></tr>
<tr><td></td><td colspan="2"></td><td></td><td></td></tr>
<tr><td></td><td colspan="2"></td><td></td><td></td></tr>
<tr><td>계</td><td colspan="2">0</td><td></td><td></td></tr>
<tr><td>안전<br>교육<br>사항</td><td colspan="8"></td></tr>
<tr><td>안전<br>회의<br>관련<br>사항</td><td colspan="8"></td></tr>
<tr><td rowspan="2">안전<br>점검</td><td colspan="2">점검구간</td><td colspan="3">지적사항</td><td colspan="3">조치사항</td></tr>
<tr><td colspan="2"></td><td colspan="3"></td><td colspan="3"></td></tr>
<tr><td>기타</td><td colspan="8"></td></tr>
</table>

**표 3.39 안전관리자(겸직) 업무수행 관리대장 예시**

| 안전관리자(겸직) 업무수행 관리대장 | | |
|---|---|---|
| 사업장명 : | | 성명 : |
| 구분 | 수행일시 | 업무내용 |
| 1 | | |
| 2 | | |
| 3 | | |
| 4 | | |
| 5 | | |
| 6 | | |
| 7 | | |
| 8 | | |
| 9 | | |
| 10 | | |

### 2) 다른 법령에서 달리 정하고 있는 경우 해당 법령을 따를 것

「기업활동 규제완화에 관한 특별조치법」에서 안전관리자 또는 보건관리자의 배치 의무를 면제하거나 안전관리자 또는 보건관리자를 채용한 것으로 간주하는 요건을 충족한 경우에는 해당 전문인력을 배치하지 않은 경우에도 시행령 제4조제5호에 따른 전문인력 배치 의무를 이행한 것으로 본다.

고용노동부 질의회시(중대산업재해감독과-2004, 2021.12.20)에 따르면 중대재해처벌법 시행령 제4조제6호 단서는 다만 다른 법령에서 해당 인력의 배치에 대해 달리 정하고 있는 경우에는 그에 따르라고 규정되어 있다. 따라서 기업규제완화법 등 다른 법령에서 산업안전보건법상 산업보건의 등의 배치에 대해 달리 정한 내용이 있다면 중대재해처벌법 시행령에도 불구하고 그 다른 법령에 정한 규정이 우선 적용된다.

### 3) 안전관리자 등 전문인력에 대한 안전보건 업무 수행시간 보장

해당 업무를 전담하는 경우가 아니라 겸직하고 있는 전문인력에 대해서는 안전보건에 관한 업무 수행시간을 보장해야 한다. 상시근로자가 300명 미만(건설공사 120억 원 미만) 사업장의 전문인력은 다른 업무를 겸직할 수 있다. 다만, 이 경우에도 고용노동부 고시에 따라 일정 기준 이상의 시간을 안전 또는 보건업무를 수행할 수 있도록 보장해야 한다.

재해율 상위 10% 세부 업종인 금속광업, 철강 및 합금철제품 제조업 등 25개의 경우 안전보건관리 전문인력의 안전보건관리 업무시간을 요약하면 다음 그림과 같다.

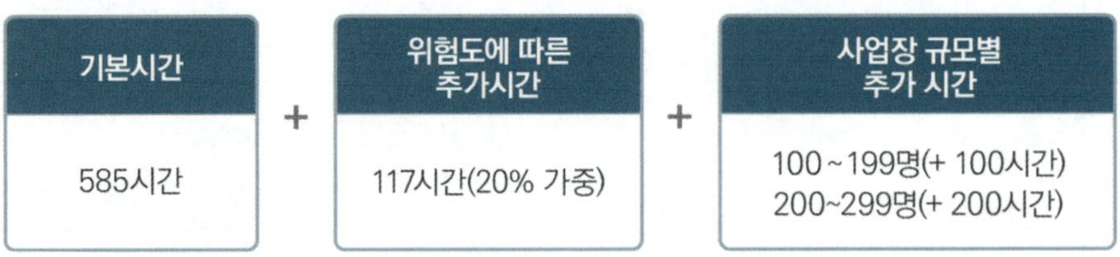


**그림 3.2** 전문인력의 안전보건관리 업무시간

안전관리자 등의 전문인력이 다른 업무와 겸직한 경우에는 안전보건 업무일지를 작성하여 충분한 업무시간(최소 연간 702시간)을 확보하였음을 증명할 수 있어야 한다.

### ■ 안전보건에 관한 업무 수행시간의 기준 고시

**제3조(업무 수행시간의 기준)**

① 안전관리자, 보건관리자 및 안전보건관리담당자 각각의 안전보건에 관한 업무수행을 위한 최소시간은 연간 585시간 이상이 되도록 하여야 한다.

② 재해위험이 높은 업종(「고용보험 및 산업재해보상보험의 보험료징수 등에 관한 법률」 제14조제3항 및 같은 법 시행규칙 제12조에 따라 분류되어 해당 사업장이 가입된 산업재해보상보험상 세부 업종을 말한다)에 속하는 사업장의 경우 제1항에도 불구하고 사업장의 안전관리자, 보건관리자 및 안전보건관리담당자 각각의 안전보건에 관한 업무 수행의 최소시간은 702시간 이상으로 한다. 재해위험이 높은 업종은 별표 1과 같다.

③ 제1항 및 제2항에도 불구하고 사업장의 상시근로자 수(「산업안전보건법 시행령」 별표 3 및 별표 5의 "사업장의 상시근로자의 수"와 동일한 방법으로 산출한다)가 100명 이상인 경우에는 사업장의 안전관리자, 보건관리자 및 안전보건관리담당자 각각의 안전보건에 관한 업무 수행의 최소시간에 100명 이상 200명 미만인 사업장의 경우에는 100시간을, 200명 이상 300명 미만인 사업장의 경우에는 200시간을 추가하여야 한다.

### 4) 전담 안전관리자는 겸직 업무수행 불가

고용노동부 질의회시(중대산업재해감독과-2267, 2022.6.13)에 따르면 "상시근로자 300명 이상 사업장의 전담 전문인력은 산업안전보건법에 따라 해당 업무만을 전담하여야 한다"라는 입장이다.

특히 유의하여야 할 점은 120억 원이 넘는 건설공사 현장에서도 전담으로 선임된 안전관리자가 산업안전보건법에 따른 안전관리 본연의 업무 외에도 건설기술진흥법에 따른 안전관리 업무를 수행한다든지 공사관리 업무를 수행하는 경우가 많은데 주의할 필요가 있다.

안전관리자들은 산업안전보건법에서 정한 안전관리자의 직무를 철저히 수행하여야 한다. 산안법 제 17조에 10가지 항목에 대해 철저히 이행을 하고, 해당 증빙(업무기록, 법적 서류, 메일 내용 등)을 빠짐없이 보존해야 한다. 결국 서면으로 수집된 기록과 증거들만이 사고발생 이후 법정에 서게 되었을 때 안전관리자의 안전을 책임져 주는 중요한 자료가 된다는 것을 명심할 필요가 있다.

2023년 중대재해처벌법 제1호 판결에서 안전관리자가 처벌받은 사례가 있다. 경기도 고양시의 한 요양병원 증축 공사현장에서 하청업체 노동자가 추락사고를 당하면서 재판에 넘겨진 중대재해처벌법 1호 사건의 경우, 법원은 산업안전보건법 및 업무상과실치사 혐의로 원청업체 소장 김 모 씨와 하청업체 현장소장 권 모 씨에게 징역 8월에 집행유예 2년을 선고했다. 또한 업무상과실치사 혐의를 물어 원청업체 소속 안전관리자 방 모 씨에게도 벌금 500만 원을 선고했다. 안전관리자는 산업안전보건법에 따른 처벌이 아닌 형법상 업무상과실치사 혐의로 처벌되었다. 사실 이 판결은 안타까운 부분이 있다.

안전관리자는 안전에 관한 의사결정 권한이 작으므로 처벌 시 선처를 할 필요가 있다. 사고발생 시에는 책임은 사업주, 관리감독자에게 묻고, 안전관리자에 대한 법적 조치는 하지 않을 필요가 있지만 현실은 녹록지 않은 실정이다.

이 판결에서 알 수 있는 것처럼 만약 중대재해가 발생했을 때 안전관리자 역시 법적 처벌에서 자유로울 수 없다는 것을 알 수 있다. 무조건 면죄부가 주어지지 않는다는 이야기이다. 다시 말해 안전관리자가 노동을 제공하고 재화(임금)를 수령한다면 그 재화라는 대가 때문에 불법적인 일을 눈감거나, 사전에 알았으면서도 계속 노동을 제공(근무)한다면 법적 처벌을 받게 된다. 따라서 안전관리자들은 부당한 업무지시를 받을 경우는 과감하게 항의를 하고 잘못된 부분을 바로잡을 필요가 있다. 목구멍이 포도청이라 참는 경우가 있지만 그 보상(급여)을 받기 때문에 뒤따르는 책임이 더 큰 법이다. 최악의 경우 회사에서 개선의 여지가 없다면 사직까지도 고려해야 할 필요도 있다.

### 5) 안전관리자와 보건관리자에게 업무수행에 필요한 권한 부여와 지원 필요

산업안전보건법에서 사업주는 전문인력 중 안전관리자와 보건관리자에게 업무수행에 필요한 권한을 부여하고 시설 · 장비 · 예산 그 밖에 업무수행에 필요한 지원을 하도록 특별히 규정하고 있다는 점도 유의할 필요가 있다. 이 경우에는 산업안전보건법 위반으로써 중대재해처벌법에 따라 처벌이 가능할 수도 있다. 관련 업무를 수행했던 안전관리자 등은 형법상 업무상 과실치사죄로 처벌이 가능하다.

**산업안전보건법 시행령 제18조제5항 및 제22조제3항**

사업주는 안전관리자, 보건관리자에게 해당 업무의 수행에 필요한 권한을 부여하고 시설 · 장비 · 예산 그 밖에 업무수행에 필요한 지원을 하여야 함

### 6) 유능한 전문 인력 배치

전문인력은 유능한 인력을 배치하는 것이 중요하다. 유능한 인력의 배치는 경영책임자의 안전보건경영에 대한 의지를 보여준다. 이는 경영책임자가 안전보건에 대한 업무를 최우선 순위에 두고 있다는 사실을 보여줌으로써 조직 내 신뢰를 높이고 조직문화 개선을 앞당길 수 있다.

안전관리자에 대한 수급 불균형이 심하다면 안전관리자에 대한 연봉이나 대우가 정말 좋아져야 하는데, 현실은 그렇지 않은 경우가 많다. 그러다 보니 중소기업의 경우에는 유능한 인력을 구하기가 하늘의 별따기이다. 특히 건설업의 경우 안전이 사회적 이슈로 계속되고 있지만, 여전히 안전관리자에 대한 사회적 인식수준이 낮고, 대부분 열악한 환경에서 근무하고 있다.

안전관리자가 건설안전 업무만 전담하는 게 아니라 중소기업에서는 소방, 설비, 공사관리와 같은 업무에도 투입이 되는 등 여러 가지 일을 겸직하고 있는 상황이 허다하다. 지금은

많이 상황이 좋아졌다고 하지만 건설업의 경우에는 안전관리자가 정규직보다는 여전히 계약직으로 채용되고 있는 현실이다.

이렇게 근로환경이 좋지 못한데 더 큰 문제는 임금이 너무 적다는 점이다. 임금은 회사에 따라 다르기는 하겠지만 통상적으로 안전관리자는 다른 전문직에 비해서 임금이 낮은 편이다. 반면에 업무강도는 매우 높다.

특히 건설업은 하루가 멀지 않게 사고가 발생해서 일이 정말 많고 서류작성에 보고 등이 너무 많아서 업무 만족도가 낮다는 이야기가 많은 편이다.

이런 상황이다 보니 안전관리자의 수요가 가장 많은 중소건설사는 안전관리자 수급에 많은 어려움을 겪고 있는 게 현실이다. 따라서 유능한 안전관리자 등의 확보를 위해서는 능력에 걸맞은 대우가 필요하다.

## 6.5 컴플라이언스 핵심 체크포인트

① 전문인력 관련법상 의무 확인 및 관리

- 법상 의무가 있는 전문 인력(인원, 전담/겸직 여부, 위탁 여부 포함)을 확인하고 배치하여야 한다.
- 법 기준을 충족할 수 있도록 인원 변동 상황을 정기적으로 점검하고, 그 기준을 충족하지 못하는 경우(예 : 안전관리자 퇴사 등) 즉시 이행방안(예 : 자격 있는 직원이 일정 기간 대체 등)을 수립하여 시행하여야 한다.

② 전문인력에 대한 명확한 업무분장

- 전문인력의 업무분장을 명확히 하고 관련 업무 활동내용을 기록 · 관리하여야 한다.

## 6.6 고용노동부 유권해석

### 기업규제완화법에도 불구하고 안전관리자를 배치해야 하는지 여부

고용노동부 질의회시(중대산업재해감독과-2004, 2021.12.20)에 따르면 기업규제완화법 제28조 제1항제1호는 산업안전보건법상 산업보건의를 선임하지 않을 수 있도록 규정하고 있으므로 사업주 또는 경영책임자 등은 중대재해처벌법상 산업보건의 배치의무에도 불구하고 실제로 산업보건의를 선임할 것인지 여부를 자율적으로 선택이 가능하다는 입장이다.

### 안전보건에 관한 업무 수행시간 적용범위

고용노동부 질의회시(중대산업재해감독과-2267, 2022.06.13)에 따르면 상시 근로자 300명 이상 사업장의 전담 전문인력은 산업안전보건법에 따라 해당 업무만을 전담하여야 한다.
중대재해처벌법 시행령 제4조제6호 단서 중 배치해야 할 인력이 다른 업무를 겸직하는 경우에는 고용노동부 장관이 정하여 고시하는 기준에 따라 안전보건에 관한 업무 수행시간을 보장해야 한다는 말은 산업안전보건법상 선임된 안전관리자, 보건관리자 등 전문인력이 상시 근로자 300명 미만 사업장에 소속된 경우 다른 업무와 겸직이 가능하다는 의미이다. 해당 전문인력이 업무를 겸직하는 경우 안전보건에 관한 업무수행 시간의 기준고시(고용노동부 제2022-14호)에 따라 일정기준 이상의 시간을 안전 또는 보건 업무를 수행할 수 있도록 보장하기 위한 것이다.

## 6.7 안전관리자, 보건관리자 등 전문 인력 배치 이행 점검표

### □ 안전보건 전문인력 이행 점검표

○ 점검일 :
○ 부서명 :
○ 점검책임자 : (인)

| 결재 | 작성 | 검토 | 승인 |
|---|---|---|---|
| | | | |

□ 점검 주요 내용

| 점검내용 | 점검결과 |
|---|---|
| 1. 안전관리자, 보건관리자, 안전보건관리담당자, 산업보건의 배치기준 마련<br>① 안전관리자, 보건관리자, 안전보건관리담당자 배치현황 정리<br>• 산업안전보건법 제17조부터 제19조까지 및 제22조에 따른 안전관리자, 보건관리자, 안전보건관리담당자 및 산업보건의의<br>• 법적 요건 이상 배치<br>• 구분, 적용 사업장, 선임자격, 주요 업무 현황표<br>• 조직도(사진) 비치<br>② 전문인력에 대해서 산업안전보건법의 선임기준에 따라 적법하게 신고<br>• 안전관리자 등 선임 등 보고서<br>③ 분야별 담당업무 명시<br>• 업무수행에 필요한 권한 부여<br>• 시설 · 장비 · 예산 그 밖에 업무수행에 필요한 지원<br>• 안전보건관리규정과 일치<br>• 안전보건 전문 인력 등 배치표 및 담당업무(직책, 성명, 담당업무, 비고)<br>• 현장 안전보건관리 조직도 | |
| 2. 다른 법령에서 달리 정하고 있는 경우 해당 법령 준수<br>- 기업 활동 규제완화에 관한 특별조치법에서 안전관리자 또는 보건관리자의 배치 의무를 면제하거나 안전관리자 또는 보건관리자를 채용한 것으로 간주하는 요건 충족 여부<br>• 기업규제완화법 배치의무 면제 조건 확인 | |

| 점검내용 | 점검결과 |
|---|---|
| 3. 사업장의 특성(위험성, 규모 등)을 고려하여 전문인력 추가 배치계획 수립<br>- 법적 의무사항은 아니지만 추가 배치 여부 | |
| 4. 안전관리자 등 전문인력에 대한 안전보건 업무수행시간 보장<br>① 안전관리자 등의 전문인력이 다른 업무와 겸직할 경우는 해당 업무를 수행할 수 있도록 충분한 업무시간 보장<br>• 안전관리자 등 안전보건 업무일지<br>② 다른 업무와 겸직한 경우에는 안전보건 업무일지를 작성하여 충분한 업무시간(최소 연간 702시간)을 확보<br>• 일정 시간 이상 안전보건업무 수행 보장<br>• 업무수행일지와 업무수행 시간표 작성 | |
| 5. 전담 안전관리자는 겸직 업무수행 불가<br>- 전담으로 선임된 안전관리자 등은 해당 업무만 수행토록 조치 | |
| 6. 안전관리자와 보건관리자에게 업무수행에 필요한 권한 부여와 지원 필요<br>- 해당 업무의 수행에 필요한 권한을 부여하고 시설 · 장비 · 예산 그 밖에 업무수행에 필요한 지원<br>• 안전보건 확보를 위한 안전보건 조직(담당자)의 제안이 원활하게 이행될 수 있도록 조직체계 구성 | |
| 7. 유능한 전문인력 배치<br>- 유능한 인력 배치 확인 서류<br>• 자격, 학력, 경력, 연봉, 직위 | |
| 8. 외부 전문기관 활용 검토<br>- 정부의 기술지도 사업, 안전관리 전문기관 등 외부자원 활용방안 검토 | |

# 07 종사자 의견청취 절차 마련, 청취 및 개선방안 마련 · 이행

## 7.1 관련 조문

**시행령 제4조(안전보건관리체계의 구축 및 이행 조치) 제7호**

7. 사업 또는 사업장의 안전보건에 관한 사항에 대해 종사자의 의견을 듣는 절차를 마련하고, 그 절차에 따라 의견을 들어 재해예방에 필요하다고 인정하는 경우는 그에 대한 개선방안을 마련하여 이행하는지를 반기 1회 이상 점검한 후 필요한 조치를 할 것. 다만, 「산업안전보건법」 제24조에 따른 산업안전보건위원회 및 같은 법 제64조 · 제75조에 따른 안전 및 보건에 관한 협의체에서 사업 또는 사업장의 안전보건에 관하여 논의하거나 심의 · 의결한 경우에는 해당 종사자의 의견을 들은 것으로 본다.

## 7.2 조문의 취지

사업주 또는 경영책임자 등은 사업 또는 사업장의 안전보건에 관한 사항에 대해 종사자의 의견을 듣는 절차를 반드시 마련해야 한다. 사실 의견청취에 그쳐서만은 안 되고 안전보건관리체계 구축과 이행에 종사자가 참여하여 함께 안전보건 활동을 해 나갈 필요가 있다.

이 조문은 안전 및 보건의 확보는 경영책임자 등의 일방적인 조치만으로는 충분하지 않기 때문에 근로자, 수급인 등의 의견을 충분히 반영하기 위한 조문이다. 종사자의 참여가 없고 현장 작동성이 없다면 안전보건관리는 성공할 수 없다. 따라서 현장의 잠재된 위험요인을 가장 잘 알고 있는 종사자의 참여가 반드시 필요하다. 종사자가 자유롭게 의견을 제시하는 기업문화를 만든다면 노사 간의 신뢰가 형성되어 타 분야의 다양한 문제를 쉽게 해결할 수 있을 것이다.

산업안전보건위원회 등 의결사항, 안전보건 관련 회의 결과, 유해 · 위험기계 · 기구 · 물질, 아차사고발생 현황 및 관련 정보 등은 공유하거나 공개해야 한다. 또한 안전보건 확보 관련 의견청취를 위해 근로자 참여의 공식적인 절차도 마련할 필요가 있다.

## 7.3 실행전략

**일반사항**

① 안전보건 전반에 관한 정보공개
② 모든 구성원이 참여할 수 있는 절차 마련
③ 자유롭게 의견을 제시할 수 있는 문화 조성
④ 종사자의 의견을 청취하고 난 후 그 의견을 반영할 것인지 여부 등을 판단하기 위한 방식이나 절차, 기준 등 마련
⑤ 종사자의 의견을 청취하기 위해 산업안전보건법에 따라 운영 중인 산업안전보건위원회 및 안전보건에 관한 협의체 등이 있는 경우 이를 적극 활용

개인사업주 또는 경영책임자 등은 사업 또는 사업장의 안전보건에 관한 의견청취 절차를 마련하여, 각 사업장에서 그 절차에 따라 종사자 의견을 청취하고 개선이 필요한 경우에는 개선방안을 마련하여 이행하는지를 반기 1회 이상 점검한 후 필요한 조치를 하여야 한다. 산업재해 예방을 위해서는 해당 작업장소의 위험이나 개선사항을 가장 잘 알고 있는 현장 작업자인 종사자의 참여가 반드시 필요하다는 점을 고려하여 종사자의 의견을 듣고 반영하는 절차를 체계적으로 구성하여 운영할 필요가 있다.

## 7.4 실행방법

### 1) 종사자와 안전보건에 대한 유의미한 정보 제공과 공유

종사자의 의견을 들으려면 먼저 종사자와 유의미한 정보를 공유하는 것이 필요하다. 종사자와 공유할 정보는 안전보건경영방침과 목표, 안전보건관리규정, 유해·위험기계·기구와 유해물질의 정보, 위험요인별 제거관리방안, 산업재해 원인조사 및 재발방지대책 등이 있다.

### 2) 안전보건에 관한 의견을 듣는 절차

중대재해처벌법 시행령 제4조제7호는 산업안전보건법의 규정에서 더 나아가 근로자 또는 근로자대표뿐만 아니라 종사자의 의견을 청취하도록 하고 있으므로, 개인사업주 또는 경영책임자 등은 직접 고용한 근로자뿐 아니라 수급인 사업주 소속 근로자, 특수형태근로종사자, 1인 자영업자 등 사업장에서 노무를 제공하는 사람의 의견을 청취하는 절차를 마련하여야 한다.

종사자라면 누구나 자유롭게 유해·위험요인 등을 포함하여 안전보건에 관한 의견을 개진할 수 있도록 하되, 종사자의 의견을 듣는 절차는 사업 또는 사업장의 규모, 특성에 따라 달리 정할 수 있으며, 다양한 방법을 중첩적으로 활용하는 것도 가능하다. 이를 이해서는 종사자 의견 반영 여부를 판단하기 위한 방식이나 절차 기준 등을 수립할 필요가 있다. 사업장 전체의 모든 종사자는 누구나 자유롭게 유해·위험요인 등을 포함하여 안전보건에 관한 의견을 개진할 수 있도록 사업장 규모, 특성에 따라 절차를 마련하고 해당 절차에 따라 의견청취를 해야 한다.

안전보건에 관한 사항(문제점 및 개선방안 등)에 대해 종사자의 의견을 듣는 신고·제안제도 등의 절차를 마련하여 운영하여야 한다. 이때 체계적인 절차를 마련하고 문서화 하여 기록 및 보존(사진, 참석자 서명 등)하여야 한다. 종사자에게 안전보건에 관한 의견을 듣는 절차는 법령에 규정된 절차만을 의미하는 것은 아니다. 온라인 시스템, 건의함, 신고·제안

제도 또는 정기회의, 간담회, 특히 작업 전 안전미팅(TBM : Tool Box Meeting) 등 가능한 방법을 활용하면 된다. 또한 사업장 단위 혹은 팀 단위로 주기적인 회의나 간담회 등에서 의견을 개진하도록 하는 등 의견 수렴 절차는 다양하게 마련할 수 있다.

종사자의 참여는 형식적이어서는 안 되고 안전보건 목표 및 경영방침의 설정, 유해 · 위험 요인의 확인과 개선 등 전 과정에서 충분하게 이루어질 때 산업재해 예방에 효과적이다. 근로자가 참여하는 안전보건 활동의 예시는 다음과 같다.

① 안전보건관리 목표와 경영방침 설정
② 부서별 · 공종별 위험요인 파악 및 제거 · 관리, 통제방안 마련
③ 안전작업 지침 작성 및 문서화
④ 안전절차 수립 및 개정
⑤ 사내 산업재해 발생 원인분석 및 재발방지대책 마련
⑥ 근로자 교육훈련 프로그램 개발 및 평가
⑦ 작업환경측정, 건강진단 시 근로자대표 참석
⑧ 현장 안전점검 실시
⑨ 안전보건관리책임자 등 평가
⑩ 도급 · 용역 · 위탁 등 수급업체 평가 참여

제주지방법원 2023. 10. 18. 선고 2023고단146 판결에 따르면 굴착기를 이용해 굴뚝을 해체하던 중 상단 굴뚝 구조물이 낙하하며 굴착기를 충격한 중대재해 사고에 대해서 법원은 사업 또는 사업장의 안전보건에 관한 종사자의 의견을 듣는 절차를 마련하지 아니해 굴뚝 등 해체작업의 위험과 예방대책 등에 대한 종사자의 의견을 듣지 못해 이 사건 공사현장에서 굴뚝 등 해체작업의 위험을 예방하기 위한 작업계획서 작성, 적절한 안전관리를 위한 인력배치 등의 사전대책이 수립 · 시행되지 않도록 했다고 판단했다.

법원은 종사자 의견청취 절차의 미흡을 작업계획서 미작성, 대책 미수립의 원인 중 하나로 본 것이다. 이처럼 재해예방에 필요한 안전보건관리체계의 구축 및 그 이행에는 적절한 종사자 의견청취 절차 마련이 필수적인 것이다.

| 문서번호 : |
|---|

# 종사자 의견청취 운영절차

2025.　.　.

| 작성자 | 검토자 | 근로자대표 | 대표이사 |
|---|---|---|---|
| (확인) | (확인) | (확인) | (확인) |

| 제정 : (처음 만든 날짜) | 개정 : (수정한 날짜) |
|---|---|

㈜ ○○건설

## 종사자 의견청취 운영절차 제 · 개정이력

| 제목 | 종사자 의견청취<br>운영절차 | 제 · 개정 및<br>폐기권자 | 안전보건<br>관리책임자 |
|---|---|---|---|
| 문서 번호 | - | 기안 부서 | |
| 개정 주기 | 필요시 | 관리 부서 | |
| 공개 여부 | 공개 | 제정 일자 | |

**제 · 개정 이력**

| 개정<br>번호 | 제 · 개정 | | | 연월일 | 제 · 개정사유 | 제 · 개정내용 |
|---|---|---|---|---|---|---|
| | 작성자 | 전면 | 부분 | | | |
| 1 | | ● | | | | 제정 |
| | | | | | | |
| | | | | | | |
| | | | | | | |
| | | | | | | |
| | | | | | | |
| | | | | | | |
| | | | | | | |

# 종사자 의견청취 운영절차

| 승인 | |
|---|---|
| 기안 | |

| 제정 : (처음 만든 날짜) | 개정 : (수정한 날짜) |
|---|---|

## 1. 목적

안전보건관리체계의 효과적인 추진 및 유지를 위하여 본사 내부의 각 조직 및 현장과의 안전 관련 사항을 협의하고, 대내외 요구사항 및 이와 관련한 정보가 각 이해관계자에게 신속하고 정확하게 입수, 처리, 문서화 전달되어 원활한 의사소통 및 정보제공을 하는 데 그 목적이 있다.

## 2. 업무 절차

2.1 정보수집 및 분석

2.1.1 현장소장은 다음과 같은 내용을 확인 및 수집해야 한다.

- 중대재해사례, 아차사고사례, 본사 업무연락
- 제·개정된 법규 및 안전보건 정보
- 위험의 확인 및 통제에 필요한 정보
- 근로자의 의견수렴 내용과 제안사항 등

2.2 의사소통 및 정보제공

2.2.1 현장소장은 수집된 안전보건 정보를 정리, 분석하여 필요시 전 직원 및 근로자 그 밖의 이해관계자에게 다양한 방법(위험성평가 회의 및 의사소통회의, 정기 안전교육 TBM 활동 등)으로 제공한다.

2.2.2 현장소장 및 현장 안전관리자는 본사에서 제공되는 정보와 현장 내 영향을 미칠 수 있는 사항을 직원 및 근로자에게 안전보건경영 게시판이나 적절한 방법으로 공지한다.

2.3 의사소통회의(위험성평가 회의 시 종사자 의견청취)

2.3.1 원도급 현장소장은 월 2회, 하도급 현장소장은 월 2회 이상 공정과 연계된 위험성평가를 실시하여야 한다.

2.3.2 현장소장은 발주처(원청사)와의 안전협의체 회의, 자체 위험성평가 회의 및 공정회의 등을 통하여 전회차 회의내용을 피드백 하고, 개선 및 건의사항을 수령하는 등 현장 안전보건관리를 위한 의사소통을 실시하고 기록 및 보존하여야 한다.

2.3.3 현장소장은 근로자가 의견을 제시(안전보호구 지급, 현장 안전시설물 설치, 근로자 휴게시설 설치 등)한 사항 중 재해예방에 필요하다고 인정된 사항은 개선방안을 수립 후 이행토록 하여야 한다(단, 급여인상, 회식 요구 등 재해예방에 관련되지 않는 사항에 대해서는 개선방안 수립 제외 가능).

2.3.4 현장소장은 의사소통 회의 후 주요내용에 대해 즉시 미참석 인원 및 전 근로자에게 커뮤니티(단체 카톡방 등)를 통해 공지하여야 하며, 본사와의 의사소통 및 정보제공을 위하여 사내 전산망에 등록한다.

2.3.5 현장소장은 현장 내 모든 작업팀장(반장) 및 근로자대표를 포함하여 위험성평가 회의를 실시하여야 하며, 관리대상(S, A등급)에 대한 책임과 권한, 조치계획을 논의하고 현장 안전보건에 관한 제반 준수사항 및 안전작업을 위한 필요한 절차를 협의한다.

2.3.6 현장소장은 TBM, 안전보건교육, 위험성평가 시 법규의 제 · 개정 등에 대한 내용을 인지하였을 경우 본사 안전팀에 즉시 보고하여야 하며, 본사 안전팀은 검토 후 제 · 개정을 실시하여야 한다.

2.3.7 현장소장은 발주처(원청사)에서 실시하는 위험성평가 회의 및 공정과 연계된 안전협의체 회의에 적극적으로 참여해야 한다.

2.4 안전보건 소위원회 회의

2.4.1 현장소장은 연 2회(반기별) 이상 안전보건 소위원회 회의를 실시하여야 한다.

2.4.1.1 시기 : 본사 안전보건팀에서 실시하는 성과측정 실시일 이전

(현장소장은 근로자 대표가 요청 시 추가적인 회의를 실시한다.)

2.4.1.2 주관 - 현장소장

2.4.1.3 참석자 - 현장소장, 안전관리자(담당자), 관리감독자, 근로자대표, 본사 안전보건팀

2.4.2 현장소장은 근로자의 의견을 주기적으로 청취하고 개선방안을 마련하고 이행하는 등 안전보건 소위원회 회의를 실시하고 기록 및 보존하여야 한다.

**3. 현장소장은 현장 안전보건체계 운영 중 주기적으로 실시하는 의사소통(회의 등)에 관하여 다음(예시)과 같이 절차를 수립하여야 한다.**

3.1 주간 공정회의

3.1.1 시기 - 매주 금요일 14:00 ~ 15:00

3.1.2 주관 - 현장소장

3.1.3 참석자 - 현장소장, 시공팀(장) 등

3.1.4 내용 - 주요 공정 계획 및 결과, 공지사항 및 건의사항 등

3.2 일일 위험성평가 회의

3.2.1 시기 - 매일 15:00 ~ 16:00

3.2.2 주관 - 안전팀(장)

3.2.3 참석자 - 안전팀(장), 시공팀(장) 등

3.2.4 내용 - 명일 실시되는 주요 세부공정에 대한 위험요인 도출 및 개선대책 협의

3.3 노사협의체 회의

3.3.1 시기 - 격월 1회 이상

3.3.2 주관 - 현장소장

3.3.3 참석자 - 현장소장, 안전팀(장), 근로자대표 등

3.3.4 내용 - 현장 운영에 관련되는 안전보건 상의 모든 사항, 공지사항 및 건의사항 등

3.4 노사합동 안전점검(도급사업의 합동안전보건 점검)

3.4.1 시기 - 매월 첫째 주 수요일 07:00 ~ 08:00

3.4.2 주관 - 현장소장

3.4.3 참석자 - 현장소장, 시공팀(장), 근로자대표 등
3.4.4 내용 - 노사합동으로 현장 순회 안전점검 실시

## 4. 업무내용

4.1 종사자 의견청취

1) 현장소장은 안전보건관리체계 실행의 적극적 참여와 현장의 안전사고 예방을 유도하기 위하여 관리감독자, 근로자, 종사자의 의견을 수시로 청취하고 조치를 해야한다.
2) 종사자는 현장의 위험성평가 활동 시 발견된 유해 · 위험요인에 대한 의견 / 대책안 등을 제안한다.
3) 본사 안전보건 팀장은 제안 받은 아이디어 중 우수사례를 선정하여 대표이사에게 보고하고 승인을 득한 후 포상을 실시한다.

4.2 의견청취 절차 및 조치결과 피드백

1) 종사자 의견청취 방법
   (1) 산업안전보건위원회 개최 시
   (2) 협의체 회의 및 노사협의회 개최 시
   (3) 종사자 의견청취 회의 시
   (4) 위험성평가 회의 시(정기/수시 등)
   (5) 현장소장 주관 TBM 실시 시
   (6) 정기 안전보건 교육 시
   (7) 일일 안전 작업 회의 시
   (8) 특별안전 교육 또는 법정 교육 시
   (9) 작업 중지권, 위험 신고 제도 활용
   (10) 기타 건의함, SNS, 이메일 등을 통해 의견청취
2) 현장소장은 취합된 종사자 의견에 대해 조치를 취한 후 그 결과를 게시판에 공지, 회의록 등을 통해 피드백 해야 한다.
3) 투자 예산이 투입되어야 할 경우 본사 안전보건팀에 통보하여 대표이사 승인을 받아 이를 집행하고 조치 결과를 피드백 해야 한다.
4) 의견청취는 상기 1항의 방법에 따라 수시로 청취한다.

5) 본사 안전보건팀은 월 1회 이상 각 현장의 종사자 의견청취 현황을 종합하여 대표이사에게 보고하고 조치 결과를 확인 후 이를 공지해야 한다.

4.3 포상 절차

1) 각 현장소장은 종사자 의견청취 내용중 안전보건관리에 우수한 제안은 포상추천서를 작성하여 포상을 상신한다.
2) 각 현장소장은 작업중지권을 행사하여 안전사고 예방에 기여한 근로자 등도 포상 추천한다.
3) 본사 안전보건팀은 해당 추천서를 검토하여 대표이사의 승인을 득한 후 관리감독자 소통회의 시 이를 공지하고 포상을 실시한다.
4) 포상기준 및 운영은 평가와 상벌관리 지침서 등에 따른다.

**5. 관련문서 및 기록양식**

| NO | 문서 및 양식명 | 문서 및 양식번호 | 보존 연한 | 비고 |
|---|---|---|---|---|
| 1 | 현장 의사소통 회의록 | | 현장 종료 시 | |
| 2 | 안전보건 소위원회 회의록 | | “ | |
| 3 | 의사소통 조치결과 보고서 | | “ | |
| 4 | 종사자 의견수렴 관리대장 | | “ | 엑셀파일 |
| 5 | 정보관리대장 | | “ | |

# 산업안전보건위원회(협의체) 운영규정

| 승인 | |
|---|---|
| 기안 | |

| 제정 : (처음 만든 날짜) | 개정 : (수정한 날짜) |
|---|---|

## 1. 목적

본 규정은 사업장 내 산업안전보건위원회(이하 "위원회"라 함)를 구성 · 운영하여 사업장에서 근로자의 위험 또는 건강장해를 예방하기 위한 계획 및 대책 등 산업안전보건에 관한 중요사항에 대하여 노사가 함께 심의 · 의결하기 위하여 제정되었다.

## 2. 책임과 권한

- 경영책임자
  1) 종사자의 의견을 청취하고 개선방안을 마련하여 이행하는지 반기 1회 확인
  2) 위원회 심의 · 의결사항 이행 여부 및 이행상태 확인

- 안전보건 팀장
  1) 위원회에 부여된 안건 심의 · 의결 진행
  2) 정기회의, 임시회의 발생 시 근로자위원, 사용자위원 대상 소집 주관
  3) 위원회 심의 · 의결사항 발생 시 결정된 사항에 대해 전 직원에게 게시판 및 기타 방법으로 공지
  4) 심의 · 의결사항 이행 여부 등 추진상황을 차기회의에 보고 및 이행상태를 지속적으로 확인 및 점검
  5) 근로자위원 및 사용자위원 대상 회의안건 및 회의 안내 공문 발송

- 근로자위원
  1) 위원회 진행 시 안건에 대해 심의 · 의결사항 수립
- 사용자위원
  1) 위원회 진행 시 안건에 대해 심의 · 의결사항 수립
- 간사
  1) 회의록 작성 및 안건 상정, 의결사항의 집행 점검 등 제반 업무 외 진행에 대한 사항 관리

## 3. 세부 업무 절차

3.1. 위원회 구성

1) 구성

(1) 본 위원회는 근로자위원과 사용자위원 각 9인 이하의 동수로 구성한다.

| 구분 | 근로자위원 | 사용자위원 |
|---|---|---|
| 필수 구성 | • 도급 또는 하도급 사업을 포함한 전체 사업의 근로자대표 | • 도급 또는 하도급 사업을 포함한 전체 사업의 대표자 |
| | • 근로자대표가 지명하는 명예산업안전감독관 1명 | • 안전관리자 1명<br>• 보건관리자 1명 |
| | • 공사금액이 20억 원 이상인 공사의 관계수급인의 각 근로자대표 | • 공사금액이 20억 원 이상인 공사의 관계수급인의 각 대표자 |
| 합의 구성 | • 공사금액이 20억 원 미만인 공사의 관계수급인의 근로자대표 | • 공사금액이 20억 원 미만인 공사의 관계수급인 |
| 합의 참여 | • 건설기계관리법 제3조제1항에 따라 등록된 건설기계를 직접 운전하는 사람 | |

① 근로자위원은 근로자가 선출하되, 근로자의 과반수로 조직된 노동조합이 있는 경우에는 노동조합의 대표자와 그 노동조합이 지명하는 자로 한다.

② 사용자위원은 안전보건관리책임자, 안전관리자, 보건관리자를 포함하여 사업주가 지명하는 9인 이내로 구성한다. 단, 안전관리자 · 보건관리자가 임명되어 있지 않을 시 그 업무를 관할하는 부서의 장으로 구성할 수 있다. 사용자위원에는 사업장의 경영 및 안전보건에 대한 실질적인 권한을 가진 자가 반드시 포함되어야 한다.

③ 간사 - 쌍방이 각 1인을 둔다.

④ 위원의 변경은 대표위원이 위원의 변경 시 7일 이내에 쌍방에 통보하여야 한다.

2) 직무

(1) 본 위원회는 사내 안전보건에 관한 최고 의결기구로서 구성원의 역할은 다음과 같다.

① 위원장은 1/4분기, 3/4분기는 사용자 측이, 2/4분기, 4/4분기는 근로자 측이 교대로 맡는다(또는 위원장은 노사대표가 공동으로 맡는다).

② 위원장은 위원회 업무를 총괄하여 정기, 임시회의를 소집 주관한다.

③ 위원은 위원회에 부여된 안건을 심의 · 의결한다.

④ 간사는 회의를 원활히 진행하기 위하여 회의록 작성 및 안건 상정, 의결사항의 집행 점검 등 제반 업무 외 진행에 대한 사항을 맡는다.

3) 심의 · 의결사항

(1) 본 위원회에서는 다음 각 항을 심의 · 의결하며 단체협약과 동일한 효력을 가지며 의결된 사항을 반드시 준수하여야 한다.

① 산업재해 예방계획 수립에 관한 사항

② 안전보건관리규정의 작성 및 그 변경에 관한 사항

③ 안전보건 교육에 관한 사항

④ 작업환경 측정 등 작업환경의 점검 및 개선에 관한 사항

⑤ 건강진단 등 건강관리에 관한 사항

⑥ 산업재해의 원인조사 및 재발방지대책의 수립에 관한 사항

⑦ 안전보호장구 및 안전 장비에 관한 사항

⑧ 산업재해에 관한 통계 및 기록 유지에 관한 사항

⑨ 유해 · 위험방지에 관한 사항

⑩ 산업재해 사후 처리 문제(보상, 기타)에 관한 사항

⑪ 안전관리자, 보건관리자의 수, 자격, 직무, 권한 등에 관한 사항

⑫ 공정안전보고서 작성에 관한 사항

⑬ 안전보건 관련 예산 편성 및 집행에 관한 사항

⑭ 중대재해의 원인조사 및 재발방지대책 수립에 관한 사항

⑮ 안전보건 개선계획에 관한 사항

⑯ 근골격계, 뇌심혈관 질환 예방대책 마련에 관한 사항

⑰ 기타 산업재해 예방을 위하여 필요한 업무로 법령이 정하는 사항 및 노사 어느

일방이 요구하는 사항 또는 단체협약에 정하는 사항

4) 위원의 신분 보장 및 활동 보장

(1) 회사는 위원이 산업안전보건 업무를 수행함에 있어 어떠한 불이익도 주지 못하며 제3항에 정하는 직무수행과 조사 활동을 보장한다.

(2) 위원이 위원회에 출석하기 위해 소요되는 시간에 대하여는 근로한 것으로 본다.

(3) 사업주는 현장점검 활동 등을 통한 근로자의 요청 및 의견 취합, 회의를 위한 사전 안건준비, 근로자위원 간의 논의 등 위원회 운영을 위한 사전 준비 및 위원회에서 결정한 사항의 집행, 산업안전보건법과 안전보건관리규정에서 정하고 있는 사항에 대해 필요한 경우의 조사를 위한 시간을 유급으로 보장한다.

(4) 회사는 근로자 측 위원의 선출에 개입하거나 방해하여서는 아니 되며 직무수행에 적극 협조한다.

(5) 사업주는 산업안전보건위원회 위원과 명예산업안전감독관이 있는 경우 명예산업안전감독관에 대하여 정기적으로 외부에서 이루어지는 산업안전보건교육에 우선적으로 참여할 수 있도록 하여야 한다.

5) 자료 제시

(1) 양측 위원이 회의 중 필요한 자료를 요청하였을 경우 이를 제공하여야 한다.

3.2. 위원회 운영

1) 회의

(1) 본 위원회는 정기회의와 임시회의를 개최하여야 한다.

① 정기회의는 분기별로 1회 개최한다.

② 임시회의는 노·사 일방의 요구가 있을 때 7일 이내, 중대재해발생 시, 재해 발생 및 재해 위협으로 인한 작업 중지 시, 위원장 및 위원 1/3 이상의 소집 요청 시 개최하여야 한다.

③ 산업안전보건위원회 운영을 원활히 하기 위하여 실무위원회를 두고 실무위원회 운영에 관하여는 따로 정하여 운영한다.

2) 회의 소집 및 회의 성립

(1) 위원장은 위원회 회의를 소집한다.

(2) 위원장은 회의의 일시, 장소, 안건, 참석 인원 명단을 첨부하여 회의 개최 7일 전까지 서면으로 통보하고 소집공고를 게시하여야 한다(단, 긴급한 경우의 임시회의 소

집은 그러하지 아니하다).

(3) 안전보건관리책임자, 안전보건관리자, 조합대표, 명예산업안전감독관은 당연직으로 써 반드시 위원회에 참석하여야 한다.

(4) 회의는 노사 각 과반수 이상의 출석으로 성립한다.

3) 회의 불참방지

(1) 각 위원은 위원회에 불참하는 사례가 없도록 최선의 노력을 하여야 하며 근로자대표, 명예산업안전감독관, 사업장 안전관리자, 보건관리자가 회의에 출석하지 못할 경우는 당해 사업장 소속의 그 직위에 상응하는 자에게 위원의 임무를 서면으로 위임하여 위원으로서의 직무를 대리하게 할 수 있다.

(2) 위원회 회의 개최 시 불참위원이 있을 경우 위원장은 그 불참 사유를 각 위원들에게 명확히 설명하고, 불참 방지를 위하여 노력하여야 한다.

(3) 사용자위원의 당연직 위원은 반드시 위원회에 참석하여야 한다. 다만, 해외 출장, 신병 등 부득이한 사유로 인하여 참석하지 못할 경우는 근로자대표에게 그 사유를 사전에 통보하고 차상급자에게 권한을 위임하도록 하는 등 위원회의 원활한 운영분위기를 저해하지 않도록 하여야 한다.

(4) 위원회의 회의 참석을 확인하기 위하여 참석위원은 반드시 회의록에 서명날인 하여야 한다.

4) 의결

위원회는 노사 각 과반수 이상의 출석으로 개최하며 출석위원 과반수 이상의 찬성으로 의결한다. 단, 노사 동수일 때는 재투표 후 양측 대표 위원이 협의한다.

5) 부결 시 조치

회사는 위원회 의안 부결을 이유로 법령에 규정된 의무이행을 게을리하여서는 아니 된다.

6) 참고인의 출석

(1) 노사 양측은 필요시 참고인의 출석을 위원장에게 요구할 수 있으며 위원장은 안건심의상 필요하다고 인정되면 참고인을 출석시켜 진술하도록 하여야 한다.

(2) 출석을 요청받은 참고인은 반드시 위원회에 출석하여 성실하게 보고, 진술하여야 하며 위원회가 인정하는 특별한 사유가 있는 경우 서면으로 답변을 제출할 수 있다.

7) 회의록 작성 및 보존

(1) 위원회 간사는 다음 각 호의 사항을 기록한 회의록을 작성하여 참석위원의 서명, 날인 후 각 1부씩 갖는다.

① 개최 일시 및 장소
② 참고인의 직위 및 진술
③ 회의내용, 심의, 의결사항
④ 기타 토의사항

(2) 회의록은 출석위원 전원이 서명, 날인하여 작성일로부터 2년간 보존한다.

8) 회의 결과 공지

(1) 본 위원회는 결정된 모든 사항에 대하여 게시판 및 기타 방법으로 전 직원에게 신속, 정확하게 알려야 한다.

(2) 사용자 측 대표위원은 심의, 의결사항 이행 여부 등 추진상황을 반드시 차기회의에 보고하여야 하며 그 내용을 회의록에 기록하여 이행상태를 계속 확인 점검하여야 한다.

9) 회의 결과 보고

위원회는 관계기관에 위원회의 결과를 보고할 경우 위원 전원의 확인 후 보고토록 한다.

10) 권한

(1) 위원은 산업재해 발생의 급박한 위험이나 유해한 작업환경이 발견되었을 때는 작업을 중지시킬 수 있으며 근로자를 작업 장소로부터 대피시키는 등 필요한 조치를 행한 후 작업을 재개하여야 한다.

(2) 작업 중지 조치를 실시한 위원은 해당 부서 또는 회사에 즉시 통보하여야 한다.

11) 산업안전보건위원회의 책임

(1) 산업안전보건위원회는 회사와 직원의 환경, 안전, 건강에 피해를 줄 수 있는 요인을 파악하고 의논함으로써 문제를 해결한다.

(2) 발생된 문제에 대해 정확한 원인을 찾아내어 대책을 수립함으로써 같은 문제가 재발되지 않도록 한다.

3.3. 안전보건 업무의 우선 적용

회사는 산업안전보건과 관련된 제 규정 및 위원회에서 결정된 사항을 제일 먼저 시행하여야 하며 안전사고 예방을 위하여 예산, 인력 등을 타 업무보다 우선적으로 적극 지원한다.

〈별첨 1〉 산업안전보건위원회 등의 회의개최 관리대장
〈별첨 2〉 종사자 의견청취 절차에 따른 결과 관리대장
〈별첨 3〉 산업안전보건위원회 회의록
〈별첨 4〉 종사자 의견청취 절차에 따른 이행 여부 점검표

## 산업안전보건위원회 등의 회의개최 관리대장

| 구분 | 일시 | 장소 | 참석인원 | 주요 내용 |
|---|---|---|---|---|
| 1 | | | | |
| 2 | | | | |
| 3 | | | | |
| 4 | | | | |
| 5 | | | | |
| 6 | | | | |
| 7 | | | | |
| 8 | | | | |
| 9 | | | | |
| 10 | | | | |

※ 산업안전보건위원회, 노사협의체 : 공사금액 120억 원 이상
※ 안전보건협의체 : 도급사업
※ 노사협의체를 구성한 경우 산업안전보건위원회, 안전보건협의체를 각각 구성 · 운영하는 것으로 간주

## 종사자 의견청취 절차에 따른 결과 관리대장

사업장명 :

| 구분 | 일시 | 청취방법 | 주요 내용 | 조치 내역 | |
|---|---|---|---|---|---|
| | | | | 조치일 | 조치사항 |
| 1 | | | | | |
| 2 | | | | | |
| 3 | | | | | |
| 4 | | | | | |
| 5 | | | | | |
| 6 | | | | | |
| 7 | | | | | |
| 8 | | | | | |
| 9 | | | | | |
| 10 | | | | | |

## 2025년 1분기 산업안전보건위원회 회의록

| 위 원 장 | |
|---|---|
| 회의일시 | |
| 회의장소 | |

**참여 위원**

| 회사 측 위원 | | | 노동조합 측 위원 | | |
|---|---|---|---|---|---|
| 직위 | 성명 | 확인 | 직위 | 성명 | 확인 |
| | | | | | |
| | | | | | |
| | | | | | |
| | | | | | |
| | | | | | |

**회의 결과**

| 연번 | 안건명 | 논의결과 | 담당부서/담당자 | 처리기한 |
|---|---|---|---|---|
| | | | | |
| | | | | |
| | | | | |
| | | | | |
| | | | | |

2025년 월 일

회사대표 (인)

근로자대표 (인)

## 종사자 의견청취 절차에 따른 이행 여부 점검표

사업장명 : 점검일자 : 년 월 일

| 점검자<br>(담당자) | (서명) | 확인자<br>(현장소장/사업주 등) | (서명) |
|---|---|---|---|

| 점검 사항 | 이행 | 미이행 | 개선사항 |
|---|---|---|---|
| 안전보건경영방침과 목표, 산업안전보건법령의 주요내용, 안전보건관리규정 등을 홈페이지, 게시판 등에 게시 여부 | | | |
| 종사자에게 사업장 내 유해 · 위험관련 기계 · 기구 · 설비 · 물질, 위험장소 등의 안내 여부 | | | |
| 종사자에게 산업재해 및 아차사고발생 현황 등의 공개 여부 | | | |
| 안전보건 확보와 관련 사업장 내 구성원들이 참여할 수 있는 공식적인 절차 적극적 안내 여부 | | | |
| 사내 게시판, 건의함, 간담회 등을 통해 종사자의 의견 적극적 수렴 여부 | | | |
| T.B.M, 안전제안활동, 신고함 등 법적 절차 외 종사자의 의견 수렴절차 운영 여부 | | | |
| 위험요인 파악 및 제거 · 대체 · 통제방안 마련 시 해당 작업 관련 종사자 참여 여부 | | | |
| 위험요인별 재해 발생 시나리오 및 조치계획 수립 시 해당 작업 관련 종사자 참여 여부 | | | |
| 위험요인 신고 · 제안자에게 불이익이 없도록 하며 자유롭게 의견을 제시 가능한 환경 조성 여부 | | | |
| 신고 및 제안에 대한 조치결과 주기적 공개 여부 | | | |

※ 점검 후 이행되지 않은 사항 추가 조치
※ 반기 1회 이상 점검

# 근로자 참여 운영절차

| 승인 | |
|---|---|
| 기안 | |

| 제정 : (처음 만든 날짜) | 개정 : (수정한 날짜) |
|---|---|

## 1. 목적

이 절차는 우리회사의 안전보건 방침 및 안전보건 경영활동 등을 조직 내 · 외부에 알리고, 이해관계자로부터 관련 정보 및 요구사항을 접수, 문서화하고 회신하는 절차 등을 규정함을 목적으로 한다.

## 2. 적용 범위

이 절차는 우리회사 본사 및 현장에 적용한다.

## 3. 책임 및 권한

3.1 대표이사

(1) 산업안전보건위원회, 노사협의회 의장

(2) 주요 현안 사항 총괄, 사장단 회의 참석

3.2 관리부서장

(1) 산업안전보건위원회, 노사협의회 운영

(2) 안전보건 민원 관련 업무를 우선 수행

(3) 비상사태 및 기타 사고 시에 관련 기관과 체계적인 의사소통 절차 수립

(4) 조직 내 여러 계층 간의 내부 의사소통과 외부 이해관계자로부터 관련 민원 접수, 문서화 및 회신을 위한 절차 수립 및 유지

(5) 이해관계자의 안전보건 민원 접수, 처리결과 통보

3.3 근로자

내부 의사소통을 위해 참여와 협의

## 4. 업무 절차

4.1 내부 의사소통

(1) 각 부서는 해당분야의 안전보건 경영활동 결과 및 건의사항을 관리부서장에 송부한다.

(2) 관리부서장은 조직 내에서 접수된 안전보건 경영활동 결과 및 건의사항을 접수하고, 검토한다.

(3) 관리부서장은 안전보건경영체제 감사와 경영자검토 결과를 조직 내의 모든 관련자에게 전달한다.

(4) 관리부서장은 안전보건 방침 및 정책, 결의사항 등을 교육, 훈련 및 기타방법(사보, 게시판, 공고간행물, 회의, 사내 전산망 등)으로 근로자에게 알린다.

(5) 의사소통은 전화, 우편 및 사내 전산망 등을 이용하며 특별한 경우를 제외하고 수신자는 필히 열람하여 응대한다.

(6) 각 부서장은 안전사고 및 긴급사태 시 안전보건에 관한 민원 등을 접수하면 관리부서장에게 통보한다.

(7) 관리부서장은 안전보건에 관한 중대한 사항이 발생한 경우 차기 산업안전보건위원회에 보고한다.

4.2 외부민원 접수 및 전달

(1) 각 부서장은 이해관계자로부터 안전보건 민원을 접수하면 관리부서장에게 통보한다.

(2) 관리부서장은 문서관리부서장 또는 외부 이해관계자로부터 안전보건 관련 민원을 접수하면 이를 정리 및 분석하여 조치한다.

(3) 관리부서장은 안전보건 민원의 처리를 위하여 필요시 관련 부서에 발생내역을 통보하여 발생원인 파악 및 조치를 의뢰할 수 있다.

(4) 관리부서장은 안전보건 민원의 처리결과를 내외부 이해관계자에게 통보하고 문서등록대장에 기록한다.

※ 문서번호 부여방법

| 안전 | -22 | -001 | 관리 | -22 | -001 |
|---|---|---|---|---|---|
| 부서명 | 연도 | 일련번호 | 부서명 | 연도 | 일련번호 |

(5) 관리부서장은 사내 · 외의 각종 안전보건 정보 중 필요하다고 인정되는 경우 관련 부서에 통보한다.

(6) 관리부서장은 외부 의사소통 내용을 기록 · 보관한다.

(7) 관리부서장은 외부 의사소통 내용 중 사업 목표 및 추진계획의 변경이 필요한 사항은 법규 및 그 밖의 요구사항 절차에 따라 처리한다.

## 5. 문서 및 기록 관리

〈붙임 1〉 문서등록대장

〈붙임 2〉 제안제도 시행 공고문

〈붙임 3〉 제안서

### 문서등록대장

| 번호 | 제목 | 문서번호 | 등록일자 | 수신 | 발신 | 담당 부서 | 비고 |
|---|---|---|---|---|---|---|---|
| | | | | | | | |
| | | | | | | | |
| | | | | | | | |
| | | | | | | | |
| | | | | | | | |
| | | | | | | | |
| | | | | | | | |
| | | | | | | | |

## 제안제도 시행 공고문

우리회사의 전직원 및 사업장 근로자가 안전보건을 위한 개선과제를 제시하여 안전한 작업환경을 조성하고자 제안제도를 시행함

**1. 시행목적**

직원 및 사업장 근로자가 안전보건관리를 위한 개선과제를 직접 제시하여 안전한 작업 환경 조성

**2. 제안자**

관리 중인 건물 및 시설물이나 사업장 현장 작업에 참여하고 있는 모든 근로자

**3. 제안내용**

각 사업장의 안전보건관리 개선에 관련된 모든 내용

**4. 제안방법**

우리회사 현장 게시판 또는 현장 안전보건관리책임자에게 제안서 제출

**5. 처리절차**

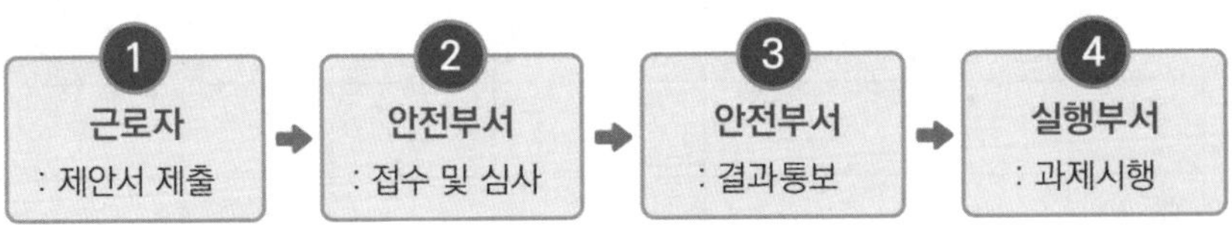

## 제안서

<table>
<tr><td colspan="2">제안자</td><td colspan="3">소속 : 직급 : 성명 :</td></tr>
<tr><td colspan="2">제출 일자</td><td>접수번호</td><td>행정 · 제도분야</td><td>기술분야</td></tr>
<tr><td colspan="2"></td><td></td><td>(　　)</td><td>(　　)</td></tr>
<tr><td colspan="2">제목</td><td colspan="3">안전보건에 관한 사항</td></tr>
<tr><td colspan="2">현행 방법</td><td colspan="3"></td></tr>
<tr><td colspan="2">문제점</td><td colspan="3"></td></tr>
<tr><td colspan="2">개선</td><td colspan="3"></td></tr>
<tr><td rowspan="2">개선<br>효과</td><td>경비절감<br>(수익증대)</td><td colspan="3"></td></tr>
<tr><td>사무개선 등<br>기타</td><td colspan="3"></td></tr>
<tr><td colspan="2">특기사항</td><td colspan="3"></td></tr>
<tr><td colspan="5"></td></tr>
</table>

### 3) 종사자가 참여하는 공식적인 협의체 운영

건설업의 경우 공사금액 120억 원 이상(토목공사 150억 원 이상) 현장과 그 이하 현장으로 구분하여 종사자 의견청취 절차를 마련할 필요가 있다. 공사금액 120억 원 이상(토목공사 150억 원 이상) 현장은 공식적인 협의체인 산업안전보건법에 따른 산업안전보건위원회나 노사협의체 등을 효과적으로 운영할 필요가 있다.

산업안전보건위원회를 운영할 때 대표되지 않는 수급인 근로자, 파견업체(근로자) 등도 별도의 참여기회를 부여하는 것이 바람직하다. 산업안전보건위원회의 구성 · 운영을 지원하기 위한 매뉴얼이 시중에 제작, 배포되어 있으니 적극 활용할 필요가 있다.

반면에 공사금액 120억 원 미만(토목공사 150억 원 미만) 현장은 안전보건협의체, 건의함, 홈페이지, 제안제도, TBM 등을 활용하여 종사자 의견을 청취할 수 있다.

산업안전보건법 제64조(도급인 · 수급인 협의체), 제75조(노사협의체)에 따른 안전보건관련 협의체는 모든 업종의 도급사업에서 구성하여 운영할 필요가 있다. 도급인은 자신의 사업장에서 관계 수급인의 근로자가 작업을 하는 경우 도급인과 수급인 전원을 구성원으로 하는 협의체를 구성토록 산업안전보건법 제64조제1항에 규정되어 있다.

건설업의 경우에는 120억 원 건설공사의 경우 도급인과 수급인 및 근로자 대표(20억 원 이상 공사 관계수급인의 근로자대표 포함)를 포함하는 노사협의체를 구성 · 운영(법 제75조)해야 한다. 이를 구성 · 운영한 경우 산업안전보건위원회(법 제24조)와 도급인의 안전보건에 관한 협의체(법 제64조제1항)를 각각 운영한 것으로 본다.

#### (1) 산업안전보건위원회

사업주는 사업장의 안전 및 보건에 관한 중요사항을 심의 · 의결하기 위해 산업안전보건법 제24조에 따른 산업안전보건위원회(산업재해예방계획의 수립, 안전보건관리규정, 안전보건교육 등)를 구성 · 운영하여야 한다.

구성 대상은 공사금액 120억 원 이상 건설업(건설산업기본법 시행령 별표1의 종합공사를 시공하는 업종의 건설업종란 제1호에 따른 토목공사업의 경우 150억 원 이상)과 상시근로자 수 100명 이상이 대상이다.

산업안전보건위원회는 분기 1회 시행(정기), 위원장 소집 시(임시)로 구분하여 운영한다. 운영구성은 사용자위원과 근로자위원 동수로 구성한다. 이때 사용자위원은 대표자, 안전관리자, 보건관리자 등이고 근로자위원은 근로자대표, 명예산업안전감독관 등이다.

산업안전보건위원회에서 심의 · 의결을 한 경우 그 사업장의 모든 종사자 의견을 청취한 것으로 간주할 수 있는지에 대해 궁금할 것이다. 근로자위원과 사용자위원으로 구성된 산업안전보건위원회의 심의 · 의결을 거쳤다 하더라도 모든 종사자의 의견을 청취한 것으로 간주되지는 않는다. 따라서 해당 사업장 소속 근로자가 아닌 종사자(수급인 근로자 등)도 산업안전보건위원회, 도급인과 수급인이 함께하는 안전보건협의체 등에서 의견을 개진할 수 있도록 하거나 별도의 의견청취 절차를 두는 것이 좋다. 산업안전보건위원회 구성해야 할 사업 종류 및 상시근로자 수는 아래 표와 같다.

**표 3.40 산업안전보건위원회 구성해야 할 사업종류 및 상시근로자 수**

| 사업의 종류 | 사업장의 상시근로자 수 |
|---|---|
| 1. 토사석 광업<br>2. 목재 및 나무제품 제조업 : 가구 제외<br>3. 화학물질 및 화학제품 제조업 : 의약품 제외(세제, 화장품 및 광택제 제조업과 화학섬유 제조업은 제외한다)<br>4. 비금속 광물제품 제조업<br>5. 1차 금속제조업<br>6. 금속가공제품 제조업 : 기계 및 가구 제외<br>7. 자동차 및 트레일러 제조업<br>8. 기타 기계 및 장비 제조업(사무용 기계 및 장비 제조업은 제외한다)<br>9. 기타 운송장비 제조업(전투용 차량 제조업은 제외한다) | 상시근로자 300명 이상 |
| 10. 농업<br>11. 어업<br>12. 소프트웨어 개발 및 공급업<br>13. 컴퓨터 프로그래밍, 시스템 통합 및 관리업<br>14. 정보서비스업 | 상시근로자 300명 이상 |

| 사업의 종류 | 사업장의 상시근로자 수 |
|---|---|
| 15. 금융 및 보험업<br>16. 임대업 : 부동산 제외<br>17. 전문, 과학 및 기술 서비스업(연구개발업은 제외한다)<br>18. 사업지원 서비스업<br>19. 사회복지 서비스업 | |
| 20. 건설 | 공사금액 120억 원 이상(건설산업기본법 시행령 별표 1의 종합공사를 시공하는 업종의 건설업종란 제1호에 따른 토목공사업의 경우에는 150억 원 이상) |
| 21. 제1호부터 제20호까지의 사업을 제외한 사업 | 상시근로자 100명 이상 |

### (2) 안전 및 보건에 관한 협의체(산업안전보건법 제64조)

안전 및 보건에 관한 협의체의 협의 사항은 작업관련 사항 협의(작업의 시작 시간, 작업 또는 작업장 간의 연락 방법, 재해발생 위험 시 대피방법, 위험성평가 실시에 관한 사항 등)이다. 구성 대상은 도급인이며 제외 대상 업무는 다음과 같다.

① 자재 · 부품 납품, 우편물 배달 등
② 제품 구매 후 납품 및 이에 따른 설치 · 하자보수 등
③ 용역제공 관련 회의 등 각종 회의 참석
④ 사업장 내 정수기 설치, 생수공급 및 이와 유사한 업무
⑤ 위험기계 · 기구 정기검사, 안전보건관리대행, 안전보건 · 경영진단(평가), 컨설팅, 행사, 교육 및 강의 등 사업장 내에서 수행하는 위탁업무
⑥ 기타 위와 유사한 출입업체가 수행하는 업무
⑦ 30일 이내 일시적 작업, 연간 총 60일 이내 간헐적 작업

안전 및 보건에 관한 협의체의 운영주기는 매월 1회 이상이며 운영방법은 본사와 각 현장(안전보건총괄책임자 주최)에서 시행한다.

도급에 따른 안전 및 보건에 관한 협의체는 도급 시 산업재해예방 운영지침에 따를 경우에는 재하도급을 받는 관계수급인은 제외된다. 그러나 관계수급인까지 포괄하여 종사자의 안전 및 보건 확보의무를 규정하고 있는 중대재해처벌법의 입법 취지를 고려할 때 협의체 운영 시 관계수급인 사업주까지 포함하여 운영할 필요가 있다.

그간 중대재해처벌법 판례에서는 종사자 의견청취 의무 위반에 대해 단순히 조문 언급에 그치는 경우가 더 많았다. 그런데 최근 판례(창원지방법원 통영지원 2024년 08월 21일 선고 2023고단95, 1448(병합) 판결)에서는 종사자 의견청취와 관련하여 수급업체 모두가 참여하지 않은 안전보건협의체 운영에 대한 구체적인 기준을 설시(說示)한 바 있다.

중대재해처벌법에서는 종사자의 의견을 청취하기 위해 산업안전보건법에 따라 운영 중인 산업안전보건위원회 등이 있는 경우에는 이를 활용할 수 있도록 하고 있다. 그중 하나인 산업안전보건법 제64조의 도급인의 안전 및 보건에 관한 협의체는 도급인 자신의 사업장에서 관계 수급인 근로자가 작업하는 경우 도급인과 그의 수급인 전원을 구성원으로 해 사업 또는 사업장의 안전보건에 관해 논의해야 한다.

이와 관련하여 법원은 공사를 하도급을 받지만 단기로 들어오는 업체의 참여가 보장되지 않는 안전보건협의회는 중대재해처벌법 시행령 제7호 단서에서 정한 안전 및 보건에 관한 협의체에 해당한다고 볼 수 없다고 보았다. 그 이유로써 도급인의 사업장에서 근무하는 모든 관계 수급인의 참여가 보장되지 않은 안전 및 보건에 관한 협의체는 중대재해처벌법에서 정한 종사자 의견청취 의무 이행으로 인정하지 않았다. 따라서 안전 및 보건에 관한 협의체 구성 시 누락된 수급인이 없도록 유의해야 할 것이다.

### (3) 노사협의체(산업안전보건법 제75조)

노사협의체 협의사항은 산업재해예방방법 및 산업재해가 발생한 경우의 대피 방법, 작업의 시작 시간, 작업 및 작업장 간의 연락 방법, 그 밖의 산업재해예방과 관련한 사항 등이다. 노사협의체를 구성 · 운영하는 경우는 산업안전보건위원회, 안전 및 보건에 관한 협의체를 각각 구성 · 운영하는 것으로 본다. 노사협의체 구성 대상은 공사금액 120억 원 이상 건설업(토목공사업의 경우 150억 원 이상), 상시근로자 100명 이상이다. 운영주기는 1회/2개월(정기)이고 위원장 소집 시(임시) 운영이 가능하다.

운영구성은 근로자위원과 사용자위원으로 구성된다. 근로자위원은 도급 또는 하도급 사업을 포함한 전체 사업의 근로자대표, 근로자대표가 지명하는 명예산업안전감독관 1명(다만, 명예 산업안전 감독관이 위촉되어 있지 않은 경우는 근로자대표가 지명하는 해당 사업장 근로자 1명), 공사금액이 20억 원 이상인 공사의 관계수급인의 근로자대표가 해당된다. 반면에 사용자위원은 도급 또는 하도급 사업을 포함한 전체 사업의 사용자대표, 안전관리자 1명, 보건관리자 1명, 공사금액이 20억 원 이상인 공사의 관계수급인의 대표가 해당된다.

**표 3.41 법적 종사자 의견청취 절차**

| 산업안전보건위원회 | 안전보건협의체 | 노사협의체 |
|---|---|---|
| 공사금액 120억 원 이상 | 원도급 사업장에서 하도급업체 근로자 작업 시 | 공사금액 120억 원 이상 |
| 주요 업무 | | |
| 사업장의 안전보건에 관한 중요 사항을 심의 · 의결하기 위해 구성하는 위원회<br>[정기회의(분기별), 임시회의] | 도급인과 수급인을 구성원으로 하는 안전 및 보건에 관한 협의체<br>[매월 실시] | 건설공사의 건설공사도급인이 해당 건설공사 현장에 구성하는 협의체<br>[정기회의(2개월), 임시회의] |
| • 산업재해 예방계획 수립<br>• 안전보건관리규정 작성 · 변경<br>• 작업환경 점검 및 개선<br>• 근로자 안전보건교육<br>• 근로자 건강관리<br>• 중대재해 원인조사 및 재발방지대책 수립<br>• 산업재해 통계 기록 및 유지<br>• 근로자 안전보건 유지 · 증진에 필요한 사항 | • 작업시작 시간<br>• 작업 또는 작업장 간 연락방법<br>• 재해발생 위험존재 시 대피방법<br>• 위험성평가 실시 관련 사항 등 | |

※ 노사협의체를 구성한 경우 산업안전보건위원회, 안전보건협의체를 각각 구성 · 운영하는 것으로 간주

※ 상시근로자 100명 이상일 경우 「산업안전보건법」 제25조에 따라 안전보건관리규정 작성

### 4) 작업자의 적극적 참여를 유도할 수 있는 활성화 방안 마련

중소기업의 경우 안전보건관리에 작업자를 참여시킬 수 있는 적절한 방법을 찾아 운영할 필요가 있다. 작업자의 관심을 불러일으킬 수 있는 토의, 안전순찰, 안전미팅(TBM), 회의, 게시판 등을 통해 종사자들이 이야기를 할 수 있도록 할 필요가 있다. 특히, 종사자들이 작업장의 위험요인을 발견하고 신고했을 때 이를 인정하고 긍정적으로 평가하는 것은 좋은 방안이다.

작업 전 안전미팅 활동(TBM)은 작업 시작 전, 현장에서 소규모로 단시간에 실시하는 회의로 안전 확보를 위한 세부 작업방법 등을 논의하고 결정한다. 작업 전 안전미팅 활동(TBM)을 실시할 때의 유의사항은 관리감독자가 주요 위험요인을 공유하고 자유로이 토의토록 할 필요가 있다. 안전한 작업방법 선택을 논의하고 가급적 전원이 합의한 작업방법으로 결정해야 한다. 회의 종료 전 관리감독자는 기본 안전수칙 준수, 개인보호구 착용을 강조해야 한다. 안전 미팅 후 안전보건이 확보되는 경우 공식적인 작업절차에 들어가게 된다.

기업에서는 안전보건 활동에 대한 종사자들의 관심, 유도 및 자율적인 참여를 통한 안전문화를 확산하기 위해 '신고 · 제안 제도'를 많이 채택해 운영하고 있다. 그런데 '신고 · 제안 제도'에 대한 홍보도 없고 종사자들이 이에 대해 전혀 알지 못해 실질적으로 운영이 된다고 보기 어려울 경우 종사자 의견청취 제도를 마련했다고 인정받기 어려울 수가 있다.

창원지방법원(통영지원 2024년 08월 21일 선고 2023고단95, 1448(병합) 판결)에서는 안전 및 보건에 대한 신고 내지 건의사항을 기재해 제출할 수 있는 BBS카드 제도가 있기는 하나 이에 대해서 별다른 안내 · 홍보가 이루어지지 않아 이 사건 공사를 하도급받은 상피고인 C소속 근로자들은 현장소장인 상피고인 A를 포함해 이에 대해 전혀 알지 못하고 있었던 것으로 보이는 바, 사업장의 안전보건에 관한 사항에 대해 종사자의 의견을 듣는 절차를 마련해 그에 따라 의견을 들어 개선방안을 마련해 이행하는 조치를 했다고 볼 수 없다고 보았다. 따라서 '신고 · 제안 제도'를 운영한다면 가급적 모든 종사자가 참여할 수 있도록 활성화하기 위한 노력(예 : 홍보 활동, 인센티브 · 포상 부여 등)을 실시하는 것이 바람직할 것이다.

공사금액 120억 원 미만(토목공사 150억 원 미만) 현장은 건의함, 홈페이지, 제안제도,

TBM 등을 활용하여 종사자 의견을 적극적으로 청취할 필요가 있다. 안전보건경영방침과 목표, 산업안전보건법령의 주요 내용, 안전보건관리규정, 의결사항 등을 홈페이지나 현장 게시판에 게시하여야 한다. 또한 사업장 내 유해 · 위험기계 · 기구 및 물질, 아차사고 발생현황 등 그 밖에 안전보건과 관련된 정보도 TBM 활동 시 공개할 필요가 있다. 이외에도 안전제안제도 운영을 통해 개선의견 제안에 대해 독려하고 인센티브를 부여하는 방안도 강구할 필요가 있다.

### 5) 종사자 의견 검토, 확인과 필요시 개선방안 마련 이행

종사자의 의견은 검토하고 확인해서 재해예방에 필요한 경우 개선방안을 마련하고 이행해야 한다. 산업안전보건위원회나 노사협의체 외에 단체 메신저 대화방, 작업 전 안전미팅(TBM : Tool Box Meeting), 제안제도 등 다양한 제도를 통해 모든 종사자의 의견을 청취하는 절차를 마련하고 나서 제시된 안건에 대해서는 이를 취합한 다음 검토 후 개선방안을 적절히 마련해야 한다. 이러한 종사자 의견청취를 바탕으로 사업장의 안전보건을 위해 필요한 사항들을 점진적으로 개선해 나가야 한다. 그렇지 않다면 종사자 의견청취 절차가 마련돼 있더라도 그저 형식적으로 운영됐다고 판단될 수밖에 없다.

재해예방을 위하여 필요하다고 인정되는지에 대한 구체적인 판단 기준은 일률적으로 정할 수는 없으며, 해당 사업 또는 사업장의 특성, 규모 등을 종합적으로 고려하여 합리적이고 자율적으로 결정해야 한다. 따라서 종사자가 제시한 의견을 검토할 때는 종사자의 창의적 아이디어가 사장되는 것을 막기 위하여 다양한 내외부 전문가와 종사자들로 구성된 심사위원회를 구성하여 운영하는 것도 하나의 방법이다. 종사자의 의견은 재해예방을 위해 필요한 안전보건 확보를 위한 것이므로 제시되는 의견이 안전보건에 관한 사항이 아닌 경우에는 청취된 의견에 대한 개선방안이 마련되지 않아도 법 위반은 아니다. 종사자 의견이 재해예방을 위해 반드시 필요한 내용이라는 점이 명백함에도 개선방안 마련 및 이행이 되지 않았고, 만약 필요한 조치가 이루어졌더라면 중대산업재해가 발생하지 않았을 것이라고 인정되는 경우에는 그러한 조치를 하지 않음으로써 중대산업재해가 발생한 것에 대한 책임은 개인사업주 또는 경영책임자 등에게 있다.

### 6) 조치한 결과 종사자에게 공식적으로 알리고 기록관리

종사자 의견수렴을 통해 검토하고 조치한 결과는 의견을 제시한 종사자를 비롯하여 현장 모든 종사자들에게도 공식적으로 알리고 기록하여 관리할 필요가 있다.

### 7) 안전보건관리 체계구축과 이행에 종사자 참여

종사자의 의견을 듣는 방법은 공식적인 방법과 비공식적인 방법이 있다. 현장에서 안전보건관리 활동을 위해서는 종사자들이 모든 활동에 참여주체로서 참여할 필요가 있다. 예를 들면 다음과 같이 안전보건관리 체계구축과 이행과정에 종사자들이 참여할 수 있다.

① 안전보건경영 방침과 목표설정에 참여 및 서명
② 위험성평가 참여
③ 안전보건 관련 예산편성 참여
④ 안전보건관리책임자, 관리감독자, 안전관리자 등 평가 시 평가 참여
⑤ 중대산업재해가 발생하거나 발생할 급박한 위험이 있을 경우를 대비한 시나리오 및 대응 매뉴얼 작성에 참여
⑥ 도급 · 용역 · 위탁 등 수급업체 평가 시 참여
⑦ 반기 1회 이행점검 참여

### 8) 개선방안 이행했는지 반기 1회 이상 점검

종사자의 의견만을 들어서는 법적 의무를 다했다고 볼 수 없다. 종사자의 의견을 듣고 재해예방에 필요하다고 인정하는 경우 개선방안을 마련하여 이행 여부를 반기 1회 이상 점검한 후 필요한 조치를 해야 한다. 점검결과 개선사항에 대해서 추가적인 조치가 필요한 경우에는 그 조치를 실행해야 한다.

반기 점검이 형식적으로 이루어지지 않게 하려면 반기 점검 시, 이전에 마련한 개선방안의

이행 여부를 기록하고 필요한 사항이 있는지도 파악해야 한다. 예를 들어 종사자 의견청취 결과에 따른 개선사항 관리대장을 만들어 개선사항을 관리하고 '선사항 이행 여부 점검표의 형식을 통해 이행 여부를 점검하는 등 종사자 의견청취 후 점검 사항 등에 대해서 관리할 필요가 있다.

## 7.5 컴플라이언스 핵심 체크포인트

① 종사자 의견청취 절차 마련

- 안전보건에 대한 종사자의 의견을 청취하는 절차를 마련하여야 한다. 특히, 산업안전보건위원회 · 안전 및 보건에 관한 협의체 · 노사협의체 적용 제외 사업장의 경우에는 별도의 종사자 의견청취 절차(예 : 소리함 설치 등)를 마련하여야 한다.

② 종사자 의견청취 기록 관리

- 산업안전보건위원회 · 안전 및 보건에 관한 협의체 · 노사협의체 적용 대상 사업장은 종사자 의견청취 사항을 포함하여 관련 회의록을 작성하여야 한다.
- 산업안전보건위원회 · 안전 및 보건에 관한 협의체 · 노사협의체 적용 제외 사업장은 종사자 의견 관리 대장 등을 통해 접수된 의견을 취합하여 관리하여야 한다.

③ 청취된 의견에 대한 시행 여부 검토

- 청취된 의견 관련 개선방안에는 이행 담당자를 지정하고 시행 여부도 확인하여야 한다. 청취된 의견을 반려하는 경우에는 반드시 그에 대한 합리적 근거를 마련 · 기재해 두어야 한다.

④ 반기 1회 이상 점검 관리

- 반기 1회 이상 취합된 의견 가운데 개선조치가 필요한 의견과 그에 따른 개선조치 결과를 보고하여야 한다.
- 위 점검 결과에 따라 미흡한 부분은 필요한 조치를 취하고 관련 기록을 남겨 놓아야 한다.

## 7.6 고용노동부 유권해석

**산업안전보건위원회와 종사자 의견청취의 관계**

고용노동부 질의회시(중대산업재해감독과-2000, 2022.05.27)에 따르면 중대재해처벌법 시행령 제4조제7호 단서의 산업안전보건법 제24조에 따른 산업안전보건위원회 등에서 사업 또는 사업장의 안전보건에 관하여 논의하거나 심의 · 의결한 경우란 산업안전보건법상 산업안전보건위원회 등의 구성 의무가 있는 경우를 전제로 한 것으로 판단하고 있다.

산업안전보건위원회 등의 구성 의무가 없는 사업장에서 자율적으로 산업안전보건위원회를 구성 · 운영하였다면 이는 해당 사업장의 안전보건을 위해 자율적으로 추가적인 조치를 한 것이다. 따라서 종사자의 의견을 청취하기 위한 하나의 방법으로 인정될 수는 있을 것이다.

다만 중대재해처벌법 제4조제7호의 의무는 해당 사업장의 근로자만이 아닌 조직 전체의 노무제공자 등을 포함한 종사자 전체의 의견을 청취하는 것이다. 해당 사업장의 근로자만 참여하는 산업안전보건위원회는 개최만으로 그 의무가 모두 갈음되는 것은 아니다.

**사업장 전체 모든 종사자라면 누구나 자유롭게 유해 · 위험요인 등을 포함하여 안전보건에 관한 의견을 개진할 수 있도록 사업장 규모, 특성에 따라 절차를 마련하고 해당 절차에 따라 의견청취**를 해야 한다.

## 7.7 중요 판결과 수사 사례에 따른 핵심 실천사항

### 1) 주요 위반사항

- 적용 대상 사업장임에도 산업안전보건위원회, 협의체 등을 시행하지 않고 있음
- 회의 이후 유해 · 위험요인에 대한 개선조치 사항이 논의되었으나, 실제로 개선되지 아니한 상태에서 사고가 발생
- 청취 절차는 마련되었지만 근로자들은 전혀 모르고 있음
- 반기 1회 이상 점검하지 아니함

## 2) 판결 사례

**제7호 OO건설 판결 : 제주지방법원 2023. 10. 18 선고 2023고단146 판결**

- "사업 또는 사업장의 안전보건에 관한 종사자의 의견을 듣는 절차를 마련하지 아니하여 굴뚝 등 해체작업의 위험과 예방대책 등에 대한 종사자의 의견을 듣지 못해 이 사건 공사현장에서 굴뚝 등 해체작업의 위험을 예방하기 위한 작업계획서 작성, 적절한 안전관리를 위한 인력배치 등의 사전대책이 수립 · 시행되지 않도록 하였음"

**제19호 OO종합건설 판결 : 춘천지방법원 2024. 08. 08 선고 2022고단1445 판결**

- "회의록에 기재된 참석자는 도급인의 임직원과 수급인의 대표자들이고, 수급인 중 OO는 피고인이 실질적으로 운영하는 회사로, 그 대표자로 참석한 사람은 도급인의 상무이므로 위와 같은 절차만으로 종사자의 의견을 들었다고 보기 어려움"

**제20호 선박건조업 및 수리업체 판결 : 창원지방법원 통영지원 2024. 8. 21 선고 2023고단95, 2023고단1448(병합) 판결**

- "수시로 공사를 하도급 받지만 단기로 들어오는 업체의 참여가 보장되지 않는 상피고인 H의 위 안전보건협의회는 중대재해처벌법 시행령 제7호 단서에서 정한 안전 및 보건에 관한 협의체에 해당한다고 볼 수 없음"
- "각 협력업체. 하수급업체의 현장소장 등이 그 소속 근로자들에게 당일 작업시 유의할 사항을 일방적으로 전달하는 절차인 TBM(Tool Box Meeting) 역시 사업 · 사업장의 안전보건에 관한 사항에 대해 종사자의 의견을 듣는 절차라고 할 수 없음"
- "상피고인 H의 사업장에서 종사하는 근로자들이 관리 · 감독자에게 카드를 요청해서 받은 후 안전 및 보건에 대한 신고 내지 건의사항을 기재하여 제출할 수 있는 BBS카드 제도가 있기는 하나, 이에 대해서 별다른 안내 · 홍보가 이루어지지 않아, 이 사건 공사를 하도급받은 상피고인 C 소속 근로자들은 현장소장인 상피고인 A를 포함하여 이에 대해 전혀 알지 못하고 있었음

**제22호 OO 산업(공동주택 및 빌딩관리업체) 판결 : 의정부지방법원 2024. 8. 27 2023고단1464 판결**

- "산업안전보건위원회는 정상적으로 설치 및 운영되지 않았던 것으로 보임. 피고인 회사의 소장협의회는 부수적으로 안전보건에 관한 사항이 논의된 적은 있어도 그 주된 목적과 기능이 '사업 또는 사업장의 안전보건에 관한 사항에 대해 종사자의 의견을 듣는 것'이라고 보기는 어려움"
- "2020년부터 이 사건 사고가 발생한 2022년까지는 코로나19 유행을 이유로 정상적으로 소집, 운영되지도 않은 것으로 보임"
- "소장협의회는 관리사무소장들로 구성된 기구에 불과하여 소장 외의 관리사무소 근무 직원들의 의견을 청취할 수 있는 절차로써는 한계가 있음"

※ CHECK POINT
- 종사자 의견청취 절차가 전혀 마련되어 있지 않으면, 사고와의 인과관계가 쉽게 인정
- 제3호의 유해 · 위험요인 파악 · 개선절차에도 종사자 의견청취 절차는 필요하므로, 최대한 다양한 소통 채널을 마련할 필요가 있음

### 3) 주요 수사 사례 (안전보건 확보의무 이행 인정)

**사례 1**

- 기준에 맞게 산업안전보건위원회, 노사협의체회의, 안전보건협의체 회의 실시하도록 규정을 둠
- 현장 안전점검 시 노사협의체 개최 여부 점검
- 종사자 참여하여 산재 예방 방법에 관한 사항 등을 논의
- 현장소장의 소집요청에 의한 임시 노사협의체 개최 가능
- TBM 등을 통한 종사자의 수시 의견제시 가능함

**사례 2**

- 산업안전보건위원회 및 안전보건협의체 실시
- 상시 운영되는 '안전 제안'절차 운영
- 공장 내 담당자들과 협력업체 근로자들이 참여한 안전협의체회의에서 안전조치사항 수시 논의

## 4) 핵심 실천사항

| | |
|---|---|
| 의견청취 절차 제도 구축 | • 산업안전보건위원회, 각 협의체의 적용 대상 확인(적용 대상 아니라도) 및 종사자 의견청취 절차로 활용하는 방안 적극 고려<br>• 별도의 온라인, 오프라인 불문, 종사자들의 유해 · 위험요인에 관한 자유로운 소통 창구를 마련<br>• 다양한 채널로 중첩적으로 운영할수록 바람직함 |
| 취합된 의견에 대한 피드백 및 개선조치 | • 산업안전보건위원회 등 법령에 따른 위원회, 회의체 운영 후 회의 내용에 대한 적절한 개선 조치 시행 (회의만 실시하여서는 안 됨)<br>• 유해 · 위험요인의 개선이 필요한 사항은 개선계획을 수립하여 적절한 조치 실시 |
| 반기 1회 이상 점검 및 조치 | • 반기 1회 이상 청취 절차를 제대로 운영하는지 사업장 점검 및 경영책임자 보고<br>• 경영책임자는 보고 받은 후 개선이 필요한 사항은 추가조치 지시<br>• 점검 대상 및 조치의무는 재해예방을 위해 필요한 부분에 한함 |

## 7.8 종사자 의견청취 절차 마련 이행 점검기준

### □ 종사자 의견청취 이행 점검표

○ 점검일 :

○ 부서명 :

○ 점검책임자 : (인)

| 결재 | 작성 | 검토 | 승인 |
|---|---|---|---|
| | | | |

### □ 점검 주요 내용

| 점검내용 | 점검결과 |
|---|---|
| 1. 정보공유 현황<br>① 공유할 정보 현황<br>• 안전보건경영방침, 목표<br>• 안전보건관리규정<br>• 위험기계 · 기구와 유해물질의 정보<br>• 위험요인별 제거관리방안<br>• 산업재해 원인조사 및 재발방지대책<br>• 산업안전보건법 주요내용<br>• 산업안전보건위원회 의결사항, 안전보건 관련 회의 결과 공개<br>• 유해 · 위험기계 · 기구, 물질, 아차사고 발생현황 등 관련 정보 공개<br>• 안전보건 확보 관련 근로자 참여의 공식적인 절차 등<br>② 정보 공유 자료<br>• 게시, 알림 건수<br>• 안전보건관련 정보 홈페이지 게시 사진 | |
| 2. 안전보건관리규정 및 매뉴얼 작성<br>① 신고 · 제안 절차서 작성<br>② 안전보건 확보 관련 근로자 참여의 공식적인 절차 등<br>③ 도급 · 용역 · 위탁을 받은 제3자 및 그 소속 근로자 의견청취 여부 | |
| 3. 산업안전보건위원회(산안법 제24조) 구성 운영 현황<br>① 대표되지 않는 수급인 근로자, 파견업체(근로자) 등에게 별도로 참여기회 | |

| 점검내용 | 점검결과 |
|---|---|
| 부여<br>② 구성, 운영 규정 작성<br>③ 산업안전보건위원회 등을 활용한 안전보건 확보를 위해 필요한 정보 제공 | |
| 4. 안전보건협의체(산안법 제64조제1항)<br>- 도급인은 자신의 사업장에서 관계 수급인의 근로자가 작업을 하는 경우에 도급인과 수급인 전원을 구성원으로 하는 협의체를 구성 | |
| 5. 건설관련 노사협의체(120억 원 건설공사)<br>① 도급인과 수급인 및 근로자 대표(20억 원 이상 공사 관계수급인의 근로자대표 포함)<br>② 산업안전보건위원회(법 제24조)와 도급인의 안전보건에 관한 협의체(법 제64조제1항)를 각각 운영한 것으로 갈음 | |
| 6. 기타 의견청취 방법<br>① 온라인 시스템(Safety Market)<br>② 신고·제안 제도(익명 안전 의견함)<br>③ 게시판<br>④ 간담회, 토의<br>⑤ 안전순찰<br>⑥ 작업 전 안전미팅(TBM : Tool Box Meeting) 등<br>⑦ 기타 : 자유롭게 의견을 제시할 수 있는 문화 조성 | |
| 7. 종사자 참여 안전보건 활동 : 근로자 참여 증빙 필요<br>① 안전보건관리체계 전반적 활동에 참여<br>② 부서별·공정별 위험요인 파악 및 제거·관리, 통제방안 마련<br>③ 안전작업 지침 작성 및 문서화<br>④ 안전절차 수립 및 개정<br>⑤ 사내 산업재해 발생 원인분석 및 재발방지대책 마련<br>⑥ 근로자 교육훈련 프로그램 개발 및 평가<br>⑦ 작업환경측정, 건강진단 시 근로자대표 참석<br>⑧ 현장 안전점검 실시<br>⑨ 현장 TBM 활동일지 | |

| 점검내용 | 점검결과 |
|---|---|
| 8. 제안된 의견 검토시 심사위원회 구성<br>① 종사자의 의견을 청취후 의견 반영 여부 객관적 판단 판단<br>• 취합된 근로자의 의견 중 적정 개선의견 여부를 판단(기준, 절차)<br>② 심사 방식이나 절차, 기준 등 마련 | |
| 9. 현장별 의견 수렴 및 개선방법<br>- 현장별로 적정개선 의견이 취합되는 경우 이에 대한 현황 및 개선사항을 본사에서 취합하고 분석하여 경영책임자에게 보고 | |
| 10. 의견청취 내용에 대한 개선조치 사항<br>① 검토 의견서, 조치계획서<br>② 제안제도 이행결과 보고서<br>③ 조치 결과 통보 : 안전신고 및 안전제안 조치결과 공개<br>• 공식적으로 종사자에게 통보<br>• 기록, 관리<br>• 산업안전보건위원회 등 회의결과 이행 및 공지<br>④ 작업계획서 작성, 적절한 안전관리를 위한 인력배치 등과 연계성<br>⑤ 적정개선 의견에 대한 개선방안 수립 및 개선방안 이행 여부 점검을 통한 문제점 개선발굴<br>⑥ 안전보건 전담조직의 장 및 본사 안전보건전담 조직에서 별도로 현장을 방문하여 개선사항을 확인하는지 여부 | |
| 11. 종사자 의견청취 다각화 및 활성화 노력<br>① 안전신고 및 안전제안 시 인센티브 부여 방안<br>② 신고 및 제안자에 대한 업무부담 또는 불이익 금지<br>③ 위험성평가 개선대책 마련 시 해당 작업자 참여<br>④ 하청 및 파견, 공급업체 포함하여 운영<br>⑤ 주기적인 안전보건간담회 개최 | |
| 12. 반기 1회 이상 이행 여부 점검<br>① 필요한 개선방안 마련<br>② 개선방안 이행 여부 점검<br>③ 추가적인 조치 필요한 경우 조치 실행 | |

# 08 중대산업재해 발생 시 조치 매뉴얼 마련 및 조치 여부

## 8.1 관련 조문

**시행령 제4조(안전보건관리체계의 구축 및 이행 조치) 제8호**

8. 사업 또는 사업장에 중대산업재해가 발생하거나 발생할 급박한 위험이 있을 경우를 대비하여 다음 각 목의 조치에 관한 매뉴얼을 마련하고, 해당 매뉴얼에 따라 조치하는지를 반기 1회 이상 점검할 것
   가. 작업 중지, 근로자 대피, 위험요인 제거 등 대응조치
   나. 중대산업재해를 입은 사람에 대한 구호조치
   다. 추가 피해방지를 위한 조치

## 8.2 조문의 취지

사업주 또는 경영책임자 등은 중대산업재해가 발생하거나 발생할 급박한 위험이 있을 경우를 대비하여 작업 중지, 근로자 대피, 위해 · 위험요인 제거 등 대응조치, 피해자 구호조치, 추가 피해방지를 위한 조치에 관한 매뉴얼을 마련하고 그에 따라 현장에서 잘 조치되고 있는지를 반기 1회 이상 점검하여야 한다.

이 조문은 중대산업재해의 급박한 위험 발생 시 준비된 시나리오와 매뉴얼에 따라 신속하게 대응하여 재해발생 초기 인명피해를 최소화할 수 있도록 하기 위한 조문이다.

매뉴얼 안에는 작업 중지, 근로자 대피, 위해·위험요인 제거 순으로 작성되고 경보체계 운영과 대피방법, 비상연락체계, 구급조치 방안, 현장통제, 정보공유 및 재발방지대책이 포함된다. 작성된 매뉴얼은 긴급 상황에서 체계적으로 대응하고 해당 조치에 응할 수 있도록 종사자 전원에게 공유되어야 한다.

2024년 6월, 103명의 사상자가 발생한 리튬 배터리 공장 화재에서 피해를 키웠던 요인 중 하나는 화재 위험이 있을 경우에 대비한 매뉴얼을 마련하고 해당 매뉴얼에 따라 비상조치를 하지 못했다는 점을 들 수 있다. 모든 직원이 화재발생 시 즉각적인 대응을 위해 화재 진압장비의 위치와 사용방법을 숙지하고 정기적인 모의훈련을 실시했더라면 하는 아쉬움이 큰 사건이었다. 따라서 중대산업재해가 발생하거나 발생할 급박한 위험이 있을 경우를 대비하여 이에 관한 매뉴얼을 마련하고 해당 매뉴얼에 따라 조치를 할 필요가 있다.

## 8.3 실행전략

### 일반사항

① 위험요인을 바탕으로 사고발생 재해 도출

② 재해발생 종류별 조치계획 수립

③ 비상조치계획에 따라 주기적으로 교육, 훈련

④ 중대재해 발생 등에 대비한 매뉴얼 마련

- 매뉴얼에 포함되어야 하는 사항
  - 비상연락체계, 내·외부 전파
  - 작업중지, 근로자 대피, 위해·위험요인 제거 등 대응조치
  - 중대재해를 입은 사람에 대한 구호조치, 추가 피해방지를 위한 조치

⑤ 안전보건관리규정 등에 작업중지권 포함

- 작업중지권 관련 절차 수립

⑥ 응급구조대, 응급기관과 일상적으로 접촉하는 직원을 사전에 지정

⑧ 매뉴얼에 따라 조치하는지 여부를 반기 1회 이상 점검

- 비상조치계획(매뉴얼) 이행·검증과 주기적 반복 개선

## 8.4 실행방법

### 1) 위험요인을 바탕으로 사고발생 재해 도출

비상상황이 발생한다는 의미는 갑작스러운, 즉 생각지도 못한 일이 벌어지는 것을 의미한다. 이런 경우 현장에서 초기 진압을 하거나 초기 대처를 제대로 하지 못할 경우 큰 사고로 이어질 수밖에 없게 된다. 어떤 일이 벌어질지 모르기 때문에 막는다는 것은 사실 불가능에 가깝다. 그래서 사전에 이러한 상황에 대비하여 시뮬레이션 훈련을 해야 한다.

비상상황 시나리오는 일반적으로 추락, 낙하, 붕괴, 화재, 침수, 감전, 질식 등 다양한 사고 상황에 대비해 사전에 설정된 행동계획을 의미한다. 각종 사고에 대비한 초기 대응방법과 대피 경로 등을 포함한 비상상황 시나리오는 혼란을 최소화하고 신속한 대응을 가능하게 하는 중요한 가이드라고 할 수 있다.

비상상황 시나리오를 작성하기 위해서는 먼저 건설현장에서 재해가 발생할 수 있는 형태와 크기를 산정해야 한다. 또한 피해가 발생할 수 있는 재해의 종류에 따라 대응 시나리오는 다르게 적용해야 한다.

재해의 종류에 따라 시나리오 구성을 달리 정해야 하는 이유는 피해 방식이 다르기 때문이다. 예를 들어 홍수로 인해 현장이 침수되었는데 화재가 발생했을 시 대피하는 외곽 주차장으로 이동한다면 오히려 위험할 수가 있게 된다. 침수 시에는 높은 곳으로 이동을 해야 하는 게 맞을 것이다. 반대로 화재가 발생했을 때는 화재 장소에서 최대한 벗어나야 하는데 옥상으로 이동한다면 오히려 피해 사태가 커질 수가 있는 부분도 감안해야 한다. 사고발생이 가능한 재해는 위험성평가와 연계해야 한다. 위험성평가를 통해 허용 가능한 값을 초과하는 유해·위험요인별로 발생 가능한 재해를 모두 도출할 필요가 있다. 건설현장의 경우 다양한 공종과 다양한 기계·기구, 장비 등을 사용하고 있기에 수많은 비상상황이 도출될 수 있다. 건축, 토목, 플랜트 등 해당 건설현장 특성을 고려하여 발생 가능한 재해를 도출할 필요가 있다.

주요 위험요인과 관련된 재해 종류는 아래 예시와 같다.

**주요 위험요인과 관련된 발생 가능한 재해 예시**

① 기계적 위험
- 기계(건설기계) 고장이나 작동 불량 등 부주의로 인한 사고

② 전기적 위험
- 전기설비의 고장, 누전 등으로 인한 감전사고

③ 화학적 위험
- 화학물질 누출이나 폭발 등 근로자가 유해물질에 노출되는 사고

④ 물리적 위험
- 고소작업 중 추락하거나 중량물을 취급하면서 발생할 수 있는 사고
- 낙하물에 의한 맞음 사고

⑤ 기타
- 밀폐공간 질식, 침수로 인한 익사사고 등

### 2) 재해발생 종류별 조치계획 수립

재해발생이 가능한 중대한 재해를 파악하고 현장 단위로 재해발생 대응 시나리오를 작성해야 한다. 이를 위해서는 위험성평가를 바탕으로 도출된 재해에 대비한 대응 매뉴얼(시나리오)를 수립해야 한다. 특히 사업장을 다수 보유한 기업체라면 사업장의 특성을 반영하여 대응 시나리오를 별도로 작성하는 것이 좋다.

비상상황 대응 시나리오에 포함되어야 할 주요 내용은 ① 작업 중지 ② 근로자의 신속한 대피 ③ 위험요인의 제거 ④ 재해자에 대한 구호조치 ⑤ 추가 피해방지를 위한 조치가 포함되어야 한다.

특히 산업재해가 발생할 급박할 위험이 있는 경우에는 산업안전보건법 제51조(사업주의 작업 중지), 제52조(근로자의 작업 중지)에 따라 근로자, 사업주 등 누구든지 작업을 중지하고 대피할 수 있음을 명확하게 반영할 필요가 있다. 시나리오별 급박한 위험 등에 대비한 작업 중지 권한을 명확히 해야 한다.

예를 들어 작업을 하고 있는 근로자의 신체 일부가 건설현장 리프트와 건물 사이에 협착된 사고가 발생한 경우 대응조치와 매뉴얼 필수포함 사항을 살펴보면 다음과 같다.

**표 3.42 협착사고가 발생한 경우 대응조치와 매뉴얼 필수포함 사항**

| 단계 | 내용 |
|---|---|
| 1단계 | • 가장 먼저 사고를 목격한 인근 작업자 등이 해당 리프트의 비상정지 버튼을 눌러 리프트를 정지시켜야 한다.<br>• 주변 작업자는 작업을 중지하고 현장 관리감독자에게 무전 · 전화를 통해 재해 사실을 알리도록 한다.<br>• 이때 대응조치와 매뉴얼에 비상정지 버튼의 위치와 작동법, 재해발생 시 보고체계를 필수적으로 포함시켜야 한다. |
| 2단계 | • 관리감독자는 119 신고, 사업주 보고와 함께 근로자를 대피시키고 재해자의 의식 상태를 확인하며 현장에서 지혈 등 응급조치와 후송조치를 한다.<br>• 이때 대응조치와 매뉴얼에 대피경로와 대피장소의 지정, 응급조치 방법 등을 필수적으로 포함시켜야 한다. |
| 3단계 | • 재해발생 장소 주변에 추가 위험요인이 없는지 확인하고 출입을 통제하는 등 안전을 확보하여 2차 피해를 방지한다.<br>• 이때 대응조치와 매뉴얼에 출입통제 및 안전 확보 조치 방법 등을 필수적으로 포함시켜야 한다. |
| 4단계 | • 재해자의 상황을 지속적으로 확인하면서 관계기관 등에 재해발생 사실과 내용을 신고한다.<br>• 이때 대응조치와 매뉴얼에 지방고용노동관서 등 관계기관 연락처, 보고 항목 등을 필수적으로 포함시켜야 한다. |
| 5단계 | • 사업주는 해당 작업의 관리감독자와 안전관리자 등과 함께 재해발생 원인을 조사하고 재발방지대책을 수립한다.<br>• 이때 대응조치와 매뉴얼에 재발방지대책 수립에 관한 내용을 필수적으로 포함시켜야 한다.<br>• 재발방지대책 수립에 관한 내용은 중대재해처벌법 제4조제1항제2호(재해 발생 시 재발방지대책의 수립 및 그 이행에 관한 조치)와 연계하여 작성하여야 한다. |

### 3) 비상조치계획에 따라 주기적으로 교육, 훈련

대응조치, 구호조치 및 추가 피해방지 조치에 관한 매뉴얼은 긴급 상황에서 체계적으로 대응하고 해당 조치에 응할 수 있도록 종사자 전원에게 공유하여야 한다. 또한, 종사자에 대하여 주기적으로 교육·훈련하여 즉각적으로 대응할 수 있도록 하여야 한다. 예를 들어 비상정지 버튼의 위치와 작동법, 관계기관 연락체계 파악, 응급조치 방법 등을 주기적으로 교육하고 훈련할 필요가 있다. 산업안전보건법 제64조에서는 중대재해가 발생할 수 있는 일정한 작업, 상황에 대한 사업주의 조치의무를 명확하게 규정하고 있으니 이를 준수하여야 한다.

**산업안전보건법 제64조(도급에 따른 산업재해예방조치)**

도급인은 작업장소에서 발파작업을 하는 경우, 작업장소에서 화재·폭발, 토사·구축물 등의 붕괴 또는 지진 등이 발생한 경우에 대비한 경보체계 운영과 대피방법 등에 관한 훈련을 해야 한다.

재해가 발생할 수 있는 시기, 위치, 공정, 작업내용 등을 검토하고 위험요인별로 발생 가능한 재해 형태(화재, 누출, 끼임, 떨어짐)를 모두 고려하여 교육·훈련을 실시하여야 한다. 설비결함, 운전원 조작 미숙, 비정상 운전상태, 기상상황 등 여러 재해 원인을 가정하여 사망사고로 이어질 수 있는 중대한 위해·위험요인에 대해서는 재해 발생 시나리오를 반드시 작성하고 교육·훈련할 필요가 있다.

| 구분 | 책임 | 주요 업무내용 |
|---|---|---|
| **비상상황 선정** | 현장소장<br>관리감독자<br>안전관리자 | 최초/정기/수시/상시 위험성평가 공정별 "상"등급 위험요인에 대한 비상상황 선정 |
| **비상시 대응 절차 수립** | 현장소장<br>안전관리자 | 상황별(비상 모의훈련 시나리오 참조)<br>- Slab con'c 타설 시 붕괴, 시스템 동바리 붕괴<br>- 시스템 비계 붕괴, 추락/낙하물 사고 발생<br>- 풍수해, 화재/폭발, 건설장비 전도 |
| **비상 모의훈련**<br>(비상조치 사전교육) | 현장소장<br>안전관리자 | 해당연도 모의훈련 실시 : 2회/연(상반기/하반기)<br>- 모의훈련 결과 보고서 작성/보관 |
| **모니터링** | 현장소장<br>안전관리자 | 매주 위험성평가 회의 시 비상조치 관련 내용 Q&A<br>TBM 시 작업반장 및 근로자들에게 비상조치 내용 Q&A |
| **평가** | 안전관리자 | Q&A를 통하여 관리감독자 평가(관리감독자 활동평가 반영) |

**그림 3.3 비상상황 조치계획 수립 및 대응훈련 업무 흐름 예시**

**표 3.43 비상훈련계획서**

# 비상훈련계획서

| 결재 | 작성 | 검토 | 승인 |
|---|---|---|---|
| | | | |

| 훈련일시 | | 훈련구분 | |
|---|---|---|---|
| 훈련장소 | | 대상인원 | |
| 훈련목적 | | | |
| 훈련내용 | | | |

○ 훈련개요 :

첨부 : 1. 비상훈련 시나리오 1부

2. 직원 비상연락망 1부

**표 3.44 비상훈련 결과 보고서**

# 비상훈련 결과 보고서

| 결재 | 작성 | 검토 | 승인 |
|---|---|---|---|
| | | | |

| 훈련명 | | 훈련 일시 | |
|---|---|---|---|
| 훈련장소 | | 훈련 주관 부서 | |
| 참석인원 | | 사용 기자재 | |
| 훈련내용 | | | |
| 훈련결과 및 성과강평 | | | |
| 문제점 및 시나리오 등 개선사항 | 문제점 | 개선사항 | |
| | | | |
| 차기계획 | | | |

첨부 : 1. 사후처리상황 1부
　　　2. 훈련사진 1부

**표 3.45 비상대비 훈련 관리대장**

## 비상대비 훈련 관리대장

| 구분 | 일시(장소) | 참석인원 | 훈련유형 | 훈련 내용 |
|---|---|---|---|---|
| 1 | 2024.04.01.<br>10:00~11:00<br>(OOO) | OO명 | 추락대응 | 추락사고발생에 따른 조치 훈련 |
| 2 | 2024.05.02.<br>14:00~15:00<br>(OOOO) | OO명 | 질식대응 | 환자 응급조치 훈련 |
| 3 | | | | |
| 4 | | | | |
| 5 | | | | |
| 6 | | | | |
| 7 | | | | |
| 8 | | | | |
| 9 | | | | |
| 10 | | | | |

### 4) 중대재해 발생 등에 대비한 매뉴얼 마련

회사 특성과 현장 특성을 고려하여 파악한 유해 · 위험요인을 바탕으로 대응 매뉴얼을 작성할 필요가 있다.

방대한 서류만으로 두껍게 작성된 매뉴얼은 신속한 조치에 오히려 방해가 될 수 있다. 현장에서 즉시 활용 가능한 간결한 매뉴얼에 따라 종사자가 내용과 역할을 명확히 알고 있다면 훨씬 더 유용할 것이다.

회사와 현장의 특성을 고려한 중대재해 요인을 파악하고 사업장 단위로 재해발생 시나리오를 작성토록 매뉴얼화 되어야 한다. 유해 · 위험요인을 바탕으로 작성한 대응 매뉴얼(시나리오)에는 단계별로 구체적인 조치계획이 포함되어 있어야 한다.

매뉴얼에 포함되어야 할 주요 내용은 ① 작업 중지 ② 근로자의 신속한 대피 ③ 위험요인의 제거 ④ 재해자에 대한 구호조치 ⑤ 추가 피해방지를 위한 조치가 포함되어야 한다. 특히 산업재해가 발생할 급박할 위험이 있는 경우에는 산업안전보건법 제51조(사업주의 작업 중지), 제52조(근로자의 작업 중지)에 따라 근로자, 사업주 등 누구든지 작업을 중지하고 대피할 수 있음을 명확하게 반영할 필요가 있다. 이를 위해서는 시나리오별 급박한 위험 등에 대비한 작업 중지 권한을 명확히 해야 한다.

#### (1) 작업 중지, 근로자 대피, 위험요인 제거 등 대응조치

매뉴얼상에는 중대산업재해가 발생하였거나 급박한 위험이 있는 경우 즉각적으로 작업 중지와 근로자 대피가 이루어질 수 있도록 하여야 한다. 매뉴얼에는 산업안전보건법 제52조에 따라 사업주의 작업 중지 외에 근로자 등 종사자의 작업중지권, 관리감독자의 작업중지권도 포함할 수 있도록 해야 한다. 매뉴얼은 작업 중지, 근로자 대피, 위험요인의 제거 순으로 행동할 수 있도록 마련되어야 하며, 위험요인의 제거 후 추가적인 피해를 초래하지 않는 경우에만 작업이 진행되도록 절차를 마련할 필요가 있다.

특히 사업주(개인사업주나 법인 또는 기관)는 산업안전보건법 제54조에 따라 중대산업재해가 발생한 경우 산업안전보건법에 따라 즉시 해당 작업을 중지시키고 근로자를 작업장소에서 대피시켜야 하며, 지체 없이 발생개요, 피해상황 조치 및 전망 등을 지방고용노동관서에 보고하여야 한다.

산업안전보건법 제64조제1항제5호에 따라 도급인은 작업장소에서 발파작업을 하는 경우, 작업장소에서 화재 · 폭발, 토사 · 구축물 등의 붕괴 또는 지진 등이 발생한 경우에 대비한 경보체계 운영과 대피방법 등에 관한 훈련을 하여야 한다. 이는 중대산업재해가 발생할 급박한 위험이 있는 경우를 대비한 것으로 매뉴얼에는 아래 내용을 포함하여야 한다.

**표 3.46 작업 중지, 근로자 대피, 위험요인 제거 등 대응조치 주요내용**

| 구분 | 행동 및 조치절차 (사업주 지위) |
|---|---|
| 작업 중지 및 대피 | • 중대산업재해가 발생한 경우 해당 작업을 중지시키고 종사자를 대피시키는 등 안전 및 보건에 관한 필요 조치를 취해야 하며, 지체 없이 관할 지방고용노동관서에 보고 |
| 출입의 통제 및 위험요인 제거 | • 2차 재해 우려시 모든 종사자는 작업장에서 대피 및 출입통제<br>• 유해 · 위험요인에 안전확보 시 현장조사, 구조 등 출입 허용<br>• 현장조사, 구조 등 추가조치 중 2차 재해 등 우려가 있는 경우 종사자는 모든 행위 중지 및 대피 후 관리감독자에게 보고 |
| 사고의 보고 | • 내부연락체계를 구축하여 중대재해나 중상이 발생한 경우 즉시 최초 보고<br>• 행정기관에 신고하여야 하는 사고는 절차에 따라 신고 |
| 사고의 조사 | • 관계행정기관의 조사가 마무리될 때까지 현장 보존<br>• 사고조사 시 종사자대표의 요청이 있는 경우 입회<br>• 사고대책본부나 사고조사위원회를 별도로 구성 운영 |
| 작업 중지 해지 | • 작업 중지 해제를 위한 개선조치 실시 후 종사자의 의견을 들어야 한다.<br>• 작업 중지 명령 해제신청서를 작성하여 지방고용노동관서의 장에게 제출한 후 근로감독관의 현장 확인을 받아야 한다.<br>• 시행부서의 장은 지방고용노동관서의 작업 중지해제 절차를 따른다. |

근로자가 사업장 내 작업장소에서 산업재해가 발생할 급박한 위험이 있다고 판단한 경우에 산업안전보건법 제52조제1항에 따른 작업중지권의 행사를 보장하도록 하는 내용을 포함하여야 한다. 근로자로부터 산업재해가 발생할 급박한 위험이 있어 작업을 중지한 사실을 보고받은 관리감독자, 안전보건관리책임자 등은 해당 장소에 산업재해가 발생할 급박한 위험이 있는지 여부 등을 확인하고 필요한 경우 안전 및 보건에 관한 조치를 한 후 작업을 개시하도록 하여야 한다. 피해자에 대한 응급조치계획은 전사 비상대응계획에 포함하여 작성할 수 있다.

### (2) 중대산업재해를 입은 사람에 대한 구호조치

119 등 긴급 상황 시의 연락체계와 함께 사업 또는 사업장 특성에 따라 필요한 기본적인 응급조치 방안을 포함하여야 한다. 다만, 건축물의 붕괴 등으로 인해 추가 피해가 예상되는 경우에는 직접적인 구호조치 이행의 예외로 할 수 있다.

**표 3.47 중대산업재해를 입은 사람에 대한 구호 조치**

| 구분 | 행동 및 조치절차 |
|---|---|
| 유관기관 구호요청 | • 중대산업재해 특성에 따라 구호 · 구난 기관(119 구급대, 소방서, 경찰서 등)에 즉시 구호요청을 하고 필요시 기관별 비상연락망을 구축, 관리한다. |
| 응급처치 | • 사업장 내 각종 재해 및 사고로 인한 응급환자를 즉각적이고 적절한 조치와 보호를 통해 의사의 치료를 용이하게 하여 환자의 생명을 구출할 수 있도록 한다. |
| 재해자 관리 | • 재해자의 병원 이송 완료 여부 및 도착시간, 건강상태를 확인한다. |

### (3) 추가 피해방지를 위한 조치

현장 출입통제, 해당 사업장 외 유사 작업이 이루어지는 사업장 등 전체 사업 또는 사업장에 해당 사항 공유, 원인분석 및 재발방지대책 마련 등을 포함한다. 아울러 작업 중지 조치는 추가 피해방지를 위한 조치가 완료되기 전까지 유지되어야 한다.

추가 피해방지를 위한 조치에는 재해 발생 사실의 공유, 발생 원인분석 및 재발방지대책을 포함하여야 한다. 재해 발생 사실과 조사내용은 소속 직원뿐만 아니라 도급·용역·위탁업체 등에도 알리고 교육하도록 조치할 필요가 있다.

**표 3.48 추가 피해방지를 위한 조치**

| 구분 | 행동 및 조치절차 |
|---|---|
| 사고원인 조사 | • 근본적 원인을 조사하고 대책을 수립하여 동종사고 재발방지 및 사고 예방을 할 수 있어야 한다.<br>• 현장에 남아있는 증거가 될 만한 것은 모두 수집하고, 사고 당시의 종사자 및 운전원, 목격자들로부터 사고상황에 대해 정보를 입수한다. |
| 재발방지 대책 수립 | • 재해발생 시 재발방지대책의 수립 및 이행에 관한 조치 실시 |
| 외부 전문가 컨설팅 | • 더욱 실효성 있는 재발방지대책 수립을 위해 필요한 경우 안전 분야 외부전문가 자문을 시행할 수 있다. |
| 수시 위험성평가 | • 중대사업재해가 발생한 작업을 재개하기 전에 수시 위험성평가 실시<br>- 내부 직원이 중대산업재해를 입은 경우<br>- 수급업체의 종사자가 중대산업재해를 입은 경우 |

**표 3.49 비상 대응 · 조치 매뉴얼 작성**

| 단계 | 내용 | 담당 |
|---|---|---|
| 중대 산업 재해 발생 | • 발생 즉시 해당 작업 중지<br>• 최초 발견자는 재해발생 장소 및 환자상태를 관리감독자에 즉시 연락<br>※ 비상연락망 갱신 · 공유 및 숙지 후 신속 연락<br>• 인명피해, 화재 등의 발생 시 119 또는 112 등에 즉시 신고 | 최초 발견자 |
| ↓ | | |
| 응급 조치 | • 지혈장비 또는 구급키트를 이용하여 환자의 상태에 따라 응급조치 실시<br>• 중할 경우 119 지시에 따른 응급조치 실시 | 최초 발견자<br>관리 감독자 |
| ↓ | | |
| 사고 현장 처리 | • 조사가 이루어지기 전까지 그대로 현장 보존<br>• 2차재해 등의 발생 우려에 따른 작업 중지 및 작업자 대피<br>• 관계자 외 현장 출입통제 | 관리 감독자 |
| ↓ | | |
| 이송 | • 재해자 발견 즉시 인근 병원으로 이송<br>• 119 또는 112에 따른 지시 업무수행<br>• 재해자 보호자에게 재해자 상황 및 상태 알림 | 관리 감독자 |
| ↓ | | |
| 사후 관리 | • 보고대상인 경우 관계기관에 사고발생 보고(고용노동부 등)<br>• 재해자 및 보호자에 대한 보상 및 관리<br>• 재해발생 원인 조사 및 재발방지대책 수립<br>• 해당사항 전직원 공유를 통한 경각심 강조<br>• 사고원인 및 보완사항에 대한 안전교육 실시<br>• 교육을 통한 훈련 또는 시뮬레이션 실시<br>• 작업자 안전보건장비 현행화 | 관리 감독자<br>사업주 등 |

### (4) 비상대피로 및 대피장소

비상대피로 및 대피장소는 사고의 영향범위에 따라 1차, 2차, 3차 대피장소를 선정하고, 도면으로 표시한다. 대피장소 선정 시 풍향을 고려하여 가능한 2개 이상의 장소를 선정한다.

### (5) 개인보호구 지급, 착용 등

비상대응 시에 사고 형태와 풍향, 산소 유무 등을 고려하여 진입하고, 필요한 방호복 및 공기호흡기 등을 착용토록 하여야 한다.

문서번호 :

# 비상대응 및 조치 매뉴얼

2025.　.　.

| 작성자 | 검토자 | 근로자대표 | 대표이사 |
|---|---|---|---|
| (확인) | (확인) | (확인) | (확인) |

| 제정 : (처음 만든 날짜) | 개정 : (수정한 날짜) |
|---|---|

㈜ ○○건설

## 비상대응 및 조치 매뉴얼 제·개정이력

| 제목 | 비상대응 및 조치 매뉴얼 | 제·개정 및 폐기권자 | 안전보건 관리책임자 |
|---|---|---|---|
| 문서 번호 | - | 기안 부서 | |
| 개정 주기 | 필요시 | 관리 부서 | |
| 공개 여부 | 공개 | 제정 일자 | |

**제·개정 이력**

| 개정번호 | 제·개정 | | | 연월일 | 제·개정사유 | 제·개정내용 |
|---|---|---|---|---|---|---|
| | 작성자 | 전면 | 부분 | | | |
| 1 | | ● | | | | 제정 |
| | | | | | | |
| | | | | | | |
| | | | | | | |
| | | | | | | |
| | | | | | | |
| | | | | | | |
| | | | | | | |

# 비상대응 및 조치 매뉴얼

| 승인 | |
|---|---|
| 기안 | |

| 제정 : (처음 만든 날짜) | 개정 : (수정한 날짜) |
|---|---|

## 1. 목적

본 규정은 사업장에 중대산업재해가 발생하거나 발생할 급박한 위험이 있을 경우를 대비하여 조직 및 운영절차를 수립하고 유지함으로써 사고발생 시 피해를 최소화하는 데 그 목적이 있다.

## 2. 책임과 권한

2.1 경영책임자

(1) 당사에서 발생되는 모든 비상사태에 대하여 총괄 지휘한다.

2.2 안전보건팀장

(1) 중대산업재해 발생 시 수습에 대한 책임과 경영책임자에게 보고하여야 한다.

2.3 각 부서팀장

(1) 비상사태 조치에 대한 상황파악과 신속한 지원조치를 하여야 한다.

2.4 현장소장

(1) 비상사태 발생 시 비상사태 연락체계에 따라 관련 조직에 보고와 1차적인 수습을

하여야 한다.

(2) 비상사태대비에 따른 대응훈련계획을 수립하고 실시하여야 한다.

(3) 대응훈련결과를 본사 안전팀에 보고하여야 한다.

## 3. 중대산업재해 대응 업무절차

3.1 현장 비상사태 조직도 및 임무

(1) 통보연락팀의 임무

비상사태 발생 시 신속하고 명확하게 비상사태를 경보하고 내·외부 비상연락망을 참고하여 상황을 전파해야 한다.

(2) 초기대응팀의 임무

재난발생 시 필요한 초기 소화, 응급구조 및 방호안전조치 등의 위치를 파악하고 절차에 따라 초기대응을 실시한다.

(3) 피난유도팀의 임무

비상대피로를 파악하여 종사자를 안전한 장소로 신속하게 피난(유도)해야 하며, 이 경우 종사자에 대한 피난보조 대책을 사전에 파악하고 이행해야 한다.

(4) 응급구조팀의 임무

비상구급함과 AED의 위치를 파악하고 응급환자 발생 시 사고현장에 출동하여 응급조치 실시 및 응급병원으로 후송을 실시한다.

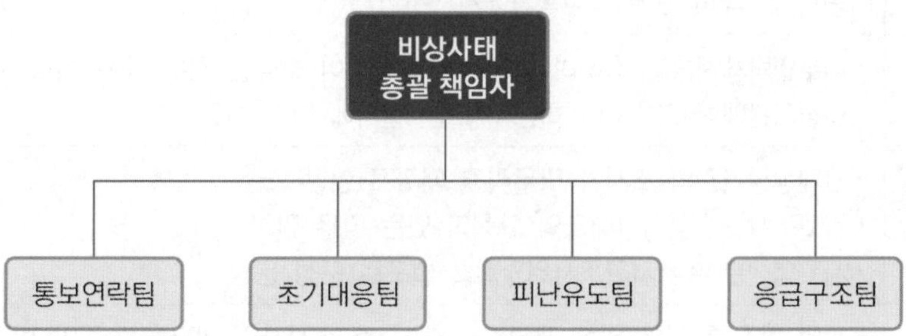

### 3.2 사고보고체계

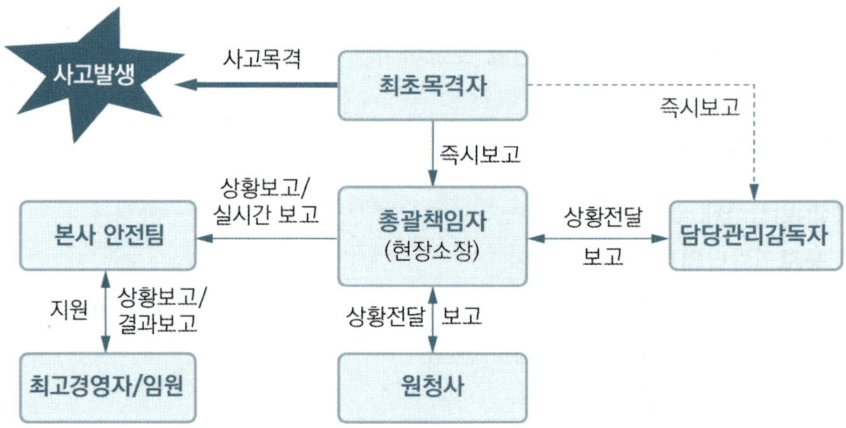


### 3.3 행동 및 조치절차

| 구분 | 행동 및 조치절차(사업주 지위) |
|---|---|
| 작업 중지 및 대피 | • 중대산업재해를 발생한 경우 해당 작업을 중지시키고 종사자를 대피시키는 등 안전 및 보건에 관한 필요 조치를 취해야 하며, 지체 없이 관할 지방고용노동관서에 보고 |
| 출입의 통제 및 위험요인 제거 | • 2차 재해 우려 시 모든 종사자 작업장에서 대피 및 출입통제<br>• 유해 · 위험요인에 안전확보 시 현장조사, 구조 등 출입 허용<br>• 현장조사, 구조 등 추가조치 중 2차 재해 등 우려가 있는 경우 종사자는 모든 행위 중지 및 대피 후 관리감독자에게 보고 |
| 사고의 보고 | • 내부연락체계를 구축하여 중대재해나 중상이 발생한 경우 즉시 최초 보고<br>• 행정기관에 신고하여야 하는 사고는 절차에 따라 신고 |
| 사고의 조사 | • 관계행정기관의 조사가 마무리될 때까지 현장 보존<br>• 사고조사 시 종사자대표의 요청이 있는 경우 입회<br>• 사고대책본부나 사고조사위원회를 별도로 구성 운영 |
| 작업 중지 해지 | • 작업 중지 해제를 위한 개선조치 실시 후 종사자의 의견을 들어야 한다.<br>• 작업 중지 명령 해제신청서 작성하여 지방고용노동관서의 장에게 제출한 후 근로감독관의 현장 확인을 받아야 한다.<br>• 시행부서의 장은 지방고용노동관서의 작업 중지 해제 절차를 따른다. |

### 3.4 업무흐름도

| 프로세스 흐름도 | 책임부서 | 주요 활동(작업 내용) | 입력물 | 출력물 |
|---|---|---|---|---|
| 1. 재해발생 | 최초 발견자 | 위험상황 인지 및 발견 시 최초발견자는 119에 신속히 연락한다. | 사고상황 및 피재자 상태 | 유/무선 보고 |
| 2. 작업중지 | 최초 발견자 | 최초 발견자는 재해 가해 · 기인물이 있는 경우 즉시 그 재해 가해 · 기인물 가동을 정지하고 해당 부서장에게 보고한다. | 작업 중지 | 유/무선 보고 |
| 3. 구급활동 | 신고자 | 사고현장 및 장소를 정확히 알리고 응급상황실과 지속 소통하고 119가 도착 시까지 환자의 상태를 알린다. | 119 상황 전파 | 유/무선 보고 |
| 4. 내부 사고보고 | 해당 부서장 | 회사 사고보고체계에 따라 안전보건팀, 경영책임자에게 신속히 사실을 알리고 관계 유관부서에도 신속히 사고상황을 전파한다. | 6하 원칙 | SNS 초기사고 보고 |
| 5. 관계기관 사고보고 | 안전 보건팀 | 회사의 재해 발생상황을 해당 관할 고용노동부, 경찰서 등에 지체없이 사고 사실을 알린다. | 산업 재해 개요 | 산업 재해 조사표 |
| 6. 관계기관 사고조사 | 안전 보건팀 | 사고조사가 종료될 때까지 현장보존 및 통제를 철저히 하며 관계기관의 수사에 적극 협조한다. | 산업 재해 조사표 | 경찰 조서 |
| 7. 시정명령 이행 | 경영 책임자<br>안전 보건팀<br>해당 부서 | 산업재해 발생 현장 및 관계자들은 관계기관의 시정명령을 반드시 이행하고 이를 사업장에 공개하여 사고사실을 알리며, 사고현장은 철저히 봉쇄한다. | 종합, 안전보건 확인 사항 | 안전 진단 결과 보고서 |
| 8. 시정명령 이행 | 경영 책임자<br>안전 보건팀<br>해당 부서 | 산업재해 사고조사결과에 따른 시정명령은 반드시 개선을 이행하고 이 사실을 관계기관에 통보한다.<br>※ 작업중지 해제 시까지 운영 중단한다. | 유해 위험 요소 발굴 | 시정 조치 결과 확인서 |
| 9. 개선조치 결과보고 | 경영 책임자<br>안전 보건팀<br>해당 부서 | 관계기관의 시정명령사항에 대해 전문기관(안전진단기관) 및 합동 사고조사단을 파견하여 해당 사고현장 및 동일 현장에 대한 위험요인을 개선 및 조치하고 그 결과를 통보한다. | 안전 진단 | 작업 중지 해제 명령서 |
| 10. 재발방지 대책 | 경영 책임자<br>안전 보건팀<br>해당 부서 | 산업재해 발생에 따른 조치결과 이행사항을 안전보건팀 및 경영책임자에게 보고하고 추후 동일 사고의 산업재해가 발생되지 않도록 재발방지대책을 수립한다.<br>※ 차년도 안전보건 추진계획에 반영하여 중점 실행 | 사고 대내외분석, 사고개요, 재발방지 대책, 관련법규 분석 | 재해 발생 보고서 |

## 4. 사고상황 시나리오별 교육 및 훈련 실시

### 4.1 사고상황 대응훈련 실시

(1) 해당 부서장(현장은 현장소장)은 전사적으로 중대한 비상사태에 대비한 훈련계획을 수립하고 효율성을 검토하기 위해 반기 1회 이상 비상사태 대비 훈련을 실시하고 평가한다.

(2) 유관부서장은 해당 부서장으로부터 비상사태 훈련에 대한 협조 요청이 있을 경우 적극 지원하여 훈련 목표가 달성될 수 있도록 한다.

(3) 유관부서장은 부서 내에서 파악된 비상사태에 대해서 사전 예방할 수 있도록 작성된 시나리오에 따라 부서원에게 연간 1회 교육을 실시한다.

### 4.2 시나리오의 문제점 검토 및 변경내용 지속적 개선

(1) 대비 및 대응훈련 실시를 통한 문제점을 검토한다.

(2) 해당 부서장 또는 유관부서장은 비상사태 대비 교육 및 훈련내용을 평가하여 비상사태 대비 및 대응 시나리오가 적절하게 작성되었는지를 확인하고, 필요시 수정 보완하기 위해 개정한다.

(3) 비상사태 대비 및 대응 시나리오가 개정되었을 경우에는 교육을 실시하고 해당 부서원이 수정된 내용을 숙지하여 적용할 수 있도록 한다.

### 4.3 사고상황별 시나리오

(1) 화재시 대응 시나리오

| 화재 시 대응 시나리오 | 책임자 |
|---|---|
| 최초 발견자는 "불이야"라는 큰소리로 주변 사람에게 화재 발생을 알린다. | 최초 발견자 |
| 주변 사람 중 최초 발견자의 육성을 들은 사람은 즉시 부서장에게 보고한다. | 주변 감지자 |
| 부서장은 전 부서 공지 및 임원에게 보고하고 상황 진압을 통제한다. | 각 부서장 |
| 1) 필요시 타 부서 및 공정에 인원 및 소화장비 지원요청을 한다. | 각 부서장 |
| 2) 안전담당자는 화재 규모를 확인하여 신속히 화재발생을 신고한다. | 안전담당자 |
| 3) 안전담당자는 화재 확인 및 비상사태 대응계획에 따라 조치를 취한다. | 안전담당자 |
| 4) 최우선적으로 부상자 발생 여부를 확인하고 응급 조치 후 병원으로 후송한다. | 응급구조팀 |
| 5) 자체 소화 가능한 화재 규모일 시 소화기로 초기 진화를 실시한다. | 초기대응팀 |
| 6) 각 설비의 MAIN 전원을 OFF 한 후 창문을 열어 가스 배출이 용이하도록 한다. | 초기대응팀 |

| 화재 시 대응 시나리오 | 책임자 |
|---|---|
| 7) 타 공정(부서/팀)으로 화재가 번지지 않도록 소화기 및 소화전을 사용 진화한다.<br>8) 실내/외 인화성 물질 및 집기류, 기타 장비 등 주요 물품은 반출한다.<br>9) 소화 중 부상자 발생 시 응급 조치한 후 병원으로 후송한다.<br>10) 관리감독자의 지시 아래 작업자의 신속한 대처로 초기에 화재를 진화한다.<br>11) 소방차 도착 시 화재 위치에 즉시 유도하고 소수방분대와 합동으로 화재를 진화한다.<br>12) 화재 진압 실패 시 비상대피로를 따라서 신속히 집결지로 대피한다. | 초기대응팀<br>초기대응팀<br>초기대응팀<br>초기대응팀<br>초기대응팀<br><br>전 부서 |
| 화재 진압 후 사업장 내 바닥, 설비를 청소한다. | 응급구조팀 |
| 화재 시 발생한 폐기물은 수거하여 폐기물 보관 장소에 버린다. | 전 부서 |
| 시설관리팀의 협조 및 지원을 받아 전기, 설비 및 유틸리티를 점검한다. | 응급구조팀 |
| 각 담당은 소손된 시설 및 장비 복구 후 부서장에게 보고하여 이상 유무를 확인하고, 화재 진압 및 복구를 마무리한다. | 전 부서 |
| 화재로 인한 피해자가 있는지 다시 한 번 확인하고, 부상자 등 피해자가 있으면 즉시 인근 의료기관에서 진료를 받을 수 있도록 조치한다. | 응급구조팀 |

(2) 천재지변(지진) 대응 시나리오

| 천재지변 대응 시나리오 | 책임자 |
|---|---|
| 사고 즉시 초기 대처를 한다.<br>1) 전원 OFF 및 주변 경계, 담당 본부장에게 즉시 신고한다.<br>2) 야간 및 공휴일에는 휴무작업자를 통해 비상 연락망을 가동한다.<br>3) 인명피해 발생 여부를 최우선적으로 확인하고 필요시 응급처치 후 병원으로 후송한다(119 신고 등). | 최초 발견자 |
| 천재지변(지진) 발생 시 행동요령을 실시한다.<br>1) 지진 발생 시 테이블 아래로 들어가 머리와 몸을 보호한다.<br>2) 지진이 멈췄을 때 전기 및 가스를 차단한다.<br>3) 건물 밖으로 신속히 비상집결지로 대피한다(계단 이용, 엘리베이터 사용금지).<br>4) 비상집결지에서 인원 파악을 실시하고 부상자 발생시 인근 지정병원으로 후송한다. | 전 부서 |
| 비상사태 대응 조직을 편성한다.<br>1) 안전보건팀장은 현장상황 관리 지휘부를 설치하고 재해복구 차량 및 장비를 준비한다.<br>2) 재해 즉시 비상사태 조직을 편성하고 가동한다. | 안전보건팀 |

| 천재지변 대응 시나리오 | 책임자 |
|---|---|
| 전 사원은 지휘부의 지시에 따라 재해지역 복구를 수행한다.<br>1) 초기대응팀은 피해지역 유류밸브 및 전원을 차단하고 건물 및 시설물의 침수, 파손 방지를 위해 재해지역 복구를 수행한다(모래주머니, 마대 등).<br>2) 사고지역 접근 곤란 시 안전보건팀장이 준비한 차량 및 복구 장비를 이용하여 신속히 복구작업을 수행한다.<br>3) 응급구조팀은 환자 발생 시 안전한 곳으로 환자를 대피시킨 뒤 응급조치를 수행하고 구급차 도착 시 병원으로 후송한다.<br>4) 응급구조팀은 시설관리팀과 협조하여 재해로 인해 파손된 설비, 건물, 시설물 복구를 수행한다.<br>5) 재해 지역에 있는 장비, 설비의 세척 및 정리정돈을 실시한다. | 전부서<br>초기대응팀<br>초기대응팀<br>응급구조팀<br>응급구조팀 |
| 응급구조팀은 시설관리팀의 협조 및 지원을 받아 재해복구 후 전기, 설비 및 유틸리티를 점검한다. | 응급구조팀 |
| 전 부서는 소손 된 시설 및 장비 복구 후 부서장에게 보고하여 이상 유무를 확인하고 재해복구 작업을 마무리한다. | 전 부서 |

(3) 전기 정전 대응 시나리오

| 전기 정전 대응 시나리오 | 책임자 |
|---|---|
| 최초 발견자는 안전담당자에게 연락한다. | 최초 발견자 |
| 최우선적으로 인명피해 발생 여부를 확인하고 필요시 응급조치 후 병원으로 후송한다. | 응급구조팀 |
| 비상연락망에 의해 사전조치를 취한다(전기수리업체, 유관부서, 유관기관 등 관련자). | 안전담당자 |
| 작업자에게 위해를 가할 수 있는 집진기, 히터 등의 고장 여부를 확인한다. | 응급구조팀 |
| 고장 원인을 파악하고 수리 일정을 파악한다. | 안전담당자 |
| 정전으로 인해 근로자에게 위해를 가할 수 있는 집진기, 히터 등의 작동 여부를 확인하고, 이상 발생 확인 즉시 수리를 실시한다. | 응급구조팀 |
| 전기가 복구되면 정전으로 인해 영향을 받은 모든 설비를 점검하여 이상 유무를 확인하고, 이상이 없을 시 안전보건팀장과 경영책임자에게 보고하고 정상업무를 수행한다. | 응급구조팀 |

(4) 협착사고 발생 시 대응 시나리오(처리흐름도)

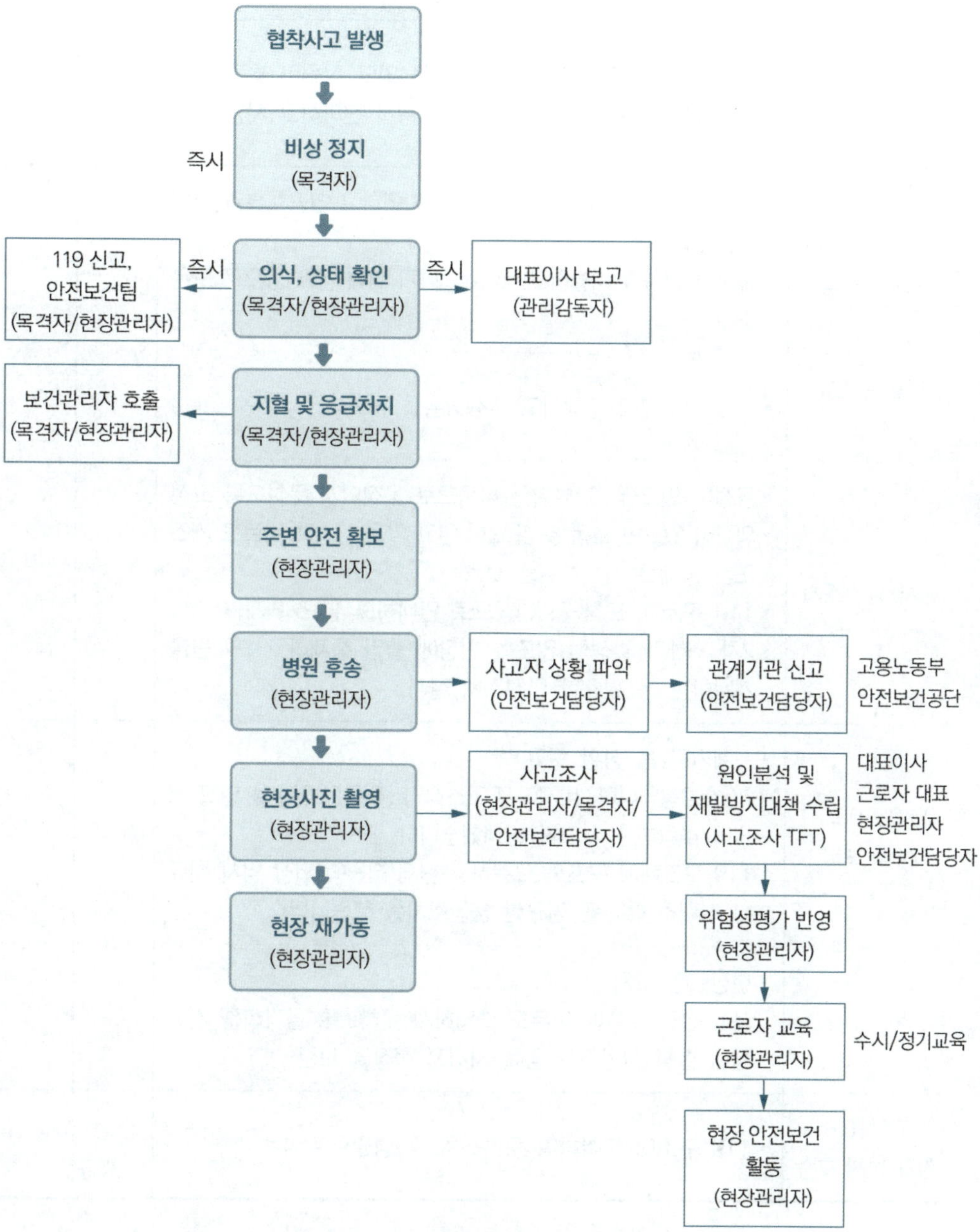

(5) 추락사고 대응 시나리오

| 시간 및 상황 | 조치사항 | 담당 | 비고 |
|---|---|---|---|
| 00:00~00:01<br>추락사고 발생<br>/환자 발생 | • 비계에서 고소작업 중 몸의 균형을 잃고 직원이 추락<br>• 사내 방송 또는 비상경보로 비상상황을 전파하고 지원 요청 | | |
| 00:01~00:06<br>환자 구조 | • 동료 직원 등이 호흡 정지 여부를 확인하고 인공호흡과 심폐소생술 실시<br>• 출혈이 심하면 지혈하고, 쇼크를 막기 위해 담요 등으로 보온 조치 | | |
| 119 구조대<br>신고 | • 119 구조대에 추락사고 발생상황을 신고 | | |
| 환자 응급조치 | • 골절이 있으면 그 부위를 부목으로 움직이지 못하도록 고정<br>• 외상이 있으면 소독 및 필요한 연고 약을 상처에 바르고 거즈 또는 붕대로 상처부위를 보호<br>• 119 구조대 도착 시 현장으로 안내하고 필요시 지원<br>• 2차 재해가 발생치 않도록 현장에 출입 통제하고 표지판을 게시하는 등 필요한 안전조치 실시 | | |
| 00:06~00:10<br>상황 보고 | • 관계기관 등 상황 보고<br>"△△공장입니다. 비계에서 고소작업 중 몸의 균형을 잃고 직원이 추락하는 사고가 발생했습니다.<br>119 구조대에 구조를 요청하고 현재 직원이 외상 임시 치료 및 심폐소생술 등 필요한 응급조치를 했습니다." | | |
| 현장보존 | • 현장보존 조치<br>사고 현장 주위에 아무도 출입하지 못하도록 울타리를 치고 재해 발생 원인조사 종료 시까지 현장을 보존 | | |
| 00:10~<br>환자 병원 후송 | • 119 구조대 도착하여 응급조치 후 병원으로 후송 | | |

(6) 질식, 감전재해 대응 시나리오

| 시간 및 상황 | 조치사항 | 담당 | 비고 |
|---|---|---|---|
| 00:00~00:01<br>질식/감전<br>사고발생<br>/환자 발생 | • (질식) 물탱크에서 밀폐공간 출입작업 중 직원이 산소결핍으로 질식 사고발생<br>• (감전) 전기실에서 정전작업 중 제3자가 전원을 투입하여 작업 중인 직원이 감전<br>• 사내 방송 또는 비상경보로 비상상황을 전파하고 지원 요청 | | |
| 00:01~00:06<br>환자 구조 | • (질식) 동료 직원 등이 공기호흡기를 착용하고 재해자 구조<br>• (감전) 동료 직원 등이 전원을 차단하고 재해자 구조<br>• 호흡 정지 여부를 확인하고 인공호흡과 심폐소생술 실시 | | |
| 119 구조대<br>신고 | • 119 구조대에 질식사고 발생상황을 신고 | | |
| 환자 응급조치 | • 119 구조대 도착 시 현장으로 안내하고 필요시 지원 | | |
| 2차 재해방지<br>조치 | • 2차 재해가 발생치 않도록 현장에 출입 통제하고 표지판을 게시하는 등 필요한 안전조치 실시 | | |
| 00:06~00:10<br>상황보고 | • 관계기관 등 상황보고<br>"○○기업입니다. 우리회사 물탱크에서 질식사고가 발생하여 119 구조대에 구조를 요청하고 현재 직원이 심폐소생술 등 필요한 응급조치를 했습니다." | | |
| 현장보존 | • 현장보존 조치<br>사고 현장 주위에 아무도 출입하지 못하도록 울타리를 치고 재해 발생 원인 조사 종료 시까지 현장을 보존 | | |
| 00:10~<br>환자 병원 후송 | • 119 구조대 도착하여 응급조치 후 병원으로 후송 | | |

### 4.4 훈련 평가표

| NO | 평가항목 | 평가결과 | | | 개선 사항 |
|---|---|---|---|---|---|
| | | 적정 (5점) | 보통 (3점) | 부적합 (1점) | |
| 1 | 최초 비상상황 발견자의 발생 신고내용이 정확한가? | | | | |
| 2 | 비상상황 발생을 신속히 접수 또는 인지하는가? | | | | |
| 3 | 비상상황 내용을 정확하고 신속하게 보고 및 전파하는가? | | | | |
| 4 | 비상상황 현황 및 상황정보를 정확하게 판단하는가? | | | | |
| 5 | 초동 대응이 신속하고 정확하게 이루어지는가? | | | | |
| 6 | 초동 대응 시 각자의 임무와 역할은 숙지하고 행동하는가? | | | | |
| 7 | 초동 대응 시 소지하여야 할 물품은 잘 소지하는가? | | | | |
| 8 | 현장 대피는 신속하고 정확하게 이루어지는가? | | | | |
| 9 | 대피 시 각자의 임무와 역할을 숙지하고 행동하는가? | | | | |
| 10 | 대피 집결 장소의 안내는 적절히 수행되고 있는가? | | | | |
| 11 | 인명피해 발생 시 응급조치 후 병원으로 후송하였는가? | | | | |
| 12 | 집결지에서 인원 파악과 후속 대응을 적절히 하는가? | | | | |
| 13 | 현장에서 각자의 임무와 역할을 숙지하고 행동하는가? | | | | |
| 14 | 현장의 지휘 통제는 정확하게 이루어지는가? | | | | |
| 15 | 현장에서 협업 기능이 원활하게 가동되는가? | | | | |
| 16 | 피해 상황 및 시설을 확인하고 보고하였는가? | | | | |
| 17 | 피해 시설 및 유틸리티에 대한 복구를 실시하였는가? | | | | |
| 18 | 업무 재개를 위한 준비는 갖추었는가? | | | | |
| 19 | 상황 종료에 따른 내용을 신속하게 전파하는가? | | | | |
| 20 | 상황 종료에 따른 현장 정리는 신속하게 이루어지는가? | | | | |
| 합계 | | | | | |

| 평가 | 총평 | |
|---|---|---|
| | 세부 의견 | |

4.5 비상연락망

(1) 내부 비상연락망(사업장 상황에 맞게 작성)

| 부서명 | 직급 | 성명 | 연락처 |
|---|---|---|---|
| | | | |
| | | | |

(2) 외부 비상연락망(사업장 상황에 맞게 작성)

| 기관명 | 연락처 | 비고 |
|---|---|---|
| ○○소방서 | | |
| ○○병원 | | |
| 한국전력공사 ○○본부 | | |
| 가스안전공사 ○○본부 | | |
| ○○경찰서 | | |
| 안전보건공단 ○○본부 | | |
| 고용노동부 ○○본부 | | |

# 작업중지 요청 매뉴얼

| 승인 | |
|---|---|
| 기안 | |

| 제정 : (처음 만든 날짜) | 개정 : (수정한 날짜) |
|---|---|

## 1. 목적

본 지침은 종사자가 직접 유해 · 위험요인을 발굴 및 신고하여 사전에 유해 · 위험요인을 제거함으로써 안전하고 쾌적한 작업환경을 조성하는 데 그 목적이 있다.

## 2. 적용범위

도급계약 등에 의하여 도급작업장 내에서 이루어지는 건설공사, 수리 · 정비 · 보수 및 장비설치 등의 업무를 수행하는 종사자에게 적용한다.

## 3. 책임과 권한

3.1 안전보건관리책임자

3.1.1 산업재해가 발생할 급박한 위험이 있을 시 즉시 작업을 중지시키고 근로자를 작업 장소에서 대피시키는 등 안전 및 보건에 관하여 필요한 조치를 하여야 한다.

3.1.2 직원 안전조회, 안전교육 시 작업중지 요청제도에 대한 교육 및 홍보를 실시하여야 한다.

3.2 안전보건주관부서장

3.2.1 부서별로 작업중지 요청 관리담당자를 지정 · 운영할 수 있다. 별도의 지정이 없으면 관리감독자가 그 업무를 전담하도록 한다.

3.3 관리감독자

3.3.1 작업중지요청제 담당부서는 해당업무를 취급하는 각 부서가 되며 담당자는 부서장이 지정한다.

3.3.2 작업중지 요청 건에 대하여 신속한 현장 안전점검 시행 및 개선조치의 책임이 있으며, 개선조치가 완료될 때까지 해당 작업을 일시 중지하여야 한다.

3.3.3 안전사고발생 시 관련 증빙사진을 SMS 또는 이메일로 제출받아 직접 확인하며 필요시 현장 안전점검을 직접 시행하고 개선조치를 하여야 한다.

## 4. 처리 절차

4.1 모든 직원 및 근로자는 현장 내 급박한 위험이 있을 경우 작업을 중지하고 대피할 수 있다.

4.2 작업을 중지하고 대피한 근로자는 그 사실을 지체 없이 관리감독자에게 보고하여야 한다.

4.3 관리감독자는 작업중지 요청 건에 관하여 현장확인을 실시하고 위험요인을 개선한다.

4.4 관리감독자는 필요시 안전보건담당 부서에 관련 증빙사진을 제출하여 현장 안전점검을 요청할 수 있다.

4.5 관리감독자는 조치상태를 확인하고 이상이 없을 경우에 작업을 재개할 수 있다.

4.6 안전보건관리책임자는 산업재해가 발생할 급박한 위험이 있다고 근로자가 믿을 만한 합리적인 이유가 있어 작업을 중지하고 대피한 근로자에 대하여 해고나 그 밖의 불리한 처우를 해서는 아니 된다.

위험작업 작업중지 요청 절차

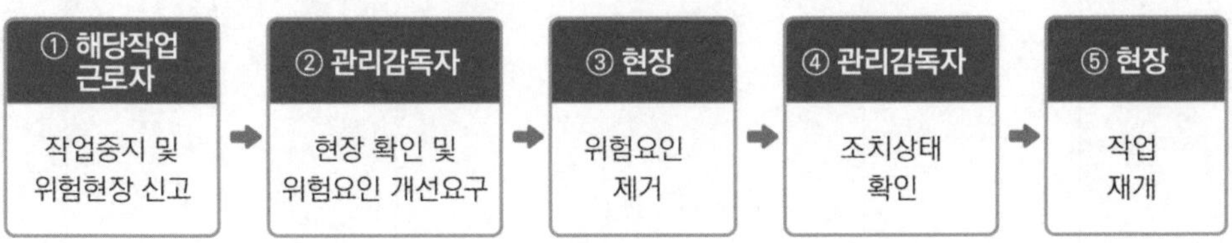


## 5. 기록 관리

관리감독자는 작업중지 요청 기록대장에 모든 작업중지 요청 건을 작성 및 관리한다.

## 양식 1. 작업중지 요청내용 및 조치결과

# 작업중지 요청내용 및 조치결과

| 결재 | 작성 | 검토 | 승인 |
|---|---|---|---|
| | | | |

| 일시/장소 | 요청자 | 요청내용 | 조치결과 | 비고 |
|---|---|---|---|---|
| | | | | |

## 양식 2. 작업중지 요청 기록대장

# 작업중지 요청 기록대장

[부서명]

| 번호 | 신고인 | 신고내용 | 신고일시 | 처리내용 | 완료여부 | 처리자 | 비고 |
|---|---|---|---|---|---|---|---|
| | | | | | | | |
| | | | | | | | |
| | | | | | | | |
| | | | | | | | |
| | | | | | | | |
| | | | | | | | |
| | | | | | | | |
| | | | | | | | |
| | | | | | | | |
| | | | | | | | |
| | | | | | | | |

## 양식 3. 작업중지 요청 급박한 위험 예시

**표 3.50 작업중지 요청 급박한 위험 예시**

| 구분 | 내용 |
|---|---|
| 사례1 | 높이가 2 m 이상인 장소에서의 작업으로써 작업발판, 안전난간 또는 안전방망이 전반적으로 설치되지 않아 추락사고의 우려가 현저히 높은 경우 |
| 사례2 | 비계, 거푸집 동바리, 흙막이 지보공 등 가시설물의 설치가 기준에 적합하지 않거나 부적합한 자재의 설치 또는 사용 불량으로 붕괴사고의 우려가 높은 경우 |
| 사례3 | 토사, 구축물, 공작물 등의 변형 또는 변위가 발생하거나 예상되어 붕괴사고의 우려가 높은 경우 |
| 사례4 | 가연성 또는 인화성 물질 취급 장소에서 동시에 화기작업을 실시하여 화재 및 폭발사고의 우려가 높은 경우 |
| 사례5 | 화학물질 취급공정에서 부속설비의 심각한 고장, 변형 등으로 중대 산업사고 발생의 우려가 높은 경우 |
| 사례6 | 밀폐공간작업으로 작업 전 산소농도 측정을 하지 않거나 적정 공기기준을 준수하지 않아 산소결핍에 의한 질식사고의 우려가 높은 경우 |
| 사례7 | 관리대상 유해물질의 가스 · 증기 또는 분진의 발산원을 밀폐하는 설비 또는 국소배기장치를 설치하지 않아 취급근로자의 건강장해가 현저히 우려되는 경우 |

### 5) 비상연락망 작성과 응급구조대, 응급기관과 일상적으로 접촉하는 직원을 사전에 지정

사업장 내부와 외부의 비상연락망을 사고발생 시 신속하게 연락할 수 있도록 평일과 공휴일 및 야간을 구분하여 작성한다. 사업장 외부 비상연락망에는 관계기관, 병원, 협력업체 등을 포함하여 작성한다.

특히 고위험 또는 복잡한 위해 · 위험요인을 가진 사업장의 경우 경영책임자 등은 응급구조대, 응급기관과 일상적으로 접촉하는 직원을 사전에 지정해 놓는 것이 좋다. 또한 비상상황시 응급구조대 및 응급기관이 적절한 조치를 취할 수 있도록 사업장에 대한 정보를 사전에 충분히 제공해야 한다.

### 6) 매뉴얼에 따라 조치하는지 여부를 반기 1회 이상 점검

비상조치계획(매뉴얼)을 이행하고 있는지 검증하고 현장상황에 적합하도록 주기적으로 반복해서 개선하여야 한다.

사업장별로 작성된 재해 발생 시나리오는 최소 반기 1회 이상 점검하여야 하고 경영책임자 등은 매뉴얼에 따라 조치하는지 여부를 반기 1회 이상 점검해야 한다. 점검결과 개선사항에 대해서는 즉시 필요한 조치를 해야 한다.

점검 시에는 건설현장에서 비상대피로 표지, 훈련 상태, 종사자의 인식여부 질의 등을 통해 실질적으로 이행되는지 여부를 점검할 필요가 있다.

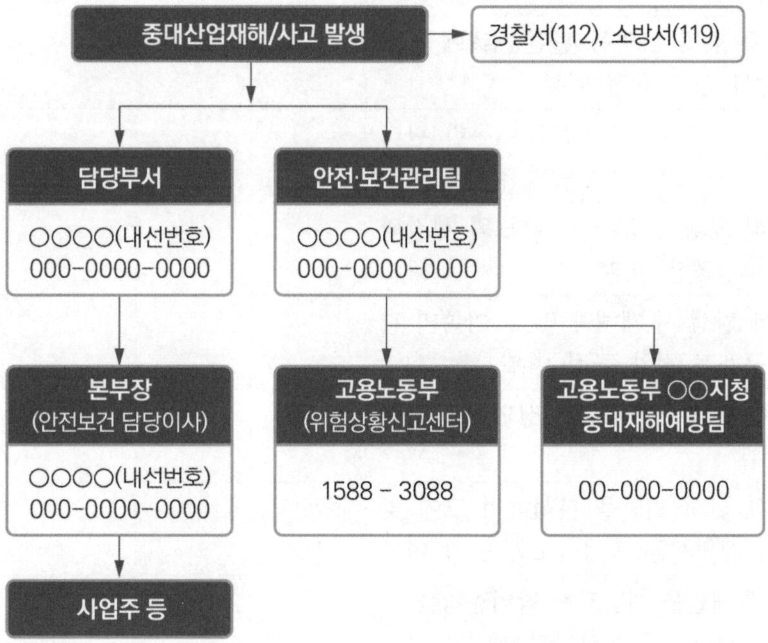


**그림 3.4 사업장 비상연락망**

**표 3.51 중대산업재해 발생 시 대응 매뉴얼 점검표**

<table>
<tr><td colspan="5" align="center">중대산업재해 발생 시 대응 매뉴얼 점검표</td></tr>
<tr><td colspan="2">사업장명 :</td><td colspan="3">점검일자 : 년 월 일</td></tr>
<tr><td>점검자<br>(담당자)</td><td>(서명)</td><td colspan="2">확 인 자<br>(현장소장/사업주 등)</td><td>(서명)</td></tr>
<tr><td colspan="2">점검 사항</td><td>이행</td><td>미이행</td><td>개선사항</td></tr>
<tr><td colspan="2">중대산업재해 발생 즉시 관리감독자(담당자) 보고 및 모든 근로자에게 전파하도록 절차 규정 여부</td><td></td><td></td><td></td></tr>
<tr><td colspan="2">중대산업재해 발생 시 작업 중지 및 현장보존 계획이 구체적인지 여부</td><td></td><td></td><td></td></tr>
<tr><td colspan="2">관할 고용노동청 및 119 등 관련 기관에 중대산업재해 발생 신고 규정 여부</td><td></td><td></td><td></td></tr>
<tr><td colspan="2">중대산업재해 발생 시 사업주를 비롯한 관리감독자 및 근로자 포함 작업 중지 절차화 여부</td><td></td><td></td><td></td></tr>
<tr><td colspan="2">중대산업재해 발생 현장에 관계자 외 현장의 출입통제 절차 규정 여부</td><td></td><td></td><td></td></tr>
<tr><td colspan="2">중대산업재해 발생 시 재해자 및 그 가족의 관리를 위한 구체적 절차 규정 여부</td><td></td><td></td><td></td></tr>
<tr><td colspan="2">중대산업재해 발생에 대비한 비상연락망 작성 및 갱신 여부</td><td></td><td></td><td></td></tr>
<tr><td colspan="2">중대산업재해 발생 원인을 분석하여 그에 맞는 재발방지 계획서를 작성하도록 규정 여부</td><td></td><td></td><td></td></tr>
<tr><td colspan="2">중대산업재해 재발을 예방코자 작업환경을 개선하기 위한 계획이 구체적인지 여부</td><td></td><td></td><td></td></tr>
<tr><td colspan="2">중대산업재해 발생을 대비하여 대피 훈련 등의 사전대응 훈련 진행 여부</td><td></td><td></td><td></td></tr>
<tr><td colspan="5">※ 점검 후 이행되지 않은 사항 추가 조치<br>※ 반기 1회 이상 점검</td></tr>
</table>

**표 3.52 (추락사고) 대비 · 대응조치 점검표**

<table>
<tr><th colspan="4">(추락사고) 대비 · 대응조치 점검표</th></tr>
<tr><th>구분</th><th>단계</th><th>점검 내용</th><th>확인</th></tr>
<tr><td rowspan="7">대비<br>단계</td><td>사전활동</td><td>추락방지 조치 여부<br>1순위 : 작업발판 설치<br>2순위 : 추락 방호망 설치<br>3순위 : 안전대 착용 및 걸기</td><td></td></tr>
<tr><td rowspan="5">준비활동</td><td>조명 설치 및 유지 여부</td><td></td></tr>
<tr><td>비계작업발판 설치기준 점검 여부</td><td></td></tr>
<tr><td>안전난간 설치기준 점검 여부</td><td></td></tr>
<tr><td>추락 방호망 설치기준 점검 여부</td><td></td></tr>
<tr><td>개구부 방호조치 점검 여부</td><td></td></tr>
<tr><td>작업활동</td><td>응급조치 장비 준비상태 점검 여부</td><td></td></tr>
<tr><td rowspan="9">대응<br>단계</td><td>비상상황</td><td>비상상황임을 인식할 수 있는지 여부<br>* 작업자 추락<br>* 작업자가 고소에서 추락 중 안전대에 매달려 있거나 추락방호망에 걸친 상태</td><td></td></tr>
<tr><td>작업중지</td><td>근로자의 작업 중지 가능 여부</td><td></td></tr>
<tr><td>상황전파</td><td>위험상황에 대한 타 근로자 전파 가능 여부</td><td></td></tr>
<tr><td>추가피해<br>방지</td><td>추가피해 방지를 위한 조치계획 수립 여부<br>(추가 추락 또는 추락방지시설 붕괴 우려 시 보완조치)</td><td></td></tr>
<tr><td>구조</td><td>구조장비(이동식 크레인, 고소작업대 등) 투입 가능 여부</td><td></td></tr>
<tr><td>응급조치</td><td>재해자 상태에 따른 응급조치 계획수립 여부</td><td></td></tr>
<tr><td>인계</td><td>119, 112로 재해자 인계 및 발생상황 설명 여부</td><td></td></tr>
<tr><td>현장<br>보존</td><td>작업장 통제, 사진, CCTV 확보 등의 현장보존 계획수립 여부</td><td></td></tr>
<tr><td>조사</td><td>내부조사 계획수립, 외부기관 조사협조 가능 여부</td><td></td></tr>
</table>

## 8.5 컴플라이언스 핵심 체크포인트

① 대응 · 조치 매뉴얼에 포함되어야 하는 항목

- 대응 · 조치 매뉴얼에는 반드시 작업중지, 근로자 대피, 위험요인 제거 등의 대응조치, 피해자 구호조치, 추가 피해방지를 위한 조치 사항 등 법령에서 요구하는 사항이 포함되어야 한다.

② 대응 · 조치 매뉴얼 공유 및 게시

- 대응 · 조치 매뉴얼을 작업 전 안전점검회의(TBM), 조회, 안전교육 등을 통해 모든 근로자에게 공유하여야 한다.
- 대응 · 조치 매뉴얼 및 비상연락망을 작업 현장 내에 게시하여 비상시에 즉시 활용할 수 있도록 하여야 한다.

③ 반기 1회 이상 점검

- 사업장에서 발생할 수 있는 재해 대비 유형별 시나리오 훈련을 반기 1회 이상 실시하는 것이 바람직하다.
- 반기 1회 이상 시나리오 훈련결과, 기타 매뉴얼 상의 조치내용을 정리하여 보고하여야 한다.
- 위 보고 결과에 따라 미흡한 부분은 필요한 조치를 취하고 관련 기록을 남겨 놓아야 한다.

## 8.6 고용노동부 유권해석

**건설업, 제조업 외에 일반사무직 등의 경우에도 매뉴얼을 만들고 반기 1회 이상 점검해야 하는지 여부**

고용노동부 질의회시(중대산업재해감독과-2171, 2022.06.09)에 따르면 사업 또는 사업장의 규모나 업종, 유해 · 위험도에 따라 의무를 달리 규정하고 있지 않으므로 상시 근로자 5명 이상인 모든 사업 또는 사업장의 개인 사업주 및 법인 또는 기관의 경영책임자는 해당 의무를 이행하도록 하고 있다.

다만, 사업 또는 사업장의 규모나 특성에 맞게 중대산업재해가 발생하거나 발생할 급박한 위험이 있을 경우를 대비하여 작업 중지, 근로자 대피 등의 조치에 관한 매뉴얼을 마련해야 한다는 입장이다.

**비상 매뉴얼에 있는 모든 훈련을 반기 1회 실시하여야 하는지 여부**

고용노동부 질의회시(중대산업재해감독과-3334, 2022.08.02)에 따르면 매뉴얼상 훈련을 예정하고 있는 경우 해당 훈련을 어떻게 실시할지는 사업 또는 사업장에서 자율적으로 정하여 운영할 수 있으며 반드시 모든 훈련을 반기 1회마다 실시하는 것은 아니라는 입장이다.

## 8.7 중요 판결 & 수사 사례에 따른 핵심 실천 사항

### 1) 주요 위반사항

- 매뉴얼이 마련되었지만, 법에서 요구하는 항목 중 일부가 누락되어 있음
- 근로자들이 매뉴얼의 존재나 내용을 전혀 알지 못함
- 재해 발생을 대비한 모의훈련을 정기적으로 실시하지 아니함

### 2) 판결 사례

**제4호 OO건설 판결 : 창원지방법원 마산지원 2023. 08. 25 선고 2023고합8 판결**

"작업 중지, 위험요인 제거 등 대응조치에 관한 매뉴얼을 마련하지 않아 급박한 위험이 있음에도 안전보건관리책임자가 작업을 중지하거나 즉시 위험요인을 제거하는 등 대응조치를 할 수 없게 했음. 즉, 매뉴얼을 마련하고 이를 종사자 전원에게 공유하는 한편, 해당 매뉴얼에 따라 조치하는지를 주기적으로 점검하였다면 이와 같은 위험 상황에서 안전보건총괄책임자, 안전보건관리책임자 또는 근로자들 중 누군가는 매뉴얼에 따른 대응조치를 취하였을 가능성이 높고, 만약 그러한 대응조치가 이루어졌다면 피해자의 머리가 회전하는 굴착기의 후면과 담장 사이에 협착되는 사고를 방지할 수 있었을 것으로 보임"

※ CHECK POINT

- 중대산업재해 대응 매뉴얼에는 법에서 규정한 항목(작업중지, 위험요인 제거 등)이 누락 없이 포함
- 비상 모의훈련 등을 통해 실질적인 대응체계 마련

### 3) 주요 수사 사례 (안전보건 확보의무 이행 인정)

**사례 1**

- 비상조치계획 절차, 안전보건관리 규정 등이 마련
- 위 규정에는 위험성평가 등을 통해 보유설비와 위험물질에 의한 비상사태를 체계적으로 검토
- 비상사태별 시나리오와 대책을 포함한 팀 단위 비상조치계획을 작성
- 작업자는 산업재해 발생의 급박한 위험이 있다고 판단될 경우 작업을 중지하고 대피한 후 사후 보고할 수 있다는 규정 마련
- 정기적으로 경보체계 및 대피 훈련 등을 실시

### 4) 핵심 실천사항

| | |
|---|---|
| 중대산업재해 대비 매뉴얼 마련 | • 매뉴얼에는 법령에서 정한 조치 항목이 누락 없이 반영되어야 함<br>• 대응조치, 구호조치, 추가 피해방지를 위한 조치가 담겨야 함<br>• 대응 절차는 작업중지 → 근로자 대피 → 위험요인 제거순으로 구성 |
| 대응 매뉴얼 및 비상 연락망 게시 · 전파 | • 대응 매뉴얼과 비상 연락망을 인쇄하여 작업현장에 게시<br>• 종사자들이 매뉴얼의 존재 및 내용이 무엇인지 충분히 인지할 수 있도록 조치 |
| 반기 1회 이상 매뉴얼에 따른 조치 점검 | • 점검 방식으로는 '시나리오 훈련'을 활용할 수 있음<br>• 반기별로 각 현장마다 주요 비상사태에 관한 테마를 정하여 모의훈련 실시<br>• 반기 1회 이상 경영책임자가 보고받고, 개선이 필요한 사항은 추가 조치 지시 |

## 8.8 중대산업재해 발생 대비 매뉴얼 이행 점검기준

### □ 중대산업재해 발생 대비 매뉴얼 점검표

○ 점검일 :
○ 부서명 :
○ 점검책임자 : (인)

| 결재 | 작성 | 검토 | 승인 |
|---|---|---|---|
| | | | |

□ 점검 주요 내용

| 점검 내용 | 점검결과 |
|---|---|
| 1. 비상 시나리오 및 대응 매뉴얼<br>① 대응 매뉴얼에는 필수적으로 단계별 조치계획 포함 여부<br>ⓐ 작업 중지<br>• 산업재해가 발생할 급박할 위험이 있는 경우 근로자, 사업주 등 누구든지 작업을 중지하고 대피할 수 있음을 명확히 반영 필요<br>• 불이익 조치금지 반영<br>• 적극적인 의견 개진 내용 포함<br>ⓑ 근로자의 신속한 대피<br>ⓒ 위험요인의 제거<br>ⓓ 재해자에 대한 구호조치<br>ⓔ 추가 피해방지를 위한 조치<br>• 재해 발생 사실의 공유, 발생 원인분석 및 재발방지대책 포함<br>• 추가 피해방지를 위해 현장 출입통제<br>ⓕ 기타<br>• 노동관서 보고 등 : 발생개요, 피해상황, 조치및 전망, 사진<br>• 재해발생 장소에 대한 급박한 위험 여부 확인 및 안전보건에 대한 조치 후 작업 재개 가능 여부<br>• 유사사업장 정보공유<br>• 원인분석 및 재발방지대책 수립에 대한 사항<br>② 비상대피로 및 대피장소 등<br>• 비상연락체계 및 기본적 응급조치 방안<br>③ 개인보호구 지급, 착용 등 | |

| 점검 내용 | 점검결과 |
|---|---|
| 2. 위험요인을 바탕으로 사고발생 재해 도출<br>① 위험요인별로 어떠한 재해가 발생할 수 있는지를 검토<br>• 추락사고, 협착사고, 질식 · 감전재해 대응 시나리오<br>② 사망사고로 이어질 수 있는 재해 대응 시나리오 작성<br>③ 동종업계 중대산업재해 발생 시 시나리오에 포함 여부 | |
| 3. 재해발생 종류별 조치계획 수립<br>① 재해 발생 시나리오별 조치계획을 작성하여 관계 부서, 공정, 유해 · 위험 물질, 재해유형, 원인, 피해범위 등을 목록화하여 관리<br>② 비상조치계획에 필요한 인력 및 시설 · 장비(인적 · 물적 자원)를 적절히 포함<br>③ 비상조치계획에 상황보고 및 전파체계, 조치별 대응조직 및 담당자의 역할을 적절히 구분<br>④ 비상상황 대비한 병원, 소방서 등 유관기관과 협조체계 마련<br>⑤ 종사자 이해 쉽도록 간결하게 작성<br>⑥ 중대재해 발생 시 구호조치, 추가피해방지, 발생 보고 정립 여부<br>• 시간 및 상황, 조치사항, 담당<br>• 중대재해 발생 시 구호조치, 추가피해방지, 발생 보고에 대한 교육실시 여부 | |
| 4. 작성한 매뉴얼의 종사자 전원과 공유<br>① 온라인, 작업장 내 게시<br>② 소속 직원+도급 · 용역 · 위탁업체 등 포함<br>③ 종사자 인식도 여부 확인 | |
| 5. 작업 중지권 이행 여부<br>① 근로자가 작업 중지를 요청한 경우 안전에 관하여 필요한 조치 실시 확인<br>• 작업중지권 행사 여부에 관한 관리(횟수, 후속대응현황, 작업 재개 기준 등)<br>• 중대재해 발생 급박위험 인지 시 작업중지, 대피, 보고, 위험요인 제거 등 대응절차 마련 및 확인 점검 여부<br>② 요청내용과 조치결과를 기록하고 보존 실적 확인<br>③ 작업중지를 요청한 근로자와 근로자가 소속된 수급인에게 불리한 처우 | |

| 점검 내용 | 점검결과 |
|---|---|
| 여부 확인<br>④ 근로자가 안전한 장소로 대피했는지 확인<br>⑤ 위험요인들을 제거하거나 최소화하기 위한 위험관리대책 지시 확인<br>⑥ 안전보건관리규정에 포함 여부<br>• 작업중지권에 관한 내부 규정 정립 여부<br>• 작업중지권 관련 절차 수립 및 적정 이행 여부 검토(적정 작업 중지인지 여부에 관한 사후적인 판단, 작업중지권 행사에 따른 보상 방안 및 불이익 예방방안 수립, 이행) | |
| 6. 구호조치 적절성 여부<br>① 비상대응 시설·장비(소화기, 방독면, 구급함 등) 관리의 이행 여부<br>② 사업장별 병원 지정 및 연락체계 수립 여부 확인(게시물 등)<br>③ 구급함 등을 이용하여 적절한 응급조치 실시(응급처치방법을 정확히 모를 경우 상태를 관찰하며 119 구급대 등 전문가 도착까지 대기) | |
| 7. 추가 피해방지 조치 적절성<br>① 비상시 피해 최소화 및 확산방지를 위한 대응지침 운영 여부<br>② 재해 등의 원인조사 지침 보유 및 운영 여부<br>③ 산업재해 발생 시 재해조사 보고서 작성 여부, 방법, 조사팀 구성, 재발방지대책의 이행 여부<br>④ 재해발생 작업에 대한 수시 위험성평가의 시행 여부 및 안전작업 절차의 보완 또는 제정 여부 | |
| 8. 유관기관과 비상연락망 작성<br>① 응급구조대, 응급기관과 일상적으로 접촉하는 직원을 사전에 지정<br>• 담당자 지정 및 평소 유대관계 형성<br>• 일상적으로 접촉하는 직원 사전 지정<br>② 유관기관 비상연락망 작성<br>• 응급구조대, 응급기관, 고용노동부, 안전보건공단<br>③ 유관기관에 사업장 정보 사전 제공<br>• 현장 현황, 유해·위험 정보 제공 | |

| 점검 내용 | 점검결과 |
|---|---|
| 9. 비상조치계획에 따라 주기적으로 교육, 훈련<br>① 주기적으로 교육 · 훈련<br>• 비상정지 버튼 위치와 작동법, 관계기관 연락체계 파악, 응급조치 방법 등을 주기적으로 교육 · 훈련<br>• 비상시 즉각 탈출할 수 있는 비상구를 충분히 마련하고 즉각 알아볼 수 있는 형태로 표시<br>• 다양한 재해발생 시나리오에 대하여 훈련을 주기적으로 실시하고 적정성 검토<br>• 소속 직원+도급 · 용역 · 위탁업체 등 포함<br>• 훈련과정에서 발견된 문제점을 검토하여 비상조치계획을 개선<br>• 작업 중지, 근로자 대피, 위험요인 제거 등 대응조치, 중대산업재해 발생 시 구호조치, 추가피해 방지조치 및 발생보고 등 지침의 운영 여부<br>• 구체적인 시나리오(추락, 질식, 화재, 감전, 협착 등) 발굴 및 교육훈련 이행<br>• 급박한 위험이 발생하는 경우 대응방안에 대한 교육실시 여부<br>• 협력업체 근로자 등 종사자가 포함되는지 여부<br>② 비상조치 대응 훈련계획서<br>③ 비상조치 대응 훈련실시 결과 보고서<br>• 비상사태 모의훈련 실시 및 훈련 후 피드백 결과 확인 | |
| 10. 매뉴얼에 따라 조치하는지를 여부를 반기 1회 이상 점검<br>① 반기 1회 이상 이행 여부 점검 후 필요한 개선방안 마련<br>② 개선방안 이행 여부 점검<br>③ 추가적인 조치 필요한 경우 조치 실시 | |

# 09 도급 · 용역 · 위탁 등의 경우 종사자의 안전 및 보건 확보를 위한 조치

## 9.1 관련 조문

**시행령 제4조(안전보건관리체계의 구축 및 이행 조치) 제9호**

9. 제3자에게 업무의 도급 · 용역 · 위탁 등을 하는 경우는 종사자의 안전보건을 확보하기 위해 다음 각 목의 기준과 절차를 마련하고, 그 기준과 절차에 따라 도급 · 용역 · 위탁 등이 이루어지는지를 반기 1회 이상 점검할 것
   가. 도급 · 용역 · 위탁 등을 받는 자의 산업재해예방을 위한 조치 능력과 기술에 관한 평가기준 · 절차
   나. 도급 · 용역 · 위탁 등을 받는 자의 안전보건을 위한 관리비용에 관한 기준
   다. 건설업 및 조선업의 경우 도급 · 용역 · 위탁 등을 받는 자의 안전보건을 위한 공사기간 또는 건조기간에 관한 기준

## 9.2 조문의 취지

이 조문은 도급 · 용역 · 위탁 등 업체를 선정할 경우는 반드시 안전보건 역량을 갖춘 업체를 선정하도록 하기 위해 마련된 조문이다.

제3자에게 도급 · 용역 · 위탁 시 사업주는 산업재해 예방조치를 할 수 있는 능력을 갖춘

사업주에게 도급을 할 필요가 있다. 중대재해처벌법에서는 갑의 위치에 있는 사업주에게 적격 수급인 선정 의무를 부담토록 하고 있다.

위험작업이 많은 수급인의 경우에는 안전조치 및 보건조치 등에 관한 수급인 자체의 능력과 노력 없이는 산업재해 예방이 쉽지 않다. 이를 고려하여 수급인 선정 시 기술, 가격 등에 관한 사항뿐만 아니라 안전보건에 관한 역량이 우수한 업체가 선정될 수 있도록 하려는 조문이다.

## 9.3 실행전략

**일반사항**

① 산업재해예방 능력을 갖춘 사업주 선정
② 제3자에게 도급 · 용역 · 위탁 시 안전보건관리체계 구축 · 운영으로 사업장 내 모든 구성원이 보호받을 수 있도록 함
③ 제3자에게 도급 · 용역 · 위탁 시 안전보건 확보 기준 · 절차 마련할 때 포함사항
  ㉠ 산업재해예방 조치능력과 기술에 관한 평가기준 · 절차
  ㉡ 안전보건을 위한 관리비용에 관한 기준
  ㉢ 건설업의 경우 안전보건을 위한 공사기간 또는 건조기간에 관한 기준과 절차

사고발생이 잦은 소규모 공사일수록 이러한 조치를 소홀히 하여 사고 위험이 크기 때문에 안전보건 역량을 갖춘 업체 선정은 매우 중요하다.

사업주 또는 경영책임자 등은 제3자에게 업무의 도급 · 용역 · 위탁 등을 하는 경우 종사자 안전보건을 확보하기 위한 노력을 기울여야 한다. 특히 제3자에게 업무를 맡길 때는 안전보건관리 비용과 충분한 작업 기간 등을 보장할 때 종사자의 안전을 확보할 수 있다. 도급 · 용역 · 위탁 등 외부 인력은 수시로 작업장소가 변하는 현장의 유해 · 위험요인에 대한 정보가 부족하여 재해에 쉽게 노출될 가능성이 크기 때문이다.

개인사업주 또는 경영책임자 등이 도급 · 용역 · 위탁 등을 하는 경우에 ① 도급 · 용역 · 위탁 등을 받는 자의 산업재해 예방을 위한 조치 능력과 기술에 관한 평가기준 · 절차 ② 도급 · 용역 · 위탁 등을 받는 자의 안전보건을 위한 관리비용에 관한 기준 ③ 건설업 및 조선업의 경우 도급 · 용역 · 위탁 등을 받는 자의 안전보건을 위한 공사기간 또는 건조기간에 관한 기준과 절차를 마련하고, 마련한 기준과 절차에 따라 도급 · 용역 · 위탁 등이 이루어지는지를 반기 1회 이상 점검을 할 필요가 있다.

**표 3.53 제3자 도급 · 용역 · 위탁 시, 종사자 안전보건 확보 기준의 종류 및 내용**

| 구분 | 업무 내용 |
|---|---|
| 산업재해 예방을 위한 조치 능력과 기술에 관한 평가기준 · 절차 | • 안전보건 수준을 평가하고 결과가 낙찰 과정에서 충분히 반영할 수 있도록 다음과 같은 항목 포함<br>- 수급인의 안전보건 확보를 위한 안전보건관리체계 구축 여부<br>- 안전보건관리규정, 작업절차 준수, 안전보건교육 실시 여부<br>- 산업안전보건법 준수 여부, 중대산업재해 발생 여부<br>- 도급받은 업무와 관련된 안전보건조치 능력과 기술 역량 |
| 안전보건을 위한 관리비용에 관한 기준 | • 안전보건 확보를 위한 금액으로 정하되 총금액이 아닌 항목별로 다음에 대한 구체적인 기준 마련<br>- 수급인이 사용하는 시설, 설비, 장비 등에 대한 안전조치<br>- 보건조치에 필요한 비용, 종사자의 개인 보호구 등 |
| 안전보건을 위한 공사기간 또는 건조기간에 관한 기준 | • 수급인 종사자가 안전하게 작업할 수 있는 기간을 고려한 계약기간<br>• 비용절감 등을 목적으로 공사기간을 정해서는 안 되며 기상상황, 중대재해가 발생할 급박한 위험상황 등 돌발사태 등을 충분히 고려<br>• 공사기간 = 준비기간 + 비작업 일수(기후상황) + 작업 일수(순 작업) + 정리기간<br>- 준비기간 : 설계도서 검토, 측량, 현장사무소 개설 등 착공준비 기간<br>- 비작업 일수 : 법정공휴일수 + 기상조건으로 인한 비작업 일수 - 중복일수<br>- 작업일수 : 실적자료, 경험치, 동종 사례, 표준품셈 활용하여 산출<br>- 정리기간 : 준공 전 1개월의 범위에서 청소, 정리기간 |

## 9.4 실행방법

### 1) 관련법상 금지 또는 승인 대상 여부 검토

일반적으로 건설업의 경우에는 해당되는 사항이 적지만 제조업의 경우에는 해당되는 경우가 많다. 제3자에게 도급 · 용역 · 위탁 등을 통해 수행하려는 경우에는 관련 업무가 법상 금지 또는 승인 대상인지 여부를 검토해야 한다. 산업안전보건법에서는 위험의 외주화 방지를 위한 조치로 도급금지 작업(제58조), 도급승인(제59조) 등을 규정하고 있다.

또한 산업안전보건법에서는 도급의 승인 시 하도급 금지(제60조) 규정이 있다. 건설업에서 재하도급 금지규정은 산업안전보건법과는 조금 결이 다르다. 이 규정은 유해 · 위험작업에 대한 도급의 승인에 해당하는 업종은 수급인이 관계수급인을 사용할 수 없다는 내용이다. 쉽게 말해 재하도급이 금지된다는 이야기다. 위험한 작업이니 전문성이 있는 회사가 업무를 수행하고, 능력이 안 되는 회사는 그런 일을 못 하게 하는 최소한의 대책이라고 판단하면 될 것이다.

### 2) 산업재해 예방을 위한 조치 능력과 기술에 관한 평가기준 및 절차

#### (1) 도급사업 적격업체 수급업체 선정 매뉴얼

산재예방 능력이 있는 도급 · 용역 · 위탁업체를 선정하는 것은 매우 중요하다. 도급 · 용역 · 위탁업체 선정 시 안전보건 확보 수준을 평가하여 적정한 수준에 미달하는 경우에는 계약하지 않도록 해야 한다. 이를 위해 수급인의 안전보건에 관한 조치 능력과 기술을 평가하는 기준과 절차를 마련하여야 한다.

해당 사업 또는 사업장의 현실을 고려하여 안전보건 확보에 관한 요소와 기준이 낙찰 과정에서 충분히 반영될 수 있도록 하여야 한다. 이때 안전보건에 관한 역량 판단을 위한 세부기준이 단지 형식적 기준에 그치지 않도록 해야 한다.

평가 기준에는 수급인의 안전보건 확보를 위한 안전보건관리체계 구축 여부, 안전보건관리규정, 작업절차 준수, 안전보건교육 실시, 위험성평가 참여 등 산업안전보건법에 명시된 기본적인 사항의 준수 여부 및 중대산업재해 발생 여부 등과 함께 도급받은 업무와 관련된 안전조치 및 보건조치를 위한 능력과 기술 역량에 관한 항목이 포함되어야 한다.

평가 기준과 절차는 사업장의 특성, 규모, 개별 업무의 내용과 속성, 장소 등 구체적인 사정 등을 종합적으로 고려하여 자유롭게 마련하되 안전보건 역량이 우수한 수급인이 선정될 수 있도록 하여야 한다.

### (2) 공사기간, 공사비용에 대한 자체 기준 마련

건설공사 종류와 규모 등 특성을 반영하여 원가계산에 의한 예정가격 작성, 표준시장단가에 의한 예정가격 등을 참조하여 공사비용을 작성해야 한다. 또한 공사기간에 대한 기준도 자체적으로 마련할 필요가 있다.

고용노동부 질의회시(중대산업재해감독과-1726, 2021.11.22)에 따르면 안전보건에 관한 공사기간은 안전보건에 관한 별도의 독립적인 기간을 의미하는 것은 아니다. 수급인 종사자의 산업재해 예방을 위해 안전하게 작업할 수 있는 충분한 작업기간을 고려한 계약기간을 의미한다.

따라서 공사의 규모, 종류, 유형 등에 따라 도급인 등이 자율적으로 수급인 등의 안전보건을 확보할 수 있는 기간에 관한 기준을 정하여야 한다. 비용절감 등을 목적으로 안전보건에 관한 사항을 고려하지 않은 채 공사기간을 정하여서는 안 된다.

| 문서번호 : |
|---|

# 적격수급업체 선정 평가 매뉴얼

2025.　.　.

| 작성자 | 검토자 | 근로자대표 | 대표이사 |
|---|---|---|---|
| (확인) | (확인) | (확인) | (확인) |

| 제정 : (처음 만든 날짜) | 개정 : (수정한 날짜) |
|---|---|

㈜ ○○건설

# 적격수급업체 선정 평가 매뉴얼 제 · 개정이력

| 제목 | 적격수급업체<br>선정평가 매뉴얼 | 제 · 개정 및<br>폐기권자 | 안전보건<br>관리책임자 |
|---|---|---|---|
| 문서 번호 | - | 기안 부서 | |
| 개정 주기 | 필요시 | 관리 부서 | |
| 공개 여부 | 공개 | 제정 일자 | |

| 제 · 개정 이력 | | | | | | |
|---|---|---|---|---|---|---|
| 개정<br>번호 | 제 · 개정 | | | 연월일 | 제 · 개정사유 | 제 · 개정내용 |
| | 작성자 | 전면 | 부분 | | | |
| 1 | | ● | | | | 제정 |
| | | | | | | |
| | | | | | | |
| | | | | | | |
| | | | | | | |
| | | | | | | |
| | | | | | | |
| | | | | | | |

# 적격수급업체 선정평가 매뉴얼

| 승인 | |
|---|---|
| 기안 | |

| 제정 : (처음 만든 날짜) | 개정 : (수정한 날짜) |
|---|---|

## 1. 목적

본 지침서는 회사가 제3자에게 업무를 도급, 용역 위탁 등을 하는 경우에 도급 · 용역 · 위탁 등을 받는 자의 산업재해 예방을 위한 조치 능력과 기술을 평가하는 절차를 규정하기 위하여 제정되었다.

## 2. 책임과 권한

2.1 경영책임자

도급 · 용역 · 위탁 등을 받는 자의 산업재해 예방을 위한 조치 능력과 기술에 관한 평가기준과 절차에 따라 도급 · 용역 · 위탁이 이루어지고 있는지를 반기 1회 이상 보고받아 검토 및 필요한 조치 지시

2.2 안전보건 팀장

(1) 해당 부서장에게 안전보건수준평가 항목 및 배점, 안전보건수준 등급분류에 따른 수급업체 선정기준, 평가결과에 따른 수급업체 관리 및 지속적 개선, 필요한 조치 이행

(2) 안전보건수준평가 대상 협력회사 발생 시 세부 기준에 따른 평가 진행

2.3 해당 부서장

(1) 안전보건수준평가 결과 승인 및 안전보건수준 등급분류에 따른 적격수급업체 선정 후 협력회사에 관련 내용 전달

(2) 안전보건수준평가 평가항목 및 평가기준에 따른 교육 필요시 협력회사 교육 진행
(3) 실시 대상 협력회사 발생 시 안전보건팀에 자료 전달

**3. 도급사업의 검토**

(1) 도급사업 사업부서의 장은 도급하려는 사업이 다음 각 호의 어느 하나에 해당되는 작업인 경우 사업장에서 수급인의 근로자가 그 작업을 하도록 할 수 없다. 다만, 상시 인력의 고용이 어려운 일시 · 간헐적 작업과 사업운영에 필수 불가결한 경우로써 수급인이 보유한 전문적 기술 활용 목적의 도급은 예외로 할 수 있다.
  1. 도금작업
  2. 수은, 납 또는 카드뮴을 제련, 주입, 가공 및 가열하는 작업
  3. 「산업안전보건법」 제118조제1항에 따른 허가대상 물질을 제조하거나 사용하는 작업
(2) 제1항에서 언급한 예외 적용 가능 작업과 기술, 기타 세부 내용은 「산업안전보건법」의 기준을 따른다.

**4. 도급계약의 입찰**

(1) 계약부서의 장은 입찰단계에서 수급인의 안전보건 수준을 확보하기 위한 체계를 구축하고, 지원과 평가를 통한 수급인의 안전보건관리 적정 수준 확보를 위하여 다음 각 호의 사항을 입찰 설명(공고)시 명확하게 제시하고 입찰에 참가하고자 하는 모든 입찰업체에게 안전보건관리계획서를 제출받아야 한다.
  ① 도급사업에 대한 안전보건관리 인력의 구성 및 운영, 활동 및 교육계획, 사용 기계 및 설비의 종류 및 관리계획, 위험성평가 결과 등 도급사업의 안전보건 활동과 관련된 관리계획(사업부서 작성)
  ② 입찰업체 안전보건관리계획서 작성 서식
  ③ 입찰업체 안전보건수준평가 세부기준
  ④ 위험작업별 적격수급업체 등급 기준
  ⑤ 기타 입찰업체가 도급사업 입찰에 참여하기 위해 필요하다고 판단되는 내용 등
(2) 사업부서의 장은 필요시 입찰업체 안전보건수준평가 세부기준을 변경하여 계약부서의 장에게 요청할 수 있다.

## 5. 입찰서류 검토

(1) 계약부서의 장은 접수된 입찰업체의 안전보건관리계획서에 요구한 내용이 포함되었는지를 검토하여 접수, 보완요청, 반려처리 등의 필요 조치를 해야 한다.
(2) 계약부서의 장은 제1항에 따라 접수된 안전보건관리계획서를 사업부서에 전달하여 입찰업체 안전보건수준평가 세부기준에 따른 평가를 요청하여야 한다.
(3) 평가는 입찰가격 및 적격심사 등을 거쳐 우선순위 대상자를 기준으로 진행하며, 우선순위 업체의 자격이 미달될 경우 차순위 업체 순서로 평가를 재진행한다.

## 6. 평가대상 및 주기

(1) 신규 협력회사 발생 시 해당 협력회사 대상으로 최초 평가를 즉시 진행한다.
(2) 기존 협력회사의 경우 계약종료 시점 또는 재계약을 결정하는 시점에서 평가를 진행한다.
(3) 본 메뉴얼에서 정한 평기기준 및 절차에 따라 도급 · 용역 · 위탁 등이 이루어지고 있는지 여부를 반기 1회 이상 점검하여 경영책임자에게 보고한다.
(4) 산업안전보건법 시행령 따른 도급인이 지배 · 관리하는 장소에서 작업에 대해서 평가를 실시한다.
(5) 적격수급업체 선정은 계약금액에 상관없이 상기 기준에 충족 시 모두 적용된다.
(6) 평가방법은 공정성과 객관성 확보를 위하여 내외부 위원으로 구성된 평가위원회를 구성하여 평가를 실시한다.

## 7. 안전보건수준평가 세부 기준

가. 안전보건수준평가 항목 및 배점

| 평가항목 | 평가 기준 | 배점 | 득점 |
|---|---|---|---|
| A. 안전보건관리체제 | 소계 | 20 | |
| 1. 일반원칙 | 도급 · 수급인의 안전보건경영방침 적정 여부 | 5 | |
| 2. 계획수립 | 산업재해예방 활동에 대한 수급인의 이행계획 적정 여부 | 10 | |
| 3. 역할 및 책임 | 이행계획 추진을 위한 구성원의 역할 분담(본사, 현장) | 5 | |

| 평가항목 | 평가 기준 | 배점 | 득점 |
|---|---|---|---|
| B. 실행수준 | 소계 | 40 | |
| 4. 위험성평가 | 도급작업의 위험성평가 결과에 대한 이해수준 및 자체 유해 · 위험요인 평가수준 | 5 | |
| 5. 안전점검 | 안전점검 및 모니터링(보호구 착용확인 포함) | 10 | |
| 6. 이행확인 | 안전조치 이행 여부 확인(도급업체의 지도조언에 대한 이행포함) | 10 | |
| 7. 교육 및 기록 | 안전보건교육 계획 및 기록관리 | 5 | |
| 8. 안전작업허가 | 유해 · 위험작업에 대한 안전작업허가 이행수준 | 10 | |
| C. 운영관리 | 소계 | 20 | |
| 9. 신호 및 연락체계 | 도급 · 수급업체 간 신호체계 및 연락체계 | 5 | |
| 10. 위험물질 및 설비 | 유해 · 위험물질 및 취급 기계 · 기구 · 설비의 안정성 확인 | 10 | |
| 11. 비상대책 | 비상시 대피 및 피해 최소화대책(고용노동부, 소방서, 병원 포함) | 5 | |
| D. 재해발생 수준 | 소계 | 20 | |
| 12. 산업재해 현황 | 최근 3년간 산업재해발생 현황 | 20 | |
| 합계 | | 100 | |

나. 평가항목별 세부 평가기준

(1) 일반원칙

| 구분 | 득점 | 도급 · 수급인의 안전보건경영방침 적정 여부 |
|---|---|---|
| 우수 | 5 | • 도급사업주의 안전보건경영방침에 따라 적정하게 수립<br>• 수급사업주의 안전보건경영방침이 수급업체의 규모와 특성에 적합함<br>• 안전보건경영방침에는 안전보건을 확보하기 위한 지속적인 개선 및 실행의지 포함 |
| 보통 | 3 | • 안전보건경영방침의 상호 어긋남이 없으나, 수급사업주의 방침 일부 내용이 누락 되거나 구체적이지 않음 |
| 미흡 | 1 | • 안전보건경영방침이 상호 어긋나거나 또는 방침이 없거나 또는 내용이 상당 부분이 결여됨 |

(2) 계획수립

| 구분 | 득점 | 산업재해예방 활동에 대한 수급인의 이행계획 적정 여부 |
|---|---|---|
| 우수 | 10 | • 산재예방활동에 따른 수급업체의 이행계획에는 도급업체의 활동에 부합하는 목표와 측정 가능한 성과지표가 수립됨<br>• 이행계획에는 관련법규의 요구사항을 반영하고 인적 · 물적 투입범위를 포함 |
| 보통 | 5 | • 도급업체 활동에 대한 이행계획이 수립되었으나, 일부 내용 누락 또는 구체적이지 않음 |
| 미흡 | 1 | • 이행계획의 상당부분이 결여되거나 법적 요구사항을 충족하지 못함 |

(3) 역할 및 책임

| 구분 | 득점 | 이행계획 추진을 위한 구성원의 역할 분담(본사, 현장) |
|---|---|---|
| 우수 | 5 | • 이행계획의 효율적 추진을 위한 수급업체 안전보건조직의 구성, 역할, 책임 및 권한 명시(하청업체의 본사 및 현장별 구분)<br>• 유해 · 위험작업을 수행하는 구성원은 업무수행에 필요한 자격과 능력을 가지고 있고, 교육 · 훈련을 통하여 자격과 능력을 유지함 |
| 보통 | 3 | • 수급업체의 안전보건조직은 구성되었으나 조직구성원의 역할, 책임과 권한의 일부 내용이 누락되거나 구체적이지 않음 |
| 미흡 | 1 | • 안전보건조직이 구성되지 않거나 조직구성원 역할, 책임과 권한내용의 상당부분이 미흡 |

(4) 위험성평가

| 구분 | 득점 | 도급업체에서 제공한 도급작업의 위험성평가 결과에 대한 이해수준 및 자체 유해 · 위험요인 평가수준 |
|---|---|---|
| 우수 | 5 | • 도급작업의 위험기계 · 기구, 유해 · 위험물질 및 위험작업에 대한 아차사고를 포함한 재해사례를 숙지하고 유해 · 위험요인에 대한 자체 위험성평가 실시<br>• 수급업체 규모 및 위험작업 특성을 고려, 적절한 위험성평가기법으로 절차에 따라 실시 |
| 보통 | 3 | • 도급작업에 사용되는 설비, 물질 및 작업특성에 대한 유해 · 위험요인 파악이 일부 누락되거나 자체 위험성평가 결과가 구체적이지 않음 |
| 미흡 | 1 | • 도급작업의 유해 · 위험요인 파악이 상당부분 누락되거나 자체 위험성평가 절차 또는 결과가 없음 |

(5) 안전점검

| 구분 | 득점 | 안전점검 및 모니터링(보호구 착용확인 포함) |
|---|---|---|
| 우수 | 10 | • 도급작업의 화재 · 폭발, 질식 · 중독, 붕괴 등 대형사고 예방을 위한 작업 전 · 중 · 후 필수 안전점검 항목을 숙지함<br>• 안전보건 이행계획별 목표가 달성되고 있는지를 주기적으로 측정함<br>• 작업개시 전 공정별로 적절한 보호구의 지급과 착용확인이 절차에 따라 운영됨 |
| 보통 | 5 | • 안전점검 및 모니터링이 상기 내용의 상당부분을 만족하나, 안전점검항목이 일부 누락되거나 구체적이지 않음 |
| 미흡 | 1 | • 작업 중 또는 작업 후 안전점검계획이 없거나, 점검항목이 상당부분 누락됨 |

(6) 이행확인

| 구분 | 득점 | 점검결과 개선사항에 대한 안전조치 이행 여부 확인절차<br>(도급업체의 지도조언에 대한 이행 및 확인 포함) |
|---|---|---|
| 우수 | 10 | • 도급업체의 안전보건 지도조언에 대한 개선 및 확인절차가 수립되어 이행<br>• 안전점검 및 모니터링으로 도출된 유해 · 위험요인에 대한 안전조치 개선방안이 수립되고 작업개시 전 안전조치 개선완료 확인 및 이행<br>• 개선사항에 대한 추가 위험성평가 실시 및 해당 작업자에게 결과 주지함 |
| 보통 | 5 | • 이행확인절차가 상기내용의 상당부분을 만족하나, 완료확인 · 작업중지 및 추가 위험성평가 등이 일부 누락되거나 구체적이지 않음 |
| 미흡 | 1 | • 안전조치 개선방안이 미수립 되거나, 안전조치 이행 여부 확인이 불분명하는 등 상기내용의 요건을 상당부분 누락됨 |

(7) 교육 및 기록

| 구분 | 득점 | 안전보건교육 계획 및 기록관리 |
|---|---|---|
| 우수 | 5 | • 안전보건교육 종류별로 교육내용, 시기, 대상자, 장소, 성과지표 등을 포함하여 계획수립<br>• 안전보건교육계획 대비 이수자 현황 및 성과분석 등 교육결과 기록<br>• 법정교육과정 및 시간 이외에 도급작업의 위험성평가 결과 전파교육 등 안전보건 확보를 위한 추가 교육 포함 |
| 보통 | 3 | • 법정 안전보건교육 요구사항을 준수 |
| 미흡 | 1 | • 법정 안전보건교육 요구사항을 일부 충족하지 못함 |

(8) 안전작업허가

| 구분 | 득점 | 유해 · 위험작업에 대한 안전작업허가 및 관리자 배치계획 |
|---|---|---|
| 우수 | 10 | • 안전작업허가 대상의 종류와 허가절차에 대한 이행계획이 수립됨<br>• 안전작업허가서 작성자, 검토자 등이 지정되고 역할이 부여됨<br>• 안전작업허가 절차, 허가서의 기록, 경유 및 보관에 대한 계획이 수립됨 |
| 보통 | 5 | • 도급업체의 안전작업허가 대상인 유해 · 위험작업의 종류와 허가 절차를 준수하기 위한 이행계획이 수립되어 있으나, 검토자 등의 지정과 역할 부여가 미흡함 |
| 미흡 | 1 | • 도급업체의 안전작업허가 대상인 유해 · 위험작업의 종류가 일부 누락되거나 허가 절차에 대한 이행계획이 상당부분 결여됨 |

(9) 신호 및 연락체계

| 구분 | 득점 | 도급 · 수급업체 간 신호 및 연락체계 |
|---|---|---|
| 우수 | 5 | • 도급작업에서 중량물 취급작업, 밀폐공간작업, 화재폭발위험작업, 정전 및 활선작업 등 신호체계가 필요한 작업 종류와 신호방법 및 Lock-out/Tag-Out이 구체적으로 수립됨<br>• 도급업체와 수급업체 상호 간 연락체계가 구체적으로 수립됨 |
| 보통 | 3 | • 도급작업에서 필요한 신호체계, 연락체계가 상기내용의 상당부분을 만족하나 상호 간 연락체계가 구체적이지 않음 |
| 미흡 | 1 | • 도급작업에서 필요한 신호 및 연락체계 및 Lock-out/Tag-out이 구체적이지 않거나 상당부분 내용이 누락됨 |

(10) 위험물질 및 설비

| 구분 | 득점 | 유해 · 위험물질 및 취급 기계기구 · 설비의 안정선 확인 |
|---|---|---|
| 우수 | 10 | • 유해 · 위험물질 및 취급 기계설비에 대한 점검, 정비 등의 관리방법과 권한에 대한 업무절차가 수립됨<br>• 도급업체에서 제공되는 기계설비 또는 자체 기계설비에 대한 위험요인 및 방호조치 내역을 파악함 |
| 보통 | 5 | • 안전성 확인계획이 상기 내용의 상당부분을 만족하나 기계설비별로 작업 전 점검항목 또는 도급업체에서 제공하는 설비에 대한 위험요인 파악의 일부분 누락이 있거나 업무절차가 구체적이지 않음 |
| 미흡 | 1 | • 유해 · 위험물질 및 취급 기계기구 · 설비에 대한 관리방법과 업무절차가 없거나 또는 상기 내용의 상당부분이 누락됨 |

(11) 비상대책

| 구분 | 득점 | 비상시 대피 및 피해 최소화 대책(고용노동부, 소방서, 병원 포함) |
|---|---|---|
| 우수 | 5 | • 안전사고 발생 유형별 비상대응계획이 수립됨<br>• 비상대응계획에는 비상연락체계, 책임과 권한, 대응절차 및 사후조치가 포함됨<br>• 발생유형별로 피해 최소화를 위한 비상대응절차(시나리오)를 구비하고 훈련이 실시됨<br>• 비상연락체계에는 고용노동부, 소방서 등 유관기관과 피해발생 유형별 연락체계 및 전문의료기관을 포함 |
| 보통 | 3 | • 비상시 대피 및 피해 최소화 대책이 상기내용의 상당부분을 만족하나 소방훈련 등 일부 유형의 비상대응 훈련만 실시됨 |
| 미흡 | 1 | • 사고발생 유형별로 비상대응계획이 누락되거나 책임과 권한, 대응절차 등 비상대응계획의 상당부분의 누락이 있음 |

(12) 산업재해 현황

| 구분 | 득점 | 최근 3년간 산업재해 발생현황 |
|---|---|---|
| 우수 | 20 | • 최근 휴업을 제외한 2년 동안 무재해사업장을 유지하거나, 3년 연속 동종업종 평균재해율 미만으로 재해율이 지속적으로 감소함 |
| 보통 | 10 | • 2년 연속 동종업종 평균재해율 미만임 |
| 미흡 | 1 | • 최근 2년 동안 사망재해가 있거나, 2년 동안 동종업종 평균재해율 이상임 |

다. 평가방법

(1) 평가방법과 제출서류

| 평가방법 | 대상 | 제출서류 |
|---|---|---|
| 정식평가 | 입찰 | 안전보건관리계획서 |
| 약식평가 | 비입찰 | 안전보건수준조사서 |

(2) 적격수급업체 선정 세부 평가절차

| 1단계 | → | 2단계 | → | 3단계 |
|---|---|---|---|---|
| 계획서 · 조사서 검토<br>(내용 적절성 및 작성의 성실성) | → | 평가표 작성<br>(적격 · 부적격 결정) | → | 적격 시 해당업체 통보<br>(입찰의 경우 설명회 참석 안내) |

라. 평가절차

(1) 계약에 따른 평가 절차

| 입찰계약 | 비입찰계약 |
|---|---|
| 입찰 공고<br>(적격수급업체 선정기준 공지) | 계획서 제출 요청 |
| 사업(현장)설명회 | 적격수급업체 평가 및 선정<br>(안전보건수준조사서 평가) |
| 투찰 | 평가결과(적격 · 부적격) 통보 |
| 적격수급업체 평가 및 선정<br>(안전보건관리계획서 평가) | 도급 · 용역 · 위탁 진행 |
| 개찰 및 낙찰자 선정 | |
| 도급 · 용역 · 위탁 계약 체결 | |

① 계약서에 따라 자동 연장이 되는 도급 · 용역 · 위탁은 연장 이전 재평가 실시

② 별도의 계약서 작성이 없는 도급 · 용역 · 위탁 경우 매년 초 재평가 실시

③ 회사 양식 외 안전보건계획서 제출도 가능하며 단, 계획서에는 안전보건 수준 평가표상 평가기준 내용이 포함되어야 하며 확인이 어려울 경우 해당 내용을 평가할 수 있도록 별도 제출 필요

마. 평가결과 선정기준 및 환류

(1) 안전보건수준 등급분류

| 등급 | 득점 | 이행수준 |
| --- | --- | --- |
| S | 80점 이상 | • 도급작업을 안전하게 수행할 역량이 우수함<br>• 모든 작업 도급 · 용역 · 위탁 가능 |
| A | 70점 이상 | • 도급작업을 안전하게 수행할 기본적인 역량을 갖춤<br>• 일반 · 위험작업 도급 · 용역 · 위탁 가능 |
| B | 60점 이상 | • 도급작업을 수행할 안전보건관리 역량이 보통임<br>• 일반작업에 대해 도급 · 용역 · 위탁 가능 |
| C | 50점 이상 | • 도급작업을 수행할 안전보건관리 역량이 부족함<br>• 저위험작업 도급 · 용역 · 위탁 가능 |
| D | 40점 미만 | • 도급작업을 수행할 안전보건관리 역량이 매우 낮음<br>• 계약불가 |

① 일반작업 : C등급 이상

② 산업재해발생 위험장소 중 화재폭발 우려 장소 및 밀폐공간 이외의 작업장소 : B등급 이상

③ 화재폭발 우려장소 및 밀폐공간 작업장소 : A등급 이상

④ S등급은 차기 선정 시 안전보건수준평가 면제 또는 인센티브 부여

⑤ D등급은 계약 불가

(2) 작업별 적격기준

| 작업구분 | 도급 · 용역 · 위탁 내용 | 적격기준 |
| --- | --- | --- |
| 고위험작업 | • 유지보수관리, 신규 건설공사<br>• 건설기계 운반<br>• 밀폐공간 출입(물탱크 작업 등)<br>• 고소작업, 전기작업, 화재작업, 화기작업 | • 적격 : 최우수<br>• 부적격 : 최우수 미만 등급 |
| 위험작업 | • 회사 협력사 전체<br>• 유해 · 위험물질 취급작업, 중량물 작업 | • 적격 : 우수 이상<br>• 부적격 : 보통 이하 등급 |

| 작업구분 | 도급 · 용역 · 위탁 내용 | 적격기준 |
|---|---|---|
| 일반 작업 | • 인력 파견업체 전체<br>• 작업관련 | • 적격 : 보통 이상<br>• 부적격 : 주의 이하 등급 |
| 저위험작업 | • 일반작업 이상의 도급 · 용역 · 위탁 내용을 제외한 재해발생 위험이 거의 없는 작업 | • 적격 : 주의 이상<br>• 부적격 : 불량 등급 |

(3) 평가결과에 따른 수급업체 관리 및 환류

① 평과결과에 따라 우수한 사업장은 차기 도급계약 시 가점 부여 등의 혜택을 제공하고, 미흡한 사업장은 자체 안전관리계획 수립 등을 통해 안전관리 활동을 강화하도록 유도

② 평가결과를 통해 수급업체의 안전보건 수준과 문제점 도출이 가능하며, 평가결과를 수급업체 지원방안 수립에 활용

③ 안전보건수준평가 결과를 수급업체 선정에 반영함으로써 수급업체에서 자발적, 점진적 안전보건 수준 향상을 유도

④ 수급업체의 안전보건 수준이 미흡한 점을 파악하여 도급업체에서 수급업체 지원 필요 사항을 도급작업 전에 확인하여 안전보건관리에 반영

### 8. 도급사업의 안전보건활동

(1) 사업부서의 장은 선정된 수급업체가 실질적으로 지배 · 운영 · 관리하는 사업장에서 작업을 하는 경우에 해당 도급사업과 관련하여 다음 각 호의 안전보건활동을 수행하여야 한다.

1. 「산업안전보건법」 제62조에 따른 안전보건총괄책임자의 지정 또는 지정요청
2. 「산업안전보건법」 제64조 도급에 따른 산업재해예방조치

① 「산업안전보건법 시행규칙」 제79조에 따른 도급사업의 안전보건협의체 구성 및 운영

- 협의체는 매월 1회 이상 개최하고 그 결과를 기록 보존해야함. 다만, 30일 이내에 종료되는 일시적 작업, 연간 총 작업일수가 60일을 초과하지 않는 간헐적 작업의 경우 협의체를 구성 · 운영하지 않아도 됨

② 「산업안전보건법 시행규칙」 제80조제1항 및 제3항에 따른 도급사업 시의 안전

보건조치
- 작업장 순회점검(2일에 1회 이상)
- 수급인이 실시하는 안전보건교육에 필요한 장소 및 자료의 제공

③ 수급인 근로자에게 하는 안전보건교육의 실시 확인
④ 작업 장소에서 발파작업을 하는 경우 및 화재, 폭발, 토사 · 구축물 등의 붕괴 또는 지진 등이 발생한 경우에 대비한 경보체제 운영과 대피방법 등 훈련
⑤ 위생시설 및 휴게시설 등의 설치 등을 위하여 장소의 제공 또는 회사가 설치한 시설 이용의 협조
⑥ 같은 장소에서 이루어지는 도급인과 관계수급인 등의 작업에 있어서 관계수급인 등의 작업시기 · 내용, 안전조치 및 보건조치 등의 확인
⑦ 확인 결과 관계수급인 등의 작업 혼재로 인하여 화재 · 폭발 등의 위험이 발생할 우려가 있는 경우 관계수급인 등의 작업시기 · 내용 등의 조정

3. 「산업안전보건법 시행규칙」 제82조에 따른 도급사업의 합동 안전보건점검(2개월에 1회 이상)

(2) 사업부서의 장은 도급사업에 다음 각 호의 작업이 포함된 경우 「산업안전보건법 시행규칙」 제83조에 따른 도급사업의 안전보건에 관한 정보를 문서(전자문서 포함)로 제공하여야 한다.

① 폭발성, 발화성, 인화성, 독성 등의 유해성 · 위험성이 있는 화학물질 중 고용노동부령으로 정하는 화학물질 또는 그 화학물질을 함유한 혼합물을 제조 · 사용 · 운반 또는 저장하는 반응기 · 증류탑 · 배관 또는 저장탱크로써 고용노동부령으로 정하는 설비를 개조 · 분해 · 해체 또는 철거하는 작업
② 제1호에 따른 설비의 내부에서 이루어지는 작업
③ 질식 또는 붕괴의 위험이 있는 작업으로써 대통령령으로 정하는 작업(밀폐공간 작업 등)

(3) 사업부서의 장은 수급인 근로자의 산업재해 예방을 위해 안전작업 허가제 운영 및 「산업안전보건법」 제36조에 따라 도급사업 시행 전 위험성평가를 실시하여 그 결과를 수급인에게 제공하고 수급인의 위험성평가를 지원해야 한다.

(4) 제(1)항에도 불구하고, 도급하는 업무가 건설공사인 경우 공사의 시공을 주도하여 총괄 · 관리하는지 여부를 판단하여 도급인의 책임을 진다.

양식 1

# 수급인 안전보건관리 준수 서약서

○○기업(주)는 본 공사(용역)을 수행하면서 아래와 같이 언급한 내용과 이외의 안전보건관계법령을 철저히 준수할 것에 동의하며, 이를 성실히 이행하지 않을 경우 계약해지, 그에 따른 손해배상책임 등 불이익 처분을 받는다 하여도 어떠한 이의를 제기하지 않을 것을 서약합니다.

- 아래 -

1. 「산업안전보건법」, 「중대재해처벌법」과 이외의 안전보건관계법령을 철저히 준수한다.
2. 안전보건 관련 의무 및 지시사항은 즉시 이행할 수 있도록 최선을 다한다.
3. 고위험작업을 진행할 경우 사전에 작업허가서를 제출하도록 한다.
4. 작업 전후 또는 진행 중 불안전 요소 또는 재해를 발견할 경우 즉시 보고한다.
5. 작업 근로자들이 안전보건관계법령, 안전수칙 등을 철저히 준수할 수 있도록 교육·감독한다.
6. 작업 전후 항상 작업 주위 환경은 정리 정돈한다.
7. 그 외 안전보건 관련 확보 또는 조치의무 사항에 대해 철저히 준수한다.

2025. . .

주　　소:
회 사 명:
사업주 등:　　　　　　　　(인)

○○회사 대표이사 귀하

양식 2

# 도급 · 용역 · 위탁 안전보건관리계획서

산업안전보건법 제61조 및 중대재해처벌법 시행령 제4조제9항에 따라 도급사업 시 적격수급업체 선정을 위해 귀사의 안전보건 관리수준을 평가하여야 하며, 성실히 작성하여 주시기 바랍니다.

□ 업체정보

| 사업장명 | | 사업장 관리번호 | |
|---|---|---|---|
| 소재지 | | | |
| 작성자/직위 | | 연락처 | |
| 주요실적 | | | |

□ 안전보건 리더십

<table>
<tr><td colspan="2">안전보건<br>경영방침<br>(목표)</td><td colspan="5"></td></tr>
<tr><td rowspan="15">자원<br>배정</td><td rowspan="6">예산<br>수립</td><td>구분</td><td colspan="3">내용</td><td>금액</td></tr>
<tr><td>건강관리비</td><td colspan="3"></td><td></td></tr>
<tr><td>소모품비</td><td colspan="3"></td><td></td></tr>
<tr><td>위험성개선</td><td colspan="3"></td><td></td></tr>
<tr><td>기타</td><td colspan="3"></td><td></td></tr>
<tr><td colspan="4">합계</td><td></td></tr>
<tr><td rowspan="4">인력<br>운영</td><td>구분</td><td>이름</td><td>직급</td><td>자격사항</td><td>비고</td></tr>
<tr><td></td><td></td><td></td><td></td><td></td></tr>
<tr><td></td><td></td><td></td><td></td><td></td></tr>
<tr><td></td><td></td><td></td><td></td><td></td></tr>
<tr><td rowspan="5">장비<br>운영</td><td>장비명</td><td>용도</td><td>수량</td><td>관리계획</td><td>비고</td></tr>
<tr><td></td><td></td><td></td><td></td><td></td></tr>
<tr><td></td><td></td><td></td><td></td><td></td></tr>
<tr><td></td><td></td><td></td><td></td><td></td></tr>
</table>

<table>
<tr><th colspan="5">□ 유해 · 위험요인 관리계획</th></tr>
<tr><td rowspan="7">교육 계획<br>(안전의식 고취)</td><td>구분</td><td>교육시간</td><td>교육내용</td><td>교육강사</td></tr>
<tr><td>정기교육</td><td>월 2시간</td><td>시행규칙 별표5 1항가목</td><td></td></tr>
<tr><td>채용시교육</td><td>8시간</td><td>시행규칙 별표5 1항다목</td><td></td></tr>
<tr><td>작업변경교육</td><td>2시간</td><td>시행규칙 별표5 1항다목</td><td></td></tr>
<tr><td>특별안전보건교육</td><td>16시간</td><td>시행규칙 별표5 1항라목</td><td></td></tr>
<tr><td></td><td></td><td></td><td></td></tr>
<tr><td></td><td></td><td></td><td></td></tr>
<tr><td rowspan="3">의견수렴 계획<br>(근로자 의견청취)</td><td>구분</td><td>수렴주기</td><td>수렴내용</td><td>담당자</td></tr>
<tr><td></td><td></td><td></td><td></td></tr>
<tr><td></td><td></td><td></td><td></td></tr>
<tr><td rowspan="10">점검 계획<br>(유해 · 위험요인 파악)</td><td>구분</td><td>점검주기</td><td>점검방법</td><td>점검자</td></tr>
<tr><td>기계기구설비 점검</td><td>작업시작 전</td><td>육안점검</td><td></td></tr>
<tr><td>복장/보호구 착용상태</td><td>작업시작 전</td><td>육안점검</td><td></td></tr>
<tr><td>방호장치 설치상태</td><td>작업시작 전</td><td>육안점검</td><td></td></tr>
<tr><td>작업장 정리정돈 상태</td><td>작업시작 전</td><td>육안점검</td><td></td></tr>
<tr><td>최초위험성평가</td><td>최초 사업 시</td><td>육안점검, 의견청취</td><td></td></tr>
<tr><td>정기위험성평가</td><td>연 1회</td><td>육안점검, 의견청취</td><td></td></tr>
<tr><td>수시위험성평가</td><td>재해발생 시</td><td>육안점검, 의견청취</td><td></td></tr>
<tr><td></td><td></td><td></td><td></td></tr>
<tr><td></td><td></td><td></td><td></td></tr>
<tr><td rowspan="6">개선 계획<br>(유해 · 위험요인 제거)</td><td>구분</td><td>조치시기</td><td>조치사항</td><td>담당자</td></tr>
<tr><td>개인보호구</td><td>업무시작 전</td><td>안전화, 안전모 지급</td><td></td></tr>
<tr><td>안전보건표지</td><td>상시</td><td>법적 표지 부착</td><td></td></tr>
<tr><td>물질안전보건자료</td><td>상시</td><td>MSDS 현장 비치</td><td></td></tr>
<tr><td>기계기구 방호장치</td><td>발생 시</td><td>안전장치 설치</td><td></td></tr>
<tr><td>위험성개선</td><td>평가 시</td><td>위험성평가 후 개선</td><td></td></tr>
</table>

<table>
<tr><th colspan="4">□ 비상조치계획</th></tr>
<tr><td>상호연락방법</td><td colspan="3">전화기[ ] 무전기[ ] 비상벨[ ] 기타[ ]</td></tr>
<tr><td>비상조치절차</td><td colspan="3">사고위험확인 → 즉시업무정지 → 관리감독자 보고 → 개선 → 업무재시작</td></tr>
<tr><td rowspan="15">비상연락망</td><th>구분</th><th>연락대상</th><th>비상연락처</th></tr>
<tr><td rowspan="5">원청</td><td></td><td></td></tr>
<tr><td></td><td></td></tr>
<tr><td></td><td></td></tr>
<tr><td></td><td></td></tr>
<tr><td></td><td></td></tr>
<tr><td rowspan="5">관공서</td><td>고용노동부</td><td></td></tr>
<tr><td>소방서</td><td></td></tr>
<tr><td>경찰서</td><td></td></tr>
<tr><td>보건소</td><td></td></tr>
<tr><td>병원 응급실</td><td></td></tr>
<tr><td rowspan="4">내부연락망</td><td></td><td></td></tr>
<tr><td></td><td></td></tr>
<tr><td></td><td></td></tr>
<tr><td></td><td></td></tr>
<tr><td>대피방법</td><td colspan="3"></td></tr>
</table>

상기 내용에 거짓이 있거나 계획 불이행 시 모든 형태의 책임과 불이익을 감수하겠습니다.

작성일 : 년 월 일

작성자 : (서명)

**양식 3. 건설공사 안전보건관리계획서 예시**

# OOO 사업
# 안전보건관리계획서

2025.  .  .

OO회사(주)

# 제 출 문

귀사의 ○○○○○공사(용역) 수행을 위해 아래와 같이 안전보건관리계획서를 제출합니다.

년 월 일

업 체 명 :
대표이사 : (서명 또는 인)

OO회사(주) 귀하

## 목차

## I 목적 및 개요

### 1.1 목적

- 산업재해 예방을 위한 조직구성, 점검 및 안전보건조치에 대한 사전 계획수립으로 안전한 근로환경 마련
- 안전대책을 제시함을 물론 공사기간에 쫓기는 일정으로 인한 사고발생을 최소화하기 위해 공정관리와 병행한 안전관리가 되도록 하여 사고예방

### 1.2 개요

- 사 업 명 :
- 공사기간 :
- 위　　치 :
- 사 업 비 :
- 주요공사
  - 개거 :

### 1.3 조직구성

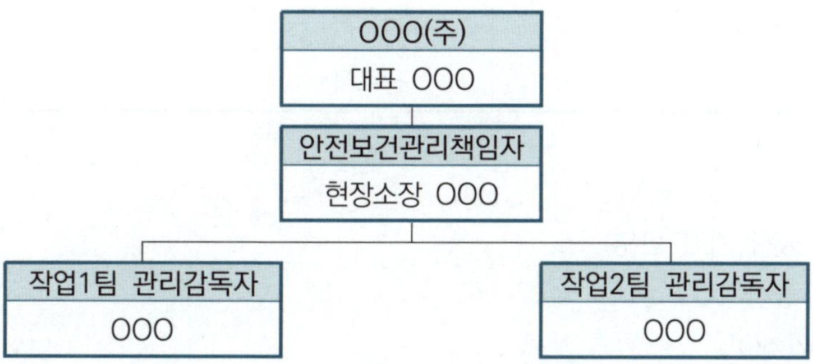


| 구성원 | 역할 및 주요 업무 | 비고 |
|---|---|---|
| 대표이사 | 역할 :<br>주요 업무 : | |
| 안전보건관리책임자 | 역할 :<br>주요 업무 : | |

# II 세부계획

## 2.1 계약단계

2.1.1 산업안전보건관리비 사용계획

❍ 시설, 설비, 장비 등 안전 및 보건조치

- 추락방지용 안전시설, 낙하·비래물 보호용 시설
- 중장비로부터 근로자 보호를 위한 교통안전표지판 및 휀스 등 안전시설물
- 위생 및 긴급피난용 시설
- 종사자의 전도방지 또는 전도 시 재해예방을 위한 실족 방지망

❍ 종사자의 개인보호구

- 안전화, 안전대, 안전모, 절연장갑, 절단방지 장갑 등(구입·수리·관리)

❍ 보호구 지급 및 관리

| 품명 | 수량 | 지급계획 및 대상 | 유지 및 관리계획 |
|---|---|---|---|
| 안전모 | 5 | 근로자 | |
| 안전화 | 5 | 근로자 | |
| 신호수용 반사조끼 | 5 | 근로자 | |
| 각반 | 5 | 근로자 | |

2.1.2 적정 공사 기간 반영

❍ 공종별 공사기간

- 터파기 : O일
- 철근조립 : O일
- 콘크리트 양생 : O일
- 되메우기 : O일

○ 예정공정표

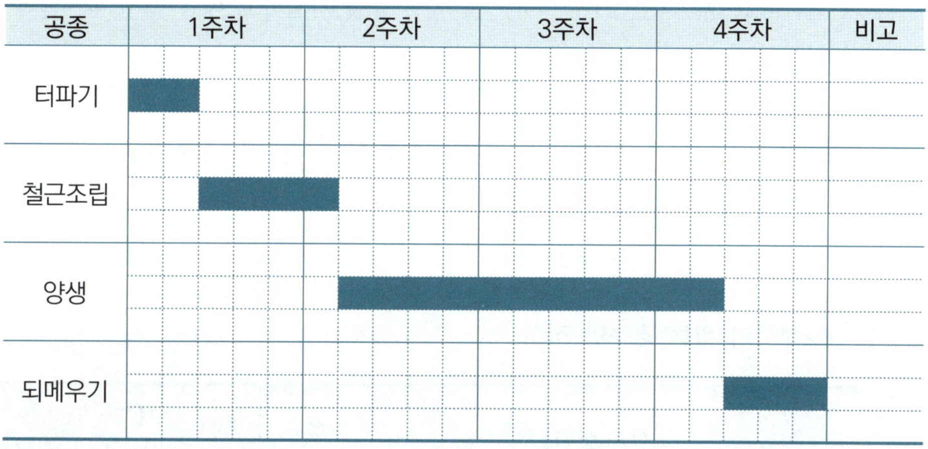


* 적정공사기간 30일 초과 시 사유 및 적정 공사기간 작성

2.1.3 산업재해예방활동 이행계획

○ 작업 중 사용하는 기계 · 기구 및 설비 등

※ 해당사항이 있는 경우만 작성

| 기계 · 기구 · 설비 등[1] \ 산재예방대책[2] | 선택 | 방호 장치 설치 | 보호구 지급 · 착용 | 안전 보건 교육 | 안전보건 표지부착/ 안전수칙 게시 | 기타 대책 (예방활동) |
|---|---|---|---|---|---|---|
| 연삭기(그라인더) | | | | | | |
| 지게차, 하역운반기계 | | | | | | |
| 이동식 크레인 | | | | | | |
| 고소작업대(시저형) | | | | | | √ |
| 백호우 | √ | √ | √ | √ | | √ |
| | | | | | | |

* 작성방법
  1) 위험하다고 생각되는 기계 · 기구 및 설비 등을 기입하고 해당 예시 옆 '선택' 란에 체크표시(√)
  2) 체크 표시한 기계 · 기구 및 설비 등에 대해 가장 효과적이라고 생각하는 산재예방 대책을 선택하여 체크표시(√). 만약 예시된 대책 외의 내용을 쓰고자 하는 경우는 "기타 대책" 란의 ( ) 내에 그 내용을 기입

❍ 작업 중 사용하거나 작업 과정에서 발생하는 유해 · 위험물질 등
  ※ 해당사항이 있는 경우만 작성

| 산재예방대책[2] / 유해 · 위험물질 등[1] | 선택 | 국소배기 장치 설치 | 보호구 지급 · 착용 | 안전 보건 교육 | 안전보건 표지부착/ 안전수칙 게시 | 기타 대책 (설비교체) |
|---|---|---|---|---|---|---|
| 페인트, 신나 | | | | | | |
| 분진(금속, 광물, 목재, 섬유 등) | | | | | | |
| 과도한 소음 | | | | | | |
| 기타 유해 · 위험물질 등 ( 경유 ) | √ | | | | √ | |
| 기타 유해 · 위험물질 등 ( ) | | | | | | |

* 작성방법
  1) 유해 · 위험하다고 생각되는 물질 등을 예시에서 선택(복수 선택 가능)하거나 기입하고 해당 예시 옆 '선택' 란에 체크표시(√)
  2) 체크 표시한 유해 · 위험물질 등에 대해 효과적이라고 생각하는 산재예방대책을 선택하여 체크표시(√). 만약 예시된 대책 외의 내용을 쓰고자 하는 경우는 "기타 대책" 란의 ( ) 내에 그 내용을 기입

○ 산업재해 예방대책에 대한 실행 계획

| 취약한 부분[1] | 산재예방대책[2] | 실행 계획[3] | 비고 |
|---|---|---|---|
| 백호우 | 방호장치 설치 | - 차량방호안전시설 설치 | |
| | 보호구 지급 · 착용 | - 보호구 지급 · 관리 대장 운영<br>- 작업 중 보호구 착용상태 점검 | |
| | 안전보건 교육 | - (건설업) 기초안전보건교육<br>- (특별교육) 일용근무자<br>* 유해하거나 위험한 작업에 채용하거나 그 작업으로 작업내용을 변경할 때 | |
| | 기타 (유도수 배치) | - 위험구간 작업 시 유도수 배치<br>- 신호방법 및 신호할 사람 지정 | |
| 고소작업대 | 기타 (유도수 배치) | - 위험구간 작업 시 유도수 배치<br>- 신호방법 및 신호할 사람 지정 | |
| 기타 유해 · 위험물질 등 | 안전보건 표지부착/ 안전수칙 게시 | - 용기에 MSDS 부착 | |

* 작성방법
  1) "취약한 부분" 란에는 산업재해예방활동 이행계획에서 체크 표시한 기계 · 기구 · 설비와 유해 · 위험물질의 예시를 그대로 옮겨서 작성
  2) "산재예방대책" 란에는 산업재해예방활동 이행계획에서 기계 · 기구 · 설비와 유해 · 위험물질별로 체크 표시한 산재예방대책의 예시를 그대로 옮겨서 작성
  3) "구체적인 실행 계획" 란에는 왼쪽 란에 쓰여진 "산재예방대책"을 누가, 언제, 무엇을, 어떻게 실행할 것인지 구체적인 계획을 작성

### 2.2 시행단계

2.2.1 안전보건교육

○ 작업 전 안전보건 교육 계획
- 일시 : 20 . 00. 00. 09:00
- 내용 : 안전보건수칙 및 위험작업에 대한 교육

○ 일간 안전교육계획

| 구분 | 대상 | 내용 | 비고 |
|---|---|---|---|
| 안전방송 | 전 근로자, 관리감독자 | - 안전의식 함양<br>- 안전작업 방법<br>- 정리정돈 중요성 및 방법 | |
| 공정별<br>안전교육 | 해당 공정별 근로자 | - 산업안전보건법<br>- 해당공종별 안전수칙<br>- 해당 공종 중대재해사례 및 안전대책<br>- 안전표지, 신호식별 요령 | |

○ 법정교육

| 구분 | 교육시간 | 법령 |
|---|---|---|
| 관리감독자 | 연간 16시간 이상 | 산업안전보건법 29조, 시행규칙 26조 |
| 안전관리자 | (신규) 34시간 이상<br>(보수) 24시간 이상 | 산업안전보건법 32조, 시행령 29조 |
| 사무직 외 근로자 | 매분기 6시간 이상 | 산업안전보건법 29조, 시행규칙 26조 |
| 특별교육 대상자 | 2/8/16 시간 이상 | 산업안전보건법 29조, 시행규칙 26조 |
| 건설<br>일용근로자 | 안전보건교육기관에서<br>기초안전보건교육 이수 | 산업안전보건법 31조, 시행규칙 28조,<br>안전보건 교육규정 |

○ 교육 종류

| 종류 | 대상 | 교육내용 | 시간 | 교육여부 |
|---|---|---|---|---|
| 건설업<br>기초안전보건교육 | 건설일용<br>근로자 | - 산업안전보건법 주요 내용<br>- 안전의식 제고에 관한 사항 | 4시간 | 여 |
| 채용 시 교육 | | | | |
| | | | | |

### 2.2.2 작업 전 유해 · 위험 사항 및 대책(위험성평가 실시)

| 작업 중 유해 · 위험 사항 | 안전보건 관리대책 |
|---|---|
| 건설기계 작업<br>① 근로자와 접촉<br>② 건설기계 전도<br>③ 작업장치 파괴 | ① 근로자 출입 제한<br>② 전도방지<br>- 유도수 배치<br>- 평탄하고 견고한 장소에서 작업<br>③ 기계의 구조, 사용상 안전도 및 최대사용하중 준수 |
| 밀폐공간 작업<br>① 질식 | ① 작업 전 환기<br>- 산소농도 측정(18% 이상 유지)<br>- 가스농도 측정(25% 이하)<br>- 감시인 배치 |
| 고소작업<br>① 강당 지붕 작업 중 떨어질 위험<br>② 내부 사다리작업 중 넘어질 위험<br>③ 용접작업 중 감전 및 화재 위험<br>- 용접작업 중 누전으로 감전<br>- 용접불꽃에 의한 화재발생 위험<br>④ 자재 인양 중 낙하 위험 | ① 지붕 위 작업<br>- 안전대 및 미끄럼방지 안전화 착용<br>- 풍속 10 m/s 초과 시 작업중지<br>② 사다리 작업<br>- 전도방지 장치 부착 사다리사용<br>- 2인 1조 작업<br>③ 용접작업<br>- 누전차단기 및 불티방지포 설치<br>- 작업반경 내 소화기 비치<br>④ 자재 인양<br>- 결속용 견인고리 사용<br>- 낙하위험지역 접근금지조치 |
| 청소작업<br>① 후드청소 작업 중 떨어질 위험<br>② 세척액 신체 노출 위험<br>- 눈, 호흡기 및 피부 등 접촉<br>③ 작업장 이동 중 넘어질 위험<br>- 세척액 등 미끄러운 바닥에 넘어질 위험 | ① 후드 및 덕트 청소<br>- 안전작업발판 사용<br>- 2인 1조(하부 감시자 배치)<br>② 세척액 작업<br>- 개인보호구 착용(고글, 보호복)<br>- 노출 시 즉시 세척 및 병원 내원<br>③ 작업장 이동<br>- 미끄럼 방지포 설치를 통한 안전한 작업통로 확보<br>- 누출위험 세척액 별도 보관 |

| 작업 중 유해 · 위험 사항 | 안전보건 관리대책 |
|---|---|
| 소모품 교체 작업<br>① 부품교체작업 중 감전위험<br>② 자리이탈시 제3자 감전위험 | ① 배전기 작업순서 숙지<br>- 배전기 작업절차 확인 및 숙지<br>(전원 off(시건조치) - 작업실시 - 작업종료 후 점검 - 전원 on - 이상유무 점검)<br>② 작업자 이탈 시 전원조작 잠금<br>- 작업구간 안전보건 표지 설치<br>- 작업장 접근금지 조치 |
| 페인트 도장(뿜칠) 작업<br>① 줄타기 작업 중 떨어질 위험<br>② 사다리 작업 중 넘어질 위험<br>③ 페인트 작업 중 위험<br>- 신나 혼합 작업 시 화재<br>- 공기 중 분출로 호흡기 노출<br>- 작업장 외 낙진으로 인한 피해 | ① 줄타기 작업<br>- 옥상층 작업로프 2중 걸이조치<br>- 작업용로프 외 보조로프 설치<br>- 낙하방지장치(일명 : 코브라) 착용<br>② 사다리 작업<br>- 전도방지 장치 부착 사다리 사용<br>- 2인 1조 작업<br>③ 페인트 작업<br>- 휘발성 자재보관 장소 화기엄금<br>- 작업중 방진마스크 착용<br>- 외부 피해방지를 위한 사전조치<br>(비닐커버 등 사전조치) |
| 거푸집 작업 | |
| (인적요인)<br>① 카고 크레인 등 양중기 조작 중 조작 미숙에 의한 오작동 발생<br>- 관리감독자 미배치 상태에서 근로자가 무리하게 차량에 올라가다가 추락 | ① 카고 크레인 등 양중기 운전원의 자격 유무, 경력 확인<br>- 자재 반입, 운반 시 관리감독자를 배치하여 안전하게 작업지휘 |
| (물적요인)<br>① 인양 중 양중기 와이어로프 파단에 의한 낙하<br>- 인양 중 인양용 보조 로프 절단에 의해 인양 물체 낙하 | ① 양중기와 와이어로프 작업 전 손상, 마모, 변형 등이 없는지 견고성 확인<br>- 섬유로프 등 보조로프 사용 전 손상, 부식 여부 확인, 견고한 것 사용<br>② 거푸집 자재 적재 시 붕괴되지 않도록 안전하게 적재 |

| 작업 중 유해 · 위험 사항 | 안전보건 관리대책 |
|---|---|
| (작업방법)<br>① 거푸집 자재를 불안전하게 적재하여 외부 충격 또는 편심 하중에 의한 붕괴<br>- 자재 인양 시 1줄 걸이로 결속하여 인양 중 자재낙하 | ① 자재 결속 시 2줄 걸이로 견고하게 결속하고 수평으로 인양<br>- 목재가공용 둥근 톱에는 접지, 누전차단기 설치 및 톱날 접촉 방지용 덮개 설치 |
| (기계장비)<br>① 목재 가공용 둥근 톱 사용 중 감전, 또는 톱날에 접촉<br>② 양중기 기계 장치 이상으로 조작 중 갑작스런 회전 또는 자재낙하<br>③ 후크 해지 장치 미설치로 자재 인양 중 후크에서 로프 탈락, 자재낙하<br>④ 자재 인양 중 카고 크레인 등 양중기 붐대가 꺾이면서 자재와 함께 낙하 | ① 양중기 사용 전 기계 장치의 이상 유무 사전점검<br>- 인양용 후크에는 해지 장치 설치하여 사용<br>② 카고 크레인 등 양중기 반입 시 붐대의 견고성, 연결부 이상유무 등 사전점검실시 |
| 거푸집 동바리 조립 | |
| (인적요인)<br>① 안전모 등 개인보호구 미착용 상태에서 머리가 동바리 등에 부딪힘<br>② 안전대를 안전대 부착 설비에 체결하지 않고 작업 중 추락 | ① 거푸집 동바리 조립 작업 시 안전모 등 개인보호구 착용 철저<br>② 안전대를 안전대 부착 설비에 체결하고 작업실시 |
| (물적요인)<br>① 미인증품 동바리 사용으로 내력 감소, 조립 불량<br>② 동바리 높이 조절용 핀을 철근으로 사용하다가 철근에 찔림 | ① 거푸집 동바리는 안전인증 제품 사용<br>② 동바리 높이 조절용 핀은 전용핀 사용 |
| (작업방법)<br>① 안전대 부착 설비가 미설치 되어 안전대를 철근 등에 체결하고 작업 중 안전대 고리가 빠지면서 추락 | ① 보거푸집 상부에 안전대 부착 설비를 설치하여 안전대를 체결하고 작업 실시<br>② 동바리와 수평 연결재 연결부는 전용 크램프로 견고하 |

| 작업 중 유해 · 위험 사항 | 안전보건 관리대책 |
|---|---|
| ② 동바리와 수평 연결재 연결부를 철선으로 고정하여 동바리 수평 내력 저하<br>③ 거푸집 동바리 구조가 2단으로 설치되어 콘크리트 타설 중 붕괴 위험<br>④ 동바리 상하부 미고정에 따라 동바리 전도 위험<br>⑤ 동바리 수평 연결재 미설치로 구조적 내력 저하<br>⑥ 동바리 간격이 구조 허용 간격 이상으로 설치되어 내력 저하<br>⑦ 가조립된 보판, 슬라브판이 낙하 | 게 결속<br>③ 거푸집 동바리는 높이 5 m 이상 시 2단 설치 금지하고 시스템 동바리 사용<br>④ 동바리는 정위치에서 이동되거나 전도되지 않도록 상하부 고정<br>⑤ 동바리는 높이 3.5 m 이상 시 2방향으로 2 m 이내마다 전용 클램프 이용 수평 연결재 설치<br>⑥ 동바리 간격은 구조 검토, 조립도에 따라 정밀 시공 실시<br>⑦ 가조립된 보판, 슬라브판은 탈락되지 않도록 견고하게 고정 |
| (기계장비)<br>① 거푸집 자재 인양 시 양중기의 후크 해지 장치 미설치로 인양 로프가 탈락 | <br>① 양중기로 거푸집 자재 인양 시 후크에 해지 장치 설치하여 인양 로프 탈락 방지 |
| 굴착 | |
| (인적요인)<br>① 굴착기 운전원의 조작 미숙으로 인한 전도 또는 접촉 재해<br>② 안전모, 안전화 등 개인보호구 미착용으로 작업 중 부딪히거나 찔림 | <br>① 굴착기 운전원의 자격유무, 경험 정도 확인 후 작업 실시<br>② 굴착 작업 시 안전모 등 개인보호구 착용 철저 |
| (물적요인)<br>① 굴착 바닥면에서 정리 작업중 돌출물에 걸려 전도 | <br>① 굴착 작업 시 바닥면의 돌출물들은 걸려 넘어지지 않도록 정리 철저 |
| (작업방법)<br>① 굴착된 토사를 굴착면 상부에 과다 적재하여 토사 중량에 의해 법면 붕괴<br>② 굴착면 상부에서 작업 중 굴착단부로 추락 | <br>① 굴착된 토사는 토사 중량에 의해 굴착면이 붕괴되지 않도록 굴착법면 상부에 적재 금지<br>② 굴착면 상부에는 안전 휀스로 접근 금지 조치 실시<br>③ 굴착기로 작업 시 유도자를 배치하여 근로자 접촉, 충돌 방지 |

| 작업 중 유해 · 위험 사항 | 안전보건 관리대책 |
|---|---|
| ③ 굴착 바닥면 정리 작업 중 굴착기 버킷에 접촉 충돌<br>④ 관리감독자 없이 근로자 단독으로 무리하게 작업 중 굴착기에 충돌<br>⑤ 주변 구조물 하부를 무리하게 굴착하여 구조물 붕괴 | ④ 주변 구조물 하부 굴착 시 굴착에 의해 구조물이 붕괴되지 않도록 보강조치 실시 |
| (기계장비)<br>① 굴착기 버킷 연결부가 탈락되면서 버킷이 낙하 | ① 굴착기 사용 전 버킷 연결부 안전핀 등 체결상태 확인 |
| 철근 가공, 운반 및 조립 | |
| (인적요인)<br>① 개인보호구 미착용하고 작업 중 철근에 부딪히거나 찔림<br>② 조립된 벽, 기둥 철근에 무리하게 올라서서 작업 중 추락<br>③ 철근 배근 작업 시 철근에 주변 근로자 찔림 | ① 철근 가공 및 운반 작업 중에는 안전모, 안전화 등 개인보호구 착용 철저<br>② 상부 철근 조립 시 이동식비계 설치, 작업발판 설치하여 작업실시<br>③ 철근 배근 작업 시 관리감독자 배치하여 주변 근로자 통제 |
| (물적요인)<br>① 철근 인양 중 인양 로프 파단으로 인양 중인 철근 낙하<br>② 적재된 철근이 충격 또는 불균형으로 무너져 내림<br>③ 각재 등을 얹고 그 위에 올라서서 작업 중 각재가 부러지면서 추락<br>④ 가스 압접기 사용 중 토취에 부상 | ① 인양 로프는 철근 중량을 충분히 견딜만한 견고한 로프 사용<br>② 철근 적재 시 철근이 무너져 내리지 않도록 안정되게 적재하고 받침목을 수평으로 설치<br>③ 작업발판 설치 시 이동식비계에 작업발판 설치하여 작업 실시<br>④ 가스 압접기 사용 시 보호장갑 착용 및 안전작업 절차 준수 |
| (작업방법)<br>① 유도자 미배치 상태에서 철근 인양 중 철근에 주변 근로자 충돌<br>② 철근 가공장 울타리 미설치로 철근 밴딩 작업 중 주변 근로자 충돌 | ① 철근 인양 및 운반 작업 시 유도자 배치하여 안전하게 인양, 작업 통제 실시<br>② 철근 가공장 주변에 울타리 설치하여 근로자 접근금지<br>③ 철근 인양 시 2줄 걸이로 결속하여 수평으로 인양 |

| 작업 중 유해 · 위험 사항 | 안전보건 관리대책 |
|---|---|
| ③ 철근을 1 줄걸이로 인양 작업 중 철근의 요동에 의해 충돌<br>④ 이동식비계에 승강 시설 없이 사용 중 비계에 승강 중 추락<br>⑤ 이동식비계에 안전난간 미설치로 작업 중 추락<br>⑥ 조립된 철근이 근로자 쪽으로 전도되면서 철근에 깔림 | ④ 이동식비계 설치하여 사용 시 사다리등 승강시설 설치<br>⑤ 이동식비계의 작업발판 단부에 안전난간대 설치하여 사용<br>⑥ 철근 조립 중 또는 조립후 철근이 전도되지 않도록 전도방지 조치 실시 |
| (기계장비)<br>① 철근 인양용 후크에 해지장치 미설치로 철근 인양중 로프가 탈락되면서 철근 낙하<br>② 철근 가공기로 철근 절단, 절곡 작업 중 감전<br>③ 가스압접 작업 시 압접기에 손가락 협착 | ① 철근 인양 시 후크에 해지장치 설치하여 사용<br>② 철근 가공 시에는 외함 접지하여 감전 예방 조치<br>③ 가스압접 작업 시 안전작업 절차 준수하여 협착 방지 |

2.2.3 안전작업허가 (붙임4)

- 대상공종 : 화기작업, 밀폐공간(산소농도 18% 미만, 화재 · 폭발)작업, 정전작업, 굴착작업(1.5 m 이상), 고소작업(2 m 이상) 등
  ※ 건설공사의 경우 「건설공사 안전관리지침」을 따름
- 작업내용 : 시운전, 운전 중 점검, 점검 · 보수 시
- 안전작업허가 절차도

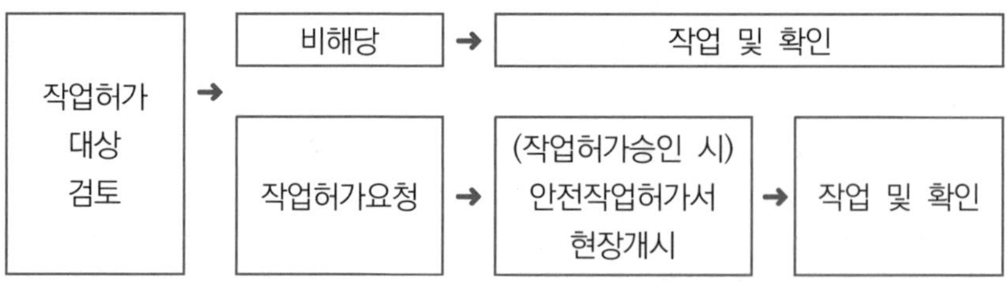

2.2.4 공사 안전점검 체계

| (TBM)<br>안전조회<br>안전모임 | ➜ | 작업 전 중 지도감독<br>안전공정 협의<br>작업 중 안전점검 | ➜ | 작업종료 정리정돈<br><br>작업 종료 시 확인 |
|---|---|---|---|---|

2.2.5 신호 및 연락체계

❍ 연락체계

| 관련기관 | 담당자 | 연락처 | 비고 |
|---|---|---|---|
| OO지방고용노동청 | OOO | OOO-OOOO-OOOO | |
| OO소방서 | OOO | OOO-OOOO-OOOO | |
| OO경찰서 | OOO | OOO-OOOO-OOOO | |
| OO병원 | OOO | OOO-OOOO-OOOO | |

○ 신호체계(신호수, 무전기, 깃발 등)

- LOTO(Lock-Out, Tag-Out) 잠금장치 및 표지판 설치
- 건설현장 수신호 방법

**미동 혹은 최저속**

두 손바닥을 마주치며 원을 그리듯 문지른다. 이 신호 후에 기타 해당  수신호를 적용한다.

**포크(붐) 폭 확장**

양손을 앞쪽으로 뻗고 (주먹을 쥔 상태) 엄지손가락을 서로 반대방향으로 유지한다.

**포크(붐) 폭 축소**

양손을 앞쪽으로 뻗고 (주먹을 쥔 상태) 엄지손가락을 마주 보는 방향으로유지한다.

**주행 방향 표시**

한 팔을 수평으로 뻗으며 손은 펴고, 손바닥은 아래로 향하게 하여 원하는 방향을 가리킨다.

**주행(멀어지는 방향)**

두 팔을 앞쪽으로 펴서 벌리고 두 손은 펴서 손바닥을 아래쪽으로 유지한 상태에서, 두 팔뚝을 위아래로 반복하여 움직인다.

**주행(가까워지는 방향)**

두 팔을 앞쪽으로 펴서 벌리고 두 손은 펴서 손바닥을 위쪽으로 유지한 상태에서, 두 팔뚝을 위아래로 반복하여 움직인다.

**포크(붐) 올리기**

한 팔을 수평으로 뻗고서 엄지손가락을 위로 향하게 한다.

**포크(붐) 내리기**

한쪽 팔을 수평으로 뻗고서 엄지손가락을 아래로 향하게 한다.

**작업 중지**

양손을 신체 앞쪽 가슴 높이에서 모으고 움켜쥔다.

2.2.6 기계 · 장비 안전검사[업체보유 장비]

| 종류 | 점검사항 | 점검주기 | 관리계획 |
|---|---|---|---|
| 크레인 | 과부하방지장치, 권과방지장치, 안전장치, 훅해지장치 등 | 2년에 1회 | |
| 압력용기 | 압력방출장치(안전밸브), 압력계 등 | 2년에 1회 | |
| 리프트 | 과부하방지장치, 권과방지장치, 낙하방지장치, 비상정지장치 등 | 2년에 1회 | |
| 프레스 | 방호장치, 비상정지장치 등 | 2년에 1회 | |
| 전단기 | 방호장치(가드식, 광전자식), 비상정지장치 등 | 2년에 1회 | |
| 곤돌라 | 비상정지장치, 권과방지장치, 과부하방지장치, 낙하방지장치, 수평조절장치 등 | 2년에 1회 | |
| 국소배기장치 | 흡입성능(제어풍속), 댐퍼, 배풍기의 작동상태 등 | 2년에 1회 | |
| 원심기 | 비상정지장치, 덮개 브레이크 등 | 2년에 1회 | |
| 롤러기 | 급정지장치, 비상정지장치, 안전캡 등 | 2년에 1회 | |
| 사출성형기 | 출입문 리미트방호장치, 비상정지장치, 고온부 덮개 등 | 2년에 1회 | |
| 고소작업대 | 안전장치 부착 및 작동 유무, 작업대 고정볼트 체결 및 안전난간 설치 상태, 아웃트리거 설치 상태 등 | 2년에 1회 | |
| 컨베이어 | 원동기 및 풀리 기능 이상 유무, 이탈 등의 방지장치 기능 이상 유무, 비상정지장치의 기능 이상 유무 등 | 2년에 1회 | |
| 산업용 로봇 | 안전매트, 광전자식 안전장치, 안전방책 등 각종 방호장치 작동상태, 비상정지 스위치 작동 상태 등 | 2년에 1회 | |

※ 설치 끝난 날(신규 등록)부터 3년 이내 최초 안전검사 실시, 그 이후 2년마다 점검

### 2.2.7 산업재해 현황

○ 재해사항 보고 절차

| 재해발생 | | 재해보고 | | 추가피해방지 | | 재해조사 및 결과보고 |
|---|---|---|---|---|---|---|
| 응급조치 | → | 재해사항 보고 | → | 지역통제 | → | 현장조사 |
| • 119 신고<br>• 압박붕대 지혈<br>• 심폐소생술 | | • 현장대리인<br>→ 공사감독 | | • 구조조치 후 재해발생지역 추가피해방지를 위해 출입 통제 | | • 재해원인조사 실시<br>• 건설공사 안전관리 종합정보망에 조사 결과 보고 |

○ 구호조치

- 구급용구 구비(붕대, 반창고, 외상용 소독약 등) 및 보관위치 전파
- 재해발생 시 최초 목격자는 119 등 응급구조기관에 신고
- 최초목격자는 응급구조기관이 도착하기 전까지 구호조치 실시
- 최초목격자가 구호조치가 불가능한 경우 주변에 도움 요청
- 출혈 시 과다출혈을 예방하기 위해 출혈 주변부 소독 후 압박붕대로 지혈하고 부상부위를 심장 높이보다 위로 유지
- 질식 등 의식이 없는 경우 환자를 평평한 바닥에 눕히고 심정지 또는 호흡이 비정상적인 경우 심폐소생술 실시

○ 재해원인조사

① 현장 특성
  - 시공자, 설계자, 공사비, 공사기간, 낙찰률, 공정률, 작업자 수 등

② 재해발생 정보
  - 재해발생 일시, 발생장소, 작업내용(공정), 기인물(기계 · 설비) 등

③ 재해자 정보
  - 성명, 성별, 상해종류(질병명), 상해부위 등

④ 재해발생 원인조사
  - 주요 재해원인(설계적 · 시공적 · 재료적 · 관리적 · 환경적 요인 등) 결정
  - 구체적 재해원인

○ 산업재해 발생 현황

| 업체명 | 산업재해 현황(건) | 비고 |
|---|---|---|
| ○○○○ | 해당 없음 | 최근 3년간 |

| 산재요양 승인/반려 확인서 |
|---|
|  |

○ 산재보험 가입 증명원

| 산재보험 가입을 증명할 수 있는 서류(스캔본) |
|---|

양식 4

# 안전보건수준 조사서

산업안전보건법 제61조 및 중대재해처벌법 시행령 제4조제9항에 따라 도급사업 시 적격수급업체 선정을 위해 귀사의 안전보건 관리수준을 평가하여야 하기에 성실히 작성하여 주시기 바랍니다.

| □ 업체정보 | | | |
|---|---|---|---|
| 업체명 | | 방문목적 | |
| 주요방문장소 | | 방문주기 | |
| 방문자 성명(1) | | 연락처 | |
| 방문자 성명(2) | | 연락처 | |

| □ 안전보건관리체계 수준 조사 | | | |
|---|---|---|---|
| 연번 | 조사항목 | 네 | 아니오 |
| 1 | 귀사는 안전보건경영방침이나 목표 등이 설정되어 있습니까? | | |
| 2 | 귀사는 보호구 지급, 건강검진 실시 등 안전예산을 확보하고 있습니까? | | |
| 3 | 귀사는 안전보건 관련 의견 수렴 절차가 수립되어 있습니까? | | |
| 4 | 귀사는 위험성평가 운영규정 또는 절차를 수립하였습니까? | | |
| 5 | 귀사에 비상조치계획 매뉴얼 또는 절차가 수립되어 있습니까? | | |

| □ 안전보건관리계획 | | |
|---|---|---|
| 1 | 방문 중 위험요인 파악방법 계획 | |
| 2 | 반입 장비 목록 및 관리계획 | • 반입장비 :<br>• 관리계획 : |
| 4 | 출입 인원 업무 경력/경험 유무 | • 업종 경험 여부 :<br>• 관련업무 경력 기간 : |
| 5 | 사고발생 시 비상조치계획(비상연락망) | • 담당부서 :<br>• 응급실 : |

상기 내용에 거짓이 있거나 계획 불이행 시 모든 형태의 책임과 불이익을 감수하겠습니다.

작성일 : 년 월 일

작성자 : (서명)

양식 5

# 도급 · 용역 · 위탁업체 계약내역 관리대장

| 구분 | 계약명<br>(기간) | 계약업체<br>(계약일자) | 계약 내역 |
|---|---|---|---|
| 1 | | | |
| 2 | | | |
| 3 | | | |
| 4 | | | |
| 5 | | | |
| 6 | | | |
| 7 | | | |
| 8 | | | |
| 9 | | | |
| 10 | | | |

### (3) 도급계약서에 명시할 사항

도급 등 계약서에 안전보건관리규정의 제출, 표준작업계획, 작업허가제 등 작업절차 준수, 정기 순회점검 및 작업 전 안전미팅 실시, 비상훈련 참여 등 사업장의 안전보건확보에 필요한 조건을 명시하는 것도 좋은 방법이다. 도급계약 시 명시하여야 할 사항의 예는 다음과 같다.

| 구분 | 도급계약서 포함내용 |
|---|---|
| 안전보건 교육 | • 도급인은 수급인이 행하는 근로자의 안전보건 교육에 필요한 장소의 제공, 자료의 제공 등 필요한 조치를 하여야 한다.<br>• 수급인이 교육 강사, 기자재 등을 요청할 경우 도급인은 이에 적극 협조하여야 한다.<br>• 도급인은 수급업체 사업주가 근로자에게 실시한 안전보건교육 현황을 확인해야 한다. |
| 위험성평가 | • 도급인은 도급사업 시작 전에 위험성평가를 실시한 후 미리 위험성을 감소시키고, 수급인이 작업공정에 대한 위험을 사전에 인지하도록 위험성평가 결과를 수급인에게 제공한다.<br>• 도급인은 수급인에게 위험성평가 방법에 대한 교육을 실시하는 등 수급인이 위험성평가를 실시할 수 있도록 지원한다. |
| 안전보건 협의체 구성 · 운영 | • 도급인은 수급업체의 사업주 전원으로 구성하는 안전보건협의체를 구성 · 운영한다.<br>• 협의체는 작업의 시작시간, 작업 또는 작업장 연락방법, 사고발생 위험시의 대피방법, 위험성평가 실시, 작업자 간의 연락방법 및 작업공정의 조정에 관한 사항을 협의한다.<br>• 협의체는 매월 1회 이상 정기적으로 회의를 개최한다. |
| 안전보건 점검 | • 도급인은 그가 사용하는 근로자, 그 외 관계수급인 및 관계수급인이 사용하는 근로자와 함께 2개월에 1회 이상 작업장에 대한 합동 안전보건점검을 실시한다.<br>• 도급업체의 사업주는 작업장에 대한 순회점검을 2일에 1회 이상 실시하여야 하며, 관계수급업체의 사업주는 순회점검을 거부 · 방해 또는 기피하여서는 아니 되며, 점검결과 도급업체 사업주의 시정요구가 있으면 이에 따라야 한다. |
| 안전보건정보 제공 | • 도급인은 위험물질 및 관리대상 유해물질을 제조 · 사용 · 운반 · 저장하는 화학설비 및 그 부속설비의 개조 · 분해 · 내부 작업에 관해서는 다음의 안전보건에 관한 정보를 작업이 시작되기 전까지 제공한다.<br>① 화학설비 및 그 부속설비에서 제조 · 사용 · 운반 또는 저장하는 위험물질 및 관리대상 유해물질의 명칭과 해당 유해성 · 위험성<br>② 화학설비 및 그 부속설비의 개조 · 분해 · 내부 작업에 대한 안전보건상의 주의사항<br>③ 위험물질 및 관리대상 물질의 유출 등 사고가 발생한 경우에 필요한 조치 내용 |

| 구분 | 도급계약서 포함내용 |
|---|---|
| | • 수급인은 도급받은 작업을 재하도급하는 경우 제공받은 문서의 사본을 작업이 시작되기 전까지 재하수급인에게 제공한다.<br>• 정보를 제공한 자는 해당 근로자가 제공된 정보에 따라 필요한 조치를 받고 있는지 확인하여야 한다. |
| 공사기간 등 준수 | • 도급인은 공사비를 줄이기 위해 위험성이 있는 공법을 사용하거나, 정당한 사유 없이 공법을 변경하여서는 아니 된다.<br>• 도급인은 설계도서 등에 따라 산정된 공사기간을 단축하여서는 아니 된다.<br>• 수급인이 안전보건 확보를 위해 공법 변경, 가시설 설계의 보강 등을 요청할 경우 도급인은 이에 적극 협조하여야 하며, 이에 따라 증가된 비용에 대해서 도급 금액에 적극 반영하여야 한다. |
| 위생시설 등의 협조 | • 도급인은 근로자의 건강을 보호하기 위하여 수급인에게 위생시설을 제공하거나 자신의 위생시설을 이용할 수 있도록 적절한 협조를 하여야 한다.<br>※ 위생시설 : 휴게시설, 세면 · 목욕시설, 세탁시설, 탈의시설, 수면시설<br>• 도급업체의 사업주와 수급업체의 사업주는 근로자가 쾌적한 작업환경에서 업무를 수행할 수 있도록 상호 노력한다. |
| 안전보건조치 이행 | • 도급인은 관계수급인 또는 관계수급인의 근로자가 해당 작업과 관련하여 법 또는 법에 따른 명령을 위반한 경우에 그 위반행위를 시정하도록 필요한 조치를 하여야 하며, 수급인과 수급인의 근로자는 정당한 사유가 없는 한 이에 따라야 한다.<br>• 도급인 및 수급인은 산업안전보건위원회 또는 노사협의체가 심의 · 의결 또는 결정한 사항을 성실하게 이행하여야 한다. |
| 산업재해현황 제출 | • 도급사업에서 “통합 산업재해 현황 조사표” 작성이 필요한 경우 도급인은 수급인에게 사업장 정보, 수급인의 근로자 수 및 재해현황 등 필요 자료의 제출을 요청할 수 있고, 수급인은 관련자료 제출에 적극 협조하여야 한다. |
| 경보체계 운영과 대피방법 등 훈련 | • 도급업체 사업주는 수급업체 근로자와 작업장소에서 발파작업, 화재 · 폭발, 토사 · 구축물 등의 붕괴 또는 지진 등을 대비하여 상호간에 연락체계 및 신호방법을 정하고 대피방법에 따라 정기적인 교육 · 훈련을 실시한 후 개선사항을 보완하여야 한다. |
| 산업안전보건 관리비용의 사용 | • 도급업체 사업주는 안전보건 활동을 위해 지급한 관리비용의 사용 내역을 수급인에게 요청할 수 있으며, 수급인은 특별한 사유가 없는 이상 관련 자료를 도급인에게 제출하여야 한다.<br>• 도급업체 사업주는 산업안전보건관리비용의 사용내역을 확인하여 목적과 용도에 맞지 않게 사용된 비용 및 미사용분에 대해서 수급인에게 해당 비용에 대한 감액 조정 및 반환을 요구할 수 있다. |

양식 1

# 안전보건협의체 개최결과 관리대장

사업장명 :

| 구분 | 일시<br>(장소) | 주요 내용 | 회의결과에 따른 조치내역 | | 확인 |
|---|---|---|---|---|---|
| | | | 조치일 | 조치사항 | |
| 1 | | | | | (서명) |
| 2 | | | | | (서명) |
| 3 | | | | | (서명) |
| 4 | | | | | (서명) |
| 5 | | | | | (서명) |
| 6 | | | | | (서명) |
| 7 | | | | | (서명) |
| 8 | | | | | (서명) |
| 9 | | | | | (서명) |
| 10 | | | | | (서명) |

※ 노사협의체가 구성된 경우 안전보건협의체를 구성 · 운영하는 것으로 간주
※ 안전보건협의체의 경우 매월 1회 이상 개최

**양식 2**

# 작업장 순회점검 일지

사업장명 : 점검일자 : 년 월 일 요일(날씨 )

<table>
<tr><td>안전<br>지시<br>사항</td><td colspan="4"></td></tr>
<tr><td rowspan="3">순회<br>안전<br>점검<br>사항</td><td>점검 사항</td><td>이상 유무(상태)</td><td>조치사항</td><td>특이사항</td></tr>
<tr><td></td><td></td><td></td><td></td></tr>
<tr><td colspan="2">점검자 :</td><td colspan="2">점검시간 :</td></tr>
</table>

<table>
<tr><td rowspan="4">안전<br>사고</td><td>시간</td><td>직종</td><td>사고원인</td><td>재해정도</td></tr>
<tr><td></td><td></td><td rowspan="3"></td><td rowspan="3"></td></tr>
<tr><td>장소</td><td>성명</td></tr>
<tr><td></td><td></td></tr>
<tr><td>특기<br>사항</td><td colspan="4"></td></tr>
</table>

<table>
<tr><td>점검자<br>(담당자)</td><td>(서명)</td><td>확인자<br>(현장소장/사업주 등)</td><td>(서명)</td></tr>
</table>

※ 순회점검 일지는 2일 1회 이상 작성

양식 3

## (　　　　) 작업장 순회점검표

사업장명 :　　　　　　　　점검일 :　년　월　일　점검자 :　　　　　　　　(서명)

| 구분 | 순회 안전 점검사항 | 상태 | | 지적부위 |
|---|---|---|---|---|
| | | 양호 | 불량 | |
| 일반사항 | 작업 전후 안전교육의 실시(안전관리자) | | | |
| | 위험개소의 안전표지판 부착여부(위험장소마다) | | | |
| | 보호 장비 착용상태(안전모 · 안전벨트 등) | | | |
| | 허약자 및 음주자가 작업하는 사례 | | | |
| | 가설사무실 · 숙소 · 식당 및 창고 등의 화재위험은 없으며 소화기 비치 여부 | | | |
| | 공사장 진입차량 · 인원에 대한 통제 | | | |
| 전기공사 | 케이블 드럼 등 중량물을 취급하는 경우 작업계획서를 작성하고 작업지휘자를 지정하였는가? | | | |
| | 지게차 또는 카고 크레인 등 하역운반기계를 사용 시에 전담 신호수를 배치하였는가? | | | |
| | 작업구간별 사전 신호방법 일치 및 작업방법 숙지 여부 | | | |
| | 차량 운행시 신호준수 등 각종 교통법규 준수 여부 | | | |
| | 적재함 내 적재하중 준수 여부 | | | |
| | 이동 중 낙하물이 발생하지 않도록 확실하게 고정하였는가? | | | |
| | 도로 작업시 작업구역 전후방에 공사 안내표지판 및 작업구역에 안전펜스 또는 라바콘 등으로 충분히 안전한 작업구역을 확보하였는가? | | | |
| | 충전선로 주변 작업시 절연용 방호구 설치유무 | | | |
| | 근로자는 고압활선 경보기를 착용하여 접근한계거리를 준수하였는가? | | | |
| | 전주의 자립상태와 승하강 시 스텝볼트의 고정 상태를 충분히 확인하면서 이동하였는가? | | | |

<table>
<tr><th rowspan="2">구분</th><th rowspan="2">순회 안전 점검사항</th><th colspan="2">상태</th><th rowspan="2">지적부위</th></tr>
<tr><th>양호</th><th>불량</th></tr>
<tr><td rowspan="4"></td><td>안전모 등 개인보호구 착용 여부</td><td></td><td></td><td></td></tr>
<tr><td>맨홀 덮개 개폐 시는 반드시 전용 개폐기를 사용 및 물이 고인 경우 양수작업 실시 여부</td><td></td><td></td><td></td></tr>
<tr><td>맨홀 출입 전 유해가스 · 산소농도를 측정한 후 산소농도 18% 이상인 조건에서 작업하고, 외부에 관리감독자를 배치하였는가?</td><td></td><td></td><td></td></tr>
<tr><td>작업 종료 시 맨홀 덮개를 확실히 덮는 등 기타 작업구역 정리정돈 여부</td><td></td><td></td><td></td></tr>
<tr><td rowspan="14">굴착<br>공사</td><td>굴착기를 통한 작업 시 근로자 및 장비 간 동시 병행작업을 지양하였는가?</td><td></td><td></td><td></td></tr>
<tr><td>관리감독자의 지휘 · 통제에 따라 작업하였는가?</td><td></td><td></td><td></td></tr>
<tr><td>굴착작업 전 지장물의 매설 위치 및 깊이 등 확인 여부</td><td></td><td></td><td></td></tr>
<tr><td>적절한 시공방법을 통하여 안전조치 후 작업하였는가?</td><td></td><td></td><td></td></tr>
<tr><td>작업장소 주변에 관계 근로자 외 접근 통제 여부</td><td></td><td></td><td></td></tr>
<tr><td>접근금지용 펜스 등 설치 유무</td><td></td><td></td><td></td></tr>
<tr><td>도로 인접 작업 시 안전펜스, 라바콘, 안전표지판 등 교통안전 시설물 설치 유무</td><td></td><td></td><td></td></tr>
<tr><td>전담 교통신호수 배치 및 운용 여부</td><td></td><td></td><td></td></tr>
<tr><td>굴착작업 시 건지 1:0.5~1:1.5, 습지 1:1~1:1.5의 안전구배를 확보하였는가?</td><td></td><td></td><td></td></tr>
<tr><td>굴착 깊이가 1.5 m 이상인 경우 근로자가 안전하게 승강할 수 있도록 사다리, 계단 등의 설치 유무</td><td></td><td></td><td></td></tr>
<tr><td>작업 전 굴착면 단부 및 법면의 부석 등을 제거한 후 작업 실시 여부</td><td></td><td></td><td></td></tr>
<tr><td>배관용 자재 및 부속 자재 등은 규격별, 종류별로 구분하여 적재 · 보관하여 사용하였는가?</td><td></td><td></td><td></td></tr>
<tr><td>현장 이탈 시 작업장 내 안전조치 및 정리 · 정돈 여부</td><td></td><td></td><td></td></tr>
</table>

| 구분 | 순회 안전 점검사항 | 상태 | | 지적부위 |
|---|---|---|---|---|
| | | 양호 | 불량 | |
| 내부 설비 공사 | 작업 전 안전한 작업계획을 수립하였는가? | | | |
| | 주요위험 요인 및 안전대책 등에 관하여 충분하게 숙지한 후 작업 실시 여부 | | | |
| | 작업장 내 통로는 장애물 등을 제거하여 안전통로를 확보 · 이용하였는가? | | | |
| | 안전모 · 안전화 · 안전대 등 개인보호구 및 안전한 작업 복장을 단정히 착용하고 작업하였는가? | | | |
| | 중량물은 전용의 운반기계 · 기구를 이용하여 작업을 실시하였는가? | | | |
| | 개구부 주변, 슬래브 단부 등에 추락방지시설 및 안전표지판 설치 후 작업 여부 | | | |
| | 고소작업 시 안전시설물이 부착, 설치된 안전한 구조의 작업발판을 설치, 사용하였는가? | | | |
| | 사다리 이용 고소작업 시 전도방지장치, 벌림 방지장치 등 안전시설물 사용 및 2인 1개조 작업여부 | | | |
| | 이동형 전기기계 · 기구 사용 시 누전차단기를 경유한 회로 구성 및 접지라인 확보 유무 | | | |
| | 용접기, 고속절단기 등 비산불티 발생 작업 시 불티비산방지포 설치 및 소화기 비치 하에 작업을 실시하였는가? | | | |
| | 차량용 하역운반기계 및 건설장비 사용 시 전담 장비유도원 배치여부 | | | |

양식 4

# 도급인 · 수급인 합동 점검표

사업장명 : 점검일자 : 년 월 일

| 도급인(현장소장) : (서명) 소속근로자 : (서명)<br>수급인(현장소장) : (서명) 소속근로자 : (서명) | | | |
|---|---|---|---|
| 구분 | 점검 사항 | 평가<br>(O, △, X) | 개선사항 |
| 안전보건 관리조직 및 교육 | 안전관리자 지정 여부 | | |
| | 보건관리자 지정 여부 | | |
| | 안전보건교육 실시 여부 | | |
| | 교육결과 기록보존상태 확인 여부 | | |
| 산업안전 보건 관리비 | 적정계상 여부 | | |
| | 집행실태 확인(타목적, 용도외 사용 등) | | |
| | 항목별 적정비율 집행 여부 | | |
| 개인 보호구 지급 | 보호구 적격품 구입 여부 | | |
| | 개인보호구 지급 여부 | | |
| | 개인보호구 착용여부(안전모, 안전화, 안전대, 마스크 등) | | |
| 기타 | 유해 · 위험방지 계획서 제출 및 이행 여부 등 | | |
| | 위험물(인화성 물질 등) 관리 상태 점검 여부 | | |
| | 화재예방 대책수립 여부(소화기 비치, 비상연락망 작성 등) | | |
| | 위험, 주의, 경고 등의 표지판 설치 여부 | | |
| | 작업 후 정리정돈 및 안전통로 확보상태 확인 여부 | | |
| 문제점 및 개선방안 | | | |
| | | | |

※ 합동점검표는 2개월 1회 이상 도급인 및 수급인 합동 점검 시 작성

※ 사업장별, 공종별 특성에 맞게 점검항목 설정

양식 5

# 합동점검 결과에 따른 조치사항 관리대장

사업장명 :

| 구분 | 점검 내역 | | 개선 내역 | | 확인 |
|---|---|---|---|---|---|
| | 점검일자 | 지적사항 | 조치일자 | 조치사항 | |
| 1 | | | | | (서명) |
| 2 | | | | | (서명) |
| 3 | | | | | (서명) |
| 4 | | | | | (서명) |
| 5 | | | | | (서명) |
| 6 | | | | | (서명) |
| 7 | | | | | (서명) |
| 8 | | | | | (서명) |
| 9 | | | | | (서명) |
| 10 | | | | | (서명) |

### (4) 평가의 객관성, 신뢰성 확보

적격업체 선정을 하는 데 있어서 평가의 객관성과 신뢰성이 담보되어야 한다. 일부 업체에서는 실무자 1명이 실시하는 경향이 있는데 그들이 안전보건관리계획서 평가를 할 수 있는 역량이 있는지에 대해서는 사실 의문이 든다. 따라서 내외부 전문가들로 구성된 평가위원회를 구성하여 평가를 실시할 필요가 있다. 실무자 1명이 하는 것은 평가라기보다는 안전보건관리 수준을 조사하는 경우로 보는 것이 합당하다.

평가위원회 구성에 대해서는 회사 특성을 고려하여 구성하면 될 것이다. 위원들은 회사 내부직원 중에서 안전보건 관련 실무자나 부서장, 근로자대표, 사업부서 실무자나 부서장, 외부에서는 안전보건에 대한 전문가 등을 포함하는 것이 바람직하다. 외부전문가를 활용하는 비용에 대해서는 안전관리 비용으로 책정이 가능할 것이다.

도급 · 용역 · 위탁 등이 많은 경우에는 대면보다는 비대면으로 평가를 실시하여 시간을 효율적으로 활용하는 방법도 있다.

또한 평가에 대한 배점의 근거를 정량적으로 할 필요가 있다. 평가위원 개인의 주관적인 평가가 아니라 정확한 배점 근거로 평가가 정확히 이루어져 우수한 업체가 선정될 수 있도록 하여야 한다.

### (5) 안전보건관리계획서 작성 제출에 대한 공고

과업지시서나 입찰 공고문에 적격심사서류로서 안전보건관리계획서와 평가기준을 함께 제출토록 공고할 필요가 있다. 안전보건관리계획서는 계약체결 또는 착수 시 제출하는 것도 하나의 방법이지만 가능하면 입찰서류 제출 시 하는 것이 좋다. 사전에 안전보건관리 역량에 대한 평가를 실시하고 낙찰업체를 선정하는 것이 좋다.

### 과업지시서나 입찰공고문에 안전보건 확보의무사항 명시 예

1. 과업수행자는 '안전보건관리계획서'을 수립하여 입찰 시 제출하여야 하며 미흡한 사항에 대한 보완요구에 성실히 응해야 합니다.
2. 과업수행자는 사업수행에 필요한 작업, 점검 등 모든 작업을 할 때에는 산업안전보건법 등 안전보건관계법령 및 중대재해처벌법에 따른 철저한 안전보건 대책을 수립한 후 작업에 임하여야 하며, 작업자 및 이용자의 안전사고가 발생한 때에는 과업수행자의 책임하에 후속 조치를 취하여야 합니다. 또한, 그에 따라 발생한 법적 처벌 및 우리회사의 불이익 조치에 대해 이의를 제기할 수 없습니다.
3. 과업수행자는 작업 전 작업자에게 안전보건교육을 실시하여야 하며 필요 시 우리회사에 교육 장소 및 자료 제공을 요청할 수 있고, 우리회사가 요청할 경우 안전보건 교육 현황을 제출하여야 합니다.
4. 과업수행자는 유해·위험한 기계·기구에 방호장치를 설치하고, 작업자에게 안전모, 안전화, 작업복, 안면마스크, 호흡용보호구 등 개인 보호장비를 지급하여야 하며, 작업자가 항상 착용하도록 하여야 한다. 작업자가 안전 장비를 착용하지 않았을 경우 작업장 내 출입을 금하거나 작업에서 제외해야 합니다.
5. 과업수행자는 안전보건협의체, 합동 안전보건점검 등에 참석하여 우리회사의 안전보건 관리에 협조해야 합니다.
6. 본 입찰참가자는 「중대재해처벌법 등에 관한 법률」에 따라 종사자의 안전보건상 유해 또는 위험을 방지하고 그 이용자 또는 그 밖의 사람의 생명, 신체의 안전을 위해 해당 사업의 특성 및 규모 등을 고려하여 다음과 같이 조치사항을 이행하여야 합니다.
   ① 재해예방에 필요한 인력, 예산, 점검 등 안전보건관리체계의 구축 및 그 이행에 관한 조치
   ② 재해 발생 시 재발방지대책의 수립 및 그 이행에 관한 조치
   ③ 중앙행정기관·지자체 등이 관계법령에 따라 개선, 시정 등을 명한 사항의 이행에 관한 조치
   ④ 안전보건관계법령에 따른 의무이행에 필요한 관리상의 조치

> 7. 본 입찰 참가자는 중대재해 예방을 위한 '안전보건이행서약서'를 숙지하신 후에 '안전보건관리계획서'를 수립하여 입찰에 응하여야 하며, 입찰서를 제출한 자는 '안전보건이행서약서'를 제출한 것으로 간주합니다. 다만, 낙찰자(계약상대자)는 '안전보건이행서약서'를 계약체결 시 제출하여야 하며 미흡한 사항에 대한 보완요구에 성실히 응해야 합니다.
> 8. 낙찰자(계약상대자)는 본 사업과 관련된 산업안전보건법, 폐기물관리법 등 안전보건관계법령 및 중대재해처벌법의 사업주에게 부여된 종사자의 안전보건 확보의무를 성실히 이행하여야 하며, 이를 이행하지 않아 발생된 모든 사고에 대하여 책임을 집니다.

### (6) 사업장의 안전보건에 관한 정보 제공

안전보건관리 체계구축 이행에 필요한 정보를 제공하고 소통과 협력체계를 구성하고 운영해야 한다. 해당 업체가 선정되기 전에 입찰 과정에서부터 사업장의 안전보건에 관한 정보를 충분히 제공하여 정보 부족으로 인한 재해를 예방해야 한다. 사전에 안전보건정보를 제공받아야만 안전보건관리계획서를 수립할 수 있다.

산업안전보건법 제65조(도급인의 안전 및 보건에 관한 정보의 제공)에서는 도급하는 자는 수급인 근로자의 산업재해예방을 위해 유해 · 위험 화학물질, 설비와 관련된 작업을 시작하기 전에 안전 및 보건에 관한 정보를 문서로 제공하도록 규정하고 있다. 건설업의 경우 안전보건정보를 제공하는 작업은 아래와 같다.

> ① 폭발성 · 인화성 · 독성 등의 유해 · 위험성이 있는 화학물질을 취급하는 설비를 개조 · 분해 · 해체 · 철거하는 작업인 경우
> ② 위 작업에 따른 설비 내부에서 시행되는 작업인 경우
> ③ 질식 또는 붕괴 위험이 있는 작업의 경우

또한 같은 법 시행규칙 제83조에서는 정보제공 항목을 아래와 같이 규정하고 있다.

① 제조 · 사용 · 운반 또는 저장하는 위험물질 및 유해물질의 명칭과 유해성 · 위험성
② 안전보건상 유해하거나 위험한 작업에 대한 안전보건상의 주의사항
③ 안전보건상 유해하거나 위험한 물질의 유출 등 사고가 발생한 경우 필요한 조치 내용

#### (7) 도급 · 용역 · 위탁업체 계약 내역 관리

도급 · 용역 · 위탁 계약 시 계약서에 안전보건 확보를 위한 조건을 명시하고 계약 전 안전보건 수준 평가, 안전보건 확보를 위한 충분한 비용과 작업 기간을 보장해야 안전이 확보될 수 있다. 계약담당 부서에서는 도급 · 용역 · 위탁업체의 계약 내역을 관리할 필요가 있다. 계약부서에서는 계약명, 계약업체, 계약내역, 안전보건 수준평가 등급, 산재발생현황 등에 대한 현황을 관리할 필요가 있다.

### 3) 안전보건 확보를 위한 충분한 비용과 기간 보장

도급 · 용역 · 위탁 등을 하는 자가 해당 사업의 특성, 규모 등을 고려하여 도급 · 용역 · 위탁 등을 받는 자의 안전보건 관리비용에 관한 기준을 마련하여야 한다.

안전보건을 위한 관리비용은 수급인이 사용하는 시설, 설비, 장비 등에 대한 안전조치, 보건조치에 필요한 비용, 종사자의 개인보호구 등 안전 및 보건 확보를 위한 금액으로 정하되, 총금액이 아닌 가급적 항목별로 구체적인 기준을 제시하여야 한다.

안전보건을 위한 관리비용은 도급 · 용역 · 위탁 등을 받은 자의 작업 수행과정에서 안전보건을 위한 관리비용으로 도급계약에 수반되는 금액이다. 도급인이 도급 금액 외에 별도로 지급하여야 하는 비용은 아니다. 도급인이 수급인 선정 시 안전보건 확보 수준에 관한 평가를 고려하지 않거나 수급인이 안전보건조치를 할 수 있는 최소한의 비용을 고려하지 않고 도급

비를 책정하는 경우가 많다. 비용만 고려하여 무조건 최저가낙찰제로 수급인을 선정하여 수급인이 안전보건조치를 하지 않아 중대산업재해가 발생한 것으로 볼 수 있는 경우에는 도급인의 경영책임자가 법 위반의 책임을 부담할 수 있다.

도급 · 용역 · 위탁을 받는 자의 안전보건을 위한 관리비용과 관련된 법적 제도는 산업안전보건법 제72조(건설공사 등의 산업안전보건관리비 계상 등)에 따라 건설공사에서는 산업안전보건관리비를 계상토록 하고 있다. 이를 지급받은 도급업체는 수급업체 근로자를 포함한 전 현장 근로자의 안전보건을 위해서만 사용해야 한다.

**표 3.54 산업안전보건관리비 개요**

| 구분 | 산업안전보건관리비 |
|---|---|
| 용어의 정의 | 현장 근로자의 안전보건을 위하여 사용하는 비용 |
| 근거 법 | 산업안전보건법 제72조 |
| 계상 의무자 | 건설공사발주자 및 건설공사의 시공을 주도하여 총괄 관리하는 자 |
| 적용범위 | 2천만 원 이상 건설공사 |
| 금액 산정 | 공사 금액별 정액 요율 |
| 사용기준 | 고용노동부 고시「건설업 산업안전보건관리비 계상 및 사용기준」 |
| 사용가능 항목 | ① 안전관리자 등 인건비 및 각종 업무 수당 등<br>② 안전시설비 등<br>③ 개인보호구 및 안전장구 구입비 등<br>④ 안전진단비 등<br>⑤ 안전보건교육비 및 행사비 등<br>⑥ 근로자 건강관리비 등<br>⑦ 건설재해예방 기술지도비<br>⑧ 본사 안전전담부서 사용비<br>⑨ 유해 · 위험요인 발굴 · 개선에 필요한 비용 등 |

### 4) 안전보건을 위한 공사기간 또는 건조기간에 관한 기준

안전보건에 관한 별도의 독립적인 기간을 의미하는 것이 아니라 수급인 종사자의 산업재해 예방을 위해 안전하게 작업할 수 있는 충분한 작업기간을 고려한 계약기간을 의미한다. 특히 건설업, 조선업의 경우에는 비용절감 등을 목적으로 안전보건에 관한 사항은 고려하지 않은 채 공사기간과 건조기간을 정하여서는 안 되며, 기상 상황, 중대재해가 발생할 급박한 위험 상황 등 돌발사태 등을 충분히 고려하여 기간에 관한 기준을 마련하여야 한다. 과도하게 짧은 기간을 제시한 업체는 선정하지 않도록 하는 항목도 기준에 포함하여야 한다.

일반적으로 건설공사의 경우 공사기간 기준은 건설기술진흥법 제45조와 제45조의2(공사기간 산정기준) 및 공공 건설공사의 공사기간 산정기준(국토교통부 고시)에 의해 산정한다. 또한 산업재해예방, 불가항력의 사유(자연재해, 전염병 등)가 있는 경우에는 산업안전보건법 제69조(공사기간 단축 및 공법변경금지), 제70조(건설공사기간의 연장)에 따라 안전보건 확보를 위해서 공사기간을 연장해야 한다.

### 5) 계약 담당 부서의 저가 계약 선호 금지

도급 · 용역 · 위탁업체와의 계약은 유해 · 위험요인의 확인 · 제거 · 통제가 필요한 사항으로 계약담당 부서만의 업무가 아니다. 계약담당 부서와 안전담당 부서가 분리된 경우 부서 간 긴밀한 협의를 통해 안전관리 역량이 우수한 수급업체를 선정해야 한다. 안전보건 역량에 대한 고려 없이 계약담당 부서가 저가 계약만을 선호하면 향후 재해 발생으로 인해 더 큰 손해를 가져올 수 있다.

### 6) 공생협력 프로그램 운영

원도급업체보다 상대적으로 산업재해에 취약한 협력업체(하청)의 자율적 안전보건관리 능력을 향상시키고 사망사고 감소에 기여하기 위해 원도급업체 주도의 안전보건 공생협력 프로그램을 수립하여 시행할 필요가 있다. 필요시에는 산재예방 정부지원사업 중 공생협력 프로그램을 활용할 필요가 있다.

### 7) 작업허가제 실시

작업허가제는 고위험 비정형 작업의 경우 작업부서가 소관 상급 부서 또는 안전부서의 허가 승인을 거쳐 작업을 실시하는 안전관리기법(행정적 통제방안)이다. 이때 비정형 작업은 작업방법, 조건이 일상적이지 않은 상태에서 이루어지는 기계수리, 정비, 급유, 청소, 교체 등의 작업이 해당된다. 작업허가제에 따른 작업절차는 다음과 같고 안전작업허가서 활용 서식은 다음 표와 같다.

① 안전작업허가 신청(작업자)
② 안전조치 확인 및 허가(안전담당자)
③ 작업(작업자) 감독(안전담당자)
④ 완료 확인 및 허가서 보존(안전담당자)

### 표 3.55 안전작업 허가서 예시

<table>
<tr><td colspan="2">안전작업 허가서</td><td colspan="4">□ 화기작업 □ 중량물작업 □ 밀폐공간작업<br>□ 고소작업 □ 굴착작업 □ 전기작업 □ 기타</td></tr>
<tr><td>신청부서(업체명)</td><td></td><td>직책</td><td></td><td>성명</td><td>(서명)</td></tr>
<tr><td>허가요청기간</td><td colspan="5">월 일 시부터 시까지</td></tr>
<tr><td>작업 내용</td><td colspan="2"></td><td>작업 장소</td><td colspan="2"></td></tr>
<tr><td>장비 투입</td><td colspan="2"></td><td>작업 인원</td><td colspan="2"></td></tr>
<tr><td colspan="6">작업별 사전체크 항목(안전조치 사항)</td></tr>
<tr><td colspan="2">화기작업</td><td colspan="2">굴착작업</td><td colspan="2">밀폐공간작업</td></tr>
<tr><td>1. 불꽃, 불티 비산방지조치</td><td></td><td>1. 전기동력선 안전한 배치조치</td><td></td><td>1. 산소농도 측정<br>* 산소 18~23.5%</td><td></td></tr>
<tr><td>2. 압력조정기 부착 및 작동 상태</td><td></td><td>2. 제어용 케이블 안전성 유무</td><td></td><td>2. 가연성 및 독성가스농도 측정</td><td></td></tr>
<tr><td>3. 주위 인화성물질 제거 상태</td><td></td><td>3. 지하배관 파악 여부</td><td></td><td>3. 2인 1조 작업 유무</td><td></td></tr>
<tr><td>4. 소화기 배치 유무</td><td></td><td>4. 출입금지 표지판 설치</td><td></td><td>4. 환기 및 배기장치 조치</td><td></td></tr>
<tr><td>5. 전격방지기 정상 가동 상태</td><td></td><td>5. 연락수단 적정 유무</td><td></td><td>5. 출입금지 표지판 설치</td><td></td></tr>
<tr><td>6. 작업장소 환기</td><td></td><td>6. 개인보호구 착용 상태</td><td></td><td>6. 연락수단 적정 유무</td><td></td></tr>
<tr><td>7. 가연성 및 독성가스농도 측정</td><td></td><td>7. 작업장 주변 정리정돈 상태</td><td></td><td>7. 개인보호구 착용 상태</td><td></td></tr>
<tr><td>8. 화재감시자 배치</td><td></td><td>8. 작업자 자격 여부 확인 상태</td><td></td><td></td><td></td></tr>
<tr><td colspan="2">고소작업</td><td colspan="2">중량물작업</td><td colspan="2">전기작업</td></tr>
<tr><td>1. 2인 1조 작업 유무</td><td></td><td>1. 감독자 지정 및 상주 여부</td><td></td><td>1. 작업안내 표지판 설치</td><td></td></tr>
<tr><td>2. 추락위험 방호망 구비 상태</td><td></td><td>2. 로프 상태(파단 및 소손)</td><td></td><td>2. 작업자 자격 여부</td><td></td></tr>
<tr><td>3. 사다리 파손 여부</td><td></td><td>3. 작업 신호자 지정 여부</td><td></td><td>3. 접지 및 방전 여부</td><td></td></tr>
<tr><td>4. 이동식 비계 안전인증 유무</td><td></td><td>4. 적재물 이동 경로 적정성</td><td></td><td>4. 정전작업 전로 개폐 시건</td><td></td></tr>
<tr><td>5. 작업지지대 작동 상태</td><td></td><td>5. 관계자 외 출입통제 조치</td><td></td><td>5. 기타 조치사항</td><td></td></tr>
<tr><td>6. 안전모 착용 상태</td><td></td><td></td><td></td><td></td><td></td></tr>
<tr><td>7. 안전대(2 m 이상 시)<br>착용 상태</td><td></td><td></td><td></td><td></td><td></td></tr>
<tr><td>요청부서 요청 사항</td><td colspan="5"></td></tr>
<tr><td rowspan="3">작업관리 부서<br>(협력업체 포함)</td><td>확인 사항</td><td colspan="4">□ 현장 확인 결과 이상 없음<br>□ 보완사항 보완 후 작업(내용 : )</td></tr>
<tr><td rowspan="2">확인자</td><td>소속</td><td>직책</td><td colspan="2">성명</td></tr>
<tr><td></td><td></td><td colspan="2">(인)</td></tr>
<tr><td rowspan="3">허가관리 부서<br>(안전보건 주관 부서 또는<br>작업 주관부서)</td><td>허가 내용</td><td colspan="4"></td></tr>
<tr><td rowspan="2">허가자</td><td>소속</td><td>직책</td><td colspan="2">성명</td></tr>
<tr><td></td><td></td><td colspan="2">(인)</td></tr>
</table>

**표 3.56 화기작업 허가서**

## 화기작업 허가서

허가번호 : 허가일자 :

신청인 : 부서 ________ 직책 ________ 성명 ________________ (서명)

작업허가기간 : 년 월 일 시 부터 시까지

| 작업장소 및 설비(기기) | 작업 개요 | 보충적인 허가 필요여부 |
|---|---|---|
| 작업 신청번호 :<br>작업지역 :<br>장치번호 :<br>장 치 명 : | | • 밀폐공간출입 : □ • 고소작업 : □<br>• 정전작업 : □ • 중장비작업 : □<br>• 굴착작업 : □ • 기타허가 : □<br>• 방사선사용작업 : □ |

**안전조치 요구사항** ＊필요한 부분에 표시, 확인은 ⓥ표시

| | | | |
|---|---|---|---|
| • 작업구역 설정(출입경고 표지) | □ ○ | • 비산불티차단막 설치 | □ ○ |
| • 가스농도 측정 | □ ○ | • 정전/잠금/표지부착 | □ ○ |
| • 밸브차단 및 차단표지부착 | □ ○ | • 환기장비 | □ ○ |
| • 맹판설치 및 표지부착 | □ ○ | • 조명장비 | □ ○ |
| • 용기개방 및 압력방출 | □ ○ | • 소화기 | □ ○ |
| • 위험물질방출 및 처리 | □ ○ | • 안전장구 | □ ○ |
| • 용기내부 세정 및 처리 | □ ○ | • 안전교육 | □ ○ |
| • 불활성가스 치환 및 환기 | □ ○ | • 운전요원의 입회 | □ ○ |

| 기타 특별 요구 사항 | | 첨부 서류 | • 차단밸브 및 맹판설치 위치표시 도면 □<br>• 소화기 목록 □<br>• 소요안전장구 목록 □<br>• 특수작업절차서 □<br>• 보충작업허가서 □ |
|---|---|---|---|

| 가스점검 | 가스명 | 결과 | 점검시간 | 가스명 | 결과 | 점검시간 | 점검기기명 : ________<br>점검자 : ________ (서명)<br>확인자(입회자) : ________ (서명) |
|---|---|---|---|---|---|---|---|
| | | | | | | | |

| 안전조치 확인 | 작업완료확인 |
|---|---|
| 작업부서 책임자 : ________ (서명)<br>입회자 : ________ (서명) | 완료시간 : ________<br>입 회 자 : ________<br>작 업 자 : ________<br>조치사항 : |
| 발급자<br>부서 ____ 직책 ____ 성명 ____ (서명)<br>승인자<br>부서 ____ 직책 ____ 성명 ____ (서명) | 관련부서 협조자<br>부서 ____ 직책 ____ 성명 ____ (서명)<br>부서 ____ 직책 ____ 성명 ____ (서명) |

**표 3.57 일반 위험작업 허가서**

# 일반 위험작업 허가서

허가번호 : 허가일자 :

신청인 : 부서 ________ 직책 ________ 성명 ______________ (서명)

작업허가기간 : 년 월 일 시 부터 시까지

| 작업장소 및 설비(기기) | 작업 개요 | 보충적인 허가 필요여부 |
|---|---|---|
| 작업 신청번호 :<br>작업지역 :<br>장치번호 :<br>장 치 명 : | | • 밀폐공간출입 : □ • 고소작업 : □<br>• 정전작업 : □ • 중장비작업 : □<br>• 굴착작업 : □ • 기타허가 : □<br>• 방사선사용작업 : □ |

안전조치 요구사항 ∗필요한 부분에 표시, 확인은 ⓥ표시

| | | | |
|---|---|---|---|
| • 작업구역 설정(출입경고 표지) | □ ○ | • 비산불티차단막 설치 | □ ○ |
| • 가스농도 측정 | □ ○ | • 정전/잠금/표지부착 | □ ○ |
| • 밸브차단 및 차단표지부착 | □ ○ | • 환기장비 | □ ○ |
| • 맹판설치 및 표지부착 | □ ○ | • 조명장비 | □ ○ |
| • 용기개방 및 압력방출 | □ ○ | • 소화기 | □ ○ |
| • 위험물질방출 및 처리 | □ ○ | • 안전장구 | □ ○ |
| • 용기내부 세정 및 처리 | □ ○ | • 안전교육 | □ ○ |
| • 불활성가스 치환 및 환기 | □ ○ | • 운전요원의 입회 | □ ○ |

| 기타 특별 요구 사항 | | 첨부 서류 | • 차단밸브 및 맹판설치 위치표시 도면 □<br>• 소화기 목록 □<br>• 소요안전장구 목록 □<br>• 특수작업절차서 □<br>• 보충작업허가서 □ |
|---|---|---|---|

| 가스 점검 | 가스명 | 결과 | 점검시간 | 가스명 | 결과 | 점검시간 | 점검기기명 : ______<br>점검자 : ______ (서명)<br>확인자(입회자) : ______ (서명) |
|---|---|---|---|---|---|---|---|
| | | | | | | | |

| 안전조치 확인 | 작업완료확인 |
|---|---|
| 작업부서 책임자 : ______ (서명)<br>입회자 : ______ (서명) | 완료시간 : ______<br>입 회 자 : ______<br>작 업 자 : ______<br>조치사항 : |
| 발급자<br>부서 ____ 직책 ____ 성명 ____ (서명)<br>승인자<br>부서 ____ 직책 ____ 성명 ____ (서명) | 관련부서 협조자<br>부서 ____ 직책 ____ 성명 ____ (서명)<br>부서 ____ 직책 ____ 성명 ____ (서명) |

**표 3.58 밀폐공간 출입 허가서**

## 밀폐공간 출입 허가서

허가번호 : 허가일자 :

신청인 : 부서 ________ 직책 ________ 성명 ________________ (서명)

작업허가기간 : 년 월 일 시 부터 시까지

| 작업장소 및 설비(기기) | 출입사유 : | 관련작업허가 |
|---|---|---|
| 작업 신청번호 :<br>장 치 명 : | 출입자 명단 :<br>밀폐장소의 예상위험 : | • 화기작업허가 : □<br>• 일반위험작업허가 : □ |

**안전조치 요구사항** * 필요한 부분에 표시, 확인은 ⊘표시

| | | | | | |
|---|---|---|---|---|---|
| • 밸브차단 및 차단표식부착 | □ | ○ | • 정전/잠금/표지부착 | □ | ○ |
| • 가스농도 측정 | □ | ○ | • 환기장비 | □ | ○ |
| • 맹판설치 및 표지부착 | □ | ○ | • 조명장비 | □ | ○ |
| • 압력방출 | □ | ○ | • 소화기 | □ | ○ |
| • 용기세척 후 공기/물 치환, 환기 | □ | ○ | • 안전장구(구명선 등) | □ | ○ |
| • 산소농도 측정 | □ | ○ | • 안전교육 | □ | ○ |
| | | | • 운전요원의 입회 | □ | ○ |

| 기타 특별 요구 사항 | 1. 통신수단 | 첨부 서류 | • 차단밸브 및 맹판설치 위치표시 도면 □<br>• 소화기 목록 □<br>• 소요안전장구 목록 □<br>• 특수작업절차서 □ |
|---|---|---|---|

| 가스 점검 | 가스명 | 결과 | 점검시간 | 가스명 | 결과 | 점검시간 | 점검기기명 : ________<br>점검자 : ________ (서명)<br>확인자(입회자) : ________ (서명) |
|---|---|---|---|---|---|---|---|
| | | | | | | | |

* 가스측정결과 1. H · C : 0%, 2. $O_2$ : 18% 이상, 3. CO : 25 ppm 이하, 4. $CO_2$ : 1.5% 미만
5. $H_2S$ : 10 ppm 이하

| 안전조치 확인 | 작업완료확인 |
|---|---|
| 작업부서 책임자 : ________ (서명)<br>입회자 : ________ (서명) | 완료시간 : ________<br>입 회 자 : ________<br>작 업 자 : ________<br>조치사항 : |
| 발급자<br>부서 ____ 직책 ____ 성명 ____ (서명)<br>승인자<br>부서 ____ 직책 ____ 성명 ____ (서명) | 관련부서 협조자<br>부서 ____ 직책 ____ 성명 ____ (서명)<br>부서 ____ 직책 ____ 성명 ____ (서명) |

**표 3.59 정전작업 허가서**

## 정전작업 허가서

허가번호 : 허가일자 :

신청인 : 부서 ________ 직책 ________ 성명 ________________ (서명)

작업허가기간 : 년 월 일 시 부터 시까지

| 전기차단이 요구되는 기기 | 차단기 번호 | 관련 작업허가 |
|---|---|---|
| | | • 화기작업허가 : □<br>• 일반위험작업허가 : □ |

**안전조치 요구사항** * 필요한 부분에 표시, 확인은 ⓥ표시

| 제어반 | | 현장기기 | |
|---|---|---|---|
| • 주 차단 스위치 내림 | □ ○ | • 현장스위치 내림 | □ ○ |
| • 제어차단기 내림 | □ ○ | • 차단표지판 부착 | □ ○ |
| • 잠금장치 | □ ○ | | |
| • 시험전원 차단 | □ ○ | | |
| • 차단표지판 부착 | □ ○ | | |

| 기타 특별 요구 사항 | | 차단확인자 |
|---|---|---|
| | 1. 잠금장치의 열쇠보관 및 담당자 관리 철저<br>2. 작업자/운전자/전기담당자의 통신수단 확보 | 전기담당자 ________________ (서명)<br>현장작업자 ________________ (서명) |

전원복구 :
모든 작업이 완료된 후 담당부서의 입회자의 요청에 의해서만 전원을 복구하여야 한다.

전원복구 요청자 : ________________

전원복구 시 간 : ________________

| 발급자 | 관련부서 협조자 |
|---|---|
| 부서 ______ 직책 ______ 성명 ______ (서명) | 부서 ______ 직책 ______ 성명 ______ (서명) |
| 승인자 | |
| 부서 ______ 직책 ______ 성명 ______ (서명) | 부서 ______ 직책 ______ 성명 ______ (서명) |

**표 3.60 굴착작업 허가서**

# 굴착작업 허가서

허가번호 : 허가일자 :

신청인 : 부서 ________ 직책 ________ 성명 ______________ (서명)

작업허가기간 : 년 월 일 시 부터 시까지

| 작업 신청번호<br>작업지역 :<br>작업장소 : | 작업개요 | 관련 작업허가 |
|---|---|---|
| | | • 화기작업허가 : □<br>• 일반위험작업허가 : □ |

굴착도 스케치 :

※ 필요한부분에 표시, 확인은 ⓥ표시

<u>관련설비별</u> <u>확인자</u>

1. 기계배관 관련 확인사항 : 지하배관 유무 □ ○ 성명 ____________ (서명)
2. 소방관련 확인사항 : 소방배관, 배출구 유무 □ ○ 성명 ____________ (서명)
3. 전기관련 확인사항 : 전기동력선 유무 □ ○ 성명 ____________ (서명)
4. 계장관련 확인사항 : 제어용 케이블 유무 □ ○ 성명 ____________ (서명)
5. 기타관련 확인사항 : 전화선 · 접지선 유무 □ ○ 성명 ____________ (서명)

| 기타 특별 요구 사항 | | 작업완료 확인 :<br>완료 시간 :<br>확인자 :<br>작업자 : |
|---|---|---|

| 발급자<br>부서 ____ 직책 ____ 성명 ____ (서명)<br>승인자<br>부서 ____ 직책 ____ 성명 ____ (서명) | 관련부서 협조자<br>부서 ____ 직책 ____ 성명 ____ (서명)<br>부서 ____ 직책 ____ 성명 ____ (서명) |
|---|---|

## 표 3.61 고소작업 허가서

### 고소작업 허가서

허가번호 : 허가일자 :

신청인 : 부서 ____________ 직책 ____________ 성명 ______________________(서명)

작업허가기간 : 년 월 일 시 부터 시까지

| | 작업내용 | 관련 작업허가 |
|---|---|---|
| 작업 신청번호 :<br>작업지역 :<br>작업장소 : | | • 화기작업허가 : □<br>• 일반위험작업허가 : □ |

**안전조치 요구사항** * 필요한 부분에 표시, 확인은 ⓥ표시

| | | 확인자 |
|---|---|---|
| 1. 작업에 적합한 작업발판 및 안전난간설치 여부 | □ ○ | 성명 ________________(서명) |
| 2. 안전대 착용 및 부착 여부 | □ ○ | 성명 ________________(서명) |
| 3. 추락 방지용 방망 설치 여부 | □ ○ | 성명 ________________(서명) |

| 기타 특별 요구 사항 | | 작업완료 확인 :<br>완료 시간 :<br>확인자 :<br>작업자 : |
|---|---|---|

| 발급자 | 관련부서 협조자 |
|---|---|
| 부서 _____ 직책 _____ 성명 _____(서명) | 부서 _____ 직책 _____ 성명 _____(서명) |
| 승인자<br>부서 _____ 직책 _____ 성명 _____(서명) | 부서 _____ 직책 _____ 성명 _____(서명) |

**표 3.62 중장비작업 허가서**

<table>
<tr><td colspan="4">

# 중장비작업 허가서

허가번호 : 허가일자 :<br>
신청인 : 부서 ________ 직책 ________ 성명 ________________ (서명)<br>
작업허가기간 : 년 월 일 시 부터 시까지
</td></tr>
<tr><td colspan="2" rowspan="2">작업 신청번호 :<br>작업지역 :<br>투입장비 :</td><td>작업내용</td><td>관련 작업허가</td></tr>
<tr><td></td><td>• 화기작업허가 :☐<br>• 일반위험작업허가 :☐</td></tr>
<tr><td>안전조치 요구사항</td><td colspan="3">* 필요한 부분에 표시, 확인은 ⓥ표시</td></tr>
<tr><td colspan="4">• 기상상태 ☐ ○ • 전원설비 간섭여부 ☐ ○<br>• 신호수배치 ☐ ○ • 매트 등 부속장구 ☐ ○<br>• 조명설비 ☐ ○ • 노면상태 ☐ ○<br>• 통행금지 표지판 부착 ☐ ○</td></tr>
<tr><td>기타 특별 요구 사항</td><td>• 자격증 소지 여부</td><td colspan="2">안전조치 확인자 : ________ (서명)<br>장비관리 책임자 : ________ (서명)<br>운전원 : ________ (서명)</td></tr>
<tr><td colspan="4">감독 : 모든 작업은 장비투입부터 완료 후 철수할 때까지 요청부서와 지원부서의 현장책임자가 감독한다.<br>요청부서 : ________________<br>지원부서 : ________________</td></tr>
<tr><td colspan="2">발급자<br>부서 ____ 직책 ____ 성명 ____ (서명)<br>승인자<br>부서 ____ 직책 ____ 성명 ____ (서명)</td><td colspan="2">관련부서 협조자<br>부서 ____ 직책 ____ 성명 ____ (서명)<br>부서 ____ 직책 ____ 성명 ____ (서명)</td></tr>
</table>

### 8) 도급 진행단계별 주요 안전보건 활동

도급사업주도 도급 · 용역 · 위탁업무의 위험도를 사전에 분석하고 위탁업무 수행 시에는 안전보건에 대한 관리 감독을 해야 한다. 도급 · 용역 · 위탁 계약체결과 업무수행 과정에서 수행하여야 할 주요 안전보건 활동은 다음과 같다.

#### (1) 계약단계

① 도급 · 용역 · 위탁업무 검토 : 도급금지 및 도급승인 대상 검토
② 도급 · 용역 · 위탁업무 입찰 공고 : 안전보건수준 평가 기준 제시
③ 입찰서류 검토 : 안전보건관리계획서 검토 및 안전보건수준 평가
④ 도급업체 계약 : 적격수급업체 선정(안전보건 조건 명시)

**표 3.63 도급 · 용역 · 위탁 계약 시, 수급인 선정기준 · 절차 마련**

| |
|---|
| • 수급인 선정 절차도<br>• 수급인 선정 기준표<br>• 수급인 안전보건관리 준수 서약서<br>• 도급 · 용역 · 위탁 시 안전관리 및 점검사항<br>• 안전보건협의체 개최결과 관리<br>• 작업장 순회점검 일지 및 점검표<br>• 도급인 · 수급인 합동 점검표 및 점검 결과에 따른 조치 관리 |

#### (2) 수행단계

① 안전보건총괄책임자의 선임
  • 상시 근로자 100명 이상 또는 건설업의 경우 공사금액 20억 원 이상 현장
② 도급 · 용역 · 위탁업무 계약 이행
  ⓐ 안전보건 정보제공
  ⓑ 안전보건협의체 구성 · 운영
    • 도급인, 수급인을 구성원으로 하는 안전보건협의체 구성 · 운영

| 구분 | 주요 내용 |
|---|---|
| 구성 | 도급인 사업주 + 수급인 사업주 전원 |
| 운영 | 매월 |
| 협의내용 | • 작업시간<br>• 작업 또는 작업장 간 연락방법<br>• 재해발생 위험 존재 시 대피방법<br>• 위험성평가 실시 관련<br>• 사업주와 수급인 또는 수급인 상호 간의 연락방법 및 작업공정 조정 |

ⓒ 순회점검, 합동안전보건점검

- 건설현장의 경우 2일 1회 이상
- 수급인의 경우 도급인이 실시하는 순회점검 거부, 방해, 기피는 불가하며, 점검 결과에 따른 도급인의 시정요구사항에 대하여 이행 필요
- 작업장 합동 안전보건 점검

| 구분 | 주요 내용 |
|---|---|
| 구성 | 도급인, 수급인, 도급인 및 수급인 근로자 각 1명 |
| 운영 | (건설) 2개월 1회 이상 |

ⓓ 안전 작업허가제 실시

ⓔ 안전보건교육 지도 · 지원

- 안전보건교육을 위한 장소 · 자료 제공 등 지원 및 안전보건교육 실시 확인

ⓕ 유해인자 및 화학물질 관리

ⓖ 경보체계, 대피 등 합동 훈련

- 발파, 붕괴, 지진 등에 대비한 경보체계 운영 및 대피방법 훈련

ⓗ 위생시설 등 장소 제공(이용 협조)

- 위생시설 설치 등을 위한 필요한 장소 제공 또는 협조

ⓘ 같은 장소에서 이루어지는 작업에 있어서 관계 수급인 등의 작업시기 · 내용, 안전 및 보건조치 등 확인

ⓙ 다수의 협력업체 작업 시 인근 협력업체의 작업 내용, 시간 등 안내

### (3) 종료

① 도급 · 용역 · 위탁업무 완료 : 안전보건 업무 수행 평가

| 단계 | 업무 | 주요 안전보건 활동 |
|---|---|---|
| 계약 | ① 도급·용역·위탁 업무 검토 | • 도급금지 및 도급승인 대상 검토 |
| | ② 도급·용역·위탁 업무 입찰 공고 | • 안전보건수준 평가 기준 제시 |
| | ③ 입찰서류 검토 | • 안전보건관리계획서 및 안전보건수준 평가 |
| | ④ 도급업체 계약 | • 적격 수급업체 선정(안전보건 조건 명시) |
| 수행 | ⑤ 도급·용역·위탁 업무 계약 이행 | • 안전보건 정보제공<br>• 안전보건협의체 구성·운영<br>• 순회점검, 합동안전보건점검<br>• 안전 작업허가제 실시<br>• 안전보건교육 지도·지원<br>• 유해인자 및 화학물질 관리<br>• 경보체계, 대피 등 합동 훈련<br>• 위생시설 등 장소 제공(이용 협조) |
| 종료 | ⑥ 도급·용역·위탁 업무 완료 | • 안전보건 업무 수행 평가 |

**그림 3.5 도급 진행단계별 주요 안전보건 활동 예시**

## 9) 반기 1회 이상 점검실시

마련된 기준과 절차에 따라 도급 · 용역 · 위탁 등이 이루어지는지 반기 1회 이상 점검해야 한다. 점검결과 개선사항에 대해서는 필요한 조치를 해야 한다. 마련된 기준과 절차에 따르면 안전 및 보건 확보가 이행되기 어려울 것으로 보이는 업체와는 계약하지 않도록 해야 한다. 해당 기준을 충족하는 수급인에게 도급 · 용역 · 위탁을 함은 물론, 해당 관리비용을 집행하고 공사기간, 건조기간을 준수할 수 있도록 실제 계약이 제대로 이행되는지도 점검항목에 포함하여야 한다.

## 도급 · 용역 · 위탁 시 수급인의 안전보건 확보의무 조치사항 점검표

| 사업장명 : | | 점검일자 : 년 월 일 | |
|---|---|---|---|
| 점검자<br>(담당자) | (서명) | 확인자<br>(현장소장/사주 등) | (서명) |

| 점검 사항 | 양호 | 미비 | 개선사항 |
|---|---|---|---|
| 도급 · 용역 · 위탁 시 안전보건 수준을 평가하는 절차 수립 여부 | | | |
| 도급 · 용역 · 위탁 시 안전보건 수준 평가 기준이 적절하여, 그 결과 안전보건 능력을 갖춘 자 선정 여부 | | | |
| 도급 · 용역 · 위탁 시 도급 · 용역 · 위탁 등을 받는 자의 안전보건을 위한 관리비용, 공사기간 등에 대한 검토기준 수립 여부 | | | |
| 도급 · 용역 · 위탁 시 도급 · 용역 · 위탁 등을 받는 자의 산재예방 능력 평가 기준에 따라 평가 · 선정이 이루어지는지를 주기적 점검 여부(반기 1회 이상) | | | |
| 도급 · 용역 · 위탁 시 도급 · 용역 · 위탁 등을 받는 자의 적정 안전보건 관리비용 검토 후 비용이 지급되는지를 주기적 점검 여부(반기 1회 이상) | | | |
| 도급 · 용역 · 위탁 시 도급 · 용역 · 위탁 등을 받는 자의 적정 사업기간 검토 후 해당 사업이 이루어지는지를 주기적 점검 여부(반기 1회 이상) | | | |
| 도급 · 용역 · 위탁 시 사전에 유해 · 위험물질의 유해성 · 위험성, 유해 · 위험작업에 대한 주의사항 등 안전보건에 관한 정보 제공 여부 | | | |
| 도급 · 용역 · 위탁받은 자가 안전보건에 관한 의견을 전달하는 절차가 있고, 그에 대한 검토 및 처리결과를 종사자에게 공유 여부 | | | |
| 도급 · 용역 · 위탁 업무 시 유해 · 위험한 작업의 경우 안전작업 허가제를 통해 관리하고, 점검반을 구성하여 수시로 안전보건 점검 실시 여부 | | | |
| 도급 · 용역 · 위탁받은 자가 실시하는 위험성평가, 안전보건교육 등 안전보건활동의 적정성 검토 · 확인 여부 | | | |
| 도급 · 용역 · 위탁 업무 완료 시 안전보건 업무 평가 결과 활용 여부 | | | |

※ 점검 후 이행되지 않은 사항 추가 조치
※ 반기 1회 이상 점검

## 9.5 컴플라이언스 핵심 체크포인트

① 산재예방 능력 있는 도급업체 선정을 위한 평가 실시 및 결과 반영

- 도급 · 용역 · 위탁 등의 계약자를 정하기 위한 평가 기준에 안전보건에 관한 항목도 포함하여 평가를 실시하여야 한다.
- 계약자 선정 절차 중 안전보건 역량 평가결과가 자체 기준을 충족하지 못할 경우 계약 불가 또는 개선조치 후 계약 진행 등 그에 상응하는 조치를 취하여야 한다.

② 안전보건을 위한 관리비용 및 공사기간 기준 마련

- 안전보건을 위한 관리비용은 도급을 받은 수급업체가 사용하는 시설, 설비, 장비 등에 대한 안전조치, 보건조치에 필요한 비용, 종사자의 개인보호구 구비를 위한 비용 등으로 이를 갖출 수 있는 안전보건관리 비용을 책정하여야 한다.
- 건설업 및 조선업의 경우 수급업체 종사자 등의 산업재해 예방을 위해 안전하게 작업할 수 있는 작업기간을 고려하여 공사기간을 정하는 기준이 마련되어야 하는 바, 작업 단계별(준비기간/비작업일수/주요 작업별 작업일수/정리기간 등)로 나누어 적정 공사기간을 협의할 필요가 있다.
- 수급업체 등과 안전보건관리 비용과 공사 기간에 대하여 협의하고 그 협의의 내용을 기록하여 두는 것이 바람직하다.

③ 반기 1회 이상 점검

- 반기 1회 이상 위 협력업체 안전보건 수준 평가, 관리비용 및 공사기간 기준에 따른 이행 결과를 보고하여야 한다.
- 위 보고 결과에 따라 미흡한 부분은 필요한 조치를 취하고 관련 기록을 남겨 놓아야 한다.

## 9.6 고용노동부 유권해석

### 안전보건 관리비용에 관한 기준 마련 의무화의 취지

고용노동부 질의회시(중대산업재해감독과-1719, 2021.11.22)에 따르면 개인사업주 또는 경영책임자 등이 도급 · 용역 · 위탁 등을 받는 자(수급인 등)의 안전보건을 위한 관리비용에 관한 기준을 마련하는 의무를 둔 취지는 도급 · 용역 · 위탁 등을 하는 자(도급인 등)가 도급 등을 하기 전에 수급인 등의 업무수행 시 요구되는 안전보건을 위한 관리 비용에 관한 기준을 설정하고 수급인 등과 도급계약 체결 시 도급인 등이 정한 안전보건을 위한 관리 비용에 관한 기준을 고려한 금액을 도급금액에 포함하도록 하여야 한다는 의미이다.
따라서 도급인 등은 해당기준을 설정하고 그에 따른 관리비용은 해당 도급 등 계약내용에 반영하여야 하며, 수급인 등은 이를 종사자의 안전보건 확보를 위해 사용하여야 한다.

### 타 법상 의무와의 관계

고용노동부 질의회시(중대산업재해감독과-2795, 2022.07.21)에 따르면 중대재해처벌법과 국가계약법 및 지방계약법은 각각 별개의 법률로써 각 법령의 수급자는 해당 법률상 의무를 모두 이행하여야 한다고 보고 있다.
국가계약법 및 지방계약법상의 기준을 충족하였을지라도 중대재해처벌법 시행령 제4조제9호 가목에 따른 수급인 등이 산업재해 예방을 위한 조치능력과 기술에 관한 평가 기준에 미달하는 업체와 도급 · 용역 · 위탁 등 계약을 체결하고 이로 인해 중대산업재해가 발생하였다면 해당 기관의 경영책임자는 중대재해처벌법을 위반한 것으로 볼 수 있다.

### 산업안전보건법 제61조의 적격 수급인 선정 의무와 중대재해처벌법 시행령 제4조 제9호의 의무 관계

고용노동부 질의회시(중대산업재해감독과-3887, 2022.10.04)에 따르면 산업안전보건법상 적격 수급인 선정 의무를 이행하였다는 사실만으로 중대재해처벌법 시행령 제4조제9호에 따른 도급 · 용역 · 위탁 등을 받는 자의 산업재해 예방을 위한 평가기준, 절차를 마련하고 반기 1회 이상 점검의무를 이행하였다고 곧바로 간주되는 것은 아니라는 입장이다. 다만, 산업안전보건법상 적격 수급인 선정 의무를 이행한 경우 중대재해처벌법 시행령 제4조제9호에 따른 의무를 이행한 것으로 판단될 여지는 높다고 해설하고 있다.

**도급 · 용역 · 위탁 등을 하는 경우 평가해야 하는 수급인의 범위**

고용노동부 질의회시(중대산업재해감독과-4346, 22.11.07)에 따르면 중대재해처벌법 시행령 제4조제9호에서는 도급 등의 계약기간 또는 공사금액 등에 관하여는 따로 예외를 두지 않으므로 단기 또는 소액 유지보수공사라 하더라도 종사자의 생명과 신체를 보호하기 위하여 협력업체에 대한 기준과 절차를 마련하고 평가를 실시해야 한다고 보고 있다.

**도급인의 중대재해처벌법 의무 이행 점검 방식**

고용노동부 질의회시(중대산업재해감독과-573, 23.02.21)에 따르면 도급업체의 상시 근로자가 50인 이상(2024년 1월 27일부터는 5인 이상)이라면 도급인은 수급인에 대해 법 제4조, 제5조, 시행령 제4조에 따른 조치를 취해야 한다. 다만 이를 이행하는 방법에 대해서는 별도로 규정하고 있지 않으므로 직접 실행하여야 할 내용은 직접 실행하여야 한다. 수급인에게 확인하여야 할 내용이 있다면 확인하는 등 기업의 상황에 맞게 자율적인 방법으로 의무를 이행하면 된다는 입장이다.

아울러 도급인의 경영책임자는 중대재해처벌법 제4조, 제5조에 따라 종사자에 대한 안전 및 보건 확보의무가 있으므로 수급인에 대한 법 적용 여부와 무관하게 도급인은 수급인 종사자에 대하여 안전 및 보건 확보의무를 부담하여야 한다.

## 9.7 중요 판결 & 수사 사례에 따른 핵심 실천사항

### 1) 주요 위반사항

- 협력업체의 안전보건 수준에 대한 평가기준 및 항목이 마련되어 있지 아니함
- 평가 기준이 마련되어 있지만, 현장에서는 실제로 평가 없이 계약이 체결됨
- 산업재해 이력이 많고, 안전보건 수준이 취약한 업체임에도 비용이 저렴하여 선정
- 무리하게 짧은 공사기간을 제시한 업체를 선정

### 2) 판결 사례

**제5호 OO건설 판결 : 의정부지방법원 고양지원 2023. 10. 06 선고 2022고단3255 판결**

- "피고인은 제3자에게 업무의 도급 등을 하는 경우에는 종사자의 안전보건을 확보하기 위하여 도급받는 자의 산업재해 예방을 위한 조치 능력과 기술에 관한 평가기준 및 절차를 전혀 마련하지 아니하여, 이 사건 관계 수급인인 주식회사 A의 공사현장에 대한 위험성평가조차 할 수 없었음에도 도급을 맡겨 철근콘크리트 공사를 진행하게 하였음"

**제20호 선박건조업 및 수리업체 판결 : 창원지방법원 통영지원 2024. 08. 21 선고 2023고단95, 2023고단1448(병합) 판결**

- "피고인이 이 법 시행일 당시 도급을 받는 자의 안전보건을 위한 관리비용에 관한 기준을 세운 상태에서 그에 입각하여 이 사건 공사를 하도급할 업체를 평가하였다면, 자체적으로는 추락방호망이나 라이프라인 등 추락 방호장치를 설치할 수 있는 관리비용을 고려하지 않고 견적을 제출한 상피고인 C에게 이 사건 공사를 하도급하지 않거나 최소한 그 관리비용을 계상하지 않은 상태로는 하도급하지 않았을 것임"

※ CHECK POINT
- 계약 상대방의 사정을 봐주어 섣불리 계약하는 것은 금물
- 계약체결 전 반드시 안전보건 수준에 관한 사전 평가 절차를 거칠 것
- 최소한 위험성평가를 할 수 있는 업체를 선정
- 영세한 업체와의 계약이 불가피할 경우, 위험성평가 관련 자료 등을 제공하고 지원하는 것이 필요

### 3) 주요 수사 사례 (안전보건 확보의무 이행 인정)

**사례 1**

- 공정안전관리(PSM) 이행평가에서 안전보건 분야에 대한 평가를 실시하고 적정한 도급업체를 선정하고 있다는 취지의 평가 소견
- 협력업체 관리절차서 등 평가기준과 절차에 관한 규정을 마련
- 위 규정에 따라 정기적으로 산재 예방조치 능력에 대한 평가를 실시함

## 4) 핵심 실천사항

| | |
|---|---|
| 수급업체등에 대한 평가기준 · 절차마련 | • 안전보건에 관한 별도 평가항목 및 기준 마련 및 계약체결 전 상대방 평가 실시<br>• 고용노동부의 샘플 자료 적극 활용 가능(수급업체 등 안전보건 수준 평가 기준)<br>• 평가에 대한 상응하는 조치 필요(계약 체결 거절, 시정조치 및 적절한 지원 등) |
| 안전보건 관리비용 및 공사기간에 관한 기준 마련 | • 안전보건을 위한 관리비용은 수급업체가 사용할 안전보건 조치에 필요한 비용<br>• 종사자의 개인보호구 구비를 위한 비용 등 충분한 비용이 지급되어야 함<br>• (건설업 및 조선업) 적정한 공사기간에 관한 기준 마련 필요 |
| 반기 1회 이상 위 기준에 따른 이행 여부 점검 | • 평가기준에 따라 재해 예방 능력이 있는 계약업체가 선정되는지 점검<br>• 지급기준에 따라 충분한 안전보건 관리비용이 지급되는지 점검<br>• 건설업 및 조선업의 경우, '공사기간'(건조기간)기준에 대한 점검 반드시 필요<br>• 경영책임자는 점검 결과를 보고받고, 추가로 개선조치 지시 |

## 9.8 수급업체 안전보건 역량 평가 관련 이행 점검기준

### □ 수급업체 적격여부 평가 점검표

○ 점검일 :
○ 부서명 :
○ 점검책임자 : (인)

| 결재 | 작성 | 검토 | 승인 |
|---|---|---|---|
| | | | |

### □ 점검 주요 내용

| 점검내용 | 점검결과 |
|---|---|
| 1. 법상 도급금지 및 승인 대상 여부 확인<br>① 도급금지 작업(제58조), 도급승인(제59조) 및 도급의 승인 시 하도급 금지(제60조) 확인<br>② 도급 · 용역 · 위탁 업무의 위험도 사전에 분석 | |
| 2. 도급 · 용역 · 위탁 사업주 선정기준(매뉴얼)과 절차 마련<br>① 산업재해예방을 위한 조치 능력과 기술에 관한 평가 관련 기준, 절차(적격수급업체 선정 평가 매뉴얼 등)<br>② 안전보건 확보가 어려운 경우 계약 금지 조문 명시<br>③ 평가항목<br>• 안전보건관리체계(리더십, 근로자 참여, 위험요인 파악 및 제거 · 대체 · 통제, 비상조치계획)<br>• 도급 · 용역 · 위탁 안전보건 관리계획(위험요인 파악 및 제거 · 대체 · 통제, 자원 배정(시설 · 장비), 자원 배정(인력), 비상조치계획)<br>④ 안전관리비용 지급대상 확대반영 : 건설공사, 구매설치, 용역 등<br>⑤ 안전보건을 위한 공사기간<br>• 도급 · 용역 · 위탁자에 대해 안전보건 확보를 위한 공사기간 산정 | |
| 3. 안전보건을 위한 공사비용, 공사기간에 관한 기준<br>① 회사 자체적인 공사비용, 공사기간 기준 마련<br>② 협력업체에 산업안전보건관리비 계상, 보전 여부<br>③ 협력업체의 안전관련 추가 비용 요구, 공기연장 요구 등에 대한 적정성 평가할 수 있는 절차, 기준 마련 여부 | |

| 점검내용 | 점검결과 |
|---|---|
| 4. 입찰공고문 명문화 규정 : 입찰, 소액의 공고문에도 중대재해처벌법 관련 법령 준수 문구 추가<br>① 안전관리비용, 적절한 공사기간 제시<br>② 안전보건수준 평가 기준 제시<br>③ 안전보건관리계획서 작성 기준 제시 | |
| 5. 도급 · 용역 · 위탁업체 안전보건 수준 평가<br>① 평가위원회 구성, 평가위원 적합성, 평가기준, 평가항목에 따라 평가 실시<br>• 내외부 전문가로 구성, 종사자 참여 등<br>• 평가의 객관성, 신뢰성 확보 : 배점 근거 등<br>• 평가대상 : 실질적으로 지배 · 운영 · 관리 책임이 있는 도급 · 용역 · 위탁사업 계약<br>② 안전보건관리계획서를 평가기준에 따라 평가 실시<br>• 평가방법 : 안전보건관리계획서 제출(계약예상업체)에 따른 적격수급업체 선정평가표를 통해 평가 실시 | |
| 6. 안전보건에 관한 정보 제공(산업안전보건법 제65조)<br>① 해당업체가 선정되면 사업장의 안전보건에 관한 정보(유해 · 위험물질의 유해성 · 위험성, 유해 · 위험작업에 대한 주의사항 등)를 제공하는 절차 작성<br>② 정보 부족으로 인한 재해방지<br>③ 절차에 따라 정보를 제공하고 주기적으로 자료를 보완 | |
| 7. 계약서에 안전보건 확보에 필요한 조건 명시<br>① 안전보건관리규정의 제출<br>② 표준작업계획<br>③ 작업허가제 등 작업절차 준수 : 안전작업 허가서 양식<br>④ 정기 순회점검<br>⑤ 작업 전 안전미팅 실시<br>⑥ 비상훈련 참여 등<br>⑦ 계약체결 필수양식에 안전보건관리 준수 서약서 추가<br>⑧ 안전보건 관련 의무 위반에 대한 제재방안 포함 | |

| 점검내용 | 점검결과 |
|---|---|
| 8. 계약 이행 여부 확인점검(관리감독 절차 작성)<br>① 안전보건 정보제공<br>② 안전보건협의체 구성 · 운영<br>③ 순회점검, 합동안전보건점검<br>④ 안전 작업허가제 실시<br>⑤ 안전보건교육 지도 · 지원 및 교육현황 파악<br>⑥ 유해인자 및 화학물질 관리<br>⑦ 경보체계, 대피 등 합동 훈련<br>⑧ 위생시설 등 장소 제공(이용 협조)<br>⑨ 도급 · 용역 · 위탁업체 계약 내역 관리<br>⑩ 계약 담당 부서의 저가 계약 선호 여부 | |
| 9. 안전작업허가서 작성<br>• 작업별 사전체크 항목<br>• 작업허가제 실시 현황 | |
| 10. 안전관리비용, 공사기간 적정성 이행 확인<br>① 도급 · 용역 · 위탁 등을 받는 자의 적정 안전보건관리비용 및 적정 공사기간(건조기간) 검토 후 비용이 지급되는지<br>② 해당 사업이 적정 기간에 이루어졌는지 확인<br>③ 협력업체에게 적정한 안전보건 관리비용과 수행기간 부여 여부 | |
| 11. 안전보건 공생협력<br>• 협력업체(하청)의 자율적 안전보건관리 능력 향상을 위한 프로그램 수립, 시행 | |
| 12. 도급 · 용역 · 위탁 업무 완료 시 안전보건 업무 성과 평가<br>• 피드백 후 개선조치 사항 | |
| 13. 협력업체 선정에 영향을 미칠 정도로 유의미한 비중을 차지하고 있는지 여부<br>• 협력업체 선정과정에 있어서 협력업체의 안전보건 역량을 평가하여 계약에 어느 정도의 영향을 미치는지 여부 | |

| 점검내용 | 점검결과 |
|---|---|
| 14. 안전보건활동 우수 협력업체 선정 및 반영<br>• 안전보건활동 우수협력업체를 산정하고 그에 따른 인센티브 도입<br>• 인센티브, 입찰 시 감점제도 도입에 따른 협력업체의 안전보건 활동에 적극 참여 유도 여부 | |
| 15. 반기 1회 이상 이행 여부 점검<br>① 필요한 개선방안 마련<br>② 개선방안 이행 여부 점검<br>③ 추가적인 조치가 필요한 경우에는 조치 실행 | |

# 제4장

# 재발방지대책 수립과 이행

# 01 재해발생 시 재발방지대책 및 이행 조치

## 1.1 관련 조문

**법 제4조(안전보건관리체계의 구축 및 이행 조치) 제1항제2호**

① 사업주 또는 경영책임자 등은 사업주나 법인 또는 기관이 실질적으로 지배·운영·관리하는 사업 또는 사업장에서 종사자의 안전보건상 유해 또는 위험을 방지하기 위하여 그 사업 또는 사업장의 특성 및 규모 등을 고려하여 다음 각 호에 따른 조치를 하여야 한다.

2. 재해 발생 시 재발방지대책의 수립 및 그 이행에 관한 조치

## 1.2 조문의 취지

개인사업주 또는 경영책임자 등은 재해 발생 시 사업 또는 사업장의 특성 및 규모 등을 고려하여 재발방지대책을 수립하고 이행될 수 있도록 하여야 한다. 재해 재발방지대책은 이미 발생한 재해에 대한 사후조치를 의미한다. 개인사업주 또는 경영책임자 등은 사업 또는 사업장에 재해가 발생하면 그 원인을 조사함은 물론 그 결과를 분석하고 보고받아야 하며, 향후 재발방지를 위해 현장실무자와 안전보건에 관한 전문가 등의 의견을 듣는 등의 절차를 거쳐 재해 원인의 근본적 해소를 위한 체계적 대응조치를 마련하여 실행하여야 한다.

이 조문의 취지는 발생한 재해에 대한 조사와 분석, 전문가 의견수렴을 통해 원인을 파악하

고 동일 · 유사한 재해가 재발하지 않도록 개선대책을 수립하고 이행하기 위함이다. 지금까지 판결된 내용을 분석해 보면 반복된 사고로 실형을 선고한 사건에서 불리한 양형요소로 언급된 부분은 주목할 지점이다.

## 1.3 실행전략

**일반사항**

① 재해 재발방지대책 절차 수립
② 재해의 원인을 신속하게 조사하고 분석 실시
③ 현장보존 실시
④ 재해조사보고서 작성 충실
⑤ 재해 감소대책 및 실행 계획서 작성
⑥ 재해 발생 시 보고절차 마련
⑦ 유해 · 위험요인을 확인하고 개선하는 절차와 연계하여 재발방지대책 수립
⑧ 재해사례 전 직원에게 전파하고 재발방지대책 공유
⑨ 재발방지대책 담당자, 이행시기 지정 및 이행 여부 확인 절차 마련

재발방지대책에 따라 이행되고 있는지 여부를 주기적으로 확인해야 한다. 재해는 2022. 01.27 이후에 발생한 재해에 한정하고 있으므로 이 시점을 기준으로 발생한 재해에 대해서는 필히 재발방지대책을 수립하여 이행할 필요가 있다. 또한 재해는 반드시 중대산업재해만을 의미하는 것은 아니다. 고용노동부 근로감독관은 기제출된 산업재해조사표 등을 통해 동종 재해 여부를 확인하고 있으므로 산업재해조사표가 제출된 재해에 대해서는 특히 유의할 필요가 있다. 산업재해조사표는 산업안전보건법 제57조제3항에 따라 고용노동부 장관에게 보고하여야 하는 재해이다. 사망자가 발생한 경우나 3일 이상의 휴업이 필요한 부상을 입거나 질병에 걸린 사람이 발생한 산업재해가 이 경우에 해당한다.

## 1.4 실행방법

### 1) 재해 재발방지대책 수립 절차 마련

개인사업주 또는 경영책임자 등은 재해가 발생한 경우 이를 보고받을 수 있는 절차를 마련하고 재해발생 사실을 보고받은 경우에는 재해의 재발방지대책을 수립하도록 지시하는 시스템을 제도화하여야 한다. 재해 발생 시 재발방지대책 수립은 이미 발생한 재해에 관한 사후조치를 전제로 하는 것으로써, 발생한 재해에 대한 조사와 결과 분석, 현장 담당자 및 전문가의 의견 수렴 등을 통해 유해 · 위험요인과 발생 원인을 파악하고, 동일 · 유사한 재해가 발생하지 않도록 파악된 유해 · 위험요인별 제거 · 대체 및 통제방안을 검토하여 종합적인 개선대책을 수립하는 일련의 조치를 말한다.

| 단계 | 내용 |
| --- | --- |
| 재해발생 과정확인 | • 재해발생까지의 과정 파악(아차사고 포함)<br>• 물적, 인적, 관리적 측면에서 재해발생 사실 수집 |
| ↓ | |
| 재해발생원인 파악 | • 물적, 인적, 관리적 측면에서 재해 발생원인 파악 |
| ↓ | |
| 재해원인 결정 | • 재해발생 원인의 상관관계와 중요도를 고려한 직접·간접 원인 결정 |
| ↓ | |
| 대책수립 | • 재해발생 방지를 위한 근로자 및 종사자 의견청취<br>• 근본적인 문제점 및 재해원인을 근거로 동종 또는 아차사고 방지계획 수립 |
| ↓ | |
| 개선활동 | • 시설, 관리, 교육적 개선사항에 따른 개선활동<br>• 타 사업장에서 발생한 재해일지라도 유사한 공정, 기계설비, 작업 고려 |
| ↓ | |
| 교육 및 전파 | • 재해 방지계획 관련내용 전 직원 교육 및 해당내용 전파 |

**그림 4.1 재해 재발방지대책 수립 절차**

재발방지대책의 수립 및 그 이행은 재해의 규모·위험도, 사업 또는 사업장의 특성 및 규모 등을 고려하여 이루어져야 하며, 시행령 제4조제3호의 유해·위험요인의 확인·개선 절차 등에 반영될 수 있도록 하여야 한다. 중대재해처벌법 시행 이후 재해에 대하여 재발방지대책 수립 및 그 이행에 관한 조치가 이루어지지 않은 경우에는 형사책임이 발생하겠지만, 소급금지원칙 등을 고려할 때 중대재해처벌법 시행 이전에 발생한 사고에 대한 재발방지대책 수립 미흡의 경우에는 형사처벌 하기는 어려울 것이다. 다만, 과거 재해가 발생한 장소나 기계의 경우 위험성평가 등을 통하여 유해·위험요인을 방지하였어야 할 경우가 대부분일 것이므로 법 제4조제1항제1호, 시행령 제4조제3호의 안전보건 확보의무 불이행으로 처벌은 가능할 것이다. 재해 재발방지대책 수립을 위한 절차와 매뉴얼은 아래와 같다.

| 문서번호 : |
|---|

# 재해발생 재발방지대책 매뉴얼

2025.　.　.

| 작성자 | 검토자 | 근로자대표 | 대표이사 |
|---|---|---|---|
| (확인) | (확인) | (확인) | (확인) |

| 제정 : (처음 만든 날짜) | 개정 : (수정한 날짜) |
|---|---|

㈜ ○○건설

# 재해발생 재발방지대책 매뉴얼 제 · 개정이력

| 제목 | 재해발생<br>재발방지대책 매뉴얼 | 제 · 개정 및<br>폐기권자 | 안전보건<br>관리책임자 |
|---|---|---|---|
| 문서 번호 | - | 기안 부서 | |
| 개정 주기 | 필요시 | 관리 부서 | |
| 공개 여부 | 공개 | 제정 일자 | |

| 제 · 개정 이력 | | | | | | |
|---|---|---|---|---|---|---|
| 개정<br>번호 | 제 · 개정 | | | 연월일 | 제 · 개정사유 | 제 · 개정내용 |
| | 작성자 | 전면 | 부분 | | | |
| 1 | | ● | | | | 제정 |
| | | | | | | |
| | | | | | | |
| | | | | | | |
| | | | | | | |
| | | | | | | |
| | | | | | | |
| | | | | | | |

# 재해발생 재발방지대책 매뉴얼

| 승인 | |
|---|---|
| 기안 | |

| 제정 : (처음 만든 날짜) | 개정 : (수정한 날짜) |
|---|---|

## 1. 목적

중대(산업)재해 등의 발생 시 원인조사와 재발방지대책을 수립하여 동종 또는 유사한 산업재해를 예방하는 데 목적이 있다.

## 2. 적용범위

발생한 중대(산업)재해 등에 대해 재발방지대책 수립 등에 적용한다.

## 3. 책임과 권한

3.1 경영책임자 등

중대(산업)재해가 발생했을 경우 재발방지대책을 위하여 이에 관한 매뉴얼을 마련하고, 해당 매뉴얼에 따라 조치하는지 여부를 반기 1회 이상 점검

3.2 안전보건관리책임자

3.2.1 중대재해 발생 신고 및 재발방지 조치에 대한 총괄 관리

3.2.2 산재보험 신청에 대한 승인

3.3 안전보건 주관부서장

3.3.1 산업재해 또는 중대재해 발생 현황 파악

3.3.2 재해조사 및 원인조사, 재발방지대책 수립

3.3.3 재해 보상에 대한 조치

3.3.4 재해 발생 통계의 유지 · 관리 · 분석을 위한 보좌 및 지도 · 조언

3.3.5 매뉴얼의 이행 여부 확인(반기 1회이상)

3.4 관리감독자

재발방지대책 수립 협조 및 대책의 실행, 재해발생요인 개선조치

**4. 용어의 정리**

4.1 재해

근로자가 업무에 관계되는 설비, 원재료, 가스, 증기, 분진 등에 의거하거나 작업업무에 기인하여 사망 또는 부상하거나 질병에 노출되는 것을 말한다.

4.2 재해요인

불안전한 상태(근원적인 물적 결함), 불안전한 행동(피해자 또는 작업자의 결함) 그리고 관리상의 결함(안전관리체계, 작업기준 및 안전교육, 무리한 작업지시 등)에 의해 재해가 발생하였을 때 그 재해발생에 원인이 된 인자를 말한다.

4.3 중대재해

재해정도가 심한 것으로 다음 항목에 해당하는 재해를 말한다.

4.3.1 사망자가 1인 이상 발생한 재해

4.3.2 3개월 이상 요양을 요하는 부상자가 동시에 2인 이상 발생한 재해

4.3.3 부상자 또는 직업성 질환자가 동시에 10인 이상 발생한 재해

4.4 중대산업재해

「중대재해처벌법」 제2조에 정의된 재해로 「산업안전보건법」 제2조제1호에 따른 산업재해 중 다음 각 목의 어느 하나에 해당하는 결과를 야기한 재해를 말한다.

4.4.1 사망자가 1명 이상 발생

4.4.2 동일한 사고로 6개월 이상 치료가 필요한 부상자가 2명 이상 발생

4.4.3 동일한 유해요인으로 급성중독 등 대통령령으로 정하는 직업성 질병자가 1년 이내에 3명 이상 발생

4.5 아차사고(Near Miss)

사고가 발생하였으나 실제로는 인체의 상해, 직업병 또는 재산상의 손실을 초래하지 않아 재해로 연결되지 않은 경미한 사고를 말한다.

4.6 재해속보

재해발생 신고 접수 후 재해자 및 재해 유발자 인적사항, 피해 정도, 발생경위 등 개략적인 내용을 조사하여 즉시 보고하는 것을 말한다.

4.7 주관부서 : 재해조사를 총괄하는 부서

4.8 재해발생부서

재해자의 소속 부서 및 회사(하도급회사 포함) 또는 제3자의 원인행위에 기인된 경우에는 그 원인 행위자가 소속된 부서 및 회사(이하 "재해발생부서"라 한다)를 말한다.

**5. 운영절차**

5.1 산업재해 발생 시 조치순서

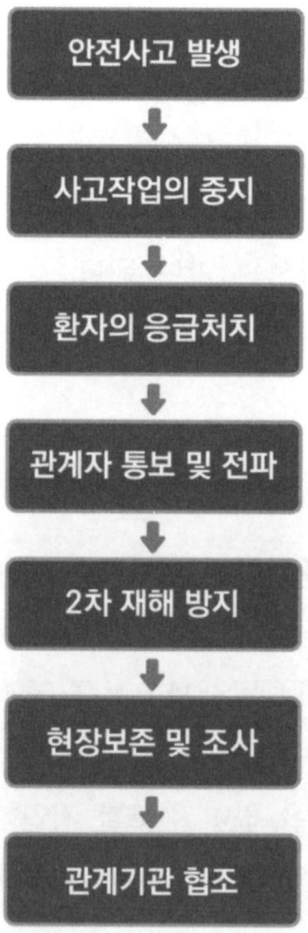


**(1) 안전 사고 시 대응체계 확립**

1) 사고작업의 중지 : 사전 동작, 비상정지 방법, 설명서 부착 및 교육실시
2) 환자의 응급처치 : 응급처치·후송, 인명피해 죄소화
3) 관계자에게 통보 및 전파
   - 전화, 방송, 무전기 등
   - 내부보고 및 유관기관 신고
4 2차 피해 방지
5) 현장보존 및 조사 : 긴급처리 후 가능한 현장 보존 및 통제
6) 관계기관 협조 : 관계기관과 협조 및 사고 수습

**(2) 안전 사고 시 긴급대응 요령**

1) 협착 : 기계/장비정지 및 응급처치
2) 추락 : 응급처치 및 119신고 (인명구조 우선)
3) 전도 : 기계/장비정지 및 응급처치
4) 낙하물 사고 : 인명 안전 우선조치 및 2차 피해방지
5) 화재 : 인명 안전 우선조치, 2차 피해방지 및 119신고

5.1.1 피해기계 정지 및 작업중지

1) 직접원인이 되는 해당 기계 · 설비 및 작업을 정지(중지)시켜 2차적 피해 확산을 방지
2) 연쇄 재해발생의 급박한 위험이 있을 때 관리감독자 등은 즉시 작업을 중지시키는 등 필요한 조치 시행

5.1.2 긴급대피

1) 근로자는 긴급 상황이 발생하면 즉시 작업장에서 긴급 대피하고 관리감독자와 안전보건 주관부서장에게 보고하여 필요한 조치 등을 실시하여야 한다.

5.1.3 응급조치

1) 재해발생을 최초 목격한 자 또는 그의 신고를 접수한 재해발생 부서장은 지체 없이 발생 장소와 가장 가까운 진입경로로 구급차를 호출하고, 구급차가 도착할 때까지 인공호흡 등의 응급조치를 취하여야 한다.
2) 구급차는 119나 인근 병원으로 호출한다.

3) 경미하다고 판단되는 외상성 환자는 자체 차량으로 우선 인근 의료기관으로 후송하여 응급처치 후 상태에 따라 상급의료기관 등으로 전원 조치토록 한다.

5.1.4 현장보존

1) 안전보건 주관부서장은 재해 원인 규명 또는 예방대책 수립을 위한 재해발생 원인조사가 완료 될 때까지 재해 발생현장을 훼손하여서는 아니 된다.

2) 재해관련 정보 및 증거를 확보하여 재해조사자가 원활히 진행될 수 있도록 협조하여야 한다.

3) 이러한 재해현장의 보존에는 출입통제, 정보수집, 관련자와의 면담 등을 포함한다.

5.1.5 재해발생 신고

1) 재해를 최초로 목격한 자 또는 그의 신고를 접수한 재해발생 부서장은 재해자에 대한 응급조치 후에 재해발생 일시 및 장소, 재해자 및 재해 유발자 인적사항, 피해 정도, 조치내용, 재해발생 상황 등을 포함한 재해발생보고서를 작성하여 안전보건 주관부서로 즉시 신고하여야 한다.

2) 안전보건 주관부서장은 재해발생 부서장이 정당한 사유 없이 신고를 지연하였다고 판단될 때는 지연신고에 대한 사유서를 제출받아 의견을 첨부하여 재해조사 보고 시 보고하여야 한다.

5.1.6 재해 보고

1) 안전보건 주관부서장은 지체 없이 재해내용 및 원인 등이 포함된 재해조사 보고서를 작성하여 재해보고계통에 의하여 경영층에 보고한다.

2) 재해발생신고를 접수한 안전보건 주관부서장은 재해발생 속보를 작성한 후 직원에게 공지하여 유사재해를 방지토록 한다.

3) 안전보건 주관부서장은 3일 이상의 휴업이 필요한 산업재해 발생 시에는 산업재해조사표를 작성하여 1개월 이내에 관할 지방노동관서에 보고하여야 한다.

4) 안전보건 주관부서장은 중대재해가 발생한 사실을 알게 된 때부터 지체 없이 다음 사항이 포함된 중대재해 발생보고서를 지방노동관서장에게 전화 등 기타 적절한 방법에 의하여 보고하여야 한다.

(1) 발생개요 및 피해상황

(2) 조치 및 전망

(3) 기타 중요한 사항 (재해발생장소 약도 등)

- 다만, 천재 · 지변 등 부득이한 사유가 발생한 경우에는 그 사유가 소멸된 때부터 지체 없이 보고한다.

5.1.7 재해조사

1) 재해조사는 안전보건 주관부서장 주관하에 실시한다.

5.2 산업재해 조사

5.2.1 재해 조사팀 구성

1) 사고 현장의 상황을 잘 알고 있는 근로자
2) 해당작업 관리감독자, 안전관리자, 보건관리자
3) 안전보건 주관부서장 추천인
4) 외부 전문가(전문성을 요하는 복잡한 유형의 사고일 경우 필요시 포함)

5.2.2 특별재해 조사팀 구성

1) 업무수행 중 직원 사망 등 중대재해
2) 대외적으로 물의가 야기될 우려가 있는 사고
3) 새로운 사고의 발생 우려가 있는 사고
4) 안전보건총괄책임자의 지시가 있는 때
5) 기타 필요한 경우

5.2.3 재해조사 방법

1) 작업개시부터 사고발생까지의 경과 및 인적 물적 피해상황을 5W 1H의 원칙에 준해 객관적으로 상세하게 파악하고 사고경위서에 아래사항을 기록한다.
   (1) 언제
   (2) 누가
   (3) 어디서
   (4) 어떠한 작업을 하고 있을 때
   (5) 어떠한 불안전 상태 또는 불안전한 행동이 있었기에
   (6) 어떻게 해서 사고가 발생하였는가?
2) 목격자 및 현장 책임자의 당시 상황에 대한 설명을 청취, 목격자 진술서
3) 사고현장의 상황에 관해서는 사진이나 동영상 촬영을 하고, 필요에 따라서 측량, 측정 검사나 시료채취

4) 사고에 관계된다고 생각되는 물건은 원인이 결정될 때까지 보관
5) 사고의 근본이 되는 원인조사에 중점을 두고 사고요소나 대책에 관계가 없는 것은 될 수 있으면 피함
6) 사고당일 상황 외의 평상시 직장의 습관이나 아차사고, 트러블(trouble)이나 이상상태의 징후 및 발생상황에 관해서도 정보를 입수
7) 사고에 직접 관계가 있는 불안전 상태나 불안전 행동 외에 관리감독자의 관리상황과 그 결함에 관해서도 조사
8) 2차 재해가 발생된 경우 등 필요하면 사고발생 시의 조치경과 및 내용과 그 적부에 관해서도 조사
9) 사고조사 결과에 근거하여 사고요인을 직접원인인 사람과 물적인 면에서, 또 간접원인인 관리의 면에서 분석, 검토하고 이들의 상관관계와 중요성을 파악하여 진실의 사고원인 규명에 노력
10) 2차 재해의 예방과 위험성에 대비하여 보호구를 착용

5.2.3 재해조사 내용 및 항목

1) 사고발생 일시, 장소 및 사고조사 기간
2) 재해자의 성명, 성별, 연령, 경험, 직종, 작업
3) 재해자의 재해 발생 정도, 부위, 성질
4) 위험성평가에 의한 위험도 파악(필요시)
5) 사고의 상황 개요
6) 사고의 형태, 기인물, 가해물
7) 재해자의 불안전한 행동과 인적 요소
8) 기인물의 불안전한 상태
9) 관리적 요소의 결격 사유
10) 기타 필요한 사항

5.2.4 재해조사 내용

1) 무엇이 일어났는가 분명한 설명
2) 진짜 원인을 조사, 확실히 알아낼 것
3) 위험(Risk)을 판정할 것
4) 예방대책을 수립

5) 경향성을 분명히 찾을 것
6) 관심을 명시

5.2.5 재해요인의 파악

1) 물적(근원적) 요인
2) 설비상의 결함(안전조치사항 중심)
   (1) 설계검사, 제작완성검사, 자체검사, 정기검사, 재검사 등 법정검사 대상설비 여부
   (2) 법정검사 대상 설비인 경우 검사내용 및 합격 여부
   (3) 당해 설비가 법정기준 또는 회사기준에 적합하게 설치되었는지 여부(구조 및 설비, 설치, 안전, 방호 등 기준 및 기술기준 또는 지침 등)
   (4) 안전위생 보호구 결함(안전인증규격 여부, 노후 등) 및 주위환경 이상 유무
3) 인적요인
   (1) 불안전한 행동(안전장치 조작 오류, 기계·기구 사용 오류, 운전 중 손질, 불완전 자세 작업, 불안전한 상태방치, 상호신호 연락 불충분, 위험장소 접근 및 위험물 취급 부주의, 보호구 사용오류 등 작업표준 및 수칙 준수 여부), 사고자의 특성, 사고자 작업과 연관되는 작업자와의 관련성 여부
4) 관리적 요인
   (1) 업무표준, 작업표준, 안전수칙의 설정 유무와 그 내용의 적정성 유무
   (2) 일상점검 및 보수유지기준 설정 유무와 이행 여부
   (3) 과거 유사, 동종재해 및 아차사고 유무와 그 대책 수립 유무
   (4) 안전작업허가 대상작업 유무 및 관련기준 이행 유무
   (5) 직책 담당자 안전보건관리 책무기준 이행 여부

5.2.6 재해원인의 결정

재해 조사팀은 재해요인에 대한 조사 결과를 바탕으로 하여 재해발생 원인에 대해 결론을 짓는다.

1) 가능한 재해원인의 상관관계와 중요성을 잘 검토한 후, 근원적(물적) 측면, 인적 측면, 관리적 측면으로 구분하여 원인을 규명한다.
2) 직접원인과 간접원인을 결정하고 사실이 밝혀지지 않는 경우에는 추정원인으로 표현한다.

3) 재해원인의 표현은 그 요점을 간결하게 구체적으로 나타내고, 그것에 근거한 재해 예방대책이 수립될 수 있어야 한다.

5.2.7 재해요인의 분석 및 유사, 동종재해 예방대책 수립

1) 최종 결정된 원인을 근거로 각 원인에 대응되는 사항을 분석한다.

2) 재해요인의 분석결과에 따라 물적, 인적 및 관리적 측면의 유사, 동종재해 예방대책을 수립한다.

5.2.8 조사결과 보고서 제출

1) 재해조사팀 : 재해조사 보고서를 작성하여 안전보건경영책임자 보고와 동시에 안전보건 주관부서로 제출한다.

2) 안전보건 주관부서는 사실여부 확인 등 재해조사를 재실시하여 안전보건경영책임자에게 보고하고 동종재해예방 대책을 시행한다.

## 6. 재해발생 원인분석 및 재발방지대책 수립

6.1 안전보건 주관부서장은 재해가 발생하게 된 원인을 철저히 분석하고 재발방지를 위한 대책은 재해재발방지 계획서를 활용하여 수립하고 개선이 필요한 사항은 자체계획을 수립하여 조치하여야 한다.

6.2 안전보건 주관부서장은 산업재해 또는 중대재해 발생 시 원인의 조사 및 분석, 대책수립은 다음 절차를 따라 수행한다.

6.2.1 사실의 확인을 위하여 산업재해 발생까지의 과정을 파악하고, 물적 · 인적 · 관리적 측면에서 사실을 수집한다.

6.2.2 재해요인의 파악을 위하여 물적 · 인적 · 관리적 측면에서 재해요인을 찾는다.

6.2.3 재해요인의 상관관계와 중요도를 고려해 직접원인 및 간접원인을 결정한다.

6.2.4 대책의 수립 시에는 근본적인 문제점 및 재해원인을 근거로 동종 또는 유사 재해방지계획을 구체적으로 수립한다.

6.2.5 재해요인으로 파악된 문제점 및 재해원인을 근거하여 구체적이고 실시 가능한 내용으로 물적 · 인적 · 관리적 측면에서 재해 재발방지 계획을 수립하고, 수립된 내용에 대해서는 사업장 근로자에게 전달하여 공유한다.

6.3 사고내용의 전파 등

1) 산업재해 원인 및 재발방지대책의 직원 교육

2) 가상 사고발생 시나리오 작성 또는 수정

3) 위험성평가 재실시

4) 산업안전보건계획의 변경 또는 차기 계획에 반영

6.4 사고 예방대책 사후관리

1) 산업재해 통계 및 분석

(1) 직종별, 요일별 등 각종 유형별 내용을 분석하여 교육자료로 활용한다.

(2) 자료 입력, 관리는 안전보건 주관부서에서 관리한다.

2) 교육 및 의사소통

(1) 안전보건 주관부서장은 중상 이상의 재해가 발생한 사고와 재발 가능성이 많은 사고에 대해서는 사고내용을 전 부서에 알려야 한다.

(2) 각 부서장은 동종사고의 재발을 방지하기 위하여 부서원들을 대상으로 사고내용에 대한 교육을 실시하여야 하며 그 내용에는 반드시 재발방지를 위한 예방대책을 포함시켜야 한다.

# 사고보고서(최초)

<table>
<tr><td rowspan="3">공사<br>현황</td><td>공 사 명</td><td colspan="4"></td><td>현장소재지</td><td colspan="2"></td></tr>
<tr><td>시공사명</td><td colspan="4"></td><td>하도급사명</td><td colspan="2"></td></tr>
<tr><td>공사금액</td><td colspan="4"></td><td>공정률</td><td colspan="2"></td></tr>
<tr><td rowspan="3">사고<br>개요</td><td>발생일시</td><td colspan="2"></td><td>기상상태</td><td></td><td>사고공종</td><td colspan="2"></td></tr>
<tr><td>발생장소</td><td colspan="4"></td><td>수행업무</td><td colspan="2"></td></tr>
<tr><td>사고유형</td><td colspan="7">☐ 떨어짐 ☐ 넘어짐 ☐ 깔림 ☐ 부딪힘 ☐ 맞음 ☐ 끼임<br>☐ 감전 ☐ 폭발 ☐ 화재 ☐ 기타</td></tr>
<tr><td rowspan="4">재해<br>정보</td><td>인적사항</td><td>이름</td><td></td><td>나이</td><td></td><td>성별</td><td></td><td>국적</td></tr>
<tr><td>입사일</td><td colspan="2"></td><td>고용형태</td><td colspan="4">☐ 상용 ☐ 임시 ☐ 일용 ☐ 기타</td></tr>
<tr><td>상해종류</td><td colspan="2"></td><td>상해부위</td><td colspan="4"></td></tr>
<tr><td>물적피해</td><td colspan="7"></td></tr>
<tr><td colspan="2">사고내용</td><td colspan="7"></td></tr>
<tr><td colspan="2">조치내역</td><td colspan="7"></td></tr>
<tr><td colspan="2">재해<br>상황도</td><td colspan="7"></td></tr>
</table>

# 중대산업재해 발생 보고서

문서번호 : 일자 : . . .
수 신 : 발신 :

**1. 사업장개요**

| 사업장명 | 원청 | (대표 : ) | 공사금액 | 백만 원 |
|---|---|---|---|---|
| | 하청 | (대표 : ) | 공사기간 | |
| 현장명 | (소재지 : ) | | 근로자수 | |
| | | | 발주자 | |

**2. 재해자 인적사항**

| 성 명 | 생년월일 | 직종 | 입사일 | 동종경력 | 재해정도 |
|---|---|---|---|---|---|
| | | | | | □ 사망<br>□ 부상<br>(치료예정기간 개월) |

**3. 재해발생내용**

| 일시 | | 장소 | ○ ○ 회 사<br>○ ○ 작업장 | 발생 형태 | | 기인물 | |
|---|---|---|---|---|---|---|---|

**4. 사고경위(육하원칙)**

**5. 조치 및 전망**

**6. 기타 중요 사항**

## 7. 중대재해 원인 분석표

1) 재해발생의 경위(6하원칙에 의거 작성)

2) 재해발생원인
   (1) 사고당시 안전시설 설치 여부 :
   (2) 피해자의 보호구 착용 여부 :
   (3) 안전작업 미숙 여부 :
   (4) 담당기사(감독자)의 감독 불충분 여부 :
   (5) 타인의 안전작업 미숙 여부 :

3) 피해자에 대한 조치사항

4) 상기 사고에 대한 예방책

5) 상기사고에 대한 책임
   (1) 1차 책임자 : 피해자 및 가해자 본인 (서명)
   (2) 2차 책임자 : 담당기사 차상위자 (서명)
   (3) 3차 책임자 : 현장소장 (서명)

(산업재해 발생 시 고용노동부 보고용)

## 산업재해 조사표

※ 뒤쪽의 작성 요령을 읽고, 아래의 각 항목에 적거나 해당항목의 '[ ]'란에 '[ √ ]'표시를 합니다. (앞쪽)

<table>
<tr><td rowspan="8">Ⅰ.<br>사업장<br>정보</td><td colspan="2">①산재관리번호<br>(사업개시번호)</td><td colspan="2"></td><td>사업자등록<br>번호</td><td colspan="2"></td></tr>
<tr><td colspan="2">②사업장명</td><td colspan="2"></td><td>③근로자수</td><td colspan="2"></td></tr>
<tr><td colspan="2">④업종</td><td colspan="2"></td><td>소재지</td><td colspan="2">( - )</td></tr>
<tr><td colspan="3" rowspan="2">⑤재해자가 사내 수급인 소속인 경우(건설업 제외)</td><td>원도급인 사업장명</td><td rowspan="2">⑥재해자가<br>파견근로자인<br>경우</td><td colspan="2">파견대표이사 사업장명</td></tr>
<tr><td>사업장 산재관리번호<br>(사업개시번호)</td><td colspan="2">사업장 산재관리번호<br>(사업개시번호)</td></tr>
<tr><td rowspan="3">건설업만<br>기재</td><td colspan="2">⑦원수급 사업장명</td><td></td><td rowspan="2">공사현장 명</td><td colspan="2" rowspan="2"></td></tr>
<tr><td colspan="2">⑧원수급 사업장<br>산재관리번호(사업개시번호)</td><td></td></tr>
<tr><td colspan="2">⑨공사종류</td><td></td><td>공정률</td><td>%</td><td>공사금액<br>백만원</td></tr>
</table>

※ 아래 항목은 재해자별로 각각 작성하되, 같은 재해로 재해자가 여러 명이 발생된 경우 별도 서식에 추가로 적습니다.

<table>
<tr><td rowspan="8">Ⅱ.<br>재해<br>정보</td><td>성 명</td><td></td><td>주민등록번호<br>(외국인 등록번호)</td><td></td><td>성별</td><td colspan="2">[ ]남 [ ]여</td></tr>
<tr><td>국 적</td><td colspan="3">[ ]내국인 [ ]외국인 [국적: ⑩체류자격: ]</td><td colspan="2">⑪직업</td><td></td></tr>
<tr><td>입사일</td><td colspan="2">년 월 일</td><td colspan="3">⑫같은 종류업무 근속기간</td><td>년 월</td></tr>
<tr><td>⑬고용형태</td><td colspan="6">[ ]상용 [ ]임시 [ ]일용 [ ]무급가족종사자 [ ]자영업자<br>[ ]그 밖의 사항 [ ]</td></tr>
<tr><td>⑭근무형태</td><td colspan="6">[ ]정상 [ ]2교대 [ ]3교대 [ ]4교대 [ ]시간제<br>[ ]그 밖의 사항 [ ]</td></tr>
<tr><td rowspan="2">⑮상해종류<br>(질병명)</td><td rowspan="2"></td><td rowspan="2">상해부위<br>(질병부위)</td><td rowspan="2"></td><td colspan="2">휴업예상일수</td><td>휴업 [ ]일</td></tr>
<tr><td colspan="2">사망여부</td><td>[ ] 사망</td></tr>
</table>

<table>
<tr><td rowspan="7">Ⅲ.<br>재해<br>발생<br>개요<br>및<br>원인</td><td rowspan="6">⑱<br>재해<br>발생<br>개요</td><td>발생일시</td><td>[ ]년 [ ]월 [ ]일 [ ]요일 [ ]시 [ ]분</td></tr>
<tr><td>어디서</td><td></td></tr>
<tr><td>누가</td><td></td></tr>
<tr><td>무엇을</td><td></td></tr>
<tr><td>어떻게</td><td></td></tr>
<tr><td>왜</td><td></td></tr>
<tr><td colspan="2">재해발생원인</td><td></td></tr>
<tr><td>Ⅳ.<br>재해<br>방지<br>계획</td><td colspan="3"></td></tr>
</table>

작성일 년 월 일 작성자 성명 작성자 전화번호

대표이사 (서명 또는 인)

근로자대표(재해자) (서명 또는 인)

**고용노동부 (지)청장** 귀하

| 재해 분류자 기입란4<br>(사업장에서는 적지 않습니다) | 발생형태<br>작업지역 · 공정 | □□□<br>□□□ | 기인물<br>작업내용 | □□□□□<br>□□□ |
|---|---|---|---|---|

210mm×297mm[백상지 80g/㎡(재활용품)]

# 재해조사 보고서

작성일 : 20　년　월　일

| 조사자 | 부서장<br>(관리<br>감독자) | 안전보건<br>주관<br>부서장 | 안전보건<br>관리<br>책임자 |
|---|---|---|---|
| | | | |
| / | / | / | / |

<table>
<tr><td rowspan="3">재해자<br>인적<br>사항</td><td>소속</td><td colspan="2"></td><td>생년월일</td><td></td><td>연령</td><td></td></tr>
<tr><td>성명</td><td colspan="2"></td><td>담당공정</td><td></td><td>직종</td><td></td></tr>
<tr><td>채용일</td><td colspan="2"></td><td>근속기간</td><td></td><td>경력</td><td></td></tr>
<tr><td>발생일시</td><td colspan="4">20　년　월　일 (　)요일　시경</td><td>날씨</td><td colspan="2"></td></tr>
<tr><td>사고장소</td><td colspan="2"></td><td>목격자</td><td></td><td>담당<br>부서장</td><td colspan="2">(인)</td></tr>
<tr><td>작업명</td><td colspan="2"></td><td>작업상황</td><td colspan="4"></td></tr>
<tr><td>기인물</td><td colspan="2"></td><td>가해물</td><td colspan="4"></td></tr>
<tr><td>발생형태</td><td colspan="2"></td><td>상해부위</td><td></td><td>상해종류</td><td colspan="2"></td></tr>
<tr><td>사고경위</td><td colspan="7">누가 :<br>언제 :<br>어디서 :<br>무엇을 :<br>왜 :<br>어떻게 :<br>#첨부 : 1. 사고발생 상황도 또는 사진　2. 목격자 및 피재자 진술서</td></tr>
<tr><td>응급조치<br>내용</td><td colspan="7"></td></tr>
<tr><td>사고원인</td><td colspan="7"></td></tr>
<tr><td>향후전망</td><td colspan="7"></td></tr>
<tr><td>재발방지<br>대책 및<br>추진계획</td><td colspan="7"></td></tr>
</table>

## 재해발생 속보

1. 재해발생 일시 : 20　년　월　일(　)요일 00시 00분경

2. 재해발생 장소 :

3. 재해자 인적 사항

○ 소속 :　　　성명 :　　　연령 : 만　세

○ 성별 (남, 여)

4. 피해정도 :

5. 발생경위 :

사진 또는 상황도 등

| 보고 시각 : | 최초발견자<br>(목격자)　(인) | 보고자　(인) |
|---|---|---|

# 사고경위서

1. 재해자 인적 사항

○ 소 속 :

○ 성 명 :

○ 생년월일 :

○ 직 급 :

○ 입사일자 :

○ 주 소 :

○ 가족사항 :

○ 연락처 :

2. 사고 경위 (6하원칙에 의거 상세히 기술)

○ 누가 :

○ 언제 :

○ 어디서 :

○ 무엇을 :

○ 왜 :

○ 어떻게 :

20 년 월 일

재해자 : (서명)

부서장 : (서명)

# 목격자 진술서

1. 목격자 인적 사항

○ 소속 :

○ 성명 :

○ 생년월일 :

○ 직급 :

○ 입사일자 :

○ 주소 :

○ 연락처 :

2. 목격 사실 (6하 원칙에 의거 상세히 기술)

○ 누가 :

○ 언제 :

○ 어디서 :

○ 무엇을 :

○ 왜 :

○ 어떻게 :

20　　년　　월　　일

목격자 :　　　　　(서명)

<table>
<tr><th colspan="7">재해 재발방지 계획서</th></tr>
<tr><td rowspan="7">재해발생과정</td><td colspan="2">언제(재해발생일시)</td><td colspan="4"></td></tr>
<tr><td colspan="2">어디서(재해발생장소)</td><td colspan="4"></td></tr>
<tr><td colspan="2">행위자(누가)</td><td colspan="4"></td></tr>
<tr><td colspan="2">무엇을 사용, 어떤 환경에서(작업환경)</td><td colspan="4"></td></tr>
<tr><td colspan="2">무엇을 하기 위하여 (작업내용 및 목적)</td><td colspan="4"></td></tr>
<tr><td colspan="2">어떻게 하다가 (재해자의 동작)</td><td colspan="4"></td></tr>
<tr><td colspan="2">어떻게 재해를 당함 (발생형태)</td><td colspan="4"></td></tr>
<tr><td rowspan="3">재해원인</td><td colspan="2">불안전한 행동 (인적 원인)</td><td colspan="4"></td></tr>
<tr><td colspan="2">불안전한 상태 (물적 원인)</td><td colspan="4"></td></tr>
<tr><td colspan="2">근본적인 발생사유</td><td colspan="4"></td></tr>
<tr><td rowspan="7">재발방지대책</td><td colspan="2" rowspan="7">근본적인 발생사유를 제거 또는 감소시키는 대책</td><td colspan="2">세부 항목</td><td>이행부서 (담당자)</td><td>조치기한</td></tr>
<tr><td colspan="2"></td><td></td><td></td></tr>
<tr><td colspan="2"></td><td></td><td></td></tr>
<tr><td colspan="2"></td><td></td><td></td></tr>
<tr><td colspan="2"></td><td></td><td></td></tr>
<tr><td colspan="2"></td><td></td><td></td></tr>
<tr><td colspan="2"></td><td></td><td></td></tr>
<tr><td>작성자</td><td>소속</td><td></td><td>직급</td><td></td><td>성명</td><td></td></tr>
</table>

## 아차사고사례 보고서

| 작업명 | | 등급 | A, B, C |
|---|---|---|---|
| 작업내용 | | | |
| 사고내용 | | | |
| 발생원인 | | | |
| 예방대책<br>(조치내용) | | | |
| 작업현장<br>상황설명<br>(사진, 도면) | | | |

| 등급 | 위험정도 | 조치 |
|---|---|---|
| A | 중대재해가 예상되는 경우 | 조업중단 및 즉시조치 |
| B | 재해(사고)발생 시 *중상 또는 시설물 부분 파손 및 조업의 지상이 예상되는 경우 | 임시조치 후 안전대책 수립 · 시행 |
| C | 재해(사고)발생 시 **경상 또는 당해 시설물의 파손(불 휴업)이 예상되는 경우 | 현 상태로 작업은 가능하나, 교육시행 등의 관리적 조치 |

* 중상 : 하루 이상 입원 및 1개월 이상의 치료를 요하는 부상이나, 신체활동부분을 상실하거나 그 기능을 영구적으로 상실한 경우

** 경상 : 사망, 중상을 제외한 부상

## 사진대지

| 내용 | |
|---|---|

| 내용 | |
|---|---|

### 2) 재해원인을 신속하게 조사하고 분석 실시

재해 재발방지대책을 수립하기 위해서는 먼저 발생한 재해의 원인을 신속하게 조사하고 분석하여야 한다. 사고조사는 지식과 경험이 있는 전문가, 사고 관련 작업자 또는 필요시 안전보건관리 전문기관 등을 통해 할 수 있다. 발생한 사고가 협력업체와 관련된 작업일 경우에는 협력업체 담당자를 조사에 참여시켜야 한다. 가능하면 내외부 안전보건 전문가로 구성된 전문가 풀을 구축하여 운영할 필요가 있다.

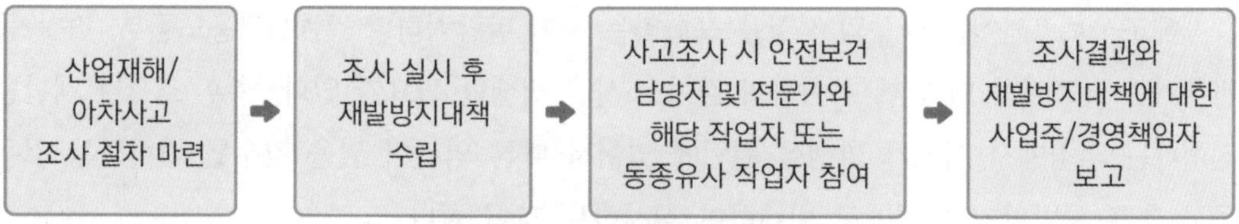


**그림 4.2 재발방지대책 수립 과정**

**표 4.1 재해 종류별 명시 사항**

| 구분 | 내용 | 비고 |
|---|---|---|
| 중대재해<br>(산업안전보건법) | • 산업재해 중<br>- 사망자 1명 이상<br>- 3개월 이상 요양이 필요한 부상자 동시 2명 이상<br>- 부상자 또는 직업성 질병자 동시 10명 이상 | 시행규칙<br>제3조 |
| 중대산업재해<br>(중대재해처벌법) | • 산업안전보건법상 산업재해 중<br>- 사망자 1명 이상<br>- 동일사고로 6개월 이상 치료 부상자 2명 이상<br>- 동일 유해요인으로 직업성 질병자 1년 내 3명 이상 | 제2조 |
| 재해<br>(고용노동부 해설서) | • 경미하더라도 반복되는 산업재해를 포함 | |
| 중상해 | • 부상으로 인하여 8일 이상의 노동 상실을 가져온 재해 | |
| 아차사고 | • 작업자의 부주의나 현장 설비 결함 등으로 사고가 일어날 뻔했지만 사고로 이어지지 않음 | |

### 3) 현장보존 실시

사고와 관련한 물적 증거가 손상되거나 소실되지 않도록 조사가 끝날 때까지 현장을 보존해야 한다. 현장 상황을 사진 · 영상으로 촬영하여 보존할 수 있으며 필요시 유사상황 재현, 설비 해체 등을 통해서 근원적 원인을 분석해야 한다.

### 4) 재해조사보고서 작성 충실

재해조사보고서에는 다음의 사항을 포함하는 것이 바람직하다. 특히 고용노동부, 경찰 등 관계기관이 조사할 때 함께 참여하여 같이 조사를 병행할 필요가 있다. 추후 조사나 재판을 진행하는 과정에서 사고가 발생한 원인에 있어서 다른 의견이 있을 경우를 대비하는 것은 물론 추후 재발방지 차원에서 병행하여 실시하는 것이 좋다.

① 사고조사자의 소속, 성명
② 사고 일시 · 장소
③ 조사일시
④ 사고유형
⑤ 사고설비 및 물질명
⑥ 사고개요와 원인
⑦ 사고로 인한 피해의 크기
⑧ 수행된 비상조치의 내용 및 평가
⑨ 동종 유사 재해에 대한 재발방지대책 등

### 5) 재해 감소대책 및 실행 계획서 작성

재해발생 시 재발방지대책을 수립하도록 지시하거나 재발방지대책을 수립하도록 할 필요가 있다. 이때 재해는 중대산업재해만을 의미하는 것은 아니다. 경미하거나 사소하지만 반복적으로 발생할 수 있고 방치될 경우 큰 사고로 이어질 위험이 있는 재해도 포함하여 조사를 하고 재해 감소대책과 실행 계획서를 작성할 필요가 있다. 예를 들어 한 부서에 여러 명이 질병으로 인해 결근이 발생했을 때도 조사를 실시해야 한다.

아차사고의 경우에도 종사자에게 해당 내용을 제출하게 하고 제출된 결과를 확인하여 필요한 조치를 한다면 중대재해를 예방할 수 있다.

아차사고는 생명·건강에 위해를 초래할 가능성이 있었으나 산업재해로는 이어지지 않은 사고를 말한다. 아차사고가 여러 차례 발생했음에도 불구하고 개선되지 않으면 하인리히 법칙(1:29:300 법칙)에 따라 통상 산업재해로 이어진다. 아차사고를 포함한 모든 사고는 조직의 안전과 보건에 관한 사정이 실제로 어떠한지에 대한 많은 정보를 알려준다.

중대재해처벌법은 중대산업재해 발생 원인이 안전보건에 관한 구조적 문제에 있다고 보고 형벌을 부과하는 것이므로, 경영책임자 등에게 지나치게 경미한 재해까지 재발방지대책 의무를 부여하는 것은 타당하지 않고, 산업재해의 반복성과 상당성에 비추어 적어도 재해가 발생하였을 때 재발하지 않도록 경영책임자 차원에서 나서야 할 정도에 이르는 것이어야 할 것이다.

특히 산업안전보건법 제57조제3항에 따라 사업주가 산업재해 발생 개요·원인 및 보고 시기, 재발방지 계획 등을 고용노동부 장관에게 보고하여야 하는 사망자가 발생한 경우나 3일 이상의 휴업이 필요한 부상을 입거나 질병에 걸린 사람이 발생한 경우에는 반드시 재발방지대책을 마련하고 수립된 대책에 따라 이행되고 있는지 확인하여야 할 것이다.

해외 글로벌 기업들은 아차사고가 발생한 경우라 할지라도 해당 사고가 발생한 근본적이고 구조적인 원인을 파악하는 데 많은 시간과 노력을 기울이고 있다. 일반적으로 업무수행 중 발생한 사고에 대해서는 아래와 같은 순서로 예방 활동을 진행하고 있다.

① 1단계 : 발생 원인분석을 통해 재해 발생의 근본 원인 파악(Root Cause Analysis)
- 발생 원인은 직접 원인(불완전한 상태, 불완전한 행동), 간접 원인(기술적, 교육적, 관리적 원인) 등으로 나누어 분석 실시

② 2단계 : 근본 원인에 대한 조치계획을 수립하여 개선조치

• 조치계획은 긴급대응 계획과 영구적 대책으로 나누어 수립 실시

③ 3단계 : 조치결과 확인을 통해 재발방지

• 조치계획에 대해서는 부서 관리감독자, 안전보건부서장, 담당 임원, 안전보건관리책임자까지 검토하고 조치결과 확인을 해야한다. 재발방지 감소대책 수립 및 실행 계획서 작성 서식과 아차사고 보고서 양식의 예시는 다음 표와 같다.

**표 4.2 재해 감소대책 수립 및 실행 계획서 서식**

| 구분 | 유해 · 위험요인 파악 | | | 관련 근거 | 현재 위험성 | 감소대책 | | 개선 후 위험성 | 담당자 | 조치 요구일 | 조치 완료일 | 완료 확인 |
|---|---|---|---|---|---|---|---|---|---|---|---|---|
| | 분류 | 원인 | 유해 · 위험 요인 | 법규/노출 기준 | | NO | 세부 내용 | | | | | |
| 기계적 요인 | | | | | | | | | | | | |
| 전기적 요인 | | | | | | | | | | | | |
| 화학적 요인 | | | | | | | | | | | | |
| 생물학적 요인 | | | | | | | | | | | | |
| 작업특성 요인 | | | | | | | | | | | | |
| 작업환경 요인 | | | | | | | | | | | | |

재발방지대책을 수립할 때는 내외부 안전보건 전문가와 종사자의 의견을 들어서 기술적, 교육적, 관리적 측면에서 검토할 필요가 있다. 가능하면 재해 재발방지대책 계획서 점검표를 활용하여 수립하는 것을 권장한다.

**표 4.3 재해 재발방지대책 계획서 점검표**

| 재해 재발방지대책 계획서 점검표 | | | |
|---|---|---|---|
| 사업장명 : | 점검일자 : 년 월 일 | | |
| 점검자<br>(담당자) | (서명) | 확인자<br>(현장소장/사업주 등) | (서명) |
| 점검 사 항 | 이행 | 미이행 | 개선사항 |
| 위험요인별로 어떤 재해가 발생할 수 있는지를 검토하여 중대재해로 이어질 수 있는 재해요인 파악 여부 | | | |
| 발생 가능한 사고의 유형 및 형태, 사고발생 시 초래될 결과 등을 확인·예측 가능 여부 | | | |
| 본사·사업장별 위험성이 높은 위험요인에 대해 재해 발생 시나리오 작성 여부 | | | |
| 재해 발생 시나리오별 조치계획을 작성하여 관계부서, 공정, 유해·위험물질, 재해유형, 원인, 피해범위 등의 갱신·관리 여부 | | | |
| 비상조치계획에는 필요한 인력 및 시설·장비(인적·물적) 포함 여부 | | | |
| 비상조치계획에 작업 중지·근로자 대피·위험요인 제거 등 대응조치, 재해자 구호조치, 추가피해 방지를 위한 조치 포함 여부 | | | |
| 비상조치계획에 상황보고 및 전파체계, 조치별 대응조직 및 담당자의 역할 구분 여부 | | | |
| 비상 시 즉각 탈출할 수 있는 비상구가 충분히 마련되었고, 즉각 알아볼 수 있는 형태 표시 여부 | | | |
| 비상상황에 대비한 병원, 소방서 등 유관기관과의 협조체계 마련 여부 | | | |
| 비상조치계획에 따라 주기적으로 훈련하고 적정성 검토 여부(반기 1회 이상) | | | |
| 훈련과정에서 발견된 문제점을 검토하여 조치계획 개선 여부 | | | |
| ※ 반기 1회 이상 점검 및 보고 | | | |

### 6) 유해 · 위험요인을 확인하고 개선하는 절차와 연계하여 재발방지대책 수립

재발방지대책에 대한 관련 조문의 취지는 재해를 일으킨 유해 · 위험요인을 제거, 대체 · 통제하여 유사한 사고의 재발을 막기 위한 것이다.

따라서 재발방지대책은 유해 · 위험요인을 확인하고 개선하는 절차(시행령 제4조제3호)와 긴밀하게 연결될 때 더 큰 재해예방 효과가 있다. 특히 위험성평가에서 위험도를 정할 때 빈도와 강도의 정량적 근거로 활용하는 것이 바람직하다. 사고가 발생했음에도 불구하고 기술적, 경제적, 환경적 이유 등으로 해당 사고 재발을 막기 위한 재발방지대책의 수립 절차가 진행되지 않을 경우는 법 위반에 해당될 수 있다.

중대재해처벌법 제4조제1항제2호에서의 재해는 반드시 중대산업재해만을 의미하는 것은 아니고 경미하더라도 반복되는 산업재해도 포함하는 개념이라고 고용노동부는 보고 있다. 일반적으로 재해에는 중대재해처벌법상 중대산업재해뿐만 아니라 중대산업재해에 이르지 아니하는 산업재해도 포함된다고 볼 수 있다.

아차사고와 사소한 사고가 반복되면 큰 사고로 이어질 수 있으므로 경미한 산업재해라 하더라도 그 원인분석과 재발방지 조치를 통해 중대산업재해를 초기에 예방할 필요가 있다.

따라서 인적, 물적 피해로 이어지지 않은 아차사고는 대형재해로 일어나기 전에 발생하는 전조 증상에 해당할 수 있으므로 재발방지대책을 수립하고 이행하는 것이 바람직하다.

중대재해처벌법 판결에 따르면 동일한 사고가 발생했음에도 계속해서 동일한 사고가 발생했다면 양형에 있어서 가중이 될 수 있다. 따라서 한번 발생했던 사고에 대해서는 철저한 안전보건관리로 재발이 되지 않도록 노력할 필요가 있다.

### 7) 재해사례 전 직원에게 전파 및 재발방지대책 공유

경영책임자 등은 재발방지대책을 신속하게 시행하고 그 결과를 반드시 보고 받아야 한다. 또한 재해사례를 전 직원에게 전파하여 다시는 동종의 재해가 발생하지 않도록 관리하는 것이 중요하다. 수립된 재발방지대책은 사고가 발생한 현장뿐만 아니라 경영책임자 등이 관리하는 모든 사업장에서 이행되도록 공유하는 것이 좋다.

사소한 사고도 반복되면 큰 사고로 이어질 위험이 있으므로 경미한 산업재해라 하더라도 그 원인분석 및 재발방지 조치를 통해 중대산업재해를 사전에 예방할 필요가 있다. 따라서 이러한 재해사례에 대해서는 전 직원에게 전파하고 재발방지대책을 이행하도록 할 필요가 있다.

### 8) 재발방지대책 담당자, 이행시기 지정 및 이행 여부 확인 절차 마련

재발방지대책의 담당자와 이행시기를 정하고 사업주 등이 이행 여부를 확인하는 절차를 두어야 한다. 경영책임자는 재발방지대책이 잘 이행되고 있는지 여부도 살펴보고 필요하면 개선이 되도록 조치를 할 필요가 있다.

### 9) 반기 1회 이상 주기적으로 점검하고 대표이사에게 보고

법적 의무사항은 아니지만 재발방지대책의 문제점을 반기 1회 이상 주기적으로 점검하여 대표이사에게 보고하고 점검결과 개선사항에 대해서는 필요한 조치를 하는 것을 권장한다.

## 1.5 컴플라이언스 핵심 체크포인트

① 사고조사 절차 수립 및 이행
- 사고원인 조사 및 재발방지대책 마련 등 사고조사 절차를 수립하여 이행하여야 한다.

② 재발방지대책 관련 수립 및 공유
- 산업재해 및 아차사고도 포함하여 재발방지대책을 수립하고 다른 사업장에 대해서도 재발방지대책과 관련된 위험이 존재하는지 점검하여야 한다.

- 재발방지대책에 대하여는 관련 작업종사자 모두에게 작업 전 안전점검회의(TBM), 조회, 안전교육 등을 통해 공유하여야 한다.

③ 재발방지대책과 관련된 안전조치 집중 관리

- 재발방지대책과 관련된 안전조치 등은 정기 안전 점검표의 점검 항목에 반영하는 등 이행 여부를 집중 관리하여야 한다.

## 1.6 고용노동부 유권해석

**재해발생 시 재발방지대책 수립 및 그 이행에 관한 조치의 구체적인 방법**

고용노동부 질의회시(중대산업재해감독과-3228, 22.08.22)에 따르면 중대재해처벌법 제4조제1항제2호에서는 경영책임자 등의 안전 및 보건 확보의무로 재해발생 시 재발방지대책의 수립 및 그 이행에 관한 조치를 규정하고 있다. 이에 따라 경영책임자 등은 재해가 발생한 경우 이를 보고 받을 수 있는 절차를 마련하고 재해발생 사실을 보고받은 경우에는 재해의 재발방지대책을 수립하도록 지시하는 등에 관한 사항을 제도화할 필요가 있다고 보고 있다. 동 조항의 취지는 재해를 일으킨 유해·위험요인을 제게·대체·통제하여 유사한 사고의 재발을 막기 위한 것이다. 유사한 유해·위험요인에 의한 사고가 재발되지 않도록 즉시 재해원인 분석, 전문가·종사자 의견수렴 및 재발방지대책 마련 등 일련의 조치가 이루어져야 한다. 따라서 사고가 발생했음에도 불구하고 기술적, 경제적, 환경적 이유 등으로 해당 사고 재발을 막기 위한 재발방지대책의 수립 절차가 진행되지 않을 경우에는 법 위반에 해당할 수 있다. 중대재해처벌법 제4조제1항제2호에서의 재해는 반드시 중대산업재해만을 의미하는 것은 아니고 경미하더라도 반복되는 산업재해도 포함하는 개념이라고 고용노동부는 보고 있다. 아차사고 및 사소한 사고도 반복되면 큰 사고로 이어질 수 있으므로 경미한 산업재해라 하더라도 그 원인분석 및 재발방지 조치를 통해 중대산업재해를 초기에 예방할 필요가 있다.

따라서 인적, 물적 피해로 이어지지 않은 아차사고라 할지라도 해당 사고 자체가 대형재해로 일어나기 전 전조 증상에 해당될 수 있으므로 재발방지대책을 수립하고 이행하는 것이 바람직하다.

## 1.7 중요 판결 & 수사 사례에 따른 핵심 실천사항

### 1) 주요 위반사항

- 동일 · 유사한 재해가 반복하여 발생하였음에도 재발방지대책의 일환으로 산업안전보건기준에 관한 규칙상의 안전조치를 불이행함

### 2) 판결 사례

**제35호 OO 식품(빵류) 제조업체 판결 : 수원지방법원 평택지원 2025. 01. 21 선고 2023고단1983 판결**

- "중대재해처벌법이 정한 경영책임자 등의 안전보건 확보의무 중 '재해 발생 시 재발방지대책의 수립 및 그 이행에 관한 조치의무'(제4조제1항제2호)는 중대재해처벌법 시행일(2022. 01. 27) 이후에 발생한 재해에 관한 사후 조치를 전제로 하는 것임"
- "동일 · 유사한 재해가 반복하여 발생하는 것으로 확인되는 경우에는 재해에 대한 조사 · 분석, 현장 담당자 및 전문가의 의견 수렴 등을 통해 유해 · 위험요인과 발생 원인을 파악하고, 유해 · 위험요인별로 이를 제거하거나 통제하는 방안을 검토하여 '종합적인 개선대책'을 수립하는 것을 핵심적인 내용으로 함"
- "끼임 사고를 방지하기 위해서 2인 1조 근무 등 실효성 있는 안전수칙을 만들고 근로자의 안전의식을 고취하는 교육을 충분히 실시하는 것도 필요하지만, 이러한 조치만으로 작업환경이나 숙련도가 동일하지 않은 다수의 근로자들이 모두 2인 1조로 근무하면서 끼임 사고발생의 위험이 있는 기계 · 기구를 이용한 작업 중에 부주의한 행동을 전혀 하지 않을 것으로 기대하는 것이 비현실적이라는 점을 고려할 때, 위와 같은 조치뿐만 아니라 기계 · 기구가 가지는 위험성을 감소시키기 위한 조치(산업안전보건법 제38조제1항제1호, 제4항, 산업안전보건기준에 관한 규칙 제87조 참조)를 취하는 것이 매우 중요함"
- "이 사건 혼합기는 호퍼를 덮을 수 있는 비고정식 덮개가 제작되어 기계 옆에 비치되어 있기는 하였으나, 고정식 덮개가 설치되거나 덮개가 일정 수준 이상으로 열리면 스스로

> 가동을 멈추는 자동연동장치(이른바 '인터락')가 부착되어 있지는 않은 상태였음"
> • "피고인이 대표이사로 취임한 이래 끼임 사고가 반복적으로 발생하고 있는 상황이었음에도, 회사는 이 사건 혼합기를 전면수리 · 설치 · 이전하는 과정에서 산업안전보건법에 따라 위 혼합기에 대한 위험성평가를 하거나 유해 · 위험방지계획을 수립하지 않았음"
> "이 사건 이전에 위 혼합기로 인하여 끼임 사고가 발생할 위험성을 인지한 후 근로자가 가동 중인 위 혼합기의 호퍼에 손을 넣지 못하도록 고정식 덮개 또는 연동형 덮개를 설치하였더라면, 별도의 추가적인 조치가 없었다고 하더라도 피해자가 위 혼합기의 호퍼로 상체가 빨려 들어가 사망에 이르는 이 사건 사고가 발생하지 않았을 것으로 보임"

### 3) 핵심 실천사항

| | |
|---|---|
| 재해발생 시 실질적인 재발방지대책 수립 | • 재해발생 방지를 위한 근로자 및 종사자 의견청취<br>• 근본적인 문제점 및 재해원인을 근거로 동종 또는 아차사고 방지계획 수립<br>• 근로자의 부주의한 작업에 대한 안전 교육 등 인적, 관리적 측면과 함께, 안전사고를 원천적으로 예방할 수 있는 물적, 시설적 재발방지대책에 대한 고민 필요 |
| 재발방지대책의 실제 이행 및 이행 여부 점검 | • 재해발생과 관련한 안전보건규칙 위반사항에 관해서는 전 현장에서 위반 여부를 주기적으로 점검(반기점검)<br>• 회사의 유사 동종 사고사례를 참고하여 위험성평가 시 실질적 반영 |
| 재발방지대책에 대한 교육 및 전파 | • 위험성평가 절차, TBM 중 근로자들에게 회사의 유사 공종에서 발생한 사고에 관한 재발방지대책을 교육하고 전파 |

## 1.8 재발방지대책 이행 점검기준

### □ 재발방지대책 점검표

○ 점검일 :
○ 부서명 :
○ 점검책임자 : (인)

| 결재 | 작성 | 검토 | 승인 |
|---|---|---|---|
| | | | |

□ 점검 주요 내용

| 점검 내용 | 점검결과 |
|---|---|
| 1. 재해 재발방지대책 절차 수립<br>① 사고조사 절차서 작성<br>• 지식과 경험이 있는 전문가, 사고 관련 작업자 또는 필요시 안전보건관리 전문기관 참여<br>• 협력업체와 관련된 작업일 경우에는 협력업체 담당자, 종사자등을 조사에 참여<br>• 조사 과정에서 물적 증거가 손상되거나 소실되지 않도록 조사가 끝날 때까지 현장 보존<br>• 사고조사 대상은 중대산업재해와 아차사고까지 포함<br>• 재발방지대책 수립 지시 체계 마련<br>• 재발방지대책의 담당자와 이행시기 규정<br>• 사업주 등이 이행 여부를 확인하는 절차<br>② 사고조사 보고서 양식 작성<br>• 사고조사자의 소속, 성명, 사고 일시, 장소<br>• 조사일시, 사고유형<br>• 사고설비 및 물질명<br>• 사고개요와 원인<br>• 사고로 인한 피해의 크기<br>• 의사/외부 전문가 참여 및 소견<br>• 수행된 비상조치의 내용과 평가<br>• 동종 유사 재해에 대한 재발방지대책 등 | |

| 점검 내용 | 점검결과 |
|---|---|
| ③ 아차사고 조사 보고서 작성<br>• 작업명, 등급, 작업내용, 사고내용, 발생원인, 예방대책(조치내용), 작업현장 상황 설명(사진, 도면)<br>• 아차사고 등급 분류기준 : A, B, C | |
| 2. 재해의 원인을 신속하게 조사하고 분석 실시<br>① 내외부 전문가를 구성하여 사고조사 실시<br>② 책임회피보다는 재발방지 차원에서 다각적으로 원인조사<br>③ 협력업체, 종사자 등 참여 | |
| 3. 현장 보존 실시<br>① 조사 과정에서 물적 증거가 손상되거나 소실되지 않도록 조사가 끝날 때까지 현장 보존<br>② 현장 상황을 사진 · 영상으로 촬영하여 보존<br>③ 산소농도, 가스농도 등 측정(필요시) | |
| 4. 재해조사보고서 작성 충실<br>① 필요시 유사상황 재현<br>② 설비 해체 등을 통해서 근원적 사고원인 분석 | |
| 5. 재해 감소대책 및 실행 계획서 작성<br>① 동일 · 유사한 재해가 재발하지 않도록 개선대책 수립<br>② 재해 감소대책 수립 및 실행 계획서<br>• 기계적 요인, 전기적 요인, 화학적 요인, 생물학적 요인, 작업특성 요인, 작업환경 요인 구분<br>• 포함 내용 : 유해 · 위험요인 파악(분류, 원인, 유해 · 위험요인), 관련근거(법규/노출기준), 현재 위험성, 감소대책(세부 내용), 개선 후 위험성, 담당자, 조치 요구일, 조치 완료일, 완료 확인<br>③ 재발방지대책의 수립 및 그 이행은 재해의 규모, 위험도, 사업 또는 사업장의 특성과 규모 등을 실질적으로 고려 | |
| 6. 재해 발생 시 보고절차 마련<br>- 사고발생 시 보고절차 규정 | |
| 7. 유해 · 위험요인을 확인하고 개선하는 절차와 연계하여 재발방지대책 수립<br>- 위험성평가와 연계하여 대책 수립 | |

| 점검 내용 | 점검결과 |
|---|---|
| 8. 재해사례 전 직원에게 전파 및 재발방지대책 공유<br>① 전 직원에게 재해사례 전파<br>② 타 사업장 공유<br>• 사고가 발생한 현장뿐만 아니라 경영책임자 등이 관리하는 모든 사업장에서 이행되도록 공유 | |
| 9. 재발방지대책 담당자, 이행시기 지정 및 이행 여부 확인 절차 마련<br>① 재발방지대책 담당자 지정<br>② 재발방지대책 이행시기 규정 | |
| 10. 계획에 따른 이행과 보고 확인<br>- 경영책임자 보고, 확인 | |
| 11. 반복적인 재해 감소를 위해 목표와 경영방침 연계 여부<br>① 반복적인 재해 등에도 불구하고 이를 감소하기 위한 경영적 차원에서의 노력이나 구체적인 대책 방안 등을 반영한 목표나 경영방침을 변경<br>② 사업의 특성에 따른 재해원인 분석 및 동종업계 사고 현황 분석 결과를 반영 여부 | |
| 12. 반기 1회 이상 주기적으로 점검하고 대표이사에게 보고<br>① 의무사항은 아니지만 재발방지대책의 문제점을 반기 1회 이상 주기적으로 점검하여 대표이사에게 보고<br>② 점검결과 개선사항에 대해서는 필요한 조치 | |

# 제5장

# 정부 · 지자체의 관계법령에 따른 개선, 시정 사항 이행

# 01 중앙행정기관 · 지방자치단체가 관계법령에 따라 개선, 시정 등을 명한 사항의 이행에 관한 조치

## 1.1 관련 조문

**법 제4조(안전보건관리체계의 구축 및 이행 조치) 제1항제3호**

① 사업주 또는 경영책임자 등은 사업주나 법인 또는 기관이 실질적으로 지배 · 운영 · 관리하는 사업 또는 사업장에서 종사자의 안전보건상 유해 또는 위험을 방지하기 위하여 그 사업 또는 사업장의 특성 및 규모 등을 고려하여 다음 각 호에 따른 조치를 하여야 한다.

3. 중앙행정기관 · 지방자치단체가 관계법령에 따라 개선, 시정 등을 명한 사항의 이행에 관한 조치

## 1.2 조문의 취지

중앙행정기관 · 지방자치단체가 관계법령에 따라 개선 · 시정 등을 명한 사항의 이행 조치에 관한 조문이다. 이 조문의 취지는 중앙행정기관 · 지방자치단체에서 내리는 안전과 보건에 관한 개선, 시정명령과 관련된 사항은 그 시점에서 법 위반사항이므로 최대한 빨리 위반사항을 해소하기 위한 조문이다.

개인사업주 또는 경영책임자 등은 중앙행정기관 · 지방자치단체가 종사자의 안전보건상 유

해 또는 위험을 방지하기 위해 관계법령상의 개선 또는 시정을 명하였다면 이를 이행하여야 한다. 중앙행정기관 · 지방자치단체가 개선 또는 시정을 명한 사항이 이행되지 않은 경우에는 해당 법령에 따른 처분과는 별개로, 개선 · 시행명령의 미이행으로 인해 중대산업재해가 발생하였다면 법 제6조에 따른 처벌 대상이 될 수 있다.

법의 취지는 적법한 행정처분의 불이행으로 인한 중대재해 발생의 책임을 묻는 것이다. 행정처분 자체에 위법이 있다면 이를 불이행하던 중 중대재해가 발생하였더라도 개인사업주나 경영책임자 등에게 형사책임을 추궁할 수 없을 것이다. 또한 행정처분에 대하여 집행정지가 이루어진 때에는 해당 행정처분의 효력이 정지되므로 효력정지 기간 동안 설령 행정처분과 관련한 중대재해가 발생하였더라도 본 호를 위반한 책임을 물을 수 없을 것이다.

## 1.3 실행전략

**일반사항**

① 관계법령에 따라 시정 명령한 사항은 경영책임자 등에게 보고하는 절차 마련
② 중앙행정기관 등이 지적한 사항은 본사 차원에서 기한 내에 신속히 이행하도록 관리
③ 개선 또는 시정을 명한 사항에 대해 주기적으로 이행 여부 확인

중앙행정기관 · 지방자치단체의 행정처분이 이루어진 경우, 그 사실은 물론 그 구체적인 내용에 대하여 개인사업주 또는 경영책임자 등에게 보고되는 시스템을 구축하여야 한다.

## 1.4 실행방법

### 1) 관계법령에 따라 시정 명령한 사항은 경영책임자 등에게 보고하는 절차 마련

중앙행정기관 등이 각 사업장에 종사자의 안전보건상 유해 또는 위험을 방지하기 위해 관

계법령에 따라 개선 또는 시정을 명했다면 경영책임자 등에게 보고하는 절차를 마련해야 해야 한다.

중앙행정기관 · 지방자치단체가 관계법령에 따라 개선 · 시정 등을 명할 때는 원칙적으로 서면으로 시행한다. 주로 행정처분을 의미하며 행정지도나 권고, 조언은 포함되지 않는다.

따라서 중앙행정기관 등이 점검을 실시한 후 내리는 행정처분 사실과 내용에 대해서는 반드시 사업주 등에게 보고되는 절차를 가지고 있어야 한다. 조치절차는 다음과 같다.

① 명령 사항의 확인 : 관리감독자
② 발생의 보고 : 관리감독자 → 안전보건관리책임자(본사, 현장)
③ 발생 현황 확인 및 공유 조치
- 사업주, 경영책임자 보고 · 조치
- 개선 · 시정명령
- 사례 전파(본사, 현장)

④ 명령사항 이행
- 발생한 현장의 안전보건관리책임자 주도로 개선 · 시정 등 조치이행

중앙행정기관 등이 지적한 사항에 대해 실무자나 현장에서는 경영책임자에게 서면이나 구두로 보고를 하는 것이 일반적이다. 그러나 경영책임자는 보고사항에 대해 꼭 조치를 실시하도록 하고 관련 내용을 증빙으로 남길 필요가 있다.

문서번호 :

# 중앙행정기관 · 지방자치단체 시정사항 개선절차

2025. . .

| 작성자 | 검토자 | 근로자대표 | 대표이사 |
|---|---|---|---|
| (확인) | (확인) | (확인) | (확인) |

| 제정 : (처음 만든 날짜) | 개정 : (수정한 날짜) |
|---|---|

㈜ ○○건설

# 중앙행정기관 · 지방자치단체 시정사항 개선절차 제 · 개정이력

| 제목 | 중앙행정기관 등<br>시정사항 개선절차 | 제 · 개정 및<br>폐기권자 | 안전보건<br>관리책임자 |
|---|---|---|---|
| 문서 번호 | - | 기안 부서 | |
| 개정 주기 | 필요시 | 관리 부서 | |
| 공개 여부 | 공개 | 제정 일자 | |

<table>
<tr><th colspan="8">제 · 개정 이력</th></tr>
<tr><th rowspan="2">개정<br>번호</th><th colspan="3">제 · 개정</th><th rowspan="2">연월일</th><th rowspan="2">제 · 개정사유</th><th rowspan="2">제 · 개정내용</th></tr>
<tr><th>작성자</th><th>전면</th><th>부분</th></tr>
<tr><td>1</td><td></td><td>●</td><td></td><td></td><td></td><td>제정</td></tr>
<tr><td></td><td></td><td></td><td></td><td></td><td></td><td></td></tr>
<tr><td></td><td></td><td></td><td></td><td></td><td></td><td></td></tr>
<tr><td></td><td></td><td></td><td></td><td></td><td></td><td></td></tr>
<tr><td></td><td></td><td></td><td></td><td></td><td></td><td></td></tr>
<tr><td></td><td></td><td></td><td></td><td></td><td></td><td></td></tr>
<tr><td></td><td></td><td></td><td></td><td></td><td></td><td></td></tr>
<tr><td></td><td></td><td></td><td></td><td></td><td></td><td></td></tr>
</table>

# 중앙행정기관 · 지방자치단체 시정사항 개선절차

| 승인 | |
|---|---|
| 기안 | |

| 제정 : (처음 만든 날짜) | 개정 : (수정한 날짜) |
|---|---|

## 1. 목적

본 절차는 중대재해처벌 등에 관한 법률(이하 "중대재해처벌법"), 산업안전보건법 기타 안전보건관계법령에 따라 안전보건관리체계를 수립, 이행, 유지, 점검 및 지속적으로 개선하기 위하여 중앙행정기관 · 지방자치단체 등의 시정사항 개선에 대한 기준과 절차를 정함을 목적으로 한다.

## 2. 적용범위

본 절차는 우리회사의 실질적으로 지배 · 운영 · 관리하는 사업 또는 사업장(제3자에게 도급 · 용역 · 위탁 등을 행한 경우로써 그 시설, 장비, 장소 등에 대하여 실질적으로 지배 · 운영 · 관리하는 책임이 있는 경우를 포함함), 생산 · 제조 · 유통 중인 원료 및 제조물과 관련한 중대산업재해와 중대시민재해 예방 등에 대하여 적용하고, 다른 절차가 없을 경우, 중앙행정기관 및 지방자치단체 등의 시정사항에 관하여는 본 절차를 우선 적용한다.

## 3. 책임과 권한

3.1 경영책임자 등(사장, 대표 등)

3.1.1 소속 사업장 내에서 중대산업재해, 중대시민재해 예방을 목적으로 하는 모든 중앙행정기관 · 지방자치단체의 개선, 시정 등에 대한 이행조치 지시

3.1.2 본 절차에 따른 모든 조치의 시행 및 감독

3.2 안전보건 주관부서

3.2.1 중앙행정기관 · 지방자치단체 개선, 시정 개선계획 총괄(필요시 유관부서 협의)

3.2.2 중앙행정기관 · 지방자치단체 개선, 시정 개선계획 및 이행에 대한 점검 총괄(필요시 유관부서 협의)

3.3 안전보건관리책임자, 안전보건총괄책임자, 관리감독자(이하 "안전보건관리책임자 등")

3.3.1 중앙행정기관 · 지방자치단체 개선, 시정지시의 적절한 이행

경영책임자는 중앙행정기관 · 지방자치단체가 관계법령에 따라 개선, 시정 등을 명한 사항에 대하여 소속 사업장별 안전보건관리책임자 등으로 하여금 이행하도록 지시

3.4 유관부서

3.4.1 3.1조 내지 3.3조의 담당자 및 부서의 안전보건 업무 관련 예산 수립, 집행 및 평가를 위한 자료요청 등에 협력 및 업무지원

**4. 기록 · 관리**

안전보건 주관부서는 중앙행정기관 · 지방자치단체 개선, 시정지시에 대해 사업장 내 시스템에 기록 · 관리하여야 함

4.1 중앙행정기관 · 지방자치단체 개선, 시정지시 내용

(1) 중앙행정기관 · 지방자치단체 및 관련 사업장(현장)의 명칭, 기타 명령 내용을 특정할 수 있는 정보(감독일자, 명령일자, 감독명, 기관명 등)

(2) 개선명령, 시정명령, 과태료, 벌금 등의 내용 및 조치기한, 처분서 등 관련 서류

(3) 명령사항에 대한 이행조치 내역

**5. 개선 · 시정 명령에 대한 이행 및 관련 조치**

5.1 사업장별 안전보건관리책임자 등은 개선 · 시정 사항의 이행을 담당 부서에 지시하여

야 하고, 해당 지시를 받은 부서의 장은 아래 각 호의 방식으로 이행하여야 함
(1) 개선, 시정명령 사항을 이행할 담당자의 지정
(2) 이행방안의 수립(유형 분류, 원인분석, 개선방향)
(3) 수립된 방안의 이행

5.2 5.1항의 지시를 받은 해당 부서의 장은 명령사항을 이행한 후 그 결과를 회사 내 시스템에 기록 · 보존하여야 한다.

5.3 사업장별 안전보건관리책임자 등은 중앙행정기관 · 지방자치단체가 시정, 개선을 명한 사항과 이행결과에 대해 경영책임자 등에게 보고하여야 한다.

### 2) 중앙행정기관 등이 지적한 사항은 본사 차원에서 기한 내에 신속히 이행하도록 관리

중앙행정기관 등이 지적한 사항은 본사 차원에서 기한 내에 신속히 이행하도록 관리해야 한다. 특히, 지방노동관서 감독, 안전보건공단의 패트롤 점검에서 시정을 요구하거나 지적한 내용은 반드시 시정하고 재발되지 않도록 조치해야 한다. 이러한 내용이 이행되지 않아서 중대재해가 발생하는 경우 중대재해처벌법 처벌 대상이 될 수 있으므로 경영책임자는 이행 여부를 반드시 보고받고 확인해야 한다.

지적사항에 대한 최초 보고 후 경영책임자는 개선내용에 대해서도 필히 보고를 받고 동종의 문제가 본사 전체의 현장에서 지적되지 않도록 관련 내용을 전 현장에 전파할 필요가 있다.

### 3) 개선 또는 시정은 서면으로 실시

중앙행정기관 또는 지방자치단체가 관계법령에 따라 시행한 개선 · 시정명령을 의미하며 원칙적으로 서면으로 시행되어야 한다. 일반적으로 행정청이 처분을 할 때에는 다른 법령

등에 특별한 규정이 있는 경우를 제외하고는 문서로 하고 있기 때문이다. 개선 또는 시정명령은 행정처분을 의미하고, 행정지도나 권고, 조언은 포함되지는 않는다.

중앙행정기관 또는 지방자치단체가 안전 및 보건 확보와 무관한 내용에 대해 개선 · 시정 등을 명한 사항도 중대재해처벌법의 규율대상으로 보기 어렵기 때문에 이에 대해서는 조치를 할 의무는 없다. 그러나 사고 예방을 위해서는 지적한 내용은 조속히 개선하는 것이 바람직하다.

### ■ 산업안전보건법에 따른 고용노동부 장관의 시정명령의 예

**제53조(고용노동부 장관의 시정조치 등)**

① 고용노동부 장관은 사업주가 사업장의 건설물 또는 그 부속건설물 및 기계 · 기구 · 설비 · 원재료(이하 "기계 · 설비 등"이라 한다)에 대하여 안전 및 보건에 관하여 고용노동부령으로 정하는 필요한 조치를 하지 아니하여 근로자에게 현저한 유해 · 위험이 초래될 우려가 있다고 판단될 때에는 해당 기계 · 설비 등에 대하여 사용중지 · 대체 · 제거 또는 시설의 개선, 그 밖에 안전 및 보건에 관하여 고용노동부령으로 정하는 필요한 조치(이하 "시정조치"라 한다)를 명할 수 있다.

② 제1항에 따라 시정조치 명령을 받은 사업주는 해당 기계 · 설비 등에 대하여 시정조치를 완료할 때까지 시정조치 명령 사항을 사업장 내에 근로자가 쉽게 볼 수 있는 장소에 게시하여야 한다.

③ 고용노동부 장관은 사업주가 해당 기계 · 설비 등에 대한 시정조치 명령을 이행하지 아니하여 유해 · 위험 상태가 해소 또는 개선되지 아니하거나 근로자에 대한 유해 · 위험이 현저히 높아질 우려가 있는 경우에는 해당 기계 · 설비 등과 관련된 작업의 전부 또는 일부의 중지를 명할 수 있다.

④ 제1항에 따른 사용중지 명령 또는 제3항에 따른 작업중지 명령을 받은 사업주는 그 시정조치를 완료한 경우에는 고용노동부 장관에게 제1항에 따른 사용중지 또는 제3항에 따른 작업중지의 해제를 요청할 수 있다.

⑤ 고용노동부 장관은 제4항에 따른 해제 요청에 대하여 시정조치가 완료되었다고 판단될 때에는 제1항에 따른 사용중지 또는 제3항에 따른 작업중지를 해제하여야 한다.

### 제56조(중대재해 원인조사 등)

① 고용노동부 장관은 중대재해가 발생하였을 때에는 그 원인 규명 또는 산업재해 예방대책 수립을 위하여 그 발생 원인을 조사할 수 있다.
② 고용노동부 장관은 중대재해가 발생한 사업장의 사업주에게 안전보건개선계획의 수립 · 시행, 그 밖에 필요한 조치를 명할 수 있다.

## 4) 지적내용은 위험성평가, 재발방지대책과 연계

중앙행정기관 또는 지방자치단체가 관계법령에 따라 시행한 개선 · 시정명령은 유해 · 위험성이 상당히 높아 사고로 연계될 수가 있다. 따라서 지적된 내용에 대해서는 신속히 조치를 하고 위험성평가나 재발방지대책과 연계하여 이행할 필요가 있다.

## 5) 담당자 지정

중앙행정기관 또는 지방자치단체가 관계법령에 따라 시행한 개선 · 시정명령의 조치사항에 대한 이행 확인을 위해 담당자를 지정할 필요가 있다.

## 6) 개선 또는 시정을 명한 사항에 대해 주기적으로 이행 여부 확인

사업주 등은 개선 또는 시정을 명한 사항에 대해 주기적으로 이행 여부를 확인하여야 한다. 지적사항에 대해 매월 처리현황을 파악할 필요도 있다.

**표 5.1 개선 · 시정명령 등 지시사항 관리대장**

| 개선 · 시정명령 등 지시사항 관리대장 | | | | | | | |
|---|---|---|---|---|---|---|---|
| 사업장명 : | | | | | | | |
| 구분 | 점검일 | 행정<br>기관명 | 시정내용 | 시정<br>지시일 | 조치내용 | 조치<br>일자 | 확인 |
| 1 | | | | | | | (서명) |
| 2 | | | | | | | (서명) |
| 3 | | | | | | | (서명) |
| 4 | | | | | | | (서명) |
| 5 | | | | | | | (서명) |
| 6 | | | | | | | (서명) |
| 7 | | | | | | | (서명) |
| 8 | | | | | | | (서명) |
| 9 | | | | | | | (서명) |
| 10 | | | | | | | (서명) |

### 7) 반기 1회 이상 주기적으로 점검하고 대표이사에게 보고

법적 의무사항은 아니지만 시정명령에 대한 개선조치 방법의 문제점을 반기 1회 이상 주기적으로 점검하여 대표이사에게 보고하고 점검결과 개선사항에 대해서는 필요한 조치를 하는 것을 권장한다.

## 1.5 컴플라이언스 핵심 체크포인트

① 개선 · 시정 명령 사항에 대한 보고 및 이행

- 중앙행정기관 등이 안전보건에 관한 개선 · 지시 등을 명한 경우 이를 신속히 보고하여야 한다.
- 중앙행정기관 등의 개선 · 시정 명령 사항과 정해진 기간 안에 이를 이행한 사항 등을 기록 관리하여야 한다.

② 재발방지대책 수립 및 공유

- 다른 사업장에 대해서도 재발방지대책과 관련된 위험이 존재하는지 점검하여야 한다.
- 개선 · 시정 명령 사항에 대하여는 관련 작업종사자 모두에게 작업 전 안전점검회의(TBM), 조회, 안전교육 등을 통해 공유하여야 한다.

③ 개선 · 시정 명령 사항에 대한 집중 관리

- 개선 · 시정 명령 사항과 관련된 안전조치 등은 정기 안전 점검표의 점검항목에 반영하는 등 이행 여부를 집중 관리하여야 한다.

## 1.6 중앙행정기관 · 지방자치단체의 개선 · 시정명령 이행 점검기준

### □ 개선, 시정명령 이행 점검표

○ 점검일 :

○ 부서명 :

○ 점검책임자 : (인)

| 결재 | 작성 | 검토 | 승인 |
|---|---|---|---|
| | | | |

### □ 점검 주요 내용

| 점검 내용 | 점검결과 |
|---|---|
| 1. 관계법령 위반사항 보고절차(매뉴얼)<br>① 관계법령에 따라 시정 명령한 사항은 경영책임자 등에게 보고하는 절차 마련 여부<br>ⓐ 명령 사항의 확인 : 관리감독자<br>ⓑ 발생 보고 : 관리감독자 → 안전보건관리책임자(본사, 현장)<br>ⓒ 발생 현황 확인 및 공유 조치<br>- 사업주, 경영책임자 보고 · 조치<br>- 개선 · 시정명령<br>- 사례 전파(본사, 현장)<br>ⓓ 명령사항 이행<br>- 지적사항이 발생한 현장의 안전보건관리책임자 주도로 개선 · 시정 등 조치이행<br>② 결재자, 보고시간, 보고내용 명시 여부<br>③ 보고에 따른 경영책임자 지시 및 확인<br>• 지시 및 확인 증빙 | |
| 2. 지적내용은 본사 차원에서 기한 내에 신속히 이행하도록 관리<br>① 지적사항에 대한 최초 보고<br>② 경영책임자는 개선내용에 대해서도 필히 보고<br>③ 동종의 문제가 본사 전체의 현장에서 지적되지 않도록 관련 내용을 전 현장에 전파 조치 | |

| 점검 내용 | 점검결과 |
|---|---|
| ④ 노동부 점검, 안전보건공단의 패트롤 점검 요구사항은 최대한 빠른 시간 내 반드시 시정 | |
| 3. 개선 또는 시정은 서면으로 실시<br>① 개선 또는 시정명령은 행정처분인지 확인<br>② 행정지도나 권고, 조언은 포함되지는 않지만 조치 이행 | |
| 4. 지적내용은 위험성평가, 재발방지대책과 연계<br>① 지적된 내용에 대해서는 신속히 조치 후 위험성평가에 반영<br>② 재발방지 조치계획 수립 및 이행 | |
| 5. 이행조치여부 담당자 지정<br>• 중앙행정기관 또는 지방자치단체가 관계법령에 따라 시행한 개선 · 시정 명령의 조치사항에 대한 이행 확인을 위해 담당자 지정 | |
| 6. 개선 또는 시정을 명한 사항에 대한 운영은 주기적으로 이행 여부 확인<br>① 사업주 등은 개선 또는 시정을 명한 사항에 대해 주기적으로 이행 여부를 확인<br>② 지적사항에 대해 매월 처리현황 파악<br>③ 개선조치사항의 운영 문제점 파악 및 피드백 실시 | |
| 7. 반기 1회 이상 주기적으로 점검하고 대표이사에게 보고<br>① 의무사항은 아니지만 재발방지대책의 문제점을 반기 1회 이상 주기적으로 점검하여 대표이사에게 보고<br>② 점검결과 개선사항에 대해서는 필요한 조치 | |

# 제6장

# 안전보건관계법령에 따른 관리상 조치

# 01 안전보건관계법령에 따른 의무이행 여부에 대한 점검 및 조치

## 1.1 관련 조문

**법 제4조(사업주와 경영책임자 등의 안전 및 보건 확보의무) 제1항제4호**

① 사업주 또는 경영책임자 등은 사업주나 법인 또는 기관이 실질적으로 지배·운영·관리하는 사업 또는 사업장에서 종사자의 안전보건상 유해 또는 위험을 방지하기 위하여 그 사업 또는 사업장의 특성 및 규모 등을 고려하여 다음 각 호에 따른 조치를 하여야 한다.

4. 안전보건관계법령에 따른 의무이행에 필요한 관리상의 조치

**시행령 제5조(안전보건관계법령에 따른 의무이행에 필요한 관리상의 조치)**

① 법 제4조제1항제4호에서 "안전보건관계법령"이란 해당 사업 또는 사업장에 적용되는 것으로써 종사자의 안전보건을 확보하는 데 관련되는 법령을 말한다.

② 법 제4조제1항제4호에 따른 조치에 관한 구체적인 사항은 다음 각 호와 같다.

1. 안전보건관계법령에 따른 의무를 이행했는지를 반기 1회 이상 점검(해당 안전보건관계법령에 따라 중앙행정기관의 장이 지정한 기관 등에 위탁하여 점검하는 경우를 포함한다. 이하 이 호에서 같다)하고, 직접 점검하지 않은 경우에는 점검이 끝난 후 지체 없이 점검 결과를 보고받을 것
2. 제1호에 따른 점검 또는 보고 결과 안전보건관계법령에 따른 의무가 이행되지 않은 사실이 확인되는 경우에는 인력을 배치하거나 예산을 추가로 편성·집행하도록 하는 등 해당 의무이행에 필요한 조치를 할 것

## 1.2 조문의 취지

개인사업주 또는 경영책임자 등은 종사자의 안전 및 보건 확보를 위해 안전보건관계법령상 의무가 이행되도록 관리하여야 한다. 해당 법령상 의무 미이행에 대한 제재·처분이 이루어지는 것과는 별개로 시행령에서 정한 구체적인 관리상 조치가 제대로 이루어졌는지를 살펴 중대재해처벌법령상 의무를 이행하였는지를 판단하게 된다. 구체적으로는 관계법령에서 부과된 의무를 이행하고 있는지와 종사자 교육이 제대로 되고 있는지 확인하고 필요한 조치를 하도록 규정하고 있다.

경영책임자 등은 사업장 내에서 모든 안전조치가 제대로 작동되는지를 실시간으로 파악하기는 어렵다. 이런 이유로 이 조문은 주기적인 점검과 그 결과를 보고받는 관리상의 의무를 경영책임자 등에게 부과하고 있다.

경영책임자 등은 인력과 예산 등에 관한 결정 권한을 가지므로 인력과 예산의 어려움으로 법령상의 의무가 이행되지 못하는 일이 발생하지 않도록 관리하기 위해 이 조문을 두고 있다.

사업주 또는 경영책임자 등은 안전보건관계법령에 따른 의무를 이행했는지를 반기 1회 이상 점검 또는 점검 보고를 받고 적절한 조치를 하도록 지시하여야 한다.

구체적으로는 각 사업장의 안전보건관계법령상 의무이행 과정을 전반적으로 점검하고 그 결과를 평가하는 조직과 절차를 마련하여 법적 의무 이행 여부는 물론 성과와 문제점 등을 객관적이고 심도 있게 점검하고 그 결과에 대하여 보고를 받아야 한다. 해당 점검 및 보고가 형식적으로 이루어지는 부실 점검의 경우나 사업주 또는 경영책임자 등이 점검의 지시를 하였으나 점검 또는 보고가 이루어지지 않은 경우는 의무가 이행된 것으로 볼 수 없다. 불이행에 따른 최종적인 책임은 사업주 또는 경영책임자 등에게 귀속되게 된다.

경영책임자 등은 점검 또는 점검보고 결과 안전보건관계법령에 따른 의무가 이행되지 않은 경우는 인력 배치, 예산 추가편성·집행 등 해당 의무이행에 필요한 조치를 실시하여야 한다.

## 1.3 실행전략

**일반사항**

① 주기적인 점검 및 결과 보고 절차 마련
② 안전보건관계법령 여부 확인
③ 법령에서 요구하고 있는 의무이행 사항 파악
④ 경영책임자 등이 점검주체임을 인식할 필요
⑤ 의무이행 여부 점검방법의 실질적 이행방안 모색
⑥ 인력 배치, 예산 추가 편성·집행 등 이행에 필요한 조치 실시
⑦ 반기 1회 이상 필히 점검
⑧ 문서상 점검 지양하고 실질적으로 현장에서 이행 여부 점검
⑨ 산업안전보건법에 따른 의무이행 사항 적절성
⑩ 안전보건법규 준수 평가표(현장용, 본사용) 작성 여부

## 1.4 실행방법

### 1) 안전보건관계법령 여부 확인

안전보건관계법령에 따른 의무이행에 필요한 관리상의 조치와 관련하여 안전보건관계법령이 무엇인지가 궁금할 것이다. 법 제4조제1항제4호에서 "안전보건관계법령"이란 해당 사업 또는 사업장에 적용되는 것으로써 종사자의 안전보건을 확보하는 데 관련되는 법령을 말한다(시행령 제5조제1항).

종사자의 안전보건을 확보하는 데 그 목적을 두고 있는 산업안전보건법령을 중심으로 고려하되 이에 한정되는 것은 아니며 종사자의 안전보건에 관계되는 법령은 모두 포함된다고 본다. 안전보건관계법령은 법률의 목적이 근로자의 안전 및 보건 확보를 위한 것으로써 관련 내용을 담고 있는 광산안전법, 선원법, 연구실 안전환경 조성에 관한 법률 등을 포함한다. 일반적으로 법 제정 목적은 일반 공중의 안전을 확보하기 위한 내용이지만 그 규정에서 '직접

적으로' 근로자 등 노무를 제공하는 자의 안전보건 확보를 위한 내용을 규정한 폐기물관리법 등도 포함된다. 각 사업 또는 사업장 특성을 고려하여 안전보건관계법령을 확인할 필요가 있다.

**표 6.1 안전보건관계법령 예**

| 법령명 | 관련 조문 |
|---|---|
| 산업안전 보건법 | 노무를 제공하는 사람의 안전 및 보건의 유지 · 증진을 목적으로 하는 법으로 산업안전보건법, 시행령 및 시행규칙과 산업안전보건기준에 관한 규칙, 유해 · 위험작업의 취업 제한에 관한 규칙을 모두 포함 |
| 광산안전법 | 법률 제정 목적에 광산근로자에 대한 위해를 포함하며, 광업권자 또는 조광권자의 의무(법 제5조), 안전교육의 실시(법 제7조), 안전규정의 제정 및 준수(법 제11조) 등 광산근로자에 대한 위해 방지를 위한 내용 규율 |
| 원자력 안전법 | 발주자의 안전조치 의무로 방사선 작업종사자가 과도한 방사선에 노출되지 아니하도록 안전한 작업환경을 제공하여야 한다는 의무 부과(법 제59조의2), 방사선 장해방지조치(법 제91조) 등 |
| 항공안전법 | 산업안전보건법의 일부 의무 적용이 제외된 안전보건관계법령(산업안전보건법 시행령 별표1) |
| 선박안전법 | 산업안전보건법의 일부 의무 적용이 제외된 안전보건관계법령(산업안전보건법 시행령 별표1) |
| 연구실 안전환경 조성에 관한 법률 | 법률 제정 목적에 연구 활동 종사자의 건강과 생명 보호를 포함하며, 종사자의 안전을 위하여 연구실책임자의 지정(법 제9조), 안전점검(법 제14조) 및 정밀 안전진단의 실시(법 제15조), 교육 · 훈련(제20조) 및 건강검진(제21조) 등의 사항을 규정 |
| 폐기물 관리법 | 폐기물관리법의 보호 조항(법 제14조의5)에 따라 시행규칙 제16조의3으로 정해진 보호 장구의 지급, 운전자 포함 3명1조의 작업 등의 안전기준 등 |
| 생활물류서비스산업 발전법 | 생활물류서비스 종사자의 보호 조항(법 제36조)은 "생활물류서비스 종사자의 안전을 확보할 수 있도록" 노력해야 한다고 명시 |
| 선원법 | 선원에게 보호 장구와 방호장치 등을 제공하여야 하는 등 선원의 안전보건 확보를 위한 선박소유자의 의무(법 제82조), 의사의 승무(법 제84조) 등 규정을 포함 |

| 법령명 | 관련 조문 |
|---|---|
| 생활주변방사선 안전관리법 | 원료물질 또는 공정부산물의 취급 · 관리 시 관련 종사자의 건강을 위해 시설 및 종사자의 피폭량 등에 대한 조사 등 준수사항(법 제14조), 결함 가공제품에 대한 조치(법 제16조) 등을 규정 |
| 화재예방법 | 화재의 예방과 안전관리에 필요한 사항을 규정함으로써 화재로부터 국민의 생명 · 신체 및 재산을 보호하고 공공의 안전과 복리 증진에 이바지함을 목적으로 한다고 명시하면서 제29조(건설현장 소방안전관리) 규정 |
| 소방시설법 | 특정소방대상물 등에 설치하여야 하는 소방시설 등의 설치 · 관리와 소방용품 성능 관리에 필요한 사항을 규정함으로써 국민의 생명 · 신체 및 재산을 보호하고 공공의 안전과 복리 증진에 이바지함을 목적으로 한다고 명시하면서 제15조(건설현장의 임시소방시설 설치 및 관리) 규정 |
| 고압가스안전 관리법 | 고압가스의 제조 · 저장 · 판매 · 운반 · 사용과 고압가스의 용기 · 냉동기 · 특정설비 등의 제조와 검사 등에 관한 사항 및 가스안전에 관한 기본적인 사항을 정함으로써 고압가스 등으로 인한 위해(危害)를 방지하고 공공의 안전을 확보함을 목적 명시 |
| 전기안전관리법 | 전기재해의 예방과 전기설비 안전관리에 필요한 사항을 규정함으로써 국민의 생명과 재산을 보호하고 공공의 안전을 확보함을 목적 |
| 건설기계관리법 | 건설기계의 등록 · 검사 · 형식승인 및 건설기계사업과 건설기계 조종사면허 등에 관한 사항을 정하여 건설기계를 효율적으로 관리하고 건설기계의 안전도를 확보하여 건설공사의 기계화를 촉진함을 목적을 명시하면서 제31조(건설기계조종사의 안전교육 등) 규정 |
| 화학물질관리법 | 화학물질로 인한 국민건강 및 환경상의 위해(危害)를 예방하고 화학물질을 적절하게 관리하는 한편, 화학물질로 인하여 발생하는 사고에 신속히 대응함으로써 화학물질로부터 모든 국민의 생명과 재산 또는 환경을 보호하는 것을 목적 |
| 소음 · 진동관리법 | 공장 · 건설공사장 · 도로 · 철도 등으로부터 발생하는 소음 · 진동으로 인한 피해를 방지하고 소음 · 진동을 적정하게 관리하여 모든 국민이 조용하고 평온한 환경에서 생활할 수 있게 함을 목적으로 명시 |
| 대기환경보전법 | 대기오염으로 인한 국민건강이나 환경에 관한 위해(危害)를 예방하고 대기환경을 적정하고 지속가능하게 관리 · 보전하여 모든 국민이 건강하고 쾌적한 환경에서 생활할 수 있게 하는 것을 목적 |

건설현장에 많이 적용되고 있는 건설기술진흥법이 안전보건관계법령에 해당되는지 여부와 관련하여 건설기술진흥법은 해당되지 않는다.

건설기술진흥법은 법의 목적이 건설기술의 연구개발을 촉진하여 건설기술을 촉진하는 등 건설공사의 품질을 높이는 데 주된 목적이 있다. 또한 같은 법 제2조제2호 단서에 산업안전보건법에서 근로자의 안전에 관하여 따로 정하고 있는 사항은 제외한다고 한 점 등을 종합적으로 고려하면 종사자의 안전보건을 확보하는 데 관련되는 법령으로 보기는 어렵다.

또한 건설산업기본법은 법 제3조에 건설산업의 설계, 감리, 시공, 사업관리, 유지관리 등의 분야에 걸쳐 국제경쟁력을 갖출 수 있도록 이를 균형 있게 발전시킴으로써 국민경제와 국민의 생활안전에 이바지함을 기본이념으로 한다고 규정되어 있다. 건설산업기본법 개별 조문을 살펴보면 종사자의 직접적인 안전보건을 확보하기 위한 내용을 담고 있는 조문이 없는 점 등을 고려하면 안전보건관계법령으로 보기는 어렵다.

안전보건관계법령을 구체적으로 특정하지 아니한 중대재해처벌법의 규정 체계로 인하여 실제 안전보건관계법령 중 일부 법령상의 의무이행 및 점검을 누락한 경우 경영책임자 등에게 책임을 물을 수 있다.

예를 들면 경영책임자 등은 중대재해처벌법 시행령 제5조제2항에 의해 안전보건관계법령에 따른 의무를 이행했는지를 반기 1회 이상 보고받아 점검하고 의무이행이 미흡한 경우 필요한 조치를 하면 관리상의 조치를 다 한 것으로 평가될 것이다. 따라서 경영책임자 등은 관계법령 등이 누락되지 않도록 사업 또는 사업장에 적용되는 안전보건관계법령 리스트를 평소에 관리할 필요가 있다.

일부에서는 해당 법령상의 의무이행 여부를 반기 1회 이상 점검한 경우라면 설령 일부 안전보건관계법령을 미처 파악하지 못하여 누락하였다고 하더라도 경영책임자 등에게는 점검 의무 불이행에 관한 고의 또는 책임이 조각될 수 있을 것이라는 견해가 있다. 그렇지만 평소에 안전보건관계법령을 리스트업하고 법령에서 요구하는 사항을 정리해 두는 것이 좋다.

### 2) 법령에서 요구하고 있는 의무이행 사항 파악 및 조치

각 사업장의 안전보건관계법령을 확인했다면 각 법령에서 요구하고 있는 법적 의무 이행사항을 도출할 필요가 있다. 도출된 법적 의무이행 사항의 과정을 전반적으로 점검(모니터링)하고 그 결과를 평가하는 별도의 조직 등을 두어, 경영책임자가 그 조직을 통해 사업장의 법적 의무이행 여부와 문제점 등을 보고받고, 개선 조치를 취하도록 하는 등 법상 의무이행을 해태함이 없도록 관리해야 한다.

각각의 안전보건관계법령에 따른 의무는 그 법에 따른 의무를 이미 부담하고 있다. 해당 의무 미이행에 따른 제재는 해당 법령에 의해 발생하게 된다. 중대재해처벌법상 관리상 조치 의무와는 또 다른 별개의 의무이다.

### 3) 경영책임자 등이 점검주체임을 인식할 필요

안전보건관계법령에 따른 의무를 이행하였는지 여부의 점검 주체는 개인사업주 또는 경영책임자 등이라는 점을 명확하게 인식할 필요가 있다. 점검 의무는 원칙적으로 개인사업주 또는 경영책임자 등에게 부여된 것이다. 해당 점검 및 보고가 형식적으로 이루어지는 부실 점검의 경우나 개인사업주 또는 경영책임자 등이 점검 지시를 하였으나 점검 또는 보고가 이루어지지 않은 경우에는 의무가 이행된 것으로 볼 수 없고 불이행에 따른 최종적인 책임은 개인사업주 또는 경영책임자 등에게 귀속된다.

각 사업장의 안전보건관계법령에 따른 의무 준수에 대한 구체적인 점검은 해당 사업 또는 사업장의 구체적 사정에 따라 다양한 방식과 조직을 통해 실행될 수 있다.

고용노동부 질의회시(중대산업재해감독과-1413, 22.4.25.)에 따르면 “중대재해처벌법 시행령 제5조 제2항제1호에 따라 안전보건관계법령에 따른 의무를 이행하였는지를 점검하는 주체는 개인사업주 또는 경영책임자 등이다. 구체적인 점검은 해당 사업 또는 사업장 특성, 규모 등 개별 사정에 비추어 다양한 방식으로 이행할 수 있다”라는 입장이다. 경영책임자가 이를 직접 수행할 수도 있고 소속 직원이나 조직 등을 통해 해당 업무를 수행하도록 하고 보고받을 수도 있다.

개인사업주 또는 경영책임자 등은 안전보건관계법령에 따른 의무이행 여부를 반기 1회 이상 직접 점검하거나 안전보건관계법령에 따라 중앙행정기관의 장이 지정한 기관 등에 위탁하여 점검하는 경우 등 자신이 직접 점검하지 않은 경우에는 점검이 끝난 후 지체 없이 결과를 보고 받아야 한다. 점검 결과 안전보건관계법령에 따른 의무가 이행되지 않은 사실이 확인되는 경우에는 인력의 배치, 예산의 추가편성 · 집행 등 안전보건관계법령에 따른 의무이행에 필요한 조치를 하여야 한다.

### 4) 의무이행 여부 점검의 실질적 이행방안 모색

안전보건관계법령에 따른 의무이행 점검은 해당 사업 또는 사업장에 적용되는 개별적인 안전보건관계법령상의 의무를 이행하고 있는지를 확인 점검하는 것으로 양자는 의무의 법적 성격과 내용 및 대상이 상이하다.

이 조항에 따른 개인사업주 또는 경영책임자 등의 의무는 안전보건관계법령상 의무이행에 관한 점검이 실질적으로 이루어지도록 하고 그에 따른 필요한 조치를 하도록 하는 것이다. 개인사업주 또는 경영책임자 등은 전문가나 현장실무자 등의 의견을 청취하는 절차 등 다양한 방식으로 부실 점검이 발생하지 않도록 점검 방식의 적정성 등을 살펴야 한다.

중대재해처벌법 제4조제1항에 따른 안전보건관리 체계구축 및 이행 의무의 하나로써 시행령 제4조제3호에 따른 유해 · 위험요인에 대한 확인 점검은 자율적으로 사업장 내 유해 · 위험요인을 확인하는 것이다.

개인사업주 또는 경영책임자 등은 안전보건관계법령에 따른 의무이행 여부에 대한 점검이 실효적이고 실질적으로 이행되도록 하는 방안을 적극적으로 모색하고 채택하여야 한다.

개인사업주 또는 경영책임자 등은 각 사업장의 안전보건관계법령상 의무이행 과정을 전반적으로 점검하고, 그 결과를 평가하는 조직과 절차 등 시스템을 마련하여 법적 의무이행 여부는 물론 성과와 문제점 등을 객관적이고 심도 있게 점검하고, 그 결과에 대하여 보고를 받아야 한다.

만약 사업 또는 사업장 내 자체 점검 역량이 부족하여 그 점검의 실효성을 기대하기 어렵다고 판단되면, 안전보건관계법령에 따라 중앙행정기관의 장이 지정한 기관인 전문기관에 위탁하여 점검하는 것도 가능하다.

안전보건관계법령에 따라 중앙행정기관의 장이 지정한 기관의 예로는 산업안전보건법의 경우 안전관리전문기관(법 제17조), 보건관리전문기관(법 제18조), 안전보건진단기관(법 제47조), 건설재해예방전문지도기관(법 제73조) 등이 있다.

점검의 내용은 안전보건관계법령에 따라 정해진 해당 기관의 업무에 관한 내용에 한정(전문성이 인정되는 분야로 제한)된다. 아울러 '안전보건관계법령에 따른 의무를 이행했는지'에 대한 점검의 위탁은 산업안전보건법에 따른 안전 및 보건업무의 위탁과는 구분된다. 산업안전보건법에서 안전보건업무 위탁이 허용되지 않는 상시 근로자 300명 이상의 사업장도 점검의 위탁은 가능하다.

일부 업체들의 경우 전문기관에 위탁을 하는 경우가 있는데 실질적인 점검보다는 책임에서 회피하기 위한 수단으로 사용하는 경우도 있다. 이러한 운용 형태는 가급적 지양할 필요가 있다. 중대재해처벌법은 남에게 보여주기 위한 것이 아니다. 안전보건관리체계를 구축하고 안전보건관계법령을 준수하여 사고를 예방하는 데 그 목적이 있음을 항상 염두에 두어야 한다.

일반적으로 위탁평가는 안전보건관계법령 의무사항에 대하여 산업안전보건법 제47조에 따른 안전보건진단기관인 외부 전문기관에서 위탁받아 수행한다. 그러나 이때 전문기관도 중요하지만 점검을 직접 수행하는 인력의 역량이 매우 중요하다.

참고로 안전보건관리책임자 등에게 업무수행 평가(의무사항 ⑥)와 안전보건관계법령에 따른 의무이행 점검(의무사항 ⑫)은 안전진단전문기관 등에 위탁이 가능하다. 외부 전문기관에 위탁하여 안전경영관리 전반에 걸쳐 점검을 받아 사업주, 경영책임자, 안전관리자 등의 역량을 강화할 필요는 있다.

### 5) 인력 배치 및 예산 추가편성 · 집행 등 의무이행에 필요한 조치 실시

개인사업주 또는 경영책임자 등은 점검 과정을 통해 안전보건관계법령에 따른 의무가 이행되지 않은 사실이 확인된 경우에는 인력의 배치, 예산의 추가편성 · 집행 등 안전보건관계법령에 따른 의무이행에 필요한 조치를 반드시 하여야 한다.

개인사업주 또는 경영책임자 등은 사업을 대표하고 총괄하는 지위에 있는 사람으로서 인력과 예산 등에 관한 결정 권한을 가지고 있다. 인력과 예산의 어려움으로 법령상의 의무조차 실효적으로 이행되지 못하는 일이 발생하지 않도록 해야 할 관리상 조치 의무가 경영책임자 등에게 부과된 것이다. 만약 위탁한 내용에 시행령 제5조제2항제3호의 안전보건에 관한 교육실시에 관한 내용이 포함되더라도 제3호에 대해서는 위탁한 경우를 포함하지 않으므로 '사업 또는 사업장 내'에서 직접 실시가 이루어져야 한다.

### 6) 반기 1회 이상 반드시 점검

안전보건관계법령이란 해당 사업 또는 사업장에 적용되는 것으로써 종사자의 안전보건을 확보하는 데 관련되는 법령이다. 법령상의 의무를 이행하고 있는지 반기 1회 이상 점검해야 한다.

법령에 따른 의무를 이행했는지 반기 1회 이상 점검하고 직접 점검하지 않은 경우 점검이 끝난 후 지체 없이 점검 결과를 보고받아야 한다.

고용노동부 질의회시(중대산업재해감독과-2766, 22.07.20.)에 따르면 "중대재해처벌법상 반기 1회 이상 점검과 관련하여 사업을 새로 시작한 경우에 대해 별도로 규정을 두고 있지는 않으므로, 반기 1회 이상 점검은 상반기(01.01.부터 06.30까지)와 하반기(07.01부터 12.31까지)를 최소한의 주기로 하여 각 1회 이상 실시하여야 한다"라고 보고 있다.

**표 6.2 점검결과 개선조치 요구(결과) 보고서**

# 점검 결과 개선조치 (□ 요구 □ 결과) 보고서

| 결재 | 작성 | 검토 | 승인 |
|---|---|---|---|
| | | | |

| 대상 부서 | | 작성일자 | |
|---|---|---|---|
| 구분 | □ 성과평가 □ 체계점검 □ 경영자 검토 □ 기타( ) | | |
| 부적합사항 | | | |
| 조치요구사항 | | | |
| 권고사항 | | | |
| 내부점검자<br>(내부점검시) | (서명) | 담당자<br>(내부점검 시) | |

| 시정조치 일정 | | | |
|---|---|---|---|
| 시정조치 방안 | | | |
| 완료(예정)일자 | | | |
| 첨부 내용 | □ 있음 □ 없음 | 관리감독자 확인 | (서명) |

| 조치내용 확인 | |
|---|---|
| 조치내용<br>부적합 사유 | |

## 7) 문서상 점검 지양하고 실질적으로 현장에서 이행 여부 점검

점검할 때 유의할 사항은 의무이행 여부 점검이 과도한 문서작업 위주로 행해지거나 개선이 쉬운 사항들 위주로 이루어져서는 안 된다는 점이다. 또한 점검은 현장에서 법령이 준수되고 있는지, 작업계획서대로 작업이 이루어지고 있는지를 확인하는 것이다. 그저 형식적으로 문서상으로만 점검이 이루어져서는 안 된다. 점검 시 자체 점검은 회사 내부에서 안전 전문성을 가진 사업주, 경영책임자, 안전관리자 등이 수행하게 된다.

**표 6.3 안전보건관계법령 의무이행 점검표**

### 안전보건관계법령 의무이행 점검표

<table>
<tr><td colspan="2">사업장명 :</td><td colspan="4">점검일자 : 년 월 일</td></tr>
<tr><td>점검자<br>(담당자)</td><td>(서명)</td><td colspan="2">확인자<br>(현장소장/사업주 등)</td><td colspan="2">(서명)</td></tr>
<tr><th colspan="2">의무 내용</th><th>이행</th><th colspan="2">미이행</th><th>개선사항</th></tr>
<tr><td colspan="2">산업안전보건법에 따른 안전보건관계자 현장배치 여부</td><td></td><td colspan="2"></td><td></td></tr>
<tr><td colspan="2">산업안전보건법에 따른 산업안전보건기준에 관한 규칙, 유해·위험작업의 취업 제한에 관한 규칙 준수여부</td><td></td><td colspan="2"></td><td></td></tr>
<tr><td colspan="2">폐기물관리법에 따른 보호 장구의 지급, 운전자 포함 3명 1조의 작업 등의 안전기준 등 준수여부</td><td></td><td colspan="2"></td><td></td></tr>
<tr><td colspan="2">전기안전관리법 제11조에 따른 정기검사 실시 여부</td><td></td><td colspan="2"></td><td></td></tr>
<tr><td colspan="2">건설기계관리법 제13조에 따른 검사 실시 여부</td><td></td><td colspan="2"></td><td></td></tr>
<tr><td colspan="2">화재예방법 제29조에 따른 소방안전관리자 선임 및 화재예방 조치</td><td></td><td colspan="2"></td><td></td></tr>
<tr><td colspan="2">소방시설법 제15조제1항에 따라 건설현장의 임시소방시설 설치 및 관리 여부</td><td></td><td colspan="2"></td><td></td></tr>
<tr><td colspan="2">고압가스 안전관리법 제20조에 따라 특정고압가스 사용신고 및 혼합보관, 보관장소 적정성 준수 여부</td><td></td><td colspan="2"></td><td></td></tr>
<tr><td colspan="6">※ 점검 후 이행되지 않은 사항 추가조치<br>※ 반기 1회 이상 점검</td></tr>
</table>

### 8) 산업안전보건법에 따른 의무이행 사항 예시

점검은 산업안전보건법 등 안전보건관계법령상 사업주, 도급인으로서 의무사항 이행 여부(직영, 도급)를 주로 점검하게 된다. 반기 1회 이상 본사와 현장 점검실시 후 사업주, 경영책임자에게 보고하고 지적사항은 조치를 하여야 한다. 현장에서 법령대로 이행되고 있는지 확인하고 확인 결과 도출된 문제점과 개선방안은 경영자에게 보고하고 교육훈련 등을 통해 전파할 필요가 있다. 점검에서 발견된 문제는 반기별(또는 분기별)로 조치계획을 마련하여 경영자에게 보고하고 경영자는 필요한 자원을 배정하고 이행해야 한다. 건설업에서 일반적으로 준수하여야 할 산업안전보건법에 따른 의무이행 사항의 예시는 다음 표와 같다.

**표 6.4 산업안전보건법 건설업 준수 평가표(현장용)**

## 산업안전보건법 건설업 준수 평가표(현장용)

| 구분 | 세부조항 | 주요 확인사항 | 적합여부 | |
|---|---|---|---|---|
| | | | 적합 | 부적합 |
| 근로자 명부 | | • 정직원, 계약직 사원 등 목록 작성 | | |
| 안전보건 관리 조직도, 비상연락망 작성 비치 | 법 제15조~19조 제25조, 규칙 제25조 | • 안전보건관리조직 구성 및 업무 분장(R&R) | | |
| 안전보건 관리책임자 | 법 제15조, 시행령 제14조, 시행규칙 제9조 | • 총공사금액 20억 원(VAT 포함) 이상의 공사를 시행하는 건설업에서는 안전업무를 총괄하기 위하여 안전보건관리책임자를 선임하여야 한다(협력업체 포함). 현장에 선임관계 서류비치(재직증명서, 인사명령서 등) | | |
| 관리감독자 | 법 제16조, 시행령 제15조 | • 사업주는 관리감독자에게 산업안전 및 보건에 관한 업무로써 대통령령으로 정하는 업무를 수행하도록 하여야 한다.<br>* 시행령 제15조 관리감독자의 업무 등 참조 | | |

| 구분 | 세부조항 | 주요 확인사항 | 적합여부 | |
|---|---|---|---|---|
| | | | 적합 | 부적합 |
| 안전관리자 | 법 제17조,<br>시행령<br>제16조~19조,<br>시행규칙<br>제 11조~12조 | • 공사금액 120억 원(토목 150억 원) 이상의 안전관리자는 해당 사업장에서 시행령 제18조제1항 각 호에 따른 업무만 전담해야 한다.<br>* 공사금액 50억 원 이상(관계수급인은 100억 원 이상)<br>* 120억 원 미만(토목 150억 원 미만) -1명<br>* 안전관리자 직무 영 제18조, 자격, 선임 수 방법 영 별표 3, 4 참조 | | |
| 안전보건<br>총괄책임자 | 법 제62조,<br>시행령<br>제52조~53조 | • 도급인은 관계수급인 근로자가 도급인의 사업장에서 작업을 하는 경우 그 사업장의 안전보건관리책임자를 도급인의 근로자와 관계수급인 근로자의 산업재해를 예방하기 위한 업무를 총괄 · 관리하는 안전보건총괄책임자로 지정하여야 한다.<br>* 지정대상 : 총공사금액 20억 원 이상 건설업 | | |
| 산업안전<br>보건위원회 | 법 제24조,<br>시행령<br>제34조~39조 | • 건설업의 경우 공사금액 120억 원(토목 150억 원) 이상인 경우 분기 1회 이상 산업안전보건위원회를 개최한다.<br>* 위원회의 개최결과는 현장 내 공지<br>* 사업주 위원과 근로자위원 각 10인 이내 동수로 구성 | | |
| 안전보건<br>관리규정 | 법<br>제25조~28조,<br>시행규칙 제25조 | • 사업주는 사업장의 안전보건을 위하여 상시근로자 100인 이상을 사용하는 사업 시 사유가 발생한 날로부터 30일 이내 안전보건관리규정을 작성하고 산업안전보건위원회의 심의 · 의결을 거쳐 사업장에 비치한다.<br>* 규칙 별표 3 [안전보건관리규정의 세부내용] 참조 | | |
| 안전상의<br>조치 | 법 제38조 | • 사업주는 사업을 수행함에 있어서 발생하는 아래와 같은 위험을 예방하기 위한 필요한 조치를 하여야 한다.<br>- 기계 · 기구 기타 설비에 의한 위험<br>- 폭발성, 발화성 및 인화성 물질 등에 의한 위험<br>- 전기, 열, 기타 에너지에 의한 위험<br>- 굴착, 채석, 벌목, 운송, 조작, 운반, 해체, 중량물 취급 등으로 인한 위험<br>- 추락, 붕괴, 낙하, 비래위험이 있는 장소 | | |

<table>
<tr><th rowspan="2">구분</th><th rowspan="2">세부조항</th><th rowspan="2">주요 확인사항</th><th colspan="2">적합여부</th></tr>
<tr><th>적합</th><th>부적합</th></tr>
<tr><td></td><td></td><td>- 기타 천재지변으로 인해 작업수행 상 위험 발생이 예상될 때<br>* 산업안전보건기준에 관한 규칙 참조</td><td></td><td></td></tr>
<tr><td>보건상의 조치</td><td>법 제39조</td><td>• 사업주는 사업을 행함에 있어서 발생하는 건강장해를 예방하기 위하여 필요한 조치를 하여야 한다.<br>- 원재료, 가스, 증기, 분진, 흄, 미스트, 산소결핍공기, 병원체 등에 의한 건강장해<br>- 방사선, 유해광선, 고온, 저온, 초음파, 소음, 진동, 이상기압 등에 의한 건강장해<br>- 사업장에서 배출되는 기체, 액체 또는 찌꺼기 등에 의한 건강장해<br>- 단순 반복 작업 또는 인체에 과도한 부담을 주는 작업에 의한 건강장해<br>- 환기, 채광, 조명, 보온, 방습 및 청결에 대한 적정 수준을 유지하지 못하여 발생하는 건강장해<br>* 산업안전보건기준에 관한 규칙 참조</td><td></td><td></td></tr>
<tr><td>근로자의 안전조치 및 보건 조치 준수</td><td>법 제40조</td><td>• 근로자는 법 제38조 및 제39조의 규정에 의하여 사업주가 한 조치로써 고용노동부령이 정하는 조치사항 준수<br>* 산업안전보건기준에 관한 규칙 참조</td><td></td><td></td></tr>
<tr><td>사업주의 작업 중지</td><td>법 제51조</td><td>• 사업주는 산업재해가 발생할 급박한 위험이 있을 때에는 즉시 작업을 중지시키고 근로자를 작업 장소에서 대피시키는 등 안전 및 보건에 관한 필요한 조치를 하여야 한다.</td><td></td><td></td></tr>
<tr><td>근로자의 작업 중지</td><td>법 제52조</td><td>• 근로자는 산업재해가 발생할 급박한 위험이 있는 경우에는 작업을 중지하고 대피할 수 있다.</td><td></td><td></td></tr>
<tr><td>중대재해 발생 시 사업주의 조치</td><td>법 제54조~56조, 시행규칙 제67조</td><td>• 사업주는 중대재해가 발생하였을 때에는 즉시 해당 작업을 중지시키고 근로자를 작업 장소에서 대피시키는 등 안전 및 보건에 관하여 필요한 조치를 하여야 한다.</td><td></td><td></td></tr>
</table>

| 구분 | 세부조항 | 주요 확인사항 | 적합여부 | |
|---|---|---|---|---|
| | | | 적합 | 부적합 |
| 도급에 따른 산업재해 예방조치 | 법 제64조, 시행규칙 제79조~82조 | • 도급인은 관계수급인 근로자가 도급인의 사업장에서 작업을 하는 경우 다음 각 호의 사항을 이행하여야 한다.<br>1. 안전보건에 관한 협의체의 구성 및 운영 (매월 1회 이상)<br>2. 작업장 순회점검(2일 1회 이상)<br>3. 관계수급인이 근로자에게 하는 안전보건교육을 위한 장소 및 자료의 제공 등 지원<br>4. 다음 각 목의 어느 하나의 경우에 대비한 경보체계 운영과 대피방법 등 훈련<br>가. 작업장소에서 발파작업을 하는 경우<br>나. 작업장소에서 화재, 폭발, 토사 구축물 등의 붕괴 또는 지진 등이 발생한 경우<br>5. 위생시설 설치 장소 제공 또는 도급인이 설치한 위생시설 이용의 협조 | | |
| 공사기간 단축 및 공법변경 금지 | 법 제69조 | 1. 건설공사발주자 또는 건설공사 도급인은 설계도서 등에 따라 산정된 공시기간을 단축해서는 안 된다.<br>2. 건설공사발주자 또는 건설공사 도급인은 공사비를 줄이기 위하여 위험성 있는 공법을 사용하거나 정당한 사유없이 정해진 공법을 변경해서는 안 된다. | | |
| 협의체의 구성 및 운영 | 시행규칙 제79조 | 1. 안전보건협의체는 도급인인 사업주 및 그의 수급인인 사업주 전원으로 구성<br>2. 작업의 시작시간, 작업 또는 작업장간의 연락방법, 재해발생 위험시 대피방법 등을 협의<br>3. 위험성평가 실시에 관한 사항<br>4. 사업주와 수급인, 수급인 상호 간의 연락방법/작업공정 조정<br>5. 매월 1회 정기적으로 회의를 개최하고 그 결과 기록보존 | | |
| 안전보건에 관한 협의체의 구성·운영에 관한 특례 | 법 제75조, 시행령 제63조~65조 | • 노사 협의체를 구성, 운영하는 경우 산업안전보건위원회 및 안전보건협의체를 각각 운영하는 것으로 본다.<br>* 노사 협의체 설치대상은 공사금액 120억 원(토목 | | |

| 구분 | 세부조항 | 주요 확인사항 | 적합여부 | |
|---|---|---|---|---|
| | | | 적합 | 부적합 |
| | | 150억 원) 이상인 건설업으로 한다.<br>* 노사 협의체 회의는 2개월마다 개최 | | |
| 노사 협의체의 구성 및 운영 | 시행령 제64조 ~65조 | 1. 사용자위원<br>- 현장소장, 안전관리자, 공사금액 20억 원 이상인 공사의 관계 수급인의 각 대표자<br>2. 근로자위원<br>- 도급 또는 하도급 사업을 포함한 전체 사업의 근로자대표, 명예산업안전감독관, 공사금액 20억 이상인 공사의 관계수급인의 각 근로자 대표 | | |
| 노사 협의체 협의사항 | 시행규칙 제93조 | • 노사 협의체 협의사항<br>1. 산업재해 예방방법 및 산업재해가 발생한 경우 대피방법<br>2. 작업의 시작시간, 작업 및 작업장 간의 연락방법<br>3. 그밖에 산업재해 예방과 관련된 사항 | | |
| 작업장의 순회점검 등 | 시행규칙 제80조 | • 도급인 사업주는 2일 1회 이상 사업장 순회 점검 실시, 또한 관계수급인은 도급인이 실시하는 순회점검을 거부 방해 또는 기피해서는 안되며 점검결과 도급인의 시정요구에 따라야 한다.<br>• 도급인 사업주는 관계수급인이 실시하는 안전보건교육에 필요한 장소 및 자료제공 등의 조치 실시 | | |
| 도급사업의 합동안전 보건점검 | 시행규칙 제82조 | • 점검반 구성 : 도급인 및 관계수급인과 각 소속 근로자 각 1명<br>• 점검반은 2개월 1회 이상 합동안전보건점검 실시 | | |
| 산업안전 보건관리비 | 법 제72조, 시행규칙 제89조 | • 산업재해 예방을 위한 산업안전보건관리비를 도급금액 또는 사업비에 계상, 공사의 진척정도에 따른 사용기준, 사업의 규모별, 종류별 사용방법 및 구체적인 내용 포함 | | |
| 안전보건 교육 | 법 제29조, 제31조, 시행규칙 제26조, 제28조 | • 사업주는 당해소속 근로자에 대하여 법적인 기준에 맞게 정기안전교육(근로자 및 관리감독자), 위험작업 투입 시 특별교육 등을 실시하여야 한다.<br>* 건설업 기초안전보건교육제도 시행 | | |

<table>
<tr><th rowspan="2">구분</th><th rowspan="2">세부조항</th><th rowspan="2">주요 확인사항</th><th colspan="2">적합여부</th></tr>
<tr><th>적합</th><th>부적합</th></tr>
<tr><td>관리책임자 등에 대한 교육</td><td>법 제32조,<br>시행규칙<br>제29조,<br>규칙별표 4, 5</td><td>• 안전보건관리책임자 및 안전관리자로 선임되는 자는 선임 후 3개월 이내 직무와 관련한 신규교육, 이후 매 2년이 되는 날을 기준으로 전후 3개월 사이 보수교육을 이수하여야 한다.<br>- 안전보건관리책임자 : 신규, 보수 각 6시간 이상 이수<br>- 안전관리자 : 신규 34시간, 보수 24시간 이상 이수<br>- 보건관리자 : 신규 34시간, 보수 24시간 이상 이수</td><td></td><td></td></tr>
<tr><td rowspan="3">유해 · 위험한 기계기구 등의 방호조치</td><td>법 제80조,<br>시행령<br>제70조,<br>시행규칙<br>제98조<br>영 별표 20</td><td>• 다음의 기계 · 기구에는 유해 · 위험방지를 위한 방호조치를 한다.<br>- 예초기 : 날 접촉 예방장치<br>- 원심기 : 회전체 접촉예방장치<br>- 공기압축기 : 압력방출장치<br>- 금속절단기 : 날 접촉 예방장치<br>- 지게차 : 헤드가드, 백레스트, 전조등, 후미등, 안전벨트<br>- 포장기계 : 구동부 방호 연동장치</td><td></td><td></td></tr>
<tr><td>법 제80조 2항,<br>시행규칙<br>제98조2항</td><td>• 고용노동부령으로 정하는 방호조치<br>1. 작동 부분의 돌기부분은 묻힘형으로 하거나 덮개를 부착할 것<br>2. 동력전달부분 및 속도조절 부분에는 덮개를 부착하거나 방호망을 설치할 것<br>3. 회전기계의 물림점에는 덮개 또는 울을 설치 할 것</td><td></td><td></td></tr>
<tr><td>시행규칙<br>제99조</td><td>• 영 별표 20 및 법 제80조제2항에 해당하는 유해 · 위험기계 · 기구를 사용하는 근로자 및 사업주는 다음 사항을 준수하여야 한다.<br>1. 방호조치를 해제하고자 하는 경우 사업주의 허가를 득해야 함<br>2. 방호조치의 해제사유가 소멸된 경우 즉시 원상 복구<br>3. 방호조치의 기능이 상실된 경우 즉시 사업주에게 신고 후 수리</td><td></td><td></td></tr>
</table>

| 구분 | 세부조항 | 주요 확인사항 | 적합여부 | |
|---|---|---|---|---|
| | | | 적합 | 부적합 |
| 기계 · 기구 등의 대여자 등의 조치 | 법 제81조,<br>시행령 제 71조<br>시행령 별표21,<br>시행규칙 제101조 | • 기계 등을 대여 받은 자는 기계를 조작하는 자에게 다음 사항을 주지시켜야 한다(지게차, 굴착기 등).<br>- 작업의 내용 및 지휘계통, 연락, 신호 등의 방법<br>- 운행경로, 제한속도 기타 당해 기계 등의 운행에 관한사항<br>- 기타 당해 기계 등의 조작에 의한 산업재해를 방지하기 위하여 필요한 사항 | | |
| 안전검사 | 법 제93조,<br>시행령 제78조,<br>시행규칙 제126조 | • 유해 · 위험기계 · 기구에 대하여는 고용노동부 장관이 실시하는 안전검사를 받아야 한다.<br>- 크레인, 리프트, 곤돌라 : 건설현장 사용 시 최초로 설치한 날로부터 6개월마다<br>- 이동식 크레인, 고소작업대 : 신규 등록 이후 3년 이내 최초안전검사 실시, 그 이후 2년마다 | | |
| 자율검사 프로그램에 따른 안전검사 | 법 제98조,<br>시행규칙 제132조 | • 법 제93조(안전검사)의 규정에도 불구하고 현장에서 자율검사 프로그램을 수립하고 고용노동부장관의 인정을 받아 그에 따라 유해 · 위험기계 등의 안전에 관한 성능검사를 실시하면 안전검사를 받은 것으로 본다. 이 경우 자율검사프로그램의 유효기간은 2년으로 하고 자율검사는 고용노동부가 지정하는 검사기관에 위탁하여 실시할 수 있다. | | |
| 이사회 보고 및 승인 | 법 제14조,<br>시행령 제13조 | • 시공능력의 순위 상위 1천위 이내의 건설회사는 매년 다음 각 호의 내용을 포함한 회사의 안전 및 보건에 관한 계획을 수립하여 이사회에 보고하고 승인을 받아야 한다.<br>1. 안전 및 보건에 관한 경영방침<br>2. 안전보건관리조직의 구성 · 인원 및 역할<br>3. 안전보건 관련 예산 및 시설현황<br>4. 안전 및 보건에 관한 전년도 활동실적 및 다음연도 활동계획 | | |
| 위험성평가 실시 | 법 제36조,<br>시행규칙 제37조 | • 사업주는 유해 · 위험 요인을 찾아내어 부상 및 질병으로 이어질 수 있는 위험성의 크기가 허용 가능한 범위인지를 평가하여야 한다. | | |

| 구분 | 세부조항 | 주요 확인사항 | 적합여부 | |
|---|---|---|---|---|
| | | | 적합 | 부적합 |
| | | 「평가 시 근로자 참여, 기록 보존 시 포함사항」<br>1. 위험성평가 대상의 유해·위험요인<br>2. 위험성 결정의 내용(종사자 의견청취)<br>3. 위험성 결정에 따른 조치의 내용 등 | | |
| 건설공사발주자의 산업재해 예방조치 | 법 제67조, 시행령 제55조, 시행규칙 제86조 | • 총 공사금액이 50억 원 이상인 건설공사발주자는 산업재해예방을 위하여 건설공사의 계획, 설계 및 시공단계에 따른 기본안전보건대장 작성, 설계안전보건대장 확인 및 공사안전보건대장 작성, 이행 여부 확인을 하여야 한다. | | |
| 안전보건 조정자 | 법 제68조, 시행령 제56조, 57조 | • 2개 이상의 건설공사를 도급한 건설공사발주자는 그 2개 이상의 건설공사가 같은 장소에서 행해지는 경우 작업의 혼재로 인하여 발생할 수 있는 산업재해를 예방하기 위하여 건설공사 현장에 안전보건조정자를 두어야 한다.<br>* 안전보건조정자 업무 시행령 제57조 참조 | | |
| 연간안전 보건교육 계획 수립 | 법 제15조, 제29조, 시행규칙 제26조 | • 안전보건관리책임자는 근로자에 대한 안전보건교육 계획을 수립, 실시하여야 한다. | | |
| 보호구 지급대장 | 법 제5조, 제6조, 안전보건규칙 제32조~34조 | • 사업주는 작업근로자에 대해서는 그 작업조건에 맞는 보호구를 작업자 수 이상으로 지급하고 착용하도록 하여야 한다. | | |
| 산업안전 보건법 요지의 게시·비치 | 법 제34조 | • 사업주는 산안법과 이 법에 따른 명령의 요지 및 안전보건관리규정을 각 사업장의 근로자가 쉽게 볼 수 있는 장소에 게시하거나 갖추어 두어 근로자에게 널리 알려야 한다. | | |
| 유해·위험 방지계획서 작성·제출 | 법 제42조~43조, 시행령 제42조, 시행규칙 제42조 | • 사업주는 일정규모에 해당하는 경우에는 유해·위험방지에 관한 사항을 적은 계획서(유해·위험방지 계획서)를 작성하여 고용노동부령으로 정하는 바에 따라 고용노동부 장관에게 제출하고 심사를 받아야 한다. | | |

| 구분 | 세부조항 | 주요 확인사항 | 적합여부 | |
|---|---|---|---|---|
| | | | 적합 | 부적합 |
| 재해예방 기술지도 계약 및 관련서류 | 법 제73조, 시행령 제59조, 시행규칙59조 | • 일정규모 이상 건설공사 시 건설공사 도급인은 해당 건설공사를 하는 동안에 전문기관(건설재해예방전문지도기관)에서 건설 산업재해 예방을 위한 지도를 받아야 한다. | | |
| 물질안전보건 자료의 게시 및 교육 | 법 제114조~116조, 시행규칙 제167조, 제168조 | • 물질안전보건자료 대상물질을 취급하려는 사업주는 물질안전보건자료 대상물질을 취급하는 작업장 내에 이를 취급하는 근로자가 쉽게 볼 수 있는 장소에 게시하거나 갖추어 두어야 한다.<br>• 사업주는 물질안전보건자료 대상물질을 취급하는 근로자의 안전 및 보건을 위하여 해당 근로자를 교육하는 등 적절한 조치를 하여야 한다. | | |
| 차량계 하역운반기계 작업계획서, 차량계 건설기계 작업계획서, 중량물 취급계획서 | 안전보건규칙 제38조 | • 사업주는 근로자의 위험을 방지하기 위하여 해당 작업, 작업장의 지형 · 지반 및 지층 상태 등에 대한 사전조사를 하고 그 결과를 기록 · 보존하여야 하며, 조사결과를 고려하여 작업계획서를 작성하고 그 계획에 따라 작업을 하도록 하여야 한다. | | |
| 작업 지휘자의 지정 및 신호 | 안전보건규칙 제39조, 제40조 | • 사업주는 작업계획서를 작성한 경우 작업지휘자를 지정하여 작업계획서에 따라 작업을 지휘하도록 하여야 한다.<br>• 사업주는 안전규칙 제40조 각호의 작업을 하는 경우 일정한 신호방법을 정하여 신호하도록 하여야 하며, 운전자는 그 신호에 따라야 한다. | | |
| 명예산업 안전감독관 임명 및 활동 사항 | 법 제23조, 시행령 제32조 | • 고용노동부 장관은 산업재해 예방활동에 대한 참여와 지원을 촉진하기 위하여 근로자, 근로자단체, 사업주단체 및 산업재해예방 관련 전문단체에 소속된 사람 중에서 명예산업안전감독관을 위촉할 수 있다(산업안전보건위원회 구성 대상 사업). | | |

| 구분 | 세부조항 | 주요 확인사항 | 적합여부 | |
|---|---|---|---|---|
| | | | 적합 | 부적합 |
| 산업재해 발생 은폐 금지 및 보고 등 | 법 제57조,<br>시행규칙 제72조 | • 사업주는 산업재해가 발생하였을 때에는 그 발생 사실을 은폐해서는 아니 된다. | | |
| 산업재해 조사표 (최근 3년) | 시행규칙 제73조 | • 사업주는 산업재해로 사망자가 발생하거나 3일 이상의 휴업이 필요한 부상을 입거나 질병에 걸린 사람이 발생한 경우에는 발생한 날부터 1개월 이내에 산업재해조사표를 작성하여 관할 지방고용노동관서의 장에게 제출(전자문서로 제출하는 것을 포함)해야 한다. | | |
| 안전보건 표지 설치 유무 | 법 제37조,<br>시행규칙 제38조~40조 | • 사업주는 유해하거나 위험한 장소 · 시설 · 물질에 대한 경고, 비상시에 대처하기 위한 지시 · 안내 또는 그 밖에 근로자의 안전 및 보건 의식을 고취하기 위한 사항 등을 그림, 기호 및 글자 등으로 나타낸 표지를 근로자가 쉽게 알아 볼 수 있도록 설치하거나 붙여야 한다. | | |
| 작업환경 측정결과 | 법 제125조,<br>시행규칙 제186조,<br>제189조,<br>제190조 | • 사업주는 유해인자로부터 근로자의 건강을 보호하고 쾌적한 작업환경을 조성하기 위하여 인체에 해로운 작업을 하는 작업장으로써 고용노동부령으로 정하는 작업장에 대하여 고용노동부령으로 정하는 자격을 가진 자로 하여금 작업환경측정을 하도록 하여야 한다. | | |
| 건강진단 및 사후관리 | 법 제129조~134조,<br>시행규칙 제201조, 202조, 207조 | • 배치 전 건강진단결과표<br>• 특수건강진단결과표<br>• 일반건강진단결과표 등 | | |
| 산업보건의 선임 | 법 제22조,<br>시행령 제29조 | • 사업주는 근로자의 건강관리나 그밖에 보건관리자의 업무를 지도하기 위하여 사업장에 산업보건의를 두어야 한다. | | |

| 구분 | 세부조항 | 주요 확인사항 | 적합여부 | |
|---|---|---|---|---|
| | | | 적합 | 부적합 |
| 근골격계 질환예방 유해 · 요인 조사 실시 유무 | 법 제39조 제1항제5호, 안전보건규칙 제656조~666조 | • 유해 · 요인조사(3년마다), 신설사업장 1년 이내 최초 유해 요인조사<br>• 근골격계 질환으로 「산업재해보상보험법 시행령」 별표 3 제2호가목 · 마목 및 제12호 라목에 따라 업무상 질병으로 인정받은 근로자가 연간 10명 이상 발생한 사업장 또는 5명 이상 발생한 사업장으로써 발생비율이 그 사업장 근로자 수의 10% 이상인 경우(근골격계 예방관리 프로그램 시행)<br>• 근골격계 부담작업의 범위 및 유해요인조사 방법에 관한 조사(고용노동부고시 제2020-12호. 2020.1.6. 일부 개정) | | |
| 청력보호구 지급, 청력 보존프로그램 수립 시행 유무 | 법 제125조, 안전보건규칙 제516조, 제517조 | • 사업주는 근로자가 소음작업, 강렬한 소음작업 또는 충격소음 작업에 종사하는 경우에 근로자에게 청력보호구를 지급하고 착용하도록 하여야 한다(개인전용의 것으로 지급).<br>* 소음의 작업환경 측정결과 소음수준이 90 db 초과하는 사업장소음으로 인하여 근로자에게 건강장애가 발생한 사업 | | |
| 밀폐공간작업 보건 작업 프로그램 수립시행 등 | 법 제39조, 안전보건규칙 제618조~625조 | • 밀폐공간 작업 시 밀폐공간 작업 프로그램 수립 시행 | | |
| 호흡기 보호 프로그램 수립 | 법 제125조, 안전보건규칙 제616조, 제617 | • 다음 각 호의 경우 어느 하나에 해당할 때는 호흡기보호 프로그램을 수립하고 시행하여야 한다.<br>1. 분진의 작업환경측정결과 노출기준 초과하는 사업장<br>2. 분진 작업으로 인하여 근로자에게 건강장해가 발생한 사업 | | |
| 석면 조사 | 법 제119조, 시행령 제89조, 시행규칙 제175조, 안전보건규칙 제488조 | • 건축물이나 설비를 철거하거나 해체하려는 경우에 해당 건축물이나 설비의 소유주 또는 임차인 등(건축물 · 설비소유주 등)은 석면을 조사한 후 그 결과를 기록하여 보존하여야 한다. | | |

| 구분 | 세부조항 | 주요 확인사항 | 적합여부 | |
|---|---|---|---|---|
| | | | 적합 | 부적합 |
| 석면의 해체 · 제거 | 법 제122조,<br>시행령 제94조,<br>시행규칙 제181조 | • 기관석면조사 대상인 건축물이나 설비에 대통령령으로 정하는 함유량과 면적 이상의 석면이 포함되어 있는 경우 해당 건축물 · 설비소유주 등은 석면해체 · 제거업자로 하여금 그 석면을 해체 · 제거하도록 하여야 한다. | | |
| 특수형태 근로 종사자에 대한 안전보건 조치 등 | 법 제77조,<br>시행령 제67조,<br>제68조,<br>시행규칙 제95조 | • 계약의 형식에 관계없이 근로자와 유사하게 노무를 제공하여 업무상의 재해로부터 보호할 필요가 있음에도 「근로기준법」등이 적용되지 아니하는 사람으로서 다음 각 호의 요건을 모두 충족하는 사람(특수형태근로종사자)의 노무를 제공받는 자는 특수형태근로종사자의 산업재해 예방을 위하여 필요한 안전조치 및 보건조치를 하여야 한다.<br>1. 대통령령으로 정하는 직종에 종사 할 것<br>2. 주로 하나의 사업에 노무를 상시적으로 제공하고 보수를 받아 생활할 것<br>3. 노무를 제공할 때 타인을 사용하지 아니할 것<br>* 대상 건설기계<br>- 불도저, 굴착기, 로더, 지게차, 덤프트럭, 기중기, 스크레이퍼, 모터그레이더, 롤러, 노상안전기, 콘크리트 뱃칭 플랜트, 콘크리트 피니셔, 콘크리트 살포기, 콘크리트 믹서트럭, 콘크리트 펌프카, 아스팔트 믹싱플랜트, 아스팔트 피니셔, 아스팔트 살포기, 골재살포기, 쇄석기, 공기압축기, 천공기, 항타 및 항발기, 자갈채취기, 준설선, 특수건설기계, 타워크레인 | | |
| 휴게시설의 설치 | 법 제128조의2 | • 사업주는 근로자(관계수급인의 근로자를 포함)가 신체적 피로와 정신적 스트레스를 해소할 수 있도록 휴식시간에 이용할 수 있는 휴게시설을 갖추어야 한다.<br>* 2021. 8. 17 신설<br>* 시행일 : 2022. 08. 18 | | |

## 9) 산업안전보건기준에 관한 규칙에 따른 의무 이행 사항 예시

| 구분 | 세부조항 | 주요 확인사항 | 현황 | 적합여부 | |
|---|---|---|---|---|---|
| | | | | 적합 | 부적합 |
| 전도의 방지 | 안전보건 규칙 제3조 | • 근로자가 작업장에서 넘어지거나 미끄러지는 등의 위험이 없도록 작업장 바닥 등을 안전하고 청결한 상태로 유지하여야 한다.<br>• 제품, 자재, 부재(部材) 등이 넘어지지 않도록 붙들어 지탱하게 하는 등 안전 조치를 하여야 한다. | | | |
| 작업장 조도 | 안전보건 규칙 제8조 | • 근로자가 상시 작업하는 장소의 작업면 조도(照度)를 다음 각 호의 기준에 맞도록 하여야 한다.<br>1. 초정밀작업 : 750 lux 이상<br>2. 정밀작업 : 300 lux 이상<br>3. 보통작업 : 150 lux 이상<br>4. 그 밖의 작업 : 75 lux 이상 | | | |
| 안전난간의 구조 및 설치요건 | 안전보건 규칙 제13조 | • 근로자의 추락 등의 위험을 방지하기 위하여 안전난간을 설치하는 경우 다음 각 호의 기준에 맞는 구조로 설치하여야 한다.<br>1. 상부난간대, 중간난간대, 발끝막이판 및 난간기둥으로 구성할 것. 다만, 중간난간대, 발끝막이판 및 난간기둥은 이와 비슷한 구조와 성능을 가진 것으로 대체할 수 있다.<br>2. 상부난간대는 바닥면 · 발판 또는 경사로의 표면으로부터 90 cm 이상 지점에 설치하고, 상부난간대를 120 cm 이하에 설치하는 경우에는 중간난간대는 상부난간대와 바닥면 등의 중간에 설치하여야 하며, 120 cm 이상 지점에 설치하는 경우에는 중간난간대를 2단 이상으로 균등하게 설치하고 난간의 상하 간격은 60 cm 이하가 되도록 할 것. 다만, 계단의 개방된 측면에 설치된 난간기둥 간의 간격이 25 cm 이하인 경우에는 중간난간대를 설치하지 아니할 수 있다.<br>3. 발끝막이 판은 바닥면 등으로부터 10 cm 이 | | | |

| 구분 | 세부조항 | 주요 확인사항 | 현황 | 적합여부 | |
|---|---|---|---|---|---|
| | | | | 적합 | 부적합 |
| | | 상의 높이를 유지할 것. 다만, 물체가 떨어지거나 날아올 위험이 없거나 그 위험을 방지할 수 있는 망을 설치하는 등 필요한 예방 조치를 한 장소는 제외한다.<br>4. 난간기둥은 상부난간대와 중간난간대를 견고하게 떠받칠 수 있도록 적정한 간격을 유지할 것<br>5. 상부난간대와 중간난간대는 난간 길이 전체에 걸쳐 바닥면 등과 평행을 유지할 것<br>6. 난간대는 지름 2.7 cm 이상의 금속제 파이프나 그 이상의 강도가 있는 재료일 것<br>7. 안전난간은 구조적으로 가장 취약한 지점에서 가장 취약한 방향으로 작용하는 100 kg 이상의 하중에 견딜 수 있는 튼튼한 구조일 것 | | | |
| 낙하물에 의한 위험의 방지 | 안전보건 규칙 제13조 | • 작업으로 인하여 물체가 떨어지거나 날아올 위험이 있는 경우 낙하물방지망, 수직보호망 또는 방호선반의 설치, 출입금지 구역의 설정, 보호구의 착용 등 위험을 방지하기 위하여 필요한 조치를 하여야 한다.<br>1. 높이 10 m 이내마다 설치하고, 내민 길이는 벽면으로부터 2 m 이상으로 할 것<br>2. 수평면과의 각도는 20도 이상 30도 이하를 유지할 것 | 원도급사에서 이행함 | | |
| 위험물 등의 보관 | 안전보건 규칙 제16조 | • 위험물질은 작업장 외의 별도의 장소에 보관하여야 하며 작업장 내부에는 작업에 필요한 양만 두어야 한다.<br>〈대상위험물질 안전보건규칙 별표 1 참조〉 | | | |
| 경보용 설비 설치 등 | 안전보건 규칙 제19조 | • 사업주는 연면적이 400 $m^2$ 이상이거나 상시 50명 이상의 근로자가 작업하는 옥내작업장에는 비상시에 근로자에게 신속하게 알리기 위한 경보용 설비 또는 기구를 설치하여야 한다. | 원도급사에서 이행함 | | |

| 구분 | 세부조항 | 주요 확인사항 | 현황 | 적합여부 | |
|---|---|---|---|---|---|
| | | | | 적합 | 부적합 |
| 출입의 금지 등 | 안전보건 규칙 제20조 | • 다음 각 호의 작업 또는 장소에 울타리를 설치하는 등 관계근로자가 아닌 사람의 출입을 금지하여야 한다.<br>1. 추락에 의하여 근로자에게 위험을 미칠 우려가 있는 장소<br>2. 운전 중인 항타기(杭打機) 또는 항발기(杭拔機)의 권상용 와이어로프 등의 부착 부분의 파손에 의하여 와이어로프가 벗겨지거나 드럼(drum), 도르래 뭉치 등이 떨어져 근로자에게 위험을 미칠 우려가 있는 장소<br>3. 화재 또는 폭발의 위험이 있는 장소<br>4. 해체작업을 하는 장소 등 | | | |
| 통로의 설치 | 안전보건 규칙 제22조 | • 작업장으로 통하는 장소 또는 작업장 내에 근로자가 사용할 안전한 통로를 설치하고 항상 사용할 수 있는 상태로 유지하여야 한다.<br>1. 주요 통로의 표시<br>2. 통로 면으로부터 높이 2 m 이내 장애물이 없어야 한다. | | | |
| 가설통로의 구조 | 안전보건 규칙 제23조 | 1. 견고한 구조로 할 것<br>2. 경사는 30도 이하로 할 것. 다만, 계단을 설치하거나 높이 2 m 미만의 가설통로로써 튼튼한 손잡이를 설치한 경우 제외<br>3. 경사가 15도를 초과하는 경우에는 미끄러지지 아니하는 구조<br>4. 추락할 위험이 있는 장소 안전난간을 설치 할 것<br>5. 수직갱에 가설된 통로길이 15 m 이상인 경우 10 m 이내 계단참을 설치 할 것<br>6. 건설공사에 사용하는 높이 8 m 이상인 비계다리에는 7 m 이내마다 계단참을 설치할 것 | | | |

| 구분 | 세부조항 | 주요 확인사항 | 현황 | 적합여부 | |
|---|---|---|---|---|---|
| | | | | 적합 | 부적합 |
| 사다리식 통로의 구조 | 안전보건 규칙 제24조 | 1. 심한손상 부식 등이 없는 재료를 사용할 것<br>2. 발판과 벽과의 사이는 15 cm 이상의 간격유지<br>3. 사다리 폭은 30 cm 이상<br>4. 넘어지거나 미끄러지는 것을 방지하기 위한 조치를 할 것<br>5. 걸침길이(여장길이)는 60 cm 이상<br>6. 10 m 이상인 경우 5 m 이내마다 계단참 설치<br>7. 기울기 75도 이하(고정식 사다리 90도, 높이가 7 m 이상인 경우에는 바닥으로부터 높이가 2.5 m 되는 지점부터 등받이울 설치) | | | |
| 계단의 폭 및 계단참의 높이 | 안전보건 규칙 제27조, 제28조 | 1. 폭은 1 m 이상<br>2. 높이가 3 m를 초과하는 계단에 3 m 이내마다 너비 1.2 m 이상의 계단참을 설치하여야 한다. | | | |
| 계단의 난간 | 안전보건 규칙 제30조 | • 높이 1 m 이상인 계단의 측면에 안전난간을 설치하여야 한다. | | | |
| 관리감독자의 유해 · 위험 방지 업무 등 | 법 제16조, 안전보건 규칙 제35조 | 〈유해 · 위험을 방지하기 위한 업무 대상 작업〉<br>1. 목재가공용 기계를 취급하는 작업<br>2. 크레인을 사용하는 작업<br>3. 아세틸렌 용접장치를 사용하는 금속의 용접 · 용단 또는 가열 작업<br>4. 거푸집 동바리의 고정 · 조립 또는 해체작업<br>5. 지반 굴착작업<br>6. 흙막이 지보공의 고정 · 조립 또는 해체작업<br>7. 터널 굴착작업/건물 등의 해체작업<br>8. 달비계 또는 높이 5 m 이상의 비계를 조립 · 해체하거나 변경하는 작업<br>9. 밀폐 공간 작업<br>〈작업시작 전 점검사항의 대상작업〉<br>1. 이동식 크레인을 사용하여 작업을 할 때<br>2. 양중기의 와이어로프 · 달기체인 · 섬유로프 또 | | | |

| 구분 | 세부조항 | 주요 확인사항 | 현황 | 적합여부 | |
|---|---|---|---|---|---|
| | | | | 적합 | 부적합 |
| | | 는 훅 · 샤클 · 링 등의 철구를 사용하여 고리 걸기 작업을 할 때<br>3. 지게차를 사용하여 작업을 하는 때<br>4. 고소 작업대를 사용하여 작업을 할 때<br>5. 차량계 건설기계를 사용하여 작업을 할 때<br>6. 용접 · 용단 작업 등 화재위험작업을 할 때<br>7. 근로자가 반복하여 계속적으로 중량물 취급하는 작업을 할 때<br>8. 슬링벨트 등을 사용하여 작업을 할 때 | | | |
| 악천후 및 강풍 시 작업 중지 | 안전보건 규칙 제37조 | 1. 순간풍속 초당 10 m/s : 타워크레인의 설치 · 수리 · 점검 또는 해체 작업 중지<br>2. 순간 풍속 초당 15 m/s 초과 : 타워크레인 운전 작업 중지 | | | |
| 사전조사 및 작업계획서의 작성 등 | 안전보건 규칙 제38조 | 〈사전조사 및 작업계획서의 작성〉<br>1. 타워크레인 설치 · 조립 · 해체하는 작업<br>2. 차량계 하역운반 기계를 사용하는 작업<br>3. 차량계 건설기계를 사용하는 작업<br>4. 굴착면의 높이가 2 m 이상 되는 지반 굴착작업<br>5. 터널 굴착작업<br>6. 건물 등의 해체작업<br>7. 중량물의 취급 작업 | | | |
| 작업지휘자의 지정 | 안전보건 규칙 제39조 | • 작업계획서를 작성한 경우 작업지휘자를 지정하여 작업계획서에 따라 작업을 지휘하도록 하여야 한다. | | | |
| 추락의 방지 | 안전보건 규칙 제42조 | 1. 근로자가 추락 또는 넘어질 위험이 있는 장소 : 비계를 조립하는 등의 작업발판 설치<br>2. 작업발판 설치 곤란 : 추락 방호망 설치<br>3. 추락 방호망 설치 곤란 시 : 안전대 착용 | | | |
| 안전대의 부착설비 | 안전보건 규칙 제44조 | • 추락할 위험이 있는 높이 2 m 이상의 장소에서 근로자에게 안전대를 착용시킨 경우 안전대를 안전하게 걸어 사용할 수 있는 설비 등을 설치하여야 한다. | | | |

| 구분 | 세부조항 | 주요 확인사항 | 현황 | 적합여부 | |
|---|---|---|---|---|---|
| | | | | 적합 | 부적합 |
| 조명의 유지 | 안전보건 규칙 제49조 | • 근로자가 높이 2 m 이상에서 작업을 하는 경우 그 작업을 안전하게 하는 데에 필요한 조명을 유지하여야 한다. | | | |
| 작업발판의 구조 | 안전보건 규칙 제56조 | • 비계의 높이가 2 m 이상인 작업장소에 다음 각 호의 기준에 맞는 작업발판을 설치하여야 한다.<br>1. 작업발판의 폭은 40 cm 이상으로 하고, 발판재료 간의 틈은 3 cm 이하로 할 것<br>2. 추락의 위험이 있는 장소에는 안전난간을 설치할 것<br>3. 작업발판의 지지물은 하중에 의하여 파괴될 우려가 없는 것을 사용할 것<br>4. 작업발판 재료는 뒤집히거나 떨어지지 않도록 둘 이상의 지지물에 연결하거나 고정시킬 것<br>5. 작업발판을 작업에 따라 이동시킬 경우에는 위험방지에 필요한 조치를 할 것 | | | |
| 강관비계의 구조 | 안전보건 규칙 제60조 | 1. 비계기둥의 간격은 띠장 방향에서는 1.85 m 이하, 장선(長線) 방향에서는 1.5 m 이하로 할 것<br>2. 띠장 간격은 2.0 m 이하로 할 것<br>3. 비계기둥의 제일 윗부분으로부터 31 m 되는 지점 밑 부분의 비계기둥은 2개의 강관으로 묶어 세울 것. 다만, 브라켓(bracket, 까치발) 등으로 보강하여 2개의 강관으로 묶을 경우 이상의 강도가 유지되는 경우에는 그러하지 아니 한다.<br>4. 비계기둥 간의 적재하중은 400 kg을 초과하지 않도록 할 것 | | | |
| 달비계의 구조 | 안전보건 규칙 제63조 | 〈달비계 와이어 로프 사용금지〉<br>1. 이음매가 있는 것<br>2. 와이어로프의 한 꼬임에서 끊어진 소선의 수가 10% 이상인 것<br>3. 지름의 감소가 공칭지름의 7%를 초과하는 것<br>4. 심하게 변형되거나 부식된 것<br>5. 열과 전기 충격에 의해 손상된 것 | | | |

| 구분 | 세부조항 | 주요 확인사항 | 현황 | 적합여부 | |
|---|---|---|---|---|---|
| | | | | 적합 | 부적합 |
| 말비계 | 안전보건 규칙 제67조 | 1. 지주부재(支柱部材)의 하단에는 미끄럼 방지장치를 하고, 근로자가 양측 끝부분에 올라서서 작업하지 않도록 할 것<br>2. 지주부재와 수평면의 기울기를 75도 이하로 하고, 지주부재와 지주부재 사이를 고정시키는 보조부재를 설치할 것<br>3. 말비계의 높이가 2 m를 초과하는 경우에는 작업발판의 폭을 40 cm 이상으로 할 것 | | | |
| 이동식 비계 | 안전보건 규칙 제68조 | 1. 이동식비계의 바퀴에는 뜻밖의 갑작스러운 이동 또는 전도를 방지하기 위하여 브레이크 · 쐐기 등으로 바퀴를 고정시킨다. 비계의 일부를 견고한 시설물에 고정하거나 아웃트리거(전도방지용 지지대)를 설치하는 등 필요한 조치를 할 것<br>2. 승강용 사다리는 견고하게 설치할 것<br>3. 비계의 최상부에서 작업을 하는 경우에는 안전난간을 설치 할 것<br>4. 작업발판은 항상 수평을 유지하고 작업발판 위에서 안전난간을 딛고 작업을 하거나 받침대 또는 사다리를 사용하여 작업하지 않도록 할 것<br>5. 작업발판의 최대적재하중은 250 kg을 초과하지 않도록 할 것 | | | |
| 시스템 비계의 구조 | 안전보건 규칙 제69조 | 1. 수직재 · 수평재 · 가새재를 견고하게 연결하는 구조가 되도록 할 것<br>2. 비계 밑단의 수직재와 받침철물은 밀착되도록 설치하고, 수직재와 받침철물의 연결부의 겹침길이는 받침철물 전체길이의 3분의 1 이상이 되도록 할 것<br>3. 수평재는 수직재와 직각으로 설치하여야 하며, 체결 후 흔들림이 없도록 견고하게 설치할 것<br>4. 수직재와 수직재의 연결철물은 이탈되지 않도록 견고한 구조로 할 것<br>5. 벽 연결재의 설치간격은 제조사가 정한 기준에 따라 설치할 것 | | | |

| 구분 | 세부조항 | 주요 확인사항 | 현황 | 적합여부 | |
|---|---|---|---|---|---|
| | | | | 적합 | 부적합 |
| 의자의 비치 | 안전보건 규칙 제80조 | • 지속적으로 서서 일하는 근로자가 작업 중 때때로 앉을 수 있는 기회가 있으면 해당 근로자가 이용할 수 있도록 의자를 갖추어 두어야 한다. | | | |
| 구급용구 비치 | 안전보건 규칙 제82조 | • 구급용구를 갖추고 그 장소와 사용방법을 근로자에게 알린다.<br>1. 붕대재료, 탈지면, 핀셋 및 반창고<br>2. 외상용 소독약<br>3. 지혈대, 부목 및 들것<br>4. 화상약 | | | |
| 항타기 및 항발기 조립 시 점검 | 안전보건 규칙 제207조 | 1. 본체 연결부의 풀림 또는 손상의 유무<br>2. 권상용 와이어로프 · 드럼 및 도르래의 부착상태의 이상 유무<br>3. 권상장치의 브레이크 및 쐐기장치 기능의 이상 유무<br>4. 권상기의 설치상태의 이상 유무<br>5. 버팀의 방법 및 고정상태의 이상 유무 | 해당 없음 | | |
| 화재감시자 | 안전보건 규칙 제241조의 2 | • 다음 각 호의 하나에 해당하는 장소에서 용접 · 용단 작업을 하도록 하는 경우에는 화재감시자를 지정하여 용접 · 용단 작업 장소에 배치해야 한다.<br>1. 작업반경 11 m 이내에 건물구조 자체나 내부(개구부 등으로 개방된 부분을 포함)에 가연성물질이 있는 장소<br>2. 작업반경 11 m 이내의 바닥 하부에 가연성물질이 11 m 이상 떨어져 있지만 불꽃에 의해 쉽게 발화될 우려가 있는 장소<br>3. 가연성물질이 금속으로 된 칸막이 · 벽 · 천장 또는 지붕의 반대쪽 면에 인접해 있어 열전도나 열복사에 의해 발화될 우려가 있는 장소<br>• 확성기, 휴대용 조명기구, 방연 마스크 등 지급 | | | |

<table>
<tr><th rowspan="2">구분</th><th rowspan="2">세부조항</th><th rowspan="2">주요 확인사항</th><th rowspan="2">현황</th><th colspan="2">적합여부</th></tr>
<tr><th>적합</th><th>부적합</th></tr>
<tr><td>전기기계 · 기구의 접지</td><td>안전보건 규칙 제302조</td><td>1. 전기기계 · 기구의 금속제 외함, 금속제 외피 및 철대<br>2. 고정 설치되거나 고정 배선에 접속된 전기기계 · 기구의 노출된 비충전 금속체 중 충전될 우려가 있는 다음 각 목의 어느 하나에 해당하는 비충전 금속체<br>가. 지면이나 접지된 금속체로부터 수직거리 2.4 m, 수평거리 1.5m 이내인 것<br>나. 물기 또는 습기가 있는 장소에 설치되어 있는 것<br>다. 금속으로 되어 있는 기기접지용 전선의 피복 · 외장 또는 배선관 등<br>라. 사용전압이 대지전압 150 V를 넘는 것<br>3. 전기를 사용하지 아니하는 설비 중 다음 각목의 어느 하나에 해당하는 금속제<br>가. 전동식 양중기의 프레임과 궤도<br>나. 전선이 붙어 있는 비전동식 양중기의 프레임<br>다. 고압(750 V 초과 7천 V 이하의 직류전압 또는 600 V 초과 7천 V 이하의 교류전압) 이상의 전기를 사용하는 전기기계 · 기구 주변의 금속제 칸막이 · 망 및 이와 유사한 장치의 전기를 사용하는 전기 · 기계 · 기구 주변의 금속제 칸막이 · 망 및 이와 유사한 장치<br>4. 코드와 플러그를 접속하여 사용하는 전기기계 · 기구 중 다음 각 목의 어느 하나에 해당하는 노출된 비충전 금속체<br>가. 사용전압이 대지전압 150 V를 넘는 것<br>나. 냉장고 · 세탁기 · 컴퓨터 및 주변기기 등과 같은 고정형 전기기계 · 기구<br>다. 고정형 · 이동형 또는 휴대형 전동기계 · 기구<br>라. 물 또는 도전성(導電性)이 높은 곳에서 사용하는 전기기계 · 기구, 비접지형 콘센트</td><td></td><td></td><td></td></tr>
</table>

| 구분 | 세부조항 | 주요 확인사항 | 현황 | 적합여부 | |
|---|---|---|---|---|---|
| | | | | 적합 | 부적합 |
| | | 마. 휴대형 손전등<br>5. 수중펌프를 금속제 물탱크 등의 내부에 설치하여 사용하는 경우 그 탱크(이 경우 탱크를 수중펌프의 접지선과 접속하여야 한다) | | | |
| 누전 차단기에 의한 감전 방지 | 안전보건 규칙 제304조 | • 다음 각 호의 전기기계 · 기구에 대하여 누전에 의한 감전위험을 방지하기 위하여 해당 전로의 정격에 적합하고 감도가 양호하며 확실하게 작동하는 감전방지용 누전차단기를 설치하여야 한다.<br>1. 대지전압이 150 V를 초과하는 이동형 또는 휴대형 전기기계 · 기구<br>2. 물 등 도전성이 높은 액체가 있는 습윤 장소에서 사용하는 저압(750 V 이하 직류전압이나 600 V 이하의 교류전압)용 전기기계 · 기구<br>3. 철판 · 철골 위 등 도전성이 높은 장소에서 사용하는 이동형 또는 휴대형 전기기계 · 기구<br>4. 임시배선의 전로가 설치되는 장소에서 사용하는 이동형 또는 휴대형 전기기계 · 기구 | | | |
| 교류아크 용접기 등 | 안전보건 규칙 제306조 | • 다음 각 호의 어느 하나에 해당하는 장소에서 교류아크용접기(자동으로 작동되는 것은 제외)를 사용하는 경우에는 교류아크 용접기에 자동전격방지기를 설치하여야 한다.<br>1. 추락할 위험이 있는 높이 2 m 이상의 장소로 철골 등 도전성이 높은 물체에 근로자가 접촉할 우려가 있는 장소<br>2. 근로자가 물 · 땀 등으로 인하여 도전성이 높은 습윤 상태에서 작업하는 장소 | | | |
| 거푸집 동바리 등의 안전조치 | 안전보건 규칙 제332조 | 1. 동바리로 사용하는 강관<br>가. 높이 2 m 이내마다 수평 연결재 2개 방향으로 만들고 변위 방지<br>나. 멍에 등을 상단에 올릴 경우 단판을 붙여 멍에 등을 고정<br>2. 동바리로 사용하는 파이프 서포트<br>가. 3개 이상 이어서 사용하지 않도록 할 것 | | | |

| 구분 | 세부조항 | 주요 확인사항 | 현황 | 적합여부 | |
|---|---|---|---|---|---|
| | | | | 적합 | 부적합 |
| | | 나. 이어서 사용하는 경우 4개 이상의 볼트 또는 전용철물 사용<br>다. 높이가 3.5 m를 초과하는 경우에는 수평 연결재 설치 | | | |
| 콘크리트 펌프 타설 등 사용시 준수사항 | 안전보건 규칙 제335조 | • 콘크리트 타설 작업을 하기 위하여 콘크리트 펌프 또는 콘크리트 펌프카를 사용하는 경우에는 다음 각 호의 사항을 준수하여야 한다.<br>1. 작업을 시작하기 전에 콘크리트 펌프용 비계를 점검하고 이상을 발견하였으면 즉시 보수할 것<br>2. 건축물의 난간 등에서 작업하는 근로자가 호스의 요동 · 선회로 인하여 추락하는 위험을 방지하기 위하여 안전난간 설치 등 필요한 조치를 할 것<br>3. 콘크리트 펌프카의 붐을 조정하는 경우에는 주변의 전선 등에 의한 위험을 예방하기 위한 적절한 조치를 할 것<br>4. 작업 중에 지반의 침하, 아웃트리거의 손상 등에 의하여 콘크리트 펌프카가 넘어질 우려가 있는 경우에는 이를 방지하기 위한 적절한 조치를 할 것 | | | |
| 지반 등의 굴착 시 위험방지 | 안전보건 규칙 제339조 | • 굴착면의 기울기<br>* 모래(1 : 1.8), 연암 및 풍화암(1 : 1), 경암(1 : 0.5), 그 밖의 흙(1 : 1.2) | | | |
| 흙막이 지보공 붕괴 등의 위험방지 | 안전보건 규칙 제347조 | • 흙막이 지보공을 설치하였을 때에는 정기적으로 다음 각 호의 사항을 점검하고 이상을 발견하면 즉시 보수하여야 한다.<br>1. 부재의 손상 · 변형 · 부식 · 변위 및 탈락의 유무와 상태<br>2. 버팀대의 긴압(緊壓)의 정도<br>3. 부재의 접속부 · 부착부 및 교차부의 상태<br>4. 침하의 정도 | | | |

| 구분 | 세부조항 | 주요 확인사항 | 현황 | 적합여부 | |
|---|---|---|---|---|---|
| | | | | 적합 | 부적합 |
| 철골작업 시 승강로의 설치 | 안전보건규칙 제381조 | • 근로자가 수직방향으로 이동하는 철골부재(鐵骨部材)에는 답단(踏段) 간격이 30 cm 이내인 고정된 승강로를 설치하여야 하며, 수평방향 철골과 수직방향 철골이 연결되는 부분에는 연결작업을 위하여 작업발판 등을 설치하여야 한다. | | | |
| 철골 작업의 제한 | 안전보건규칙 제383조 | • 다음 각 호의 어느 하나에 해당하는 경우에 철골작업을 중지하여야 한다.<br>1. 풍속이 초당 10 m/s 이상인 경우<br>2. 강우량이 시간당 1 mm 이상인 경우<br>3. 강설량이 시간당 1 cm 이상인 경우 | | | |

## 10) 폐기물관리법에 따른 의무이행 사항 예시

| 구분 | 세부조항 | 주요 확인사항 | 현황 | 적합여부 | |
|---|---|---|---|---|---|
| | | | | 적합 | 부적합 |
| 생활폐기물 수집 · 운반 관련 안전기준 등 | 법 제14조의 5 시행규칙 제16조의3 | • 안전화, 안전조끼, 장갑 등 보호구 지급(운전자 포함) | | | |

## 11) 소방시설법에 따른 의무 이행 사항 예시

| 구분 | 세부조항 | 주요 확인사항 | 현황 | 적합여부 | |
|---|---|---|---|---|---|
| | | | | 적합 | 부적합 |
| 소방시설 등의 자체 점검 | 법 제25조 | • 특정소방대상물의 관계인은 그 대상물에 설치되어 있는 소방시설 등에 대하여 정기적으로 자체점검을 하거나 관리업자 또는 행정안전부령으로 정하는 기술자격자로 하여금 정기적으로 점검하게 하여야 한다. | 원도급사에서 이행함 | | |

| 구분 | 세부조항 | 주요 확인사항 | 현황 | 적합여부 | |
|---|---|---|---|---|---|
| | | | | 적합 | 부적합 |
| 특정소방 대상물에 설치하는 소방시설의 유지 · 관리 | 법 제9조 | • 특정 소방 대상물의 관계인은 대통령령으로 정하는 소방시설을 소방청장이 정하여 고시하는 화재안전기준에 따라 설치 또는 유지 · 관리하여야 한다. | 원도급사에서 이행함 | | |
| 소방안전관리대상물의 소방계획서 작성 등 | 영 제24조 | • 소방안전관리대상물의 소방계획서 작성 등<br>1. 소방안전관리대상물의 위치 · 구조 · 연면적 · 용도 및 수용인원 등 일반 현황<br>2. 소방안전관리대상물에 설치한 소방시설 · 방화시설(防火施設), 전기시설 · 가스시설 및 위험물시설의 현황<br>3. 화재 예방을 위한 자체점검계획 및 진압대책<br>4. 소방시설 · 피난시설 및 방화시설의 점검 · 정비계획<br>5. 피난층 및 피난시설의 위치와 피난경로의 설정, 장애인 및 노약자의 피난계획 등을 포함한 피난계획<br>6. 방화구획, 제연구획, 건축물의 내부 마감재료(불연재료 · 준불연재료 또는 난연재료로 사용된 것) 및 방염물품의 사용현황과 그 밖의 방화구조 및 설비의 유지 · 관리계획<br>7. 법 제22조에 따른 소방훈련 및 교육에 관한 계획 | 원도급사에서 이행함 | | |

## 12) 전기안전관리법에 따른 의무 이행 사항 예시

| 구분 | 세부조항 | 주요 확인사항 | 현황 | 적합여부 | |
|---|---|---|---|---|---|
| | | | | 적합 | 부적합 |
| 전기안전관리자 선임 | 법 제22조 1항 | ① 전기사업자나 자가용전기설비의 소유자 또는 점유자는 전기설비(휴지 중인 전기설비는 제외)의 공사 · 유지 및 운용에 관한 전기안전관리업무를 수행하게 하기 위하여 산업통상자원 | 원도급사에서 이행함 | | |

| 구분 | 세부조항 | 주요 확인사항 | 현황 | 적합여부 | |
|---|---|---|---|---|---|
| | | | | 적합 | 부적합 |
| | | 부령으로 정하는 바에 따라 「국가기술자격법」에 따른전기 · 기계 · 토목 분야의 기술자격을 취득한 사람 중에서 각 분야별로 전기안전관리자를 선임하여야 한다.<br>② 제1항에도 불구하고 자가용전기설비의 소유자 또는 점유자는 전기안전관리에 관한 업무를 다음 각 호의 자에게 위탁할 수 있다. 이 경우 안전관리업무를 위탁받은 자는 제1항에 따른 분야별 전기안전관리자를 선임하여야 한다. | | | |

## 13) 전기안전관리자의 직무에 관한 고시에 따른 의무 이행 사항 예시

| 구분 | 세부조항 | 주요 확인사항 | 현황 | 적합여부 | |
|---|---|---|---|---|---|
| | | | | 적합 | 부적합 |
| 점검주기 및 점검횟수 | 제4조 | • 안전관리업무를 대행하는 전기안전관리자는 전기설비가 설치된 장소 또는 사업장을 방문하여 점검을 실시해야 한다. | 원도급사에서 이행함 | | |
| 점검에 관한 기록 · 보존 | 제6조 | • 전기안전관리자는 제3조제2항에 따라 수립한 점검을 실시하고, 다음 각 호의 내용을 기록하여야 한다. 다만, 전기안전관리자와 점검자가 같은 경우 별지 서식(제2호~제8호)의 서명을 생략할 수 있다.<br>1. 점검자<br>2. 점검 연월일, 설비명(상호) 및 설비용량<br>3. 점검 실시 내용(점검항목별 기준치, 측정치 및 그밖에 점검활동 내용 등)<br>4. 점검의 결과<br>5. 그밖에 전기설비 안전관리에 관한 의견 | 원도급사에서 이행함 | | |
| 안전관리 교육 및 훈련 | 제14조 | ① 전기안전관리자는 전기설비의 공사 · 유지 및 운용에 종사하는 자(종업원)를 대상으로 하는 연간 교육계획을 수립하여 안전관리 교육을 시행하여야 한다. | 해당 없음 | | |

| 구분 | 세부조항 | 주요 확인사항 | 현황 | 적합여부 | |
|---|---|---|---|---|---|
| | | | | 적합 | 부적합 |
| | | ② 전기안전관리자는 필요시 종업원에 대하여 재해 및 전기사고발생 시 조치에 필요한 지도 훈련을 실시하여야 한다.<br>③ 전기안전관리자는 제1항과 제2항에 따른 안전관리교육 실시내용을 기록하고, 그 기록서류를 4년간 보관하여야 한다. | | | |

## 14) 건설기계관리법에 따른 의무 이행 사항 예시

| 구분 | 세부조항 | 주요 확인사항 | 현황 | 적합여부 | |
|---|---|---|---|---|---|
| | | | | 적합 | 부적합 |
| 건설기계 조종사의 안전교육 등 | 법 제26조 1항<br>법 제31조 시행규칙 제83조 | • 건설기계조종사는 건설기계로 인한 인적 · 물적 피해를 예방하기 위하여 국토교통부장관이 실시하는 안전 및 전문성 향상을 위한 교육(안전교육 등) 을 받아야 한다.<br>〈건설기계 조종사 안전교육 이수기한〉<br>* 조종사 면허 최초 발급일<br>- 2009. 12. 31 이전(이수기한 : 2021.12.31.)<br>- 2010.1.1.~2014.12.31(이수기한 : 2022.12.31.)<br>- 2015.1.1.이후(이수기한 : 2023.12. 31)<br>- 교육주기 3년 1회 | | | |

## 15) 소음진동관리법에 따른 의무 이행 사항 예시

| 구분 | 세부조항 | 주요 확인사항 | 현황 | 적합여부 | |
|---|---|---|---|---|---|
| | | | | 적합 | 부적합 |
| 특정공사 대기 사전신고 등 | 법 제22조 시행규칙 제21조 | • 생활소음 · 진동이 발생하는 공사로써 환경부령으로 정하는 특정공사를 시행하려는 자는 환경부령으로 정하는 바에 따라 관할 특별자치시장 · 특별자치도지사 또는 시장 · 군수 · 구청장에게 신고하여야 한다. | 원도급사에서 이행함 | | |

### 16) 대기환경보전법에 따른 의무 이행 사항 예시

| 구분 | 세부조항 | 주요 확인사항 | 현황 | 적합여부 | |
|---|---|---|---|---|---|
| | | | | 적합 | 부적합 |
| 비산먼지 규제 | 법 제43조<br>령 제44조<br>시행규칙 제58조 | • 비산 배출되는 먼지(비산먼지)를 발생시키는 사업으로써 대통령령으로 정하는 사업을 하려는 자는 환경부령으로 정하는 바에 따라 특별자치시장 · 특별자치도지사 · 시장 · 군수 · 구청장(자치구의 구청장을 말한다)에게 신고하고 비산먼지의 발생을 억제하기 위한 시설을 설치하거나 필요한 조치를 하여야 한다. | 원도급사에서 이행함 | | |

**표 6.5 중대재해처벌법 건설업 준수 평가표(본사용)**

## 중대재해처벌법 건설업 준수 평가표(본사용)

| 구분 | 세부조항 | 주요 확인사항 | 적합여부 | |
|---|---|---|---|---|
| | | | 적합 | 부적합 |
| 1. 안전방침 및 목표 | 영 제4조 1호 | 1) 안전보건 방침 및 목표 수립<br>2) 게시용 액자 제작 및 전 현장 배포<br>3) 현장안전관리계획서 작성 시 포함하여 작성 | | |
| 2. 안전보건 전담조직 | 영 제4조 2호 | 1) 본사 안전담당-안전팀 구성<br>2) 최고경영책임자를 보좌 및 Control Tower 역할 | | |
| 3. 사업장의 유해 위험 확인개선에 대한 점검 | 영 제4조 3호 | 1) 위험성평가 절차서 제정<br>2) 종사자 의견 반영 명문화 | | |
| 4. 재해예방에 필요한 예산 편성 및 용도에 맞게 집행 | 영 제4조 4호 | 1) 대표이사 안전보건 계획 수립 시 예산 수립<br>2) 현장은 안전관리(시공)계획서 작성 시 수립 | | |
| 5. 안전보건관리책임자 등에게 필요한 권한, 예산부여/평가관리 | 영 제4조 5호 | 1) 권한과 업무 및 평가관리 명문화 | | |

| 구분 | 세부조항 | 주요 확인사항 | 적합여부 | |
|---|---|---|---|---|
| | | | 적합 | 부적합 |
| 6. 안전관리자, 보건관리자, 안전담당자 및 산업보건의 배치 | 영 제4조 6호 | 1) 60억 원~80억 원 : 22년 7월 1일<br>2) 50억 원~60억 원 : 23년 7월 1일<br>* 120억 원 미만 공사현장은 겸직 및 수주상황 등을 감안하여 필요시 충원 | | |
| 7. 종사자 의견청취 절차 마련 의견에 따른 개선방안 이행 여부 | 영 제4조 7호 | 1) 종사자 의견청취 절차서 제정<br>2) 본사 산업안전보건위원회, 현장은 협의회를 통해 청취<br>3) 현장별 "청취관련 안을 반영" 여부<br>4) 안전보건에 관한 의견 반영여부 확인(반기 1회 이상) | | |
| 8. 중대산업재해의 발생 및 발생할 급박한 위험 대비 매뉴얼 마련 및 점검 | 영 제4조 8호 | 1) 근로자 작업중지권을 포함한 절차서 제정<br>2) 비상대응 매뉴얼은 종사자 전원에게 연 1회 이상 교육하고 전파하여 공유관리 | | |
| 9. 도급 · 용역 · 위탁 등의 경우 종사자 안전 및 보건확보를 위한 조치 | 제4조 9호 | 1) 도급 · 용역 · 위탁업체 안전관리 절차서 개정<br>• 산업재해예방 조치 능력과 기술평가<br>• 안전보건을 위한 관리비용<br>• 적정 공사기간에 관한 기준 등 포함 | | |
| 10. 재해 발생 시 재발방지대책 수립 및 그 이행에 관한 조치 | 법 제4조 2호 | 1) 재해사고 처리 및 재발방지 수립, 이행에 관한 절차서 제정<br>• 경미한 사고도 포함하여 재발방지대책 수립 | | |
| 11. 중앙행정기관 및 지방자치단체가 개선시정을 명한 사항 | 법 제4조 3호 | 1) 관계기관으로부터 시정명령 문서를 전달받은 각 현장소장은 최고경영책임자에게 보고<br>2) 현장소장은 내용을 면밀히 검토 후 즉시 조치하고 그 내용을 최고경영책임자에게 보고<br>3) 재해예방기술지도 이행 여부 확인<br>4) 접수 및 이행조치 사항은 기록으로 작성하고 5년간 보존 | | |
| 12. 안전보건관계법령에 따른 의무이행에 필요한 관리상의 조치 | 영 제5조 2항 1호 | 1) 안전보건관계법규 등록부 및 준수평가 작성관리<br>2) 의무이행에 필요한 인력 및 예산 추가 | | |
| 13. 유해 · 위험작업 의무교육 | 영 제5조 2항 3호 | 1) 안전보건관계법령 의무교육 파악 및 교육 실시(사업주) | | |

## 1.5 컴플라이언스 핵심 체크포인트

① 안전보건관계법령 파악 및 관리

- 사업(장)에 적용되는 안전보건관계법령을 파악하고, 해당 관계법령의 법적 의무 항목을 리스트업 하여 관리하여야 한다. 특히, 안전보건 관련 대표적인 법령인 산업안전보건법, 중대재해처벌법을 중점 관리할 필요가 있다.

② 반기 1회 이상 점검

- 안전보건관계법령 이행 점검표를 만들어 반기 1회 이상 점검하고 미비한 사항에 대해서는 개선조치를 하여야 한다.
- 반기 1회 이상 안전보건관계법령 이행점검 결과를 보고하여야 한다.
- 위 점검 결과에 따라 미흡한 부분은 필요한 조치를 취하고 관련 기록을 남겨 놓아야 한다.

## 1.6 고용노동부 유권해석

**❯ 건설기술진흥법이 안전보건관계법령에 해당되는지 여부**

고용노동부 질의회시(중대산업재해감독과-4423, 22.11.10)에 따르면 중대재해처벌법상 안전보건관계법령이란 종사자의 안전보건을 확보하는 데 관계되는 법령으로써 통상적으로 산업안전보건법을 의미한다고 해설하고 있다. 그 밖에 법률의 목적이 근로자의 안전보건을 확보하기 위한 것을 의미한다. 예를 들어 광산안전법, 선원법, 연구실 안전법이 해당된다. 개별규정에서 직접적으로 근로자 등 종사자의 안전보건을 확보하기 위한 내용을 담고 있는 법률, 예를 들어 폐기물관리법 등을 포함하고 있다. 건설기술진흥법은 법의 목적이 건설기술의 연구개발을 촉진하여 건설기술을 촉진하는 등 건설공사의 품질을 높이는 데 주된 목적이 있고 같은 법 제2조제2호 단서에 산업안전보건법에서 근로자의 안전에 관하여 따라 정하고 있는 사항은 제외한다고 한 점 등을 종합적으로 고려하면 종사자의 안전보건을 확보하는 데 관련되는 법령으로 보기는 어려울 것으로 보인다고 해설하고 있다.

### 건설산업기본법이 안전보건관계법령에 해당되는지 여부

고용노동부는 건설산업기본법은 법 제3조에 건설산업이 설계, 감리, 시공, 사업관리, 유지관리 등의 분야에 걸쳐 국제경쟁력을 갖출 수 있도록 이를 균형 있게 발전시킴으로써 국민경제와 국민의 생활안전에 이바지함을 기본이념으로 한다고 규정한 점과 개별 조문에서 종사자의 직접적인 안전보건을 확보하기 위한 내용을 담고 있는 조문이 없는 점 등을 고려하면 안전보건관계법령으로 보기는 어렵다고 판단하고 있다.

### 근로기준법이 안전보건관계법령에 해당되는지 여부

고용노동부 질의회시(중대산업재해감독과-3681, 22.09.19)에 따르면 사업 또는 사업장에서 일하는 근로자 등 종사자의 안전 및 보건을 확보하는 것과 그 목적이 일치한다고 보기 어려워 곧바로 중대재해처벌법상 안전보건관계법령과 관계되는 것으로 판단하기는 어렵다고 보고 있다.

### 건설재해예방전문지도기관에서 점검을 중대재해처벌법 시행령 제5조제2항제1호의 의무 이행 점검으로 갈음할 수 있는지 여부

고용노동부 질의회시(중대산업재해감독과-1413, 22.04.25)에 따르면 공사금액 1억 원 이상 80억 원 미만 건설현장의 경우 건설재해예방전문지도기관에서 점검은 산업안전보건법 제73조에 따른 법령상 의무이다. 중대재해처벌법 시행령 제5조제2항제1호의 의무는 위 산업안전보건법 등 안전보건관계법령에 따른 의무를 제대로 이행하고 있는지 확인·점검하는 것이다. 각 의무는 다른 법률에 근거한 별도의 의무로써 산업안전보건법 제73조에 따른 의무 이행을 시행령 제5조제2항제1호의 의무 이행까지 한 것으로 간주할 수는 없다는 입장이다.

### 반기 1회 이상 점검의 주기

고용노동부 질의회시(중대산업재해감독과-2766, 22.07.20)에 따르면 중대재해처벌법상 반기 1회 이상 점검과 관련하여 사업을 새로 시작한 경우에 대해 별도로 규정을 두고 있지는 않으므로, 반기 1회 이상 점검은 상반기(1.1.부터 6.30까지)와 하반기(07.01부터 12.31까지)를 최소한의 주기로 하여 각 1회 이상 실시하여야 한다고 보고 있다.

### 전문기관에 안전진단, 보건진단을 받는 경우 의무 이행 여부

고용노동부 질의회시(중대산업재해감독과-3226, 22.08.18)에 따르면 중대재해처벌법 제5조제2항제1호는 안전보건관계법령에 따른 의무를 이행했는지를 반기 1회 이상 점검하도록 하면서 해당 안전보건관계법령에 따라 중앙행정기관의 장이 지정한 기관 등에 **위탁하여 점검하는 것도 가능하도록 규정**하였다. 다만 중대재해처벌법 제5조제2항제1호의 점검은 안전보건관계법령 전반에 관한 점검이 이루어져야 하므로 **해당 전문기관의 전문분야에 한정된 점검만으로는 중대재해처벌법 제5조제2항제1호의 점검이 전부 이루어졌다고는 보기 어렵다는 입장**이다.

### 중대재해처벌법 제4조상의 의무를 위탁할 수 있는지 여부

고용노동부 질의회시(중대산업재해감독과-1996, 22.05.27)에 따르면 **중대재해처벌법 제4조에 따른 안전 및 보건 확보의무**는 그 의무의 이행을 다른 기관에 위탁할 수 있는지 등에 관하여 규정하고 있지는 않으므로 이를 안전보건관계법령에 따라 **중앙행정기관의 장이 지정한 기관에 위탁할 수 없고 해당 의무 불이행 시 그 책임은 의무주체인 경영책임자에게 귀속된다는 입장**이다.

## 1.7 안전보건관계법령에 따른 의무 이행 여부에 대한 점검 및 필요한 조치 이행 여부 점검기준

### □ 의무이행 여부 점검 이행 점검표

○ 점검일 :
○ 부서명 :
○ 점검책임자 : (인)

| 결재 | 작성 | 검토 | 승인 |
|---|---|---|---|
| | | | |

### □ 점검 주요 내용

| 점검내용 | 점검결과 |
|---|---|
| 1. 주기적인 점검 및 결과 보고 절차 마련<br>① 월별, 분기별, 반기별 점검 및 보고 절차<br>② 보고 기간 등 | |
| 2. 안전보건관계법령 여부 확인<br>① 사업 또는 사업장 특성을 고려한 안전보건관계법령 파악<br>• 누락되지 않도록 법령 리스트 작성 보관<br>② 주요 안전보건관계법령<br>• 산업안전보건법<br>• 광산안전법<br>• 원자력안전법<br>• 항공안전법<br>• 선박안전법<br>• 연구실 안전환경 조성에 관한 법률<br>• 폐기물관리법<br>• 생활물류서비스산업발전법<br>• 선원법<br>• 생활주변방사선 안전관리법<br>• 소방시설법<br>• 화재예방법<br>• 고압가스안전관리법 | |

| 점검내용 | 점검결과 |
| --- | --- |
| 3. 법령에서 요구하고 있는 의무이행 사항 파악<br>① 법령에서 요구하는 의무이행 도출표 작성<br>② 의무사항 점검(모니터링), 평가하는 조직 보유 여부<br>③ 관련 조직을 통해 법적 의무 이행 여부에 대한 문제점 보고 받는지 여부 | |
| 4. 경영책임자 등이 점검주체 인식 필요<br>① 의무 이행 여부를 반기 1회 이상 직접 점검<br>② 위탁하여 점검하는 경우 등 자신이 직접 점검하지 않은 경우 점검이 끝난 후 지체 없이 결과 보고 여부 | |
| 5. 의무이행 여부 점검방법의 실질적 이행 방안 모색<br>① 의무이행 여부 점검이 실질적으로 이루어지도록 하고 있는지 대책 마련 여부<br>② 전문가나 현장실무자 등의 의견을 청취하는 절차 등 다양한 방식으로 부실 점검이 발생하지 않도록 하는 점검 방식의 적정성<br>• 점검이 실효적이고 실질적으로 이행되도록 하는 방안을 적극적으로 모색하고 채택 여부<br>③ 전문기관에 위탁을 하는 경우에 실질적인 점검 여부<br>• 필요시 전문기관에 위탁점검 | |
| 6. 인력 배치, 예산 추가 편성·집행 등 이행에 필요한 조치 실시<br>① 인력의 배치, 예산의 추가 편성·집행 등 안전보건관계법령에 따른 의무이행에 필요한 조치여부<br>• 인력 배치, 예산 추가편성, 투입<br>② 개선조치 요구(결과) 보고서 적절성<br>③ 조치결과에 대한 관련 내용 증빙 | |
| 7. 반기 1회 이상 필히 점검<br>① 반기 1회 이상 점검하고 직접 점검하지 않은 경우 점검이 끝난 후 지체없이 점검 결과를 보고 받는지 여부<br>• 점검결과는 점검이 끝난 후 지체 없이 결과를 보고받을 것<br>② 필요한 개선방안 마련 | |

| 점검내용 | 점검결과 |
| --- | --- |
| 8. 문서상 점검 지양하고 실질적으로 현장에서 이행 여부 점검<br>① 자체점검 시 회사 내부에서 안전 전문성을 가진 사업주, 경영책임자, 안전관리자 등의 수행 여부<br>② 형식적으로 문서상으로만 점검이 이루어지는지 여부<br>• 과도한 문서작업 위주로 진행 지양<br>③ 개선이 쉬운 사항 위주로 진행 지양<br>④ 현장에서 법령, 작업계획서에 따른 작업 여부 학인 | |
| 9. 산업안전보건법에 따른 의무 이행 사항 적절성<br>① 현장에서 법령대로 이행되고 있는지 확인<br>② 도출된 문제점과 개선방안은 경영책임자에게 보고<br>③ 관련 내용에 대해서는 교육훈련 등을 통해 전파<br>④ 점검에서 발견된 문제는 반기별(또는 분기별)로 조치계획을 마련하여 경영책임자에게 보고<br>⑤ 경영책임자는 필요한 자원을 배정하고 이행 여부 | |
| 10. 안전보건법규 준수 평가표(현장용, 본사용) 작성 여부<br>• 산업재해 발생에 따른 후속조치의 적정성<br>• 안전 및 보건관리자의 선임 및 전담업무 여부<br>• 안전보건관리규정 게시 여부<br>• 도급인의 안전조치 및 보건조치<br>• 정기 안전보건교육 시행의 적정성<br>• 기계 · 기구 등 방호장치 설치/관리 여부<br>• MSDS 교육에 대한 근로자 교육 시행 여부<br>• 특수검진 시행의 적정성(유해인자 반영 여부)<br>• 작업환경측정 결과에 대한 공유 여부<br>• 안전보건표지의 설치 및 부착 여부<br>• 위험 기계기구의 안전검사 여부<br>• 현장 TBM 시행 및 일지 점검<br>• 현장 안전보호구 착용의 적정성 | |

# 02 유해 · 위험작업에 대한 안전보건 교육실시 점검 및 조치

## 2.1 관련 조문

**법 제4조(사업주와 경영책임자 등의 안전 및 보건 확보의무) 제1항제4호**

① 사업주 또는 경영책임자 등은 사업주나 법인 또는 기관이 실질적으로 지배 · 운영 · 관리하는 사업 또는 사업장에서 종사자의 안전보건상 유해 또는 위험을 방지하기 위하여 그 사업 또는 사업장의 특성 및 규모 등을 고려하여 다음 각 호에 따른 조치를 하여야 한다.

4. 안전보건관계법령에 따른 의무이행에 필요한 관리상의 조치

**시행령 제5조(안전보건관계법령에 따른 의무이행에 필요한 관리상의 조치)**

② 법 제4조제1항제4호에 따른 조치에 관한 구체적인 사항은 다음 각 호와 같다.

3. 안전보건관계법령에 따라 의무적으로 실시해야 하는 유해 · 위험한 작업에 관한 안전보건에 관한 교육이 실시되었는지를 반기 1회 이상 점검하고, 직접 점검하지 않은 경우에는 점검이 끝난 후 지체 없이 점검 결과를 보고받을 것
4. 제3호에 따른 점검 또는 보고 결과 실시되지 않은 교육에 대해서는 지체 없이 그 이행의 지시, 예산의 확보 등 교육 실시에 필요한 조치를 할 것

## 2.2 조문의 취지

중대재해처벌법에서 이야기하고 있는 의무이행에 필요한 관리상의 조치는 아래와 같이 ① 안전보건교육 실시여부 점검 ② 점검결과 의무이행 되지 않는 사항에 대해서는 필요한 인력, 예산 등 조치 ③ 미실시된 교육은 교육실시에 필요한 조치 등을 하는 것을 말한다.

**의무이행에 필요한 관리상의 조치**

① 안전보건관계법령에 따른 의무이행 여부 및 안전보건관계법령에 따라 의무적으로 실시해야 하는 유해 · 위험한 작업에 관한 안전보건에 관한 교육실시 여부를 반기 1회 이상 점검

② 점검 결과 이행되지 않은 사항에 대해서는 인력을 배치하고, 예산을 추가편성 · 집행하도록 하는 등 해당 의무이행에 필요한 조치

③ 미실시된 교육에 대해서는 지체 없이 그 이행의 지시, 예산의 확보 등 교육실시에 필요한 조치

사업주 또는 경영책임자 등은 안전보건관계법령에 따라 실시해야 하는 유해 · 위험작업에 관한 안전보건 교육의 실시 여부를 반기 1회 이상 점검 또는 점검 보고를 받고 지시를 하여야 한다. 법령상 의무화되어 있는 것이라면 산업안전보건법의 유해 · 위험작업에 따른 교육이 아닌 경우에도 준수할 필요가 있다. 유해하거나 위험한 작업을 실시하는 직영근로자의 교육실시와 도급 · 용역 · 위탁받는 근로자에 대해 교육을 실시하고 이에 대한 확인과 조치가 이루어져야 한다. 점검 또는 점검보고 결과 실시되지 않은 교육에 대해서는 지체 없이 그 이행을 지시하고 예산확보 등 교육실시에 필요한 조치를 해야 한다. 교육실시 이행 여부를 확인 점검하고 미실시된 경우는 의무주체가 수급인 등 제3자인 경우 해당 교육을 실시하도록 요구하는 등 필요한 조치를 해야 한다. 교육 의무가 없는 경우까지 직접 교육을 하여야 하는 것은 아니며 안전보건관계법령에 따라 노무를 제공하는 자에게 안전보건 교육을 해야 할 의무가 있는 경우에는 교육을 실시해야 한다. 다만 필요한 조치의 하나로 교육을 받지 않은 종사자는 해당 작업에서 배제하는 조치는 가능하다.

유해 · 위험작업에 관한 안전보건 교육은 종사자의 안전보건 확보와 밀접한 관련이 있기 때문에 이 조문은 안전한 작업을 위해 작업자가 필요한 내용을 충분히 습득할 수 있도록 경영책임자 등에게 관리상의 의무를 부여한 것이다. 안전보건 교육은 사업장 내 위험요인과 이를 제거 · 대체 통제하는 방법을 종사자에게 알리고 이해시키는 중요한 수단이다. 의무적으로 수행해야 하는 절차로 인식하지 말고 종사자들의 태도와 행동 변화를 유도하는 핵심임을 이해할 필요가 있다. 유해 · 위험작업에 관한 안전보건 교육은 종사자의 안전보건 확보와 밀접한 관련이 있으므로 안전한 작업을 위해 필요한 내용을 충분히 습득할 수 있도록 관리할 필요가 있음을 고려한 조문이다.

## 2.3 실행전략

**일반사항**

① 매년 유해 · 위험작업에 대한 안전보건 교육계획 수립
② 안전보건 교육 예산 편성
③ 안전보건 교육 대상자 선정
④ 위험요인과 이에 대한 제거 · 대체 · 통제하는 방법에 대한 안전보건 교육 실시
⑤ 산업안전보건법 외 법령상 의무화된 교육 실시
⑥ 교육 미이수자 작업 배제
⑦ 반기 1회 이상 점검 결과 보고
⑧ 미이수 교육 실시 조치

## 2.4 실행방법

### 1) 매년 유해 · 위험작업에 대한 안전보건 교육계획 수립

안전보건관계법령에 따른 교육 중 유해 · 위험한 작업에 관한 교육은 모두 포함되므로 그

교육이 유해 · 위험작업에 관한 것이고, 법령상 의무화되어 있는 것이라면 산업안전보건법의 유해 · 위험작업에 따른 교육이 아닌 경우에도 마땅히 준수해야 한다. 산업안전보건법과 그 외의 법령에 따른 안전교육에 대해 연간 교육계획을 수립하고 교육을 이수토록 해야 한다.

**표 6.6 연간 교육계획 수립 서식 예시 1**

| 연간 교육계획 | 결재 | 작성 | 검토 | 승인 |
|---|---|---|---|---|
| | | | | |

| NO | 교육구분 | | | 교육과정 | 일정 | | | | | | | | | | | | 대상인원(명) | 교육방법(내,외부) | 비고 |
|---|---|---|---|---|---|---|---|---|---|---|---|---|---|---|---|---|---|---|---|
| | 안전보건 | 공정안전 | 수급업체 | | 1 | 2 | 3 | 4 | 5 | 6 | 7 | 8 | 9 | 10 | 11 | 12 | | | |
| 1 | ○ | | | 근로자 정기 안전보건 교육 | | ○ | | ○ | | ○ | | ○ | | ○ | | ○ | 30명 | 집체(내부) | |
| 2 | ○ | | | 신규 채용 시 안전보건 교육 | | | | | | ○ | | | | | | | 발생시 | 집체(내부) | |
| 3 | ○ | | | 관리감독자 안전보건 교육 | | | | | ○ | | | | | | | | 9명 | 집체(외부) | |
| 4 | ○ | | | 특별안전 보건교육 | | | | | | | ○ | | | | | | 5명 | 집체(내부) | |
| 5 | ○ | | | 비상사태 대비 교육 및 훈련 | | | | | ○ | | | | | | ○ | | 전 사원 | 집체(내부) | |
| 6 | ○ | | | 물질안전 보건교육 | | | | | | | ○ | | | | | | 2명 | 집체(내부) | |
| 7 | | ○ | | 공정위험성 평가 교육 | | | | | | | | | ○ | | | | 10명 | 집체(외부) | |
| 8 | | | ○ | 작업내용 변경자 교육 | | | | | | | ○ | | | | | | 발생시 | 집체(내부) | |

**표 6.7 연간 교육계획 수립 서식 예시 2**

<table>
<tr><td colspan="8">안전보건교육 계획서</td></tr>
<tr><td colspan="2">구분</td><td>교육 내용</td><td>교육방법</td><td>교육일자</td><td>시간</td><td>대상</td><td>장소</td></tr>
<tr><td rowspan="12">정기교육</td><td>1월</td><td>동절기 재해예방 안전보건 교육</td><td>시청각 자료 등</td><td>00.00.00</td><td>2시간</td><td>전직원</td><td></td></tr>
<tr><td>2월</td><td>보호구착용 및 관리요령</td><td>시청각 자료 등</td><td>00.00.00</td><td>2시간</td><td>전직원</td><td></td></tr>
<tr><td>3월</td><td>이동식 사다리 안전작업 교육</td><td>시청각 자료 등</td><td>00.00.00</td><td>2시간</td><td>전직원</td><td></td></tr>
<tr><td>4월</td><td>산업재해보상보험 제도에 관한 사항</td><td>시청각 자료 등</td><td>00.00.00</td><td>2시간</td><td>전직원</td><td></td></tr>
<tr><td>5월</td><td>추락재해 예방교육</td><td>시청각 자료 등</td><td>00.00.00</td><td>2시간</td><td>전직원</td><td></td></tr>
<tr><td>6월</td><td>중대재해 방지 예방교육</td><td>시청각 자료 등</td><td>00.00.00</td><td>2시간</td><td>전직원</td><td></td></tr>
<tr><td>7월</td><td>직장 내 괴롭힘 방지교육</td><td>시청각 자료 등</td><td>00.00.00</td><td>2시간</td><td>전직원</td><td></td></tr>
<tr><td>8월</td><td>장마철 안전사고 예방대책</td><td>시청각 자료 등</td><td>00.00.00</td><td>2시간</td><td>전직원</td><td></td></tr>
<tr><td>9월</td><td>직무스트레스 예방관리</td><td>시청각 자료 등</td><td>00.00.00</td><td>2시간</td><td>전직원</td><td></td></tr>
<tr><td>10월</td><td>작업 노동자 긴급행동 요령</td><td>시청각 자료 등</td><td>00.00.00</td><td>2시간</td><td>전직원</td><td></td></tr>
<tr><td>11월</td><td>성폭력, 성희롱 등 예방교육</td><td>시청각 자료 등</td><td>00.00.00</td><td>4시간</td><td>전직원</td><td></td></tr>
<tr><td>12월</td><td>겨울철 한파에 따른 한랭질환 예방가이드</td><td>시청각 자료 등</td><td>00.00.00</td><td>2시간</td><td>전직원</td><td></td></tr>
<tr><td colspan="2">채용시 교육</td><td rowspan="2">• 산업안전보건법령에 관한 사항<br>• 직무스트레스예방 및 관리에 관한 사항<br>• 직장 내 괴롭힘, 고객의 폭언 등으로 인한 건강장해 예방 및 관리에 관한 사항<br>• 성폭력, 성희롱 등 폭력예방교육 등</td><td>강의식<br>시청각 자료 등</td><td>채용 시</td><td>8시간</td><td>채용 직원</td><td></td></tr>
<tr><td colspan="2">작업내용 변경 시 교육</td><td>강의식<br>시청각 자료 등</td><td>작업 배치 전</td><td>2시간</td><td>작업 내용 변경 직원</td><td></td></tr>
<tr><td colspan="2">직무교육</td><td>관리감독자 교육</td><td>외부교육</td><td></td><td>16시간</td><td>관리 감독자</td><td></td></tr>
<tr><td colspan="8">확인자<br>(현장소장 /사업주 등) (서명)</td></tr>
</table>

**표 6.8 연간 교육계획 수립 서식 예시 3**

<table>
<tr><td rowspan="2" colspan="2">보건교육계획서</td><td rowspan="2">결<br>재</td><td>담당</td><td>과장</td><td>공장장</td><td>대표이사</td></tr>
<tr><td></td><td></td><td></td><td></td></tr>
<tr><td>작성일자</td><td colspan="2"></td><td>작성자</td><td colspan="3"></td></tr>
</table>

| 일정 | 교육명 | 교육 시간 | 교육 비용 | 비고 |
|---|---|---|---|---|
| 1월 | 동절기 건강장해 : 동절기 안전보건관리대책, 계절별 유행성 질환 예방방안 및 건강관리요령 | | | |
| 2월 | 금연 및 절주 : 금연 및 절주, 규칙적 운동을 통한 건강관리 | | | |
| 3월 | 해빙기 건강장해 : 황사나 미세먼지 발생 시 건강장해 예방요령 및 중금속 배출에 좋은 식품 | | | |
| 4월 | 직무스트레스 : 직무스트레스의 올바른 관리를 위한 생활습관 개선 | | | |
| 5월 | 근골격계 질환 예방 : 근골격계 질환 예방을 위한 올바른 작업 자세 및 작업 전 스트레칭의 효과 | | | |
| 6월 | 밀폐공간 질식재해 예방 : 장마철 안전보건관리대책, 밀폐공간 작업 시 질식 재해예방 및 응급조치 요령 | | | |
| 7월 | 혹서기 건강장해 : 혹서기 건강관리대책 및 폭염으로 인한 온열질환 대응 요령 | | | |
| 8월 | 식중독 예방 : 고온다습한 날씨에 따른 음식섭취 주의 및 개인 위생관리로 식중독 예방, 올바른 손씻기 | | | |
| 9월 | 유해화학물질 : 작업장 내에서 사용하는 유해화학물질의 유해 · 위험성 및 적합한 보호구, 보호구 착용 방법 | | | |
| 10월 | 응급처치 : 비상상황 시 대응 요령, 심폐소생술 및 AED 작동방법, 응급처치의 중요성 | | | |
| 11월 | 화재예방 : 건조한 날씨에 따른 화재예방 및 소화기 사용법 | | | |
| 12월 | 뇌심혈관질환 예방 : 동절기 옥외작업 시 발병위험도가 높은 뇌심혈관질환 예방요령 및 기초 질환인 고혈압 관리방안 | | | |

### 2) 안전보건교육 예산 편성

연간 교육계획에 따라 적기에 교육을 이수토록 하기 위해서는 관련 예산확보가 필요하다.

### 3) 안전보건교육 대상자 선정

교육대상은 직영근로자를 포함한 본사와 현장의 관리감독자가 대상이다. 도급사업인 경우에는 근로자를 고용한 수급업체에서 주관하여 실시하되 도급사업에 대하여 교육 장소 및 교육자료 등의 지원이 가능하다. 따라서 연초에 교육 종류별 대상자를 선정하고 현황표를 작성하여 운영할 필요가 있다. 특히 외부기관에 교육신청을 늦게 하여 받지 못하는 경우가 많으므로 사전에 교육을 신청할 필요가 있다.

중대재해처벌법 시행령 제5조제2항제3호의 교육과 관련하여, 1차 수급인 외 2, 3차 직접 계약관계가 없는 N차 수급인이 있는 경우 경영책임자가 어디까지 안전보건교육의 실시 여부를 확인해야 하는지 불분명하다.

이에 대하여 ① 사업이 여러 차례의 도급에 따라 행하여지는 경우 각 단계의 수급인의 근로자는 모두 도급인의 종사자에 포함되므로 차수에 관계없이 모든 교육을 확인해야 한다는 견해가 있을 수 있고 ② 직접 계약관계가 없는 2, 3차 수급인까지 확인할 의무는 없다는 견해가 있을 수 있다. 각 단계의 수급인의 근로자는 모두 도급인의 종사자에 포함되므로 차수에 관계없이 모든 교육을 확인해야 한다는 견해에 따르면 도급인으로서는 몇 차까지 수급인이 있는지 정확히 모르는 경우도 있기 때문에 이 견해를 취하면 도급인에게 지나치게 과도한 의무가 부과될 수 있다는 비판이 있다.

### 4) 위험요인과 이에 대한 제거 · 대체 · 통제하는 방법에 대한 안전보건교육 실시

의무적으로 실시해야 하는 법령상의 안전보건 교육 항목과 내용을 파악하여 교육을 적기에 실시하여야 한다. 안전보건 교육을 통해 모든 구성원에게 자신의 직무와 관련된 위험요인과 이를 제거 · 대체 · 통제하는 방법을 알려주어야 한다. 안전보건교육은 일반적으로 모든 사업 및 사업장에서 실시해야 하나, 산업안전보건법 시행령 별표 1에 따른 대상 사업 또는 사업장은 교육 의무를 제외하고 있다. 근로자 안전보건교육을 실시해야 하는 사업장인지의 여부는 안전보건교육 대상 사업장 조회를 하여 확인할 필요가 있다. 안전교육은 현재 유해하거나 위험한 작업을 수행하는 근로자, 신규 채용자 또는 작업내용 변경으로 유해하거나 위험한 작업을 수행하는 근로자가 대상이다.

교육내용은 산업안전보건법 시행규칙 별표5호의 제1호 라목을 참조하여 시행하여야 한다. 교육을 시킬 수 있는 자는 안전보건관리책임자, 관리감독자, 안전보건관리자, 안전보건관리담당자가 해당된다. 안전교육은 산업안전보건법 제33조(안전보건교육기관), 산업안전보건법 시행규칙 제26조제3항(자체교육을 할 수 있는 사람의 자격 규정) 등에 따라 고용노동부 장관에게 등록한 안전보건교육기관에 위탁하여 실시할 수도 있다.

안전보건공단은 산업안전보건법 제29조에 의한 사업장 정기교육을 자체적으로 실시하기 어려운 소규모 사업장을 위해 전문 강사가 현장 방문을 통해 교육할 수 있도록 지원하고 있으므로 적극 활용할 필요가 있다. 안전 및 보건관리자 선임 의무가 없는 사업장과 소규모 사업장을 중심으로 지원하며 공단 일정에 따라 지원이 불가능할 수도 있다.

**표 6.9 산업안전보건법상 교육대상 · 유형별 최저 교육시간**

| 구분 | | 신규 교육 | 정기교육 / 보수교육 | 작업내용 변경 시(1회) | 특별교육 (1회) |
|---|---|---|---|---|---|
| 근로자 | 일반 | 8시간 | • (일반) 분기별 6시간<br>• (사무직) 분기별 3시간<br>• (관리감독자) 연 16시간 | 2시간 | 16시간 |
| | 일용 | 1시간 | - | 1시간 | 2시간 |
| 특고 | 일반 | 2시간 | - | - | 16시간 |
| | 단기 · 간헐 | 1시간 | - | - | 2시간 |
| 안전 보건 업무 담당자 | 안전보건관리책임자 | 6시간 이상 | • 6시간 이상(2년 주기) | - | - |
| | 안전관리자/ 보건관리자 | 34시간 이상 | • 24시간 이상(2년 주기) | - | - |
| | 안전보건관리담당자 | - | • 8시간 이상(2년 주기) | - | - |

**표 6.10 안전보건 교육일지**

<table>
<tr><td colspan="5" rowspan="2">안전보건 교육일지</td><td rowspan="3">결<br>재</td><td>담당</td><td>부서장</td><td>사업주</td></tr>
<tr><td rowspan="2"></td><td rowspan="2"></td><td rowspan="2"></td></tr>
<tr><td colspan="5">작성일자 : . . . 작성자 :</td></tr>
<tr><td>교육<br>구분</td><td colspan="8">가. 정기교육 나. 채용 시의 교육<br>다. 작업내용 라. 특별교육<br>마. 기 타( )교육</td></tr>
<tr><td rowspan="4">교육<br>인원</td><td>구분</td><td>계</td><td>남</td><td>여</td><td colspan="4">교육 미실시 사유</td></tr>
<tr><td>교육 대상자 수</td><td></td><td></td><td></td><td colspan="4"></td></tr>
<tr><td>교육 실시자 수</td><td></td><td></td><td></td><td colspan="4"></td></tr>
<tr><td>교육 미실시자 수</td><td></td><td></td><td></td><td colspan="4"></td></tr>
<tr><td>교육<br>과목</td><td colspan="8"></td></tr>
<tr><td>교육<br>내용</td><td colspan="8"></td></tr>
<tr><td rowspan="2">교육<br>실시자<br>및 장소</td><td>성명</td><td colspan="2">직명</td><td colspan="5">교육실시 장소</td></tr>
<tr><td></td><td colspan="2"></td><td colspan="5"></td></tr>
<tr><td>특기<br>사항</td><td colspan="8"></td></tr>
</table>

**안전교육 참석자 명단**

| NO | 직책 | 성명 | 서명 | NO | 직책 | 성명 | 서명 |
|---|---|---|---|---|---|---|---|
| 1 | | | | 11 | | | |
| 2 | | | | 12 | | | |
| 3 | | | | 13 | | | |
| 4 | | | | 14 | | | |
| 5 | | | | 15 | | | |
| 6 | | | | 16 | | | |
| 7 | | | | 17 | | | |
| 8 | | | | 18 | | | |
| 9 | | | | 19 | | | |
| 10 | | | | 20 | | | |

**표 6.11 교육 · 훈련 수강 확인서**

<table>
<tr><td colspan="8">교육 · 훈련 수강 확인서</td></tr>
<tr><td colspan="2">현장명</td><td colspan="6"></td></tr>
<tr><td colspan="2">공종명</td><td colspan="6"></td></tr>
<tr><td colspan="2">일시</td><td colspan="6"></td></tr>
<tr><td>NO</td><td>직책</td><td>성명</td><td>확인</td><td>NO</td><td>직책</td><td>성명</td><td>확인</td></tr>
<tr><td>1</td><td></td><td></td><td></td><td>16</td><td></td><td></td><td></td></tr>
<tr><td>2</td><td></td><td></td><td></td><td>17</td><td></td><td></td><td></td></tr>
<tr><td>3</td><td></td><td></td><td></td><td>18</td><td></td><td></td><td></td></tr>
<tr><td>4</td><td></td><td></td><td></td><td>19</td><td></td><td></td><td></td></tr>
<tr><td>5</td><td></td><td></td><td></td><td>20</td><td></td><td></td><td></td></tr>
<tr><td>6</td><td></td><td></td><td></td><td>21</td><td></td><td></td><td></td></tr>
<tr><td>7</td><td></td><td></td><td></td><td>22</td><td></td><td></td><td></td></tr>
<tr><td>8</td><td></td><td></td><td></td><td>23</td><td></td><td></td><td></td></tr>
<tr><td>9</td><td></td><td></td><td></td><td>24</td><td></td><td></td><td></td></tr>
<tr><td>10</td><td></td><td></td><td></td><td>25</td><td></td><td></td><td></td></tr>
<tr><td>11</td><td></td><td></td><td></td><td>26</td><td></td><td></td><td></td></tr>
<tr><td>12</td><td></td><td></td><td></td><td>27</td><td></td><td></td><td></td></tr>
<tr><td>13</td><td></td><td></td><td></td><td>28</td><td></td><td></td><td></td></tr>
<tr><td>14</td><td></td><td></td><td></td><td>29</td><td></td><td></td><td></td></tr>
<tr><td>15</td><td></td><td></td><td></td><td>30</td><td></td><td></td><td></td></tr>
</table>

### 5) 산업안전보건법 외 법령상 의무화된 교육실시

안전보건관계법령에 따른 교육 중 유해·위험한 작업에 관한 교육은 모두 포함되므로 그 교육이 유해·위험작업에 관한 것이고, 법령상 의무화되어 있는 것이라면 산업안전보건법의 유해·위험작업에 따른 교육이 아닌 경우에도 마땅히 준수되어야 한다. 예를 들면 항공안전법상 위험물 취급에 관한 교육(항공안전법 제72조), 선박안전법상 위험물 안전운송 교육(선박안전법 제41조의2) 등의 경우이다.

### 6) 교육 미이수자 작업 배제

중대재해처벌법의 안전보건상 유해 또는 위험의 방지는 사업장 내 모든 종사자를 대상으로 하므로 수급인 등이 소속 근로자에게 교육을 하지 않은 경우 교육을 실시하도록 요구하거나 교육받지 않은 종사자는 작업에서 배제할 수 있다. 교육의 의무주체가 수급인 등 제3자인 경우 해당 교육을 실시하도록 요구하는 등 필요한 조치를 하여야 한다.

### 7) 반기 1회 이상 점검 결과 보고

개인사업주 또는 경영책임자 등은 안전보건관계법령에 따라 의무적으로 실시해야 하는 유해·위험한 작업에 관한 안전보건에 관한 교육이 실시되었는지를 반기 1회 이상 점검하거나 직접 점검하지 않은 경우에는 점검이 끝난 후 지체 없이 점검 결과를 보고받아야 한다.

유해·위험한 작업에 관한 안전보건에 관한 교육의 실시 여부에 대한 점검 또는 보고를 받은 결과, 실시되지 않은 교육에 대해서는 지체 없이 그 이행의 지시, 예산의 확보 등 교육실시에 필요한 조치를 하여야 한다.

**표 6.12 안전보건교육 실시여부 점검표**

| 안전보건교육 실시여부 점검표 | | | |
|---|---|---|---|
| 사업장명 : | 점검일자 : 년 월 일 | | |
| 점검자(담당자) (서명) | | 확 인 자(현장소장/사업주 등) | (서명) |
| 점검 사항 | 이행 | 미이행 | 개선사항 |
| 안전보건교육 계획수립 여부(대상자 선정, 요구도 파악, 방법 등) | | | |
| 안전보건관리책임자 교육실시 여부(신규 연 6시간 이상, 보수 연 6시간 이상) | | | |
| 관리감독자 교육 실시 여부(연 16시간 이상) | | | |
| 정기교육 실시 여부 | | | |
| 채용 시 교육실시 여부 | | | |
| 작업내용 변경 시 교육실시 여부 | | | |
| 특별교육 실시 여부 | | | |
| 그 외 안전보건관계법령에 따른 교육 실시 여부 | | | |
| 안전보건교육 평가 실시 여부(만족도 등) | | | |
| ※ 점검 후 이행되지 않은 교육 추가 시행<br>※ 반기 1회 이상 점검 | | | |

## □ 안전보건에 관한 교육 실시 여부 점검표(예 1)

<table>
<tr><th rowspan="2">구분</th><th rowspan="2">법정 안전보건 교육과정</th><th rowspan="2">시행주기</th><th colspan="2">교육 시간</th><th rowspan="2">점검 결과</th><th rowspan="2">법적근거</th></tr>
<tr><th>신규 교육</th><th>보수 교육</th></tr>
<tr><td>1. 직무 교육</td><td>• 안전보건관리자 교육(신규/보수)</td><td>• 선임 시 (3개월 내) 2년 주기(보수교육)<br>• 전 · 후 3개월 사이에 시행할 것</td><td>34</td><td>24</td><td>-</td><td>산업안전보건법 시행규칙 제29조 (제2항 관련)</td></tr>
<tr><td rowspan="2">2. 정기 교육</td><td>• 근로자(본사 및 사업장)</td><td>분기</td><td colspan="2">6</td><td>이행 완료</td><td rowspan="2">산업안전보건법 시행규칙 제26조 (제1항)</td></tr>
<tr><td>• 관리 감독자 교육(부서장, 팀 · 소장)</td><td>매년</td><td colspan="2">16</td><td>이행 완료</td></tr>
<tr><td>3. 채용 교육</td><td>• 신규 채용 시 교육(신입/경력 동일)</td><td>채용 시</td><td colspan="2">8</td><td>-</td><td>산업안전보건법 시행규칙 제26조 (별표4)</td></tr>
<tr><td>4. 작업 내용 변경 시</td><td>• 해당 근로자</td><td>작업내용 변경 시</td><td colspan="2">2</td><td>-</td><td>산업안전보건법 시행규칙 제26조 (별표4)</td></tr>
<tr><td rowspan="6">5. 특별 교육</td><td>• 밀폐공간에서의 유해 · 위험작업 등</td><td rowspan="6">• 상시 근로 작업자 16시간<br>• 간헐적 작업자 2시간<br>* 작업변경 시 직원/기타 2시간/단기근로자 1시간<br>* 기타 : 특별교육 대상작업 40종 참조</td><td colspan="2">16/(2)</td><td>-</td><td rowspan="6">산업안전보건법 시행규칙 제26조 (규칙 별표5) (제1호 라 목) 40개 분야 중, 해당 작업</td></tr>
<tr><td>• 보일러의 설치 및 취급작업 등</td><td colspan="2">16/(2)</td><td>-</td></tr>
<tr><td>• 크레인을 이용한 중량물 작업 등</td><td colspan="2">16/(2)</td><td>-</td></tr>
<tr><td>• 전기 및 활선작업 등</td><td colspan="2">16/(2)</td><td>-</td></tr>
<tr><td>• 위, 4개 과정을 제외한 특별 교육</td><td colspan="2">16/(2)</td><td>-</td></tr>
<tr><td>• 담당 작업 변경 시(정규/일용 동일)</td><td colspan="2">2</td><td>-</td></tr>
<tr><td>6. 유해 화학 물질</td><td>• 유해화학물질 취급담당자</td><td>2년</td><td colspan="2">16</td><td>-</td><td>화학물질 관리법 제33조</td></tr>
</table>

※ 근태 발생 등 교육시행 제약사항 발생시 관련 증빙과 추가 교육을 시행하여 기록유지

※ 상기 교육은 법정교육 중심으로 편성된 리스트이며, 반드시 교육 증빙자료를 보관 기록유지

## □ 안전보건에 관한 교육 실시 여부 점검표(예 2)

| 구분 | 법정 안전보건 교육과정 | 대상 | 실시 | 미실시 | 미실시 사유 | 시행 주기 | 교육 시간 | 비고 |
|---|---|---|---|---|---|---|---|---|
| 1. 직무 교육 | • 안전보건관리자 교육(신규/보수) | | | | | 선임 시 | 신규-34<br>보수-24 | |
| 2. 정기 교육 | • 근로자(본사 및 사업장) | 1분기 14 | 14 | - | | 분기 | 6 | 전원 실시 완료 |
| | | 2분기 14 | 14 | - | | | | |
| | | 3분기 14 | 14 | - | | | | |
| | | 4분기 15 | 15 | - | | | | |
| | • 관리감독자 교육(부서장, 팀. 소장) | 부서장 | 1 | - | | 매년 | 16 | 실시 완료 |
| 3. 채용 교육 | • 신규 채용시 교육(신입/경력 동일) | | | | | 채용 시 | 8 | |
| 4. 작업 내용 변경 시 | • 일용 근로자를 제외한 근로자 | | | | | 작업내용 변경 시 | 2 | |
| 5. 특별 안전 교육 | • 밀폐공간에서의 유해 · 위험작업 등 | | | | | 상시 근로 작업자 16시간 간헐적 작업 시 (2시간) | 16/(2) | |
| | • 보일러의 설치 및 취급작업 등 | | | | | | 16/(2) | |
| | • 크레인을 이용한 중량물 작업 등 | | | | | | 16/(2) | |
| | • 전기 및 활선작업 등 | | | | | | 16/(2) | |
| | • 위, 4개 과정을 제외한 특별교육 | | | | | | | |
| | • 작업명 | | | | | | 16/(2) | |
| | • 담당 작업 변경 시(정규/일용 동일) | | | | | | 2 | |
| 6. 유해 화학 물질 | • 유해화학물질 취급담당자 | | | | | 2년 | 16 | |

시행령 제5조제2항제3호의 안전보건 교육에 관한 점검도 위탁이 가능한지에 대해서 고용노동부 질의회시(중대산업재해감독과-615, 22.02.17)에 따르면 "중대재해처벌법 시행령 제5조제2항 제3호에 대해서는 위탁하여 점검하는 경우를 포함하지 않으므로 안전보건에 관한 교육은 사업 또는 사업장 내에서 점검이 이루어져야 한다"라는 입장이다.

### 8) 미이수 교육실시 조치

경영책임자 등은 교육실시 여부를 반기 1회 이상 점검하고 직접 점검하지 않았다면 점검결과를 보고받아야 한다. 개인사업주 또는 경영책임자 등이 직접 점검하지 않은 경우에는 점검완료 후 지체 없이 결과를 보고받아야 하며, 미실시 교육에 대해서는 지체 없이 이행을 지시하고 예산확보 등 필요한 조치를 하여야 한다.

개인사업주 또는 경영책임자 등은 교육의 실시·이행 여부를 확인·점검하고, 미실시된 경우 의무주체가 수급인 등 제3자인 경우 해당 교육을 실시하도록 요구하는 등 필요한 조치를 하여야 한다.

자신이 교육 의무가 없는 경우까지 직접 교육을 하여야 하는 것은 아니며 안전보건관계법령에 따라 노무를 제공하는 자에게 안전보건교육을 해야 할 의무가 있는 자가 교육을 실시해야 한다. 다만, 필요한 조치의 하나로 교육을 받지 않은 종사자는 해당 작업에서 배제하는 조치 등을 취할 수 있다.

## 2.5 컴플라이언스 핵심 체크포인트

① 안전보건관계법령에 따른 안전보건교육 파악 및 관리

- 안전보건관계법령에 따른 유해 · 위험작업에 관한 안전보건 교육 사항을 리스트업 하여 관리하여야 한다. 특히, 안전보건 관련 대표적인 법령인 산업안전보건법 관련 교육(정기/신규/작업 변경 시/특별교육 등)을 중점 관리할 필요가 있다.

② 교육실시 및 관련 자료 관리

- 교육을 실시한 이후에는 해당 교육에 관한 보고서를 작성하여 이행 근거자료를 확보해 둘 필요가 있다.

③ 반기 1회 이상 점검

- 안전보건관계법령 관련 교육계획 및 이행표를 만들어 반기 1회 이상 점검하고 미비한 사항에 대해서는 교육실시 조치를 하여야 한다.
- 반기 1회 이상 안전보건관계법령 관련 교육실시 결과를 보고하여야 한다.
- 위 보고 결과에 따라 미흡한 부분은 필요한 조치를 취하고 관련 기록을 남겨 놓아야 한다.

## 2.6 고용노동부 유권해석

**안전보건에 관한 교육의 위탁점검 가능성**

고용노동부 질의회시(중대산업재해감독과-615, 22.02.17)에 따르면 중대재해처벌법 시행령 제5조제2항제3호에 대해서는 위탁하여 점검하는 경우를 포함하지 않으므로 **안전보건에 관한 교육은 사업 또는 사업장 내에서 점검이 이루어져야 한다는 입장**이다.
또한 개인사업주 또는 경영책임자 등이 직접 점검하지 않은 경우에는 점검 완료 후 지체 없이 결과를 보고받아야 하며 이는 위탁점검이 가능하다고 규정하는 것은 아니다.

## 2.7 안전보건관계법령에 따라 의무적으로 실시해야 하는 유해 · 위험한 작업에 관한 안전보건에 관한 교육 이행 여부 점검기준

### □ 안전보건교육 이행 점검표

○ 점검일 :

○ 부서명 :

○ 점검책임자 : (인)

| 결재 | 작성 | 검토 | 승인 |
|---|---|---|---|
| | | | |

### □ 점검 주요 내용

| 점검내용 | 점검결과 |
|---|---|
| 1. 매년 유해 · 위험작업에 대한 안전보건 교육계획 수립<br>① 산업안전보건법과 그 외의 법령에 따른 안전교육에 대해 연간 교육계획 수립 여부<br>• 교육구분(안전보건, 공정안전, 수급업체), 교육과정, 일정(1~12월), 대상인원, 교육방법(내, 외부)<br>• 교육과정 : 근로자 정기 안전보건교육, 신규 채용 시 안전보건교육, 관리감독자 안전보건교육, 특별안전보건교육, 비상사태대비 교육 및 훈련, 물질안전보건교육, 공정위험성평가 교육, 작업내용 변경 시 교육)<br>• 안전보건교육계획서(연간)<br>② 적기에 교육 이수 여부<br>③ 산업안전보건법상 교육대상 · 유형별 최저 교육시간 파악<br>• 교육과정, 대상자, 교육이수 여부 현황 파악<br>• 산업안전보건법 시행령 별표 1에 따른 대상 사업 또는 사업장은 교육 의무 제외(안전보건교육 대상 사업장 조회) | |
| 2. 안전보건교육 예산 편성<br>① 연간 교육계획에 따라 적기에 교육을 이수 위한 관련 예산 확보 여부<br>② 예산 규모의 적절성 | |

| 점검내용 | 점검결과 |
|---|---|
| 3. 안전보건교육 대상자 선정<br>① 직영 근로자, 본사와 현장의 관리감독자 포함 여부<br>② 도급사업인 경우에는 근로자를 고용한 수급업체에서 주관하여 실시 여부<br>③ 도급사업의 경우 교육 장소 및 교육자료 등의 지원 여부<br>④ 교육종류별 대상자 선정 및 현황표 작성 운영여부<br>• 연간 교육 이수 현황표<br>• 교육이수 대상자 파악<br>⑤ 외부기관 교육신청 시 사전에 교육 신청 여부 | |
| 4. 위험요인과 이에 대한 제거 · 대체 · 통제하는 방법에 대한 안전보건교육 실시<br>① 유해하거나 위험한 작업을 수행하는 근로자, 신규 채용 또는 작업내용 변경으로 유해하거나 위험한 작업을 수행하는 근로자 포함 여부<br>② 교육실시 증빙자료<br>• 산업안전보건법 제33조(안전보건교육기관), 산업안전보건법 시행규칙 제26조제3항(자체교육을 할 수 있는 사람의 자격 규정) 등 참조<br>• 안전보건교육일지<br>• 교육 · 훈련 수강 확인서<br>③ 안전보건교육기관에 위탁하여 실시 여부 | |
| 5. 산업안전보건법 외 법령상 의무화된 교육실시<br>① 유해 · 위험작업에 관한 것이고, 법령상 의무화되어 있는 것이라면 안전보건 교육 준수 여부<br>② 타법에 의한 안전교육 대상, 이수 현황 파악<br>• 항공안전법, 선박안전법, 화재예방법, 건설기계관리법 등 | |
| 6. 교육 미이수자 작업 배제<br>① 소속 근로자에게 교육을 하지 않은 경우 교육 실시요구<br>② 교육받지 않은 종사자는 작업에서 배제 여부<br>③ 안전보건관리규정, 도급계약서 등에 교육 미이수자 작업 참여 금지 규정 포함 | |

| 점검내용 | 점검결과 |
|---|---|
| 7. 반기 1회 이상 점검 결과 보고<br>① 유해 · 위험한 작업에 관한 안전보건에 관한 교육이 실시되었는지를 반기 1회 이상 점검<br>• 필요한 개선방안 마련<br>② 직접 점검하지 않은 경우에는 점검이 끝난 후 지체 없이 점검 결과 보고 여부<br>③ 안전교육이 안전경영방침, 법적 요구사항을 충족하여 구성되었는지 확인 | |
| 8. 미이수 교육실시 조치<br>① 교육의 실시 · 이행 여부를 확인 · 점검<br>② 미실시된 경우 조치<br>• 교육이수 이행 지시<br>• 예산 추가편성, 투입<br>③ 조치결과에 대한 관련 내용 증빙 | |

# 제7장

# 도급 · 용역 · 위탁의 안전보건 확보의무

# 01 제3자에게 도급 · 용역 · 위탁 등 관계에서의 안전 및 보건 확보의무

## 1.1 관련 조문

**법 제5조(도급 · 용역 · 위탁 등 관계에서의 안전 및 보건 확보의무)**

사업주 또는 경영책임자 등은 사업주나 법인 또는 기관이 제3자에게 도급 · 용역 · 위탁 등을 행한 경우에는 제3자의 종사자에게 중대산업재해가 발생하지 아니하도록 제4조의 조치를 하여야 한다. 다만, 사업주나 법인 또는 기관이 그 시설, 장비, 장소 등에 대하여 실질적으로 지배 · 운영 · 관리하는 책임이 있는 경우에 한정한다.

## 1.2 조문의 취지

종사자의 중대재해 예방을 위한 안전조치는 일차적으로 종사자가 소속된 기업에서 해야 한다. 하지만 건설현장 등 생산 현장에서는 많은 작업이 도급 · 용역 · 위탁을 통해 이루어지고 있다. 이러한 경우 산업안전보건법상에도 도급업체는 수급업체 종사자에게 안전보건 조치를 할 의무가 있다. 도급업체는 수급업체, 용역업체 종사자의 중대재해 예방을 위한 안전 및 보건 조치를 소속 근로자와 동등한 수준으로 이행해야 한다. 적용 대상은 제3자에게 도급 · 용역 · 위탁 등을 한 사업장이다. 적용대상 판단기준은 다음과 같다.

**표 7.1 적용대상 판단기준**

| |
|---|
| (1) 사업주 또는 법인 등이 제3자에게 도급 등을 한 사업장의 시설, 장비, 장소 등에 대한 "실질적 지배 · 운영 · 관리하는 책임이 있는 경우"에 한하여 안전보건 확보의무가 존재 |
| (2) "실질적 지배 · 운영 · 관리하는 책임이 있는 경우" 란 중대산업재해 발생 원인을 살펴 해당 시설, 장비, 장소에 관한 소유권, 임차권, 그 밖에 사실상의 지배력을 가지고 있어 위험에 대한 제어 능력이 있다고 볼 수 있는 경우를 의미함 |

## 1.3 실행전략

**일반사항**

① 수급업체 종사자에 대한 안전보건 확보의무조치
② 실질적 지배 · 운영 · 관리 여부 파악
③ 소속근로자와 같은 수준으로 안전조치
④ 도급인의 사업장 밖이라도 사실상 지배력 행사에 안전문건 확보조치

## 1.4 실행방법

### 1) 도급 · 용역 · 위탁업체 종사자에게도 중대재해 예방을 위한 안전조치

제3자에게 도급 · 용역 · 위탁 등을 행한 경우 제3자의 종사자에게 중대산업재해가 발생하지 않도록 제4조의 조치를 해야 한다. 경영책임자가 실질적으로 지배 · 운영 · 관리하는 사업 또는 사업장 내에서 도급 · 용역 · 위탁이 이루어질 때는 도급 · 용역 · 위탁업체 종사자에게도 경영책임자 소속 근로자와 같은 수준으로 중대재해 예방을 위한 안전조치를 해야 한다.

### 2) 도급인의 사업 또는 사업장 밖이라도 종사자의 안전보건 확보 조치

도급인의 사업 또는 사업장 밖이라도 해당 작업과 관련한 시설, 설비, 장소 등에 대해 소유권, 임차권, 그 밖에 사실상의 지배력을 행사하고 있는 경우에는 종사자의 안전보건 확보를 위한 조치를 해야 한다.

**표 7.2 수급업체 종사자에 대한 안전보건 확보의무 조치 점검표**

<table>
<tr><td colspan="6">수급업체 종사자에 대한 안전보건 확보의무 조치 점검표</td></tr>
<tr><td colspan="6">사업장명 : 점검일자 : 년 월 일</td></tr>
<tr><td>점검자<br>(담당자)</td><td>(서명)</td><td>확인자<br>(현장소장/사업주 등)</td><td colspan="3">(서명)</td></tr>
<tr><td colspan="3">점검 사항</td><td>이행</td><td>미이행</td><td>개선사항</td></tr>
<tr><td colspan="3">안전보건 목표와 경영방침 공유 여부<br>• 수급업체 이메일, 사내 게시판 등</td><td></td><td></td><td></td></tr>
<tr><td colspan="3">사업 또는 사업장 조직도 게시·공유 여부</td><td></td><td></td><td></td></tr>
<tr><td colspan="3">유해·위험요인 확인·점검 및 그에 따른 필요한 조치 여부<br>• 유해·위험요인, 안전작업방법, 유해·위험요인 대책 등 공유</td><td></td><td></td><td></td></tr>
<tr><td colspan="3">• 안전보건표지 부착 또는 접근방지시설물 등의 설치</td><td></td><td></td><td></td></tr>
<tr><td colspan="3">• 유해·위험요인을 신고·제보할 수 있는 절차 마련 등</td><td></td><td></td><td></td></tr>
<tr><td colspan="3">안전보건 예산편성 시 수급업체 종사자의 안전보건을 위한 예산이 편성되고 그 내역에 따른 집행이 이행되고 있는지 여부<br>• 작업용 안전기구, 보호구 등</td><td></td><td></td><td></td></tr>
<tr><td colspan="3">안전보건관리책임자 등의 선임에 따른 담당자 및 담당업무 공유 여부</td><td></td><td></td><td></td></tr>
<tr><td colspan="3">「산업안전보건법」상 안전보건 전문인력 배치에 따른 담당자 및 담당업무 공유 여부</td><td></td><td></td><td></td></tr>
<tr><td colspan="3">노사협의체, 안전보건협의체 또는 기타 절차로 수급업체 종사자에게 안전보건에 관한 의견을 청취하고 그에 따른 조치 이행 여부</td><td></td><td></td><td></td></tr>
<tr><td colspan="3">중대재해 발생, 발생할 급박한 위험대비 대응·조치 매뉴얼 공유 여부<br>• 비상연락망, 재발방지 계획서, 비상대비 훈련 시나리오</td><td></td><td></td><td></td></tr>
<tr><td colspan="3">• 비상대비 훈련 참가 및 교육</td><td></td><td></td><td></td></tr>
<tr><td colspan="3">종사자의 안전보건관련 교육수료 확인 여부</td><td></td><td></td><td></td></tr>
<tr><td colspan="6">※ 점검 후 이행되지 않은 사항 추가 조치<br>※ 반기 1회 이상 점검</td></tr>
</table>

## 1.5 고용노동부 유권해석

### 사업장을 임대한 경우 임대인의 중대재해처벌법상 책임 판단

고용노동부 질의회시(중대산업재해감독과-1081, 22.03.29)에 따르면 일반적인 임대차 계약의 경우 임차인이 해당 장소에 대해 실질적인 지배, 운영, 관리를 하므로 임대인은 중대재해처벌법에 따른 책임을 부담하지는 않는다. 다만 계약의 형식은 임대차라도 임대인이 도급인으로서 해당 장소 등에 실질적으로 지배, 운영, 관리하고 있는 경우라면 중대재해처벌법에 따른 도급인으로서 안전 및 보건 확보의무를 부담해야 한다는 입장이다.

### 건설공사 발주가 도급 · 용역 · 위탁에 해당하는지 여부

고용노동부 질의회시(중대산업재해감독과-2051, 22.05.31)에 따르면 건설공사발주자가 책임 감리를 두거나 발주자 소속 직원이 직접 감리 업무를 수행하는 사실만으로 건설공사발주자가 해당 공사를 실질적으로 지배, 운영, 관리한다고 보기는 어렵다는 입장이다. 발주는 민법에 따른 도급에 해당하지만 건설공사발주자는 공사기간 동안 해당 공사를 실질적으로 지배, 운영, 관리하지 않는 것이 일반적이며 이 경우 발주자는 법 적용 대상에 해당하지 않고 건설공사를 발주 받아 해당 공사를 실질적으로 지배, 운영, 관리하는 시공사 및 그 경영 책임자가 법의 적용 대상에 해당한다는 입장이다.

다만, 건설공사발주자가 건설공사의 시공을 주도하여 총괄, 관리하는 경우라면 산업안전보건법상 도급인에 해당된다. 이 경우 발주자는 해당 건설공사에 대해 실질적 지배, 운영, 관리를 하는 것으로 볼 수 있으므로 해당 건설공사 종사자에 대하여 중대재해처벌법상 도급인으로서의 의무를 이행하여야 한다.

### 책임감리 또는 CM(건설사업관리) 용역에 종사하는 근로자도 법 제5조 적용 대상인지 여부

고용노동부 질의회시(중대산업재해감독과-2051, 22.05.31)에 따르면 도급인의 종사자(감리 등)에게 중대산업재해가 발생한 경우 해당 감리자를 고용한 사업장(기업)의 경영책임자가 법 제4조에 따른 의무를 이행하였는지 여부를 조사하게 된다.

감리용역을 준 도급인(건설공사발주자)의 경우 건설공사발주자가 공사기간 동안 해당 공사 현장에 대하여 실질적으로 지배, 운영, 관리를 하였다고 볼만한 사정이 없는 한 해당 공사 현장에서 일하는 수급인 종사자에 대하여는 제5조에 따른 책임을 부담하지 않는다는 입장이다.

### 수급인이 개인 사업주인 경우 중대재해처벌법 제5조의 적용 여부

고용노동부 질의회시(중대산업재해감독과-1947, 21.12.15)에 따르면 중대재해처벌법 제5조는 사업주나 법인 또는 기관이 제3자에게 도급 · 용역 · 위탁 등을 행한 경우 사업주 또는 경영책임자 등이 제3자의 종사자에게 같은 법 제4조의 안전 및 보건 확보의무를 하도록 규정하고 있다. 이때 <u>제3자에는 산업안전보건법상 특수형태근로종사자 등 노무를 제공하는 모든 사람이 포함되므로 개인사업주도 포함된다는 입장</u>이다.

# 참고
# 문헌

## 1 참고도서


1. 국토교통부, 중대재해처벌법 해설서, 2021.12
2. 고용노동부, 개정 산업안전보건법 시행('20.1.16.)에 따른 도급 시 산업재해예방 운영지침, 2020.03
3. 고용노동부, 안전보건관리체계 가이드북, 2021.08.29
4. 고용노동부, 중대재해처벌법 중대산업재해 해설서, 2021.11.17
5. 고용노동부, 도급사업 안전보건관리 운영 매뉴얼(적격수급업체 선정 가이드라인 포함), 2021.12
6. 고용노동부, 산업안전보건위원회 구성 · 운영 매뉴얼, 2022.01
7. 고용노동부, 2022 안전보건계획 수립 가이드북, 2022.01
8. 고용노동부, 중대재해처벌법령 FAQ 중대산업재해부문, 2022.01.18
9. 고용노동부, 도급사업 안전보건관리 운영 매뉴얼, 2022.02.18
10. 고용노동부, 경영책임자와 관리자가 알아야 할 중대재해처벌법 따라하기, 2022.03.16
11. 고용노동부, 소규모사업장 안전보건관리체계 구축 길잡이 매뉴얼, 2022
12. 고용노동부, 2023년 소규모 사업장 안전보건 가이드, 2023.03
13. 고용노동부, 안전보건교육 안내서(2023), 2023.03
14. 고용노동부, 민간재해예방기관을 위한 사업장 위험성평가 지도 매뉴얼, 2023.06
15. 고용노동부, 구미고용노동지청, 관리감독자 중심 안전보건관리체계 작동가이드, 2023.07.25
16. 경기도 교육청, 2022년 경기도교육청 안전보건관리계획, 2022.01
17. 경기도 교육청, 도급 · 용역 · 위탁사업 안전보건 확보방안, 2022.04
18. 경기주택공사, 안전보건관리 규정, 2001.08.20
19. 경남개발공사, 안전관리계획, 2021
20. 교육부, 경영책임자의 안전 및 보건 확보를 위한 매뉴얼, 2022.04
21. 대전도시공사, 중대산업재해 대응 절차 및 조치에 관한 내규 제정안, 2022.06.03
22. 대한산업안전기술(주), 안전보건경영계획 작성 및 중대재해처벌법의 이해, 2023.01
23. 대한전문건설협회 · 대한건설정책연구원, 전문건설사를 위한 중대재해처벌법 대응 매뉴얼, 2023.01.31
24. 대한산업안전협회, 산업재해 재발방지 및 사고조사 방법(KISA-일반-50), 2023

25. 대흥중학교, 중대산업재해 발생 시 대응 매뉴얼, 2022
26. 삼성물산㈜, 중대재해처벌법 대응 안전보건 시스템 구축 및 운영사례, 2022.07
27. 서울특별시, 서울시 중대산업재해 예방 업무 매뉴얼(안), 2021.12
28. 서울특별시, 중대산업재해 예방 매뉴얼, 2022.01.26
29. 서울특별시, 「중대재해처벌법」시행(2022.01.27) 대비 산업재해 예방 분야 서울시 안전보건관리체계 가이드, 2022.01.27
30. 서울특별시 교육청, 2023년도 중대산업재해 예방 기본계획, 2023.03
31. 서울특별시 교육청, 중대산업재해 대응 매뉴얼, 2023.05
32. 서울시설공단, 중대재해예방 대응관리 계획, 2021.09
33. 서울시설공단, 2022년 안전보건관리계획, 2021
34. 서울시설공단, 관리감독자 업무 수행(상반기)평가 결과 보고, 2022
35. 서울시설공단, 중대재해처벌법 의무사항 이행점검 결과보고, 2022.07
36. 성신여자대학교, 2022년 3분기 안전보건위원회 회의자료, 2022.09
37. 세종도시교통공사, 안전보건경영시스템, 2020.11.11
38. 안동시설관리공단, 2021년 안전보건관리체계, 2021
39. 영남대학교 의료원, 영남대학교의료원, 도급사업주 간 안전보건협의체 운영내규, 2020.04.02
40. 영남대학교, 중대산업재해 등 사고발생 대비 매뉴얼, 2022.09
41. 인천관광공사, 안전보건경영시스템 프로세스, 2020.09
42. 인천관광공사, 안전보건경영시스템 절차서, 2020.09
43. 인천항만공사, 2022년도 안전경영책임계획, 2021.12
44. 인천항만공사, 협력업체 안전관리 지침서, 2021.12
45. 인천항만공사, 안전보건경영 절차서, 2022.03.07
46. 인천항만공사, 안전보건경영시스템 매뉴얼, 2020.09
47. 울산광역시 교육청, 중대산업재해 예방 매뉴얼, 2022.07
48. 전라북도 교육청, 도급·용역·위탁 등의 종사자 안전 및 보건 확보 조치 세부요령, 2022.03
49. 전라북도 교육청, 산업재해 발생시 대응 매뉴얼, 2021
50. 제주관광공사, 제주관광공사 중대재해 대응 매뉴얼, 2023.01
51. 창원대학교, 2023년 창원대학교 중대재해 예방 추진계획
52. 창원시설공단, 2023년도 중대재해예방 종합 안전관리계획, 2023.01

53. 충북대학교, 2022년도 충북대학교 산학협력단 안전보건관리계획(안), 2022.01.28
54. 가톨릭관동대학교, 2022 가톨릭관동대학교 안전관리계획, 2022.07
55. 한국건강증진개발원, 안전보건관리 규정, 2022.12.22
56. 한국남부발전, 도급사업 안전보건관리세칙, 2022
57. 한국남부발전, 안전보건관리체계 구축 및 이행에 관한 규정, 2022.03
58. 한국마사회, 안전보건관리계획서 및 평가기준, 2022
59. 한국산업안전보건공단, 안전 및 보건에 관한 협의체 구성 및 운영에 관한 지침, 2022.12
60. 한국산업안전보건공단, 위험성평가 실무 길라잡이, 2022.12
61. 한국산업안전보건공단, 근로자의 참여 방안에 관한 지침, 2022.12
62. 한국산업안전보건공단, KOSHA Guide(기술지침) 길라잡이, 2023.11
63. 한국수자원공사, 2021년 산업안전관리 기본계획, 2021.02
64. 한국정보통신공사협회, 중대재해처벌법상 안전보건 확보의무 조치사항 매뉴얼, 2022. 06
65. 한국표준과학연구원, 안전보건업무 계획서, 2020
66. 현대퓨처넷, 2022년 현대퓨처넷 산업안전보건 관리계획, 2021

## 2 율촌 중대재해센터 TV 콘텐츠 목록

[율촌 중대재해센터 TV 접속 QR코드]

[율촌 중대재해센터 TV 소개]

율촌 중대재해센터 TV는 율촌 중대재해센터(Y-COSH)의 공식 유튜브 채널이다. 국내 최고의 중대재해 · 산업안전, 지식 · 경험의 정보 플랫폼으로써, 중대재해와 관련된 정보를 효율적으로 활용할 수 있다. 이에 기업의 실무진, 산업안전 전문가뿐만 아니라 일반인들도 영상을 통해 쉽게 이해할 수 있도록 중대재해처벌법 및 산업안전 관련 분야에 대한 노하우를 공유하고 있어 구독자들로부터 뜨거운 관심을 받고 있다.

1. 2022-01-20, 과로사부터 백신 부작용까지! (1부)
2. 2022-01-27, 과로사부터 백신 부작용까지! (2부)
3. 2022-03-24, 중대재해처벌법상 책임에 관한 Q&A
4. 2022-04-13, 안전보건전담조직 Q&A
5. 2022-05-12, [EP1] 사례로 알아본 산업안전보건법 개정 주요 내용 Part_1
6. 2022-05-19, [EP1] 사례로 알아본 산업안전보건법 개정 주요 내용 Part_2
7. 2022-05-26, [EP1] 사례로 알아본 산업안전보건법 개정 주요 내용 Part_3
8. 2022-06-16, [EP2] 중대시민재해 관련 주요 쟁점과 대비 방안 Part_1
9. 2022-06-23, [EP2] 중대시민재해 관련 주요 쟁점과 대비 방안 Part_2
10. 2022-07-14, [EP01_몰아보기] 사례로 알아본 산업안전보건법 개정 주요 내용_백은규 전문위원
11. 2022-07-21, [EP02_몰아보기] 중대시민재해 관련 주요 쟁점과 대비 방안_ 김익현 변호사

12. 2022-07-26, 중대재해처벌법 시행 이후 수사동향 소개 Q&A 1부
13. 2022-08-02, 중대재해처벌법 시행 이후 수사동향 소개 Q&A 2부
14. 2022-08-11, 중대한 인터뷰, 오늘 사업장에서 중대재해 사건이 발생한다면?
15. 2022-08-25, 중대한 브리핑, 고용노동부 상반기 산업안전보건 감독 결과 발표!
16. 2022-09-23, 웨비나 뒤풀이 SHOW, [중대재해법 시행 중간 점검] 못다 한 이야기
17. 2022-10-06, [EP3] 중대재해 발생 시 수사대응 실무_Part_1
18. 2022-10-13, [EP3] 중대재해 발생 시 수사대응 실무_Part_2
19. 2022-11-17, [EP03_몰아보기] 중대재해 발생 시 수사대응 실무_이대식 변호사
20. 2022-12-05, [선공개] CSO VS 대표이사, 중대재해처벌법상 '경영책임자'는 과연 누구?!
21. 2022-12-19, 드디어 밝혀지는 중대재해 기소사건! Part1. 중대산업재해 '1-4호' 기소사례 분석
22. 2023-01-05, 검찰은 이렇게 본다 : 유해 · 위험요인 안전관리 포인트(Part2. 중대산업재해 기소사례)
23. 2023-01-10, 대표이사, 경영책임자에서 배제될 수 있을까?(Part2. 중대산업재해 기소사례)
24. 2023-01-17, 안전보건관리책임자 등의 업무수행에 대한 평가 방법은? (Part2. 중대산업재해 기소사례)
25. 2023-01-19, 5분으로 끝내는 협력업체 안전보건관리 포인트!! (Part2. 중대산업재해 기소 사례)
26. 2023-02-23, 중대한 브리핑, 고용노동부 「2023년 산업안전보건감독 종합계획」 발표!
27. 2023-03-02, 중대재해처벌법 관련 초기 대응법 | 중대재해 대응 에피소드 01
28. 2023-03-09, 중대재해 '수사'의 모든 것, 조사 관련 유의사항 | 중대재해 대응 에피소드 02
29. 2023-03-21, 중대재해 수사 향방을 결정하는 노하우 공개 | 중대재해 대응 에피소드 03
30. 2023-04-17, 안전관리자는 선택 아닌 필수! Check List [안전관리자 선임 기준 및 역할 Part1]
31. 2023-04-20, 중대재해 1호 사건, 삼표그룹 회장 경영책임자로 기소되다.
32. 2023-04-24, 중처법 1호 판결! 온유파트너스 양형 논란이 있는 이유
33. 2023-05-03, 중처법 기소사례 총정리 - 중처법 의무 中 역대 가장 많은 '의무 위반 사항'은?
34. 2023-05-11, 숫자로 보는 중대재해 기소사례, 가장 많은 중처법 위반사례는?
35. 2023-05-18, 실형과 집행유예를 가른 법적 쟁점은? 중대재해처벌법 2호 판결 분석 및

항소 예상
36. 2023-05-23, 복잡한 안전관리자 선임기준 총정리 [안전관리자 선임 기준 및 역할 Part2]
37. 2023-05-29, 사무직이 대다수인 사업장에도 안전관리자가 필요하다!? [안전관리자 Part3]
38. 2023-06-12, [중대한 인터뷰] 중대재해처벌법 판결로 본 재발방지대책 수립의 중요성 | 이랑 변호사
39, 2023-06-19, [중대한 인터뷰] 중대재해 수사 시 쟁점포인트 | 김상인 변호사
40. 2023-07-03, 안전관리자와 안전보건전담조직의 업무 차이! [안전관리자 Part4]
41. 2023-07-10, 우리도 선임 해야 할까? 안전보건관리책임자의 선임 기준은? [안전보건관리(총괄)책임자 Part 1]
42. 2023-07-17, 안전보건관리(총괄)책임자의 직무와 직무교육 모든 것! [안전보건관리(총괄)책임자 Part 2]
43. 2023-07-24, [중대한 인터뷰] 중대재해 관련 현장 실무자들의 궁금증 BEST 3 | 박찬웅 변호사
44. 2023-07-31, 안전보건관리(총괄)책임자의 업무평가 방법은? [안전보건관리(총괄)책임자 Part 3]
45. 2023-08-07, [하이라이트] 중대재해처벌법 1호 vs 2호 판결 비교, 양형이 엇갈린 이유는
46. 2023-08-14, [하이라이트] 삼표 그룹 회장이 경영책임자로 기소된 이유는...?
47. 2023-08-28, [중대재해 2호 판결 하이라이트] 중대재해 예방을 위해 가장 신경 써야 하는 부분은?
48. 2023-09-18, 위험성평가, 이렇게 개정됐습니다! 주요 내용은? _김관우 수석 전문위원
49. 2023-09-21, 법무법인(유) 율촌 / 위험성평가 이행수준 자체점검 시스템 출시!
50. 2023-09-25, [중대한 뉴스] 2023년 9월 중대한 NEWS_9월 25일
51. 2023-09-26, 이런 게 있었다고? 위험성평가 인정제도란? _김관우 수석 전문위원
52. 2023-10-05, “중대재해 사건에서 위험성평가의 중요성”_이동현 노무사
53. 2023-10-10, [중대한 뉴스] 2023년 10월 중대한 NEWS_10월 10일
54. 2023-10-13, “위험성평가 자체점검 앱 출시, 율촌 중대재해센터~ 폼 미쳤다~~!!!”_이동현 노무사
55. 2023-10-19, 8분으로 끝내는 ‘산업안전보건법상 도급’, 완벽 정리!
56. 2023-10-23, [중대한 뉴스] 2023년 10월 중대한 NEWS_10월 23일
57. 2023-10-26, ‘건설공사발주자 vs 도급인’ 구분 이슈

58. 2023-11-02, 산업안전보건법 vs 중대재해처벌법, 적격 수급인 선정 의무의 차이는?
59. 2023-11-06, [중대한 뉴스] 2023년 11월 중대한 NEWS_11월 6일
60. 2023-11-09, [중대한 강의실] 공동도급 중 산재 발생 시 책임 주체는?
61. 2023-11-16, 수급인의 안전보건 조치 사항 위반이 도급인에게 적용된다? 안 된다?
62. 2023-11-20, [중대한 뉴스] 2023년 11월 중대한 NEWS_11월 20일
63. 2023-11-24, "안전보건관리책임자 · 안전보건총괄책임자 관련 주요 이슈 3가지"
64. 2023-12-04, [중대한 뉴스] 2023년 12월 중대한 NEWS_12월 4일
65. 2023-12-04, 도급인의 산업재해 예방조치 관련 이슈
66. 2023-12-14, [중대한 강의실] 작업계획서에 대한 세 가지 이슈
67. 2023-12-18, [중대한 뉴스] 2023년 12월 중대한 NEWS_12월 18일
68. 2023-12-21, [중대한 강의실] 보호구 미착용 시 도급인의 책임
69. 2024-01-04, [신년특집 중대한 인터뷰] 중대재해 부문 베스트 로이어, 정대원 변호사에게 묻는다 - 50인 미만 사업장 중대재처벌법 재유예 여부보다 중요한 건...기업 xx
70. 2024-01-08, [중대한 뉴스] 2024년 1월 중대한 NEWS_1월 8일
71. 2024-01-11, [중대한 인터뷰] 안전 담당자 주목! 중처법 안전보건관계법령 어디까지인가?
72. 2024-01-17, [중대재해처벌법 판결소개] 중처법 1호 기소 D산업 1심 판결 분석, 위헌제청 기각 총정리!
73. 2024-01-22, [중대한 뉴스] 2024년 1월 중대한 NEWS_1월 22일
74. 2024-01-25, [중대한 인터뷰] 도급인의 안전보건 의무이행과 불법파견의 관계_PART1
75. 2024-02-01, [중대한 인터뷰] 도급인의 안전부건 의무이행과 불법파견의 구체적 사례_PART2
76. 2024-02-05, [중대한 뉴스] 2024년 2월 중대한 NEWS_2월 5일
77. 2024-02-15, [중대재해처벌법 13건 판결 총정리] 중대재해 2호, 4호 판결 완전 분석
78. 2024-02-19, [중대한 뉴스] 2024년 2월 중대한 NEWS_2월 19일
79. 2024-02-23, [중대한 브리핑] 산업안전, 2024년부터 이렇게 달라집니다_김관우 수석전문위원
80. 2024-02-29, [중대재해처벌법 13건 판결 총정리] 중대재해 5호, 8호 판결 완전 분석
81. 2024-03-04, [중대한 뉴스] 2024년 3월 중대한 NEWS_3월 4일
82. 2024-03-07, [중대재해 3호 판결 분석] 중대재해사고 대부분은 XXX 작업 때문_이동현 노무사
83. 2024-03-18, [중대한 뉴스] 2024년 3월 중대한 NEWS_3월 18일

84. 2024-03-21, [중대한 강의실] 5분으로 끝내는 안전 인물 용어 완벽정리_PART1
85. 2024-04-01, [중대한 뉴스] 2024년 4월 중대한 NEWS_4월 1일
86. 2024-04-04, [중대한 강의실] 7분으로 끝내는 안전 인물 용어 완벽정리_PART2
87. 2024-04-11, 중대재해 사건 공판의 절차 및 쟁점 PART 1
88. 2024-04-15, [중대한 뉴스] 2024년 4월 중대한 NEWS_4월 15일
89. 2024-04-18, 중대재해처벌법 위반죄의 인과관계 PART2
90. 2024-04-25, 중대재해처벌법 위반죄, 고의범일까? 과실범일까?PART3
91. 2024-04-29, [중대한 뉴스] 2024년 4월 중대한 NEWS_4월 29일
92. 2024-05-02, [중대재해 6호 판결 분석] 의외의 안전 사각지대는 XX 작업 _이동현 노무사
93. 2024-05-13, [중대한 뉴스] 2024년 5월 중대한 NEWS_5월 13일
94. 2024-05-23, 판결로 본 안전보건관리체계 구축 및 이행시 항목별 유의사항은 이것 _PART1
95. 2024-05-27, [중대한 뉴스] 2024년 4월 중대한 NEWS_5월 27일
96. 2024-05-30, 판결로 본 안전보건관리체계 구축 및 이행시 항목별 유의사항_PART2
97. 2024-06-10, [중대한 뉴스] 2024년 6월 중대한 NEWS_6월 10일
98. 2024-06-13, 판결로 본 안전보건관리체계 구축 및 이행시 항목별 유의사항_PART3
99. 2024-06-20, [중대재해 15호 판결 분석] 중대재해처벌법 시행 후 '최고형'이 나온 이유는?
100. 2024-06-24, [중대한 뉴스] 2024년 6월 중대한 NEWS_6월 24일
101. 2024-06-27, [중대한 브리핑] 고용노동부, 2024년 1분기 "재해조사 대상 사망사고발생 현황"발표
102. 2024-07-04, [중대한 인터뷰] "중대시민재해" 알아보기(중대산업재해와의 차이를 중심으로)_김상인 변호사
103. 2024-07-08, [중대한 뉴스] 2024년 7월 중대한 NEWS_7월 8일
104. 2024-07-12, [중대재해 9호 판결 분석] 수차례 기술 지도에도 불구하고 재해가 발생한 이유
105. 2024-07-18, [중대재해 9호 판결 분석 PART2] 안전보건관계법령의 의무 이행이 중요한 이유
106. 2024-07-22, [중대한 뉴스] 2024년 7월 중대한 NEWS_7월 22일
107. 2024-08-26, [중대한 뉴스] 2024년 8월 중대한 NEWS_8월 26일
108. 2024-09-05, [중대한 인터뷰X안전신문] 특별기고, "몰랐다"라는 말로 해결될 수 있을까
109. 2024-09-19, [중대한 강의실] 중대재해 발생 시, 행정처분 핵심정리 (1)

110. 2024-09-30, [중대한 뉴스] 2024년 9월 중대한 NEWS_9월 30일
111. 2024-10-04, [중대한 강의실] 중대재해 발생 시, 행정처분 핵심정리 (2)
112. 2024-10-17, [중대재해 10호 판결 분석] 굴착기에 XX카메라를 설치해야 하는 이유_김수현 노무사 1편
113. 2024-10-24, [중대재해 10호 판결 분석] 원청이 안전보건 전담조직 설치 의무를 위반한 이유_김수현 노무사 2편
114. 2024-10-28, [중대한 뉴스] 2024년 10월 중대한 NEWS_10월 28일
115. 2024-10-31, 중대재해처벌법 판결 동향(안전보건관리체계 확보의무 관점에서)
116. 2024-11-07, "건설공사발주자 vs 도급인, 아직도 헷갈리시나요?"
117. 2024-11-11, [중대재해 11호, 12호, 13호 판결 분석] 3대 사고 유형, "추락"과 "끼임" 중대재해 사례분석_김수현 노무사 1편
118. 2024-11-14, [중대재해 11호, 12호, 13호 판결 분석] 안전보건 확보의무, 법원은 어떤 기준으로 판단할까?_김수현 노무사 2편
119. 2024-11-21, [중대재해 25호 판결 분석] 중대재해처벌법 첫 무죄 판결, 유무죄 가른 것은?
120. 2024-11-25, [중대한 뉴스] 2024년 11월 중대한 NEWS_11월 25일
121. 2024-11-28, [중대한 인터뷰X안전신문] 중대시민재해 제1호 송치, 기업도 대비해야 할 때
122. 2024-12-05, [중대재해 14호 판결 분석] 도급 · 용역 · 위탁 등의 종사자 안전 및 보건 확보 조치를 위한 체크 Point _이동현 노무사 1편
123. 2024-12-12, [중대재해 14호 판결 분석] 현장에서 놓치기 쉬운 작업계획서 작성 및 관리 Point _이동현 노무사 2편
124. 2024-12-20, 2024년 중대재해결산

## 3 중대재해처벌법 위반 판결 사건번호 목록

1. 의정부지방법원 고양지원 2023.04.06. 선고 2022고단3254 판결
2. 창원지방법원 마산지원 2023.04.26. 선고 2022고합95 판결
   / 부산고등법원 2023.08.23. 선고 (창원) 2023노167 판결
   / 대법원 2023.12.28. 선고 2023도12316 판결
3. 인천지방법원 2023.06.23. 선고 2023고단651 판결
   / 인천지법 2025.01.17. 선고 2023노2635 판결
4. 창원지방법원 마산지원 2023.08.25. 선고 2023고합8 판결
   / 부산고등법원(창원) 2024.08.21. 선고 2023노373 판결
5. 의정부지방법원 고양지원 2023.10.06. 선고 2022고단3255 판결
6. 서울북부지방법원 2023.10.12. 선고 2023고단2537 판결
   / 서울북부지방법원 2024.04.25. 선고 2023노1866 판결
7. 제주지방법원 2023.10.18. 선고 2023고단146 판결
8. 창원지방법원 2023.11.3. 선고 2022고단1429 판결
   / 창원지법 2024.10.25. 선고 2023노3091 판결
9. 대구지방법원 서부지원 2023.11.9. 선고 2023고단1746 판결
   / 대구지법 2025.01.08. 선고 2023노5000 판결
10. 대구지방법원 서부지원 2023.11.17. 선고 2023고단593 판결
    / 대구지법 2025.01.15. 선고 2023노5183
11. 서울중앙지방법원 2023.11.21. 선고 2023고단3237 판결
    / 서울중앙지법 2024.04.29. 선고 2023노3460 판결
12. 부산지방법원 2023.12.21. 선고 2023고단1616 판결
13. 대구지방법원 2024.01.16. 선고 2023고단3905 판결
14. 대구지방법원 서부지원 2024.02.07. 선고 2022고단2940 판결
15. 울산지방법원 2024.04.04. 선고 2022고단4497 판결
16. 수원지법 안산지원 2024.04.24. 선고 2023고단3139 판결
17. 창원지법 마산지원 2024.05.02. 선고 2024고단89 판결
18. 울산지방법원 2024.07.04. 선고 2023고단5014 판결
19. 춘천지방법원 2024.08.08. 선고 2022고단1445 판결

20. 창원지방법원 통영지원 2024.08.21. 선고 2023고단95, 2023고단1448(병합) 판결
21. 전주지방법원 2024.08.21. 선고 2024고단867 판결
22. 의정부지방법원 2024.08.27. 선고 2024고단4 판결
23. 청주지방법원 2024.09.10. 선고 2023고단1464 판결
24. 광주지방법원 2024.09.26. 선고 2024고단1482 판결
25. 대전지방법원 천안지원 2024.10.07. 선고 2024고단1530 판결
26. 대구지방법원 영덕지원 2024.10.16. 선고 2023고단226 판결
27. 수원지방법원 평택지원 2024.10.16. 선고 2024고단220 판결
28. 수원지방법원 안산지원 2024.10.16. 선고 2024고단1988 판결
29. 서울서부지방법원 2024.10.30. 선고 2024고단1030 판결
30. 춘천지방법원 원주지원 2024.11.20. 선고 2024고단770 판결
31. 수원지방법원 안산지원 2024.11.27. 선고 2024고단2772 판결
32. 대구지방법원 서부지원 2024.12.19. 선고 2023고단510 판결
33. 광주지방법원 2025.01.07. 선고 2023고단5641 판결
34. 울산지방법원 2025.01.09. 선고 2023고단1687 판결
35. 수원지방법원 평택지원 2025.01.21. 선고 2023고단1983 판결
36. 울산지방법원 2025.02.13. 선고 2024고단205 판결
37. 대전지방법원 서산지원 2025.02.18. 선고 2024고단746 판결
38. 창원지방법원 통영지원 2025.02.19. 선고 2024고단484 판결
39. 대전지방법원 홍성지원 2025.02.28. 선고 2024고단10 판결

# 찾아보기

ㅈ

**ㅊ**



**ㅋ**



**ㅍ**



**ㅎ**



**기타**

교수 **최명기**

학력

- 전남대학교 공과대학 토목공학과 졸업(1988.2)
- 명지대학교 정보산업대학원 산업안전, 석사수료(1992.8)
- 동신대학교 대학원 토목공학과 졸업, 공학석사(2000.8)
- 광운대학교 건설법무대학원 건설법무학과 졸업, 법학석사(2009.2)
- 동신대학교 대학원 토목공학과 졸업, 공학박사(2005.2)
- 연세대학교 법무대학원 중대재해처벌법 전문가과정 4기(2024)

자격

- 산업안전지도사(건설안전, 2012)
- 건설안전기술사(1999)
- 토목시공기술사(2000)
- 토목품질시험기술사(2002)
- 도로 및 공항기술사(2003)
- 기술거래사, CMP, Matriz 3rd

경력

- 대한민국산업현장교수단 건설분야 교수 / (사)한국건설안전학회 부회장
- 건설기술교육원 외래교수 / (사)한국건설사회환경학회 부회장
- (사)한국재난안전연구원 부원장 / (사)한국기술사회 안전조사위원장
- (사)한국건설품질기술사회 부회장 / (협)건설품질안전기술원 감사
- (사)한국건설가설협회 시험연구소장
- 동신대학교 토목공학과 산학협력중점 조교수
- 성화대학교 토목환경공학과 조교수(산학협력처장)
- 한국산업안전보건공단 대리/금호건설(주) 사원/육군 공병 중위(학군 26기)

자문위원 경력

- 국회 재난안전정책포럼 사고조사특별위원장
- 한국안전리더스 포럼 부회장
- 건설교통부 중앙건설기술심의위원회 위원(10기)
- 행정안전부 중앙재난관리평가위원단 위원
- 국방부 특별건설기술심의위원, 소방청 중앙소방기술심의위원회 위원
- 해양수산부 설계기술자문위원
- 서울, 부산, 원주, 대전, 익산지방국토관리청 기술자문위원
- 서울특별시 감사위원회 명예하도급 호민관, 광주광역시 시민감사관
- 서울특별시, 경기도, 대전, 대구, 인천, 광주, 전라남도, 강원도 지방건설기술 자문위원
- 한국도로공사. LH, 국가철도공단, 국토안전관리원, 안전보건공단, 한국환경공단 등 자문위원

상훈 및 저서

- 대통령 표창(2021), 국회건설교통위원장 표창(2020), 행정안전부 장관 표창(2009)
- 광주광역시장 표창(2015), 전라남도지사 표창(2010)
- 중소기업 경영자와 실무자를 위한 중대재해처벌법 체계구축과 이행 실무(지우북스, 2024)
- 스마트 건설과 안전(지우북스, 2020, 대한민국학술원 우수도서)
- 스마트 안전의 현재와 미래(지우북스, 2022)
- 건설안전공학(지우북스, 2020)
- 스마트 건설 자동화 로봇과 건설용 3D 프린터(지우북스, 2021)
- 안전전문가가 알려주는 중대재해처벌법 대응전략 실무(국토일보, 2021)
- 공항개론(구미서관, 2008), 공항토목시설공학(예문사, 2011) 등 19권

## 변호사 **정유철**

### 학력

- 우송대학교 철도대학원 박사과정 수료(2024)
- 서울대학교 건설산업최고전략과정(2018)
- 광운대학교 건설법무대학원(2009)
- 경희대학교 정부계약제도 전문가과정(2007)
- 서울대학교 법과대학 공정거래법 연구과정(2003)
- 연세대학교 법과대학 법학과 졸업(1998)

### 자격

- 변호사, 대한민국(2001)

### 경력

- 법무법인(유) 율촌 중대재해센터 부센터장, 건설클레임연구소 소장(2010~현재)
- 대한건설협회 경기도회 자문위원(2025-현재)
- 한국스마트안전보건기술협회 자문위원(2024-현재)
- 대한상사중재인(2010~현재) / 대한건축사협회 자문위원(2023~현재)
- 연세대학교 법무대학원 겸임교수(2023~현재)
- 국토교통부 건축분쟁조정위원회 위원(2023~현재)
- 현대차그룹 산업안전상생재단 이사(2022~현재)
- 한국토지주택공사, 국가철도공단 자문위원(2021~현재) 한국자산관리공사, 국방부 계약심의위원(2020~현재), 한국CM협회 컴플라이언스 위원회 위원장(2020~현재)
- 한국건설기술인협회 법률자문(2019~현재)
- 대한건설협회 법률자문위원(2015~2020)
- 광운대학교 건설법무대학원 겸임교수, 건설기술교육원 강사(2016~현재)
- 주한미군기지이전사업단 법률자문위원(2015~2016)

- 국방부검찰단 검찰과장, 국방시설본부 법무실장(2007~2009)
- 국방부조달본부 법무실, 해군본부 법제과장(2003-2006)

논문 및 저서

- 중소기업 경영자와 실무자를 위한 중대재해처벌법 체계구축과 이행 실무(지우북스, 2024)
- 부실벌점 주요쟁점(대한경제, 2024)
- 공공계약 클레임 주요 쟁점(대한경제, 2023)
- 중대재해대응 핵심 이슈72선(대한경제, 2023)
- 건설기업의 코로나19 대응방안(한국건설경영협회 글로벌건설리더스 5월호, 2020)
- 건설기술진흥법 판례여행(2019), 공공계약 판례여행(2017)
- 공공건설분쟁과 중재(중재지, 2014)
- 공기연장에 따른 계약금액 조정의 문제점(한국건설산업연구원CERIK 저널, 2013)
- 공공계약 판례여행 기고(건설경제신문, 2011~현재)
- 공공건설계약 주요판례 소개(중재지, 2011)
- 부정당업자제재처분에 대한 집행정지(건설관리학회, 2010)
- 국방시설관계법령질의응답집(국방시설본부공저, 2008)
- 입찰담합(카르텔) 관련 손해액 산정과 문제점(정부계약법학회, 2007)

수상

- 우수 소송수행자로 법무부장관상 수상(2005)
- 건설사업관리(CM) 분야 발전 기여로 국토교통부장관상 수상(2016)

변호사 **김현근**

학력

- 연세대학교 법과대학 법학과 졸업(2010.02)
- 서울대학교 법과대학원 졸업(건설행정법 전공), 법학석사(2020.08)
- 연세대학교 법무대학원 중대재해처벌법 전문가과정 1기(2022)

자격

- 변호사, 대한민국(2012)

경력

- 법무법인(유) 율촌 중대재해센터, 건설형사팀 팀장
- 한국어촌어항공단 비상임이사(2023~현재)
- 서울지방변호사회 중대재해처벌법 대응 TF 위원(2022~2024)
- 행정법 이론실무학회 회원(2019~현재)
- 사단법인 건설법학회 회원(서울대학교 건설법연구회)(2018~현재)
- 제51회 사법시험(2009)
- 사법연수원 제41기(2010~2012)

수상

- STN 방송사 선정 사회공헌대상(법률부문) 수상(2024)

공인노무사 **이동현**

### 학력

- 인하대학교 법과대학 법학과 졸업(2009.02)

### 자격

- 공인노무사, 대한민국(2009)

### 경력

- 법무법인(유) 율촌 중대재해센터(2018~현재)
- BR KOREA㈜(2012~2017)
- 노무법인 대명(2010~2012)
- 노무법인 세영(2010)
- 한국인사노무법인(2009)

경영책임자와 실무자를 위한

# 중대재해처벌법

## 안전보건 확보의무 대응 실무

중요 판결과 핵심 실천 사항

**1판 1쇄 발행** 2025년 6월 1일

**지은이** 최명기 · 정유철 · 김현근 · 이동현

**발행인** 서철종

**발행처** 도서출판 지우북스

**주소** 경기도 파주시 문발로 115 세종출판벤처타운 209호

**전화** 031-915-6670(代)

**팩스** 031-915-6671

**이메일** jwbooks@nate.com

**홈페이지** www.jwbooks.co.kr

**출판등록** 제406-251002017-000032호

ISBN 979-11-92639-33-8 13360

**정가** 45,000원